Prof. Dr. Norbert Müller
Dr. Joachim Brand

FACHKUNDE ABFALL

Informationen für an der Entsorgung
von Abfällen Beteiligte

4. Auflage

VERKEHRSVERLAG FISCHER

ISBN 978-3-87841-863-4   •   Bestell-Nr. 38102

Copyright © 2020 – 4. Auflage
Verkehrs-Verlag J. Fischer GmbH & Co. KG,
Corneliusstraße 49, D – 40215 Düsseldorf

Herstellung und Vertrieb:

Verkehrs-Verlag J. Fischer GmbH & Co. KG,
Corneliusstraße 49, D – 40215 Düsseldorf

Telefon: +49 (0)211 9 91 93-0
Telefax: +49 (0)211 9 91 93 27
E-Mail: vvf@verkehrsverlag-fischer.de
Internet: www.verkehrsverlag-fischer.de
               www.gefahrzettel24.de

Vertrieb für Österreich:

MEIXNER

A – 7000 Eisenstadt,
Sandgrubweg 2

Telefon: +43 (0)2682 2 10 07
E-Mail: office@marktplatz-meixner.at
Internet: www.marktplatz-meixner.at

VORWORT

Wer bei der Entsorgung von Abfällen alles richtig machen will, muss sehr viele und zum Teil sehr komplizierte Vorschriften im Griff haben. Das geht nur, wenn man entsprechend qualifiziert ist:

▶ **Die für die Leitung und Beaufsichtigung eines Betriebes**, der (gefährliche und nicht gefährliche) Abfälle
  ◦ behandelt
  ◦ verwertet
  ◦ beseitigt
  ◦ lagert
  ◦ sammelt
  ◦ befördert
  ◦ handelt
  ◦ makelt,
  der Entsorgungsfachbetrieb sein will,
  ◦ sammelt
  ◦ befördert
  ◦ handelt
  ◦ makelt,

  verantwortliche/n Person/en
▶ Der / Die **Abfallbeauftragte**

muss „**fachkundig**" sein.

„**Fachkundig**" ist man dann, wenn man eine
  ◦ qualifizierte Berufsausbildung
  ◦ berufliche Praxis
  ◦ **Teilnahme an einem anerkannten Lehrgang**
nachweisen kann.

Inhalt und Umfang der **Lehrgänge** sind genau geregelt. Diese Broschüre dient als Unterlage für die einschlägigen Lehrgänge zur Vermittlung der notwendigen Kenntnisse und dem Praktiker als Nachschlagewerk.

Die Geschäftsstelle der Länderarbeitsgemeinschaft Abfall (LAGA) hat mitgeteilt, dass eine Überarbeitung der LAGA-Vollzugshilfe „Anerkennung von Fachkundelehrgängen" derzeit nicht erfolgt. Lehrgangsveranstalter haben daher bis auf Weiteres bei der Beantragung der Anerkennung ihrer Lehrgänge der zuständigen Behörde einen Vorschlag für ein Lehrgangsprogramm einzureichen. Im **Anhang I** dieser Broschüre befindet sich dazu ein Muster für entsprechende Lehrgangsprogramme für die verschiedenen Lehrgänge (Lehrinhalte mit Zeitansätzen).

Autoren und Verlag wünschen viel Freude und Erfolg bei der Ausbildung und bei der Ausübung der Aufgabe.

Düsseldorf im September 2019

Einleitung

Von wem wird „Fachkunde" verlangt?

	Sammler	Beförderer	Händler	Makler	Efb
jede natürliche oder juristische Person	Sammeln*	Befördern	Erwerben und weiter- veräußern	Für die Bewirtschaftung von Abfällen für Dritte sorgen	Sammeln, Befördern, Lagern, Behandeln, Verwerten, Beseitigen, Handeln, Makeln
	von gefährlichen und nicht gefährlichen Abfällen				
gewerbsmäßig	x	x	x	x	x
im Rahmen wirtschaftlicher Unternehmen, d. h. aus Anlass einer anderweitigen gewerblichen oder wirtschaftlichen Tätigkeit (= nicht gewerbsmäßig)	x	x	x	x	x
im Rahmen öffentlicher Einrichtungen (z. B. öffentlich-rechtliche Entsorgungs- träger, sonstige öffentlich-rechtli- che Körperschaf- ten, Behörden)	–	–	x	x	x

---

* bedeutet
  - Tätigkeit, bei der Abfälle Dritter in Fahrzeugen (Holsystem) übernommen („eingesammelt") werden
  - nicht: Sammeln eigener oder fremder Abfälle in Behältern ohne Befördern.

Abfallbeauftragte

Zum Erwerb der **Fachkunde** ist von
- einem / einer leitenden Mitarbeiter/in des jeweiligen Unternehmens
- dem / der Abfallbeauftragten

ein **Lehrgang** zu besuchen, der von der zuständigen Behörde des Bundeslandes, in dem der Veranstalter seinen Sitz hat, anerkannt sein muss („Grundlehrgang").

Der Besuch des Fachkundelehrgangs ist alle
- ▶ **zwei** Jahre (für Efb und AbfBeauftr)
- ▶ **drei** Jahre (für Sammler/Beförderer/Händler/Makler von gefährlichen Abfällen und TRGS 520)

zu **wiederholen** („Fortbildungslehrgang" = 50 % der Zeitansätze des Grundlehrgangs).

Die Lehrkraft hat einen von Inhalt und Umfang (= Dauer) durch AbfAEV, AbfBeauftrV, EfbV bzw. TRGS 520 geregelten **Lernstoff** zu vermitteln; die **Präsentation** der Lehrkraft ist gemäß LAGA-Vollzugshilfe den Teilnehmern als **Ausdruck** auszuhändigen. Die **Lehrgangsunterlage** des Veranstalters ist Teil des Verfahrens der Anerkennung der Lehrgänge.

Zusätzlich wird die Aushändigung einer Vorschriftensammlung „Abfallrecht" empfohlen (siehe Umschlaginnenseite).

Inhaltsverzeichnis

Inhaltsverzeichnis

II.   PFLICHTEN UND RECHTE DES ABFALLBEAUFTRAGTEN

III. TRGS 520 SAMMELSTELLEN UND ZWISCHENLAGER FÜR KLEINMENGEN GEFÄHRLICHER ABFÄLLE

ANHANG

I.   ABFALLRECHT UND ABFALLTECHNIK

1   Kreislaufwirtschaftsgesetz

1.1   Anwendungsbereich

Das Kreislaufwirtschaftsgesetz (KrWG) ist die grundlegende Vorschrift des deutschen Abfallrechts. Nach § 2 (1) KrWG gilt das Abfallrecht insbesondere für **Abfälle** und deren

- **Vermeidung**,
- **Verwertung** und
- **Beseitigung**.

Darüber hinaus sind auch alle weiteren Abfallbewirtschaftungsmaßnahmen Gegenstand des KrWG, nämlich

- die **Bereitstellung** und **Überlassung** von Abfällen
- die **Sammlung** und **Beförderung** von Abfällen
  der **Handel** mit Abfällen
- die **Vermittlungsgeschäfte** von abfallwirtschaftlichen Tätigkeiten
- die **Überwachung** der Abfallwirtschaft und
- die **Nachsorge** von Beseitigungsanlagen.

Es gibt aber auch bestimmte Stoffe und Gegenstände, die als Abfall nach anderen Rechtsvorschriften zu entsorgen sind und für die das KrWG nicht angewendet wird.

Diese abfallrechtlich privilegierten Stoffe bzw. Stoffklassen sind:

- Stoffe, die zu entsorgen sind
  - nach dem Lebensmittel- und Futtermittelgesetzbuch (LFGB)
    - als **Lebensmittel**, Lebensmittel-Zusatzstoffe, kosmetische Mittel, Bedarfsgegenstände und mit Lebensmitteln verwechselbare Produkte
  - nach dem **Tabakerzeugnisgesetz** (TabakerzG)
  - nach dem **Milch- und Margarinegesetz** (MilchMargG)
  - nach dem **Tiergesundheitsgesetz** (TierGesG)
  - nach dem **Pflanzenschutzgesetz** (PflSchG)
  - nach den auf Grund dieser Gesetze erlassenen Rechtsverordnungen

- **tierische Nebenprodukte**, soweit diese
  - nach der VO (EG) Nr. 1069/2009 (Hygienevorschriften für nicht für den menschlichen Verzehr bestimmte tierische Nebenprodukte),
  - nach dem Tierische Nebenprodukte-Beseitigungsgesetz (TierNebG)
  - nach den auf Grund des TierNebG erlassenen Rechtsverordnungen (z. B. TierNebV)

abzuholen, zu sammeln, zu befördern, zu lagern, zu behandeln, zu verarbeiten, zu verwenden, zu beseitigen oder in Verkehr zu bringen sind
  - Ausnahme: tierische Nebenprodukte, die zur Verbrennung, Deponierung oder Verwendung in einer Biogas- oder Kompostieranlage bestimmt sind → KrWG!

- Tierkörper,
  - ◦ die nicht durch Schlachtung angefallen sind
  - ◦ die bei der Tierseuchenbekämpfung angefallen sind soweit diese als tierische Nebenprodukte zu beseitigen oder zu verarbeiten sind
    Beispiel: durch Jagd erlegte Tiere, durch Verkehrsunfälle getötete Tiere
- **Fäkalien** (andere als tierische Nebenprodukte), **Stroh** und andere **land-/forstwirtschaftliche Materialien**
  - ◦ natürlich und nicht gefährlich
  - ◦ Verwendung
    - ▪ in der Land-/Forstwirtschaft, auch Gartenbau
    - ▪ zur Energieerzeugung, z. B. Biogasanlagen
    - ▪ durch nicht umweltschädigende oder gesundheitsgefährdende Verfahren oder Methoden, z. B. Verbleiben bzw. Unterpflügen von pflanzlichen Reststoffen auf landwirtschaftlichen Flächen Beispiele: Gülle, Jauche, Festmist (tierisch), Rübenblätter, Gemüsestrünke (pflanzlich)
- **Radioaktive Stoffe**
  - ◦ Kernbrennstoffe und sonstige radioaktive Stoffe
    - ▪ nach dem Atomgesetz (AtG)
    - ▪ nach dem Strahlenschutzgesetz (StrlSchG)
- Abfälle, die
  - ◦ unmittelbar beim Aufsuchen, Gewinnen, Aufbereiten und bei der damit zusammenhängenden Lagerung von **Bodenschätzen** in Betrieben anfallen
  - ◦ die der Bergaufsicht unterstehen und
  - ◦ die nach dem Bundesberggesetz (BBergG) und den bergrechtlichen Verordnungen unter Bergaufsicht entsorgt werden
- **Gasförmige Stoffe**
  - ◦ wenn nicht in Behältern gefasst
- Stoffe, sobald sie in **Gewässer/Abwasseranlagen** eingeleitet oder eingebracht werden
  - ◦ Abwasser
  - ◦ aber auch Abfälle, die in Abwasserbehandlungsanlagen wasserrechtlich beseitigt werden
- **Böden am Ursprungsort** („in situ"), auch nicht ausgehobene, kontaminierte Böden
- **Bauwerke**
  - ◦ dauerhaft mit dem Grund und Boden verbunden
    Beispiel: Kabelschächte, Abwasserkanäle, Rohrleitungen, Fundamente
- **Bodenmaterial** und andere natürlich vorkommende Materialien
  - ◦ nicht kontaminiert
  - ◦ bei Bauarbeiten ausgehoben
  - ◦ die Materialien werden wie und wo sie anfallen für Bauzwecke verwendet
- **Sedimente** (nachweislich ungefährlich), die in oder auf dem Wasser umgelagert werden
  - ◦ zur Bewirtschaftung von Gewässern
  - ◦ zur Unterhaltung oder zum Ausbau von Wasserstraßen
  - ◦ zur Vorsorge gegen Überschwemmungen und Dürren
  - ◦ zur Landgewinnung innerhalb von Oberflächengewässern

- **Schiffsabfälle** und Ladungsrückstände
  - Erfassung und Übergabe
    soweit auf Grund internationaler Übereinkommen durch Bundes- oder Landesrecht geregelt
- **Kampfmittel**
  - Aufsuchen, Bergen, Befördern, Lagern, Behandeln, Vernichten
  - z. B. die in der Kriegswaffenliste (Anlage zum Kriegswaffenkontrollgesetz) aufgeführten Gegenstände, Stoffe und Organismen
- **Kohlendioxid** zur dauerhaften Speicherung
  - Abscheidung, Transport
  - Speicherung in Kohlendioxidspeichern oder Forschungsspeichern

Die meisten dieser Ausnahmen von der Anwendung des Abfallrechts sind auf die europäische Abfall-Rahmenrichtlinie 2008/98/EG (Art. 2) zurückzuführen. Wer ausschließlich

- solche Abfälle sammelt/befördert
- mit solchen Abfällen handelt/makelt

hat mit dem KrWG und seinem untergesetzlichen Regelwerk nichts zu tun!

1.2   Wichtigste Begriffsbestimmungen

1.2.1   Der Abfallbegriff nach § 3 (1) KrWG

Abfälle sind nach § 3 (1) KrWG alle Stoffe oder Gegenstände, derer sich ihr Besitzer
– entledigt
– entledigen will oder
– entledigen muss

Maßgeblich für eine Einstufung von Materialien als Abfall sind die sog. Entledigungsmerkmale
– **Entledigungstat**   (§ 3 (2) KrWG)
– **Entledigungswille**   (§ 3 (3) KrWG)
– **Entledigungszwang**   (§ 3 (4) KrWG)

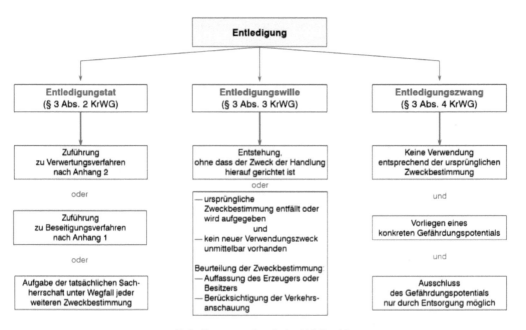

Entledigungsmerkmale im Abfallrecht

1.2.1.1 Das Entledigungsmerkmal „sich entledigen" nach § 3 (2) KrWG

= der rein tatsächliche Vorgang, sich von einer Sache zu trennen.

§ 3 (2) KrWG
„Eine Entledigung (…) ist anzunehmen, wenn der Besitzer Stoffe oder Gegenstände einer Verwertung im Sinne der Anlage 2 oder einer Beseitigung im Sinne der Anlage 1 zuführt oder die tatsächliche Sachherrschaft über sie unter Wegfall jeder weiteren Zweckbestimmung aufgibt."

Entledigung

– wenn Besitzer Gegenstände einem besonders bezeichneten Verfahren (Entsorgungsverfahren) zuführt oder unterwirft
– Besitzer stellt bewusst Sachen zur Abholung durch Entsorger bereit
– Besitzer wirft Sachen einfach weg (gleichgültig, was aus der Sache wird)

Beispiel Entledigungstat:

Ein Besitzer von alten Kleidern wirft diese in einen dafür vorgesehenen Sammelcontainer. Die Altkleider werden damit zu Abfall.

Die typischen **Beseitigungsverfahren** sind nach Anlage 1 KrWG:

D1	Ablagerungen in oder auf dem Boden (z. B. Deponien)
D2	Behandlung im Boden (z. B. biologischer Abbau von flüssigen oder schlammigen Abfällen im Erdreich)
D3	Verpressung (z. B. Verpressung pumpfähiger Abfälle in Bohrlöcher, Salzdome oder natürliche Hohlräume)
D4	Oberflächenaufbringung (z. B. Ableitung flüssiger oder schlammiger Abfälle in Gruben, Teiche oder Lagunen)
D5	Speziell angelegte Deponien (z. B. Ablagerung in abgedichteten, getrennten Räumen, die gegeneinander und gegen die Umwelt verschlossen und isoliert werden)
D6	Einleitung in ein Gewässer mit Ausnahme von Meeren und Ozeanen
D7	Einleitung in Meere und Ozeane einschließlich Einbringung in den Meeresboden
D8	Biologische Behandlung, die nicht an anderer Stelle in dieser Anlage beschrieben ist und durch die Endverbindungen oder Gemische entstehen, die mit einem der in D1 bis D12 aufgeführten Verfahren entsorgt werden
D9	Chemisch-physikalische Behandlung, die nicht an anderer Stelle in dieser Anlage beschrieben ist und durch die Endverbindungen oder Gemische entstehen, die mit einem der in D1 bis D12 aufgeführten Verfahren entsorgt werden Verdampfen, Trocknen, Kalzinieren
D10	Verbrennung an Land

D11	Verbrennung auf See *(nach EU-Recht und internationalen Übereinkünften verboten)*
D12	Dauerlagerung (z. B. Lagerung von Behältern in einem Bergwerk)
D13	Vermengung oder Vermischung vor Anwendung eines der in D1 bis D12 aufgeführten Verfahren *(auch vorbereitende Verfahren, die der Beseitigung/der Vorbehandlung vorangehen, z. B. Sortieren, Zerkleinern, Verdichten, Pelletieren, Trocknen, Schreddern, Konditionierung oder Trennung)*
D14	Neuverpacken vor Anwendung eines der in D1 bis D13 aufgeführten Verfahren
D15	Lagerung bis zur Anwendung eines der in D1 bis D14 aufgeführten Verfahren (ausgenommen zeitweilige Lagerung bis zur Sammlung auf dem Gelände der Entstehung der Abfälle)

Die typischen **Verwertungsverfahren** sind nach Anlage 2 KrWG:

R1	Hauptverwendung als Brennstoff oder andere Mittel der Energieerzeugung
R2	Rückgewinnung und Regenerierung von Lösemitteln
R3	Recycling und Rückgewinnung organischer Stoffe, die nicht als Lösemittel verwendet werden (einschließlich der Kompostierung und sonstiger biologischer Umwandlungsverfahren) *(auch Vergasung und Pyrolyse unter Verwendung der Bestandteile als Chemikalien)*
R4	Recycling und Rückgewinnung von Metallen und Metallverbindungen
R5	Recycling und Rückgewinnung von anderen anorganischen Stoffen *(auch Bodenreinigung, die zu einer Verwertung des Bodens und zu einem Recycling anorganischer Baustoffe führt)*
R6	Regenerierung von Säuren und Basen
R7	Wiedergewinnung von Bestandteilen, die der Bekämpfung von Verunreinigungen dienen
R8	Wiedergewinnung von Katalysatorenbestandteilen
R9	Erneute Ölraffination oder andere Wiederverwendungen von Öl
R10	Aufbringung auf den Boden zum Nutzen der Landwirtschaft oder zur ökologischen Verbesserung
R11	Verwendung von Abfällen, die bei einem der in R1 bis R10 aufgeführten Verfahren gewonnen werden
R12	Austausch von Abfällen, um sie einem der in R1 bis R11 aufgeführten Verfahren zu unterziehen *(auch vorbereitende Verfahren, die der Verwertung/der Vorbehandlung vorangehen, z. B. Demontage, Sortieren, Zerkleinern, Verdichten, Pelletieren, Trocknen, Schreddern, Konditionierung, Neuverpacken, Trennung, Vermengen oder Vermischen)*
R13	Lagerung von Abfällen bis zur Anwendung eines der in R1 bis R12 aufgeführten Verfahren (ausgenommen zeitweilige Lagerung bis zur Sammlung auf dem Gelände der Entstehung der Abfälle)

1.2.1.2 Das Entledigungsmerkmal „sich entledigen wollen" nach § 3 (3) KrWG

= Willensbekundung des Besitzers einer Sache, sich dieser (künftig) zu entledigen
→ Stoffe und Gegenstände werden schon vor deren tatsächlicher Entledigung zu Abfall

Das KrWG unterstellt in bestimmten Fällen einen (widerlegbaren) **Entledigungswillen** (Fiktion).

§ 3 (3) KrWG
„Der Wille zur Entledigung (…) ist hinsichtlich solcher Stoffe oder Gegenstände anzunehmen,

1. *die bei der Energieumwandlung, Herstellung, Behandlung oder Nutzung von Stoffen oder Erzeugnissen oder bei Dienstleistungen anfallen, ohne dass der Zweck der jeweiligen Handlung hierauf gerichtet ist, oder*

2. *deren ursprüngliche Zweckbestimmung entfällt oder aufgegeben wird, ohne dass ein neuer Verwendungszweck unmittelbar an deren Stelle tritt."*

Fall 1:
− Stoffe/Gegenstände fallen **ungewollt** („unbezweckt") an
− „unbezweckt" = Ziel der Produktion, Werk-/Dienstleistung usw. war nicht darauf gerichtet

Fall 2:
− Stoffe/Gegenstände, deren **ursprüngliche Zweckbestimmung entfällt** oder aufgegeben wird
− neuer Verwendungszweck ist <u>nicht unmittelbar</u> vorhanden
− endgültige Entnahme eines Stoffes, Gerätes usw. aus Betriebsprozess (bei vorübergehendem Nichtgebrauch: kein Entledigungswille → kein Abfall)

Widerlegung der Regelvermutung (kein Entledigungswille):
− Stoff/Gegenstand wird wegen Reparatur, Reinigung, Wartung, usw. vorübergehend dem Betriebsprozess entzogen
− Weiterverwendung für Ursprungszweck ist beabsichtigt
− Stoff/Gegenstand wird nicht mehr für ursprünglichen Betriebszweck benötigt, findet jedoch für einen anderen Zweck Verwendung

<u>Beispiele Entledigungswille:</u>

1. Auf einem Grundstück wird ein bestehendes Gebäude abgerissen, um hier ein neues zu errichten. Dabei fällt <u>Bauschutt</u> an. Ist der Bauschutt Abfall?
   ◦ Ja.
   ◦ Der Bauschutt ist wegen einem unterstellten Entledigungswillen Abfall, weil der Zweck der Handlung nicht auf die Herstellung von Bauschutt gerichtet ist (§ 3 (3) Nr. 1 KrWG).

2. In einem Produktionsbetrieb werden Ausgangsstoffe in Stahlfässern aufbewahrt. Nach der Entleerung werden die Fässer einem externen Dienstleister zur <u>Reinigung und Neubeschichtung</u> überlassen. Anschließend werden sie wieder befüllt und betrieblich eingesetzt. Sind die Fässer Abfall?
   ◦ Nein.
   ◦ Der ursprüngliche Verwendungszweck der Stahlfässer ist nur vorübergehend aufgehoben worden und bleibt auch nach der Instandhaltung gleich (§ 3 (3) Nr. 2 KrWG).

3. In einem landwirtschaftlichen Betrieb fallen bei der Fahrzeuginstandhaltung <u>abgefahrene Reifen</u> an. Sie sollen zur Beschwerung von Plastikplanen auf den Feldern dienen. Sind die Reifen Abfall?
   ◦ Nein.
   ◦ Eine neue Zweckbestimmung tritt unmittelbar an die Stelle der ursprünglichen. Die weitere Verwendung von Reifen als Nutzgewichte ist verkehrsüblich (§ 3 (3) Nr. 2 KrWG).
4. Ein <u>defektes Fahrzeug</u> wird abgestellt, weil es wegen zahlreicher Defekte nicht mehr fahrtüchtig ist. Der Besitzer gibt keinerlei Reparatur- oder sonstige Verwendungsabsichten zu erkennen.
   Ist das Fahrzeug Abfall?
   ◦ Ja.
   ◦ Wegen des fehlenden Wieder- bzw. Weiterverwendungszwecks („zwecklos" gewordene Sache) ist das Fahrzeug Abfall (§ 3 (3) Nr. 2 KrWG).

1.2.1.3 Das Entledigungsmerkmal „sich entledigen müssen" nach § 3 (4) KrWG

Verpflichtung, eine Sache als Abfall anzusehen

§ 3 (4) KrWG
„Der Besitzer muss sich Stoffen oder Gegenständen (…) entledigen, wenn diese
– nicht mehr entsprechend ihrer ursprünglichen Zweckbestimmung verwendet werden,
– *auf Grund ihres konkreten Zustandes geeignet sind, gegenwärtig oder künftig das Wohl der Allgemeinheit, insbesondere die Umwelt, zu gefährden und*
– *deren Gefährdungspotenzial nur durch eine ordnungsgemäße und schadlose Verwertung oder gemeinwohlverträgliche Beseitigung (…) ausgeschlossen werden kann."*

„sich entledigen müssen" (**Zwangsabfall**)
– wenn „objektive" Voraussetzungen erfüllt sind, liegt in jedem Fall Abfall vor, der „subjektive" Wille des Besitzers, die Sache noch verwenden zu wollen, ist dann unerheblich
– in der Praxis selten, weil konkretes Gefährdungspotential gefordert

<u>Beispiel Entledigungszwang:</u>

Ein Besitzer hat seit längerer Zeit mehrere abgemeldete Kraftfahrzeuge auf seinem Waldgrundstück abgestellt. Der Behörde erklärt er, die Fahrzeuge ausschlachten und die Einzelteile veräußern zu wollen. Die stark korrodierten Fahrzeuge enthalten Benzin, Altöl, Batteriesäure und andere Gefahrstoffe. Bei einigen ist bereits Öl ausgetreten. Die Behörde ordnet an, dass sich der Besitzer der Fahrzeuge entledigen muss, weil von diesen regelmäßig eine konkrete Gefahr für den Boden und das Grundwasser ausgeht.

1.2.1.4 Abgrenzungsprobleme Abfall / Nicht-Abfall (= Produkt, Nebenprodukt)

„Das KrWG kennt nur die Definition des Abfalls, nicht die des Produkts!"

Ein Abfall liegt vor, wenn	Ein Produkt liegt vor, wenn
– der bei einer Produktion oder Leistungserbringung entstandene Stoff/Gegenstand ungewollt angefallen ist – es sich um einen bei der Produktion „nicht final bewirkten" Nebenstoff handelt	– dessen Erzeugung der Zweck des Handelns war – ein Stoff/Gegenstand gezielt hergestellt wurde

Zweckbestimmung	Verkehrsanschauung
– subjektiver Maßstab – festgelegt durch Erzeuger oder Besitzer	– objektives Korrektiv – Maßnahme ist vereinbar mit „vernünftigen Erwägungen" – Ein sachgerecht wirtschaftender Dritter hätte sich ebenso verhalten.

Verkehrsübliche Zweckbestimmung einer Sache – Objektive Kriterien

Kriterien	produkttypisch	abfalltypisch
Verwendbarkeit	– Verwendung erlaubt – marktgängiges Material – Einsatz ohne vorherige Behandlung	– Verwendung nicht zulässig – nicht unmittelbar wirtschaftlich einsatzfähig – vorheriges (aufwendiges) Aufbereitungsverfahren zur Rohstofferzeugung erforderlich – Beseitigung von Verunreinigungen – Sortierung
Genehmigung	– Herstellungszweck in einer genehmigten Anlage, z. B. nach BImSchG ist sicheres Indiz für die gewollte Erzeugung von Produkten	– Rückstand kann nicht dem Anlagenzweck zugeordnet werden
Norm	– objektive Qualitätsstandards – Herstellung nach Produktnormen – Durchführung von Qualitätskontrollen – gezielte Herstellung – ggf. Variation der Stoffströme möglich – neben- bzw. untergeordneter Produktionszweck kann dargelegt werden	– „bezwecktes" Hauptprodukt ist auf hoher Wertschöpfungsstufe
Nachfrage	– Vorhandensein vertraglicher Liefervereinbarungen, Handelsverträge – Marktnachfrage, Produktnachfrage existiert – Abnehmer zahlt regelmäßig Entgelt – Produkte haben einen positiven Marktwert	– kein Markt (unmittelbar) vorhanden – Abnehmer verlangt für Abnahme Entgelt – Abfälle haben in der Regel einen negativen Marktwert

Abgrenzungsprobleme Abfall / Nebenprodukt

Sind Nebenprodukte überhaupt „Produkte"?

– maßgeblich ist nicht nur das gewollte Endprodukt (Zielprodukt)
– Nebenprodukte müssen nicht zwangsläufig Abfall sein
– es gibt einen wirtschaftlichen Verwendungszweck und
– die allgemeine Verkehrsanschauung billigt diese Zweckbestimmung

Objektive Beurteilung durch Art. 5 der EU-AbfRRL und § 4 KrWG:

Nebenprodukt ist **kein Abfall**, wenn

– weitere Verwendung sichergestellt ist
– über das Normalmaß hinausgehende Vorbehandlung nicht erforderlich ist
– es als integraler Bestandteil eines Herstellungsprozesses erzeugt wird
– Verwendung rechtmäßig ist (Anforderungen an Produktsicherheit, Umwelt- und Gesundheits-schutz sind erfüllt)
– weitere Kriterien können durch RechtsVO bestimmt werden

Beispiele Abfall und Nebenprodukt:

In einem Sägewerk fallen beim Zuschneiden von Holz Sägespäne an, die an die Zellstoffindustrie veräußert und dort unmittelbar als Ausgangsstoffe für die Herstellung anderer Produkte verwendet werden. Sind die Späne Abfall?

– Nein.
– Es liegen überwiegend Produkteigenschaften vor, da ein verkehrsüblicher wirtschaftlicher Verwendungszweck verfolgt wird.

Außerdem wird eine

– Nachfrage bedient, was sich in einer Gewinnerzielung äußert.

Bei der industriellen Herstellung von Chlor aus Kochsalzlösungen fallen auch Natronlauge und Wasserstoff an. Beides wird in der chemischen Industrie benötigt und nachgefragt. Der Hersteller bezeichnet das Anfallen dieser Stoffe als gewollt. Sind Natronlauge und Wasserstoff Abfall?

– Nein.
– Es ist ein Verwendungszweck auch für die Stoffe Natronlauge und Wasserstoff vorhanden. Das äußert sich u. a. in einer Nachfrage des Marktes. Diese Nebenprodukte haben, wie das Hauptprodukt Chlor, einen positiven Marktwert.

1.2.2   Die Begriffe zu den Abfallvermeidungsmaßnahmen

Abfallvermeidungsmaßnahmen sind die 1. **Stufe der Abfallhierarchie.**

1.2.2.1 Abfallvermeidung nach § 3 (20) KrWG

– Maßnahme, die ergriffen wird, bevor Stoff/Material/Erzeugnis zu Abfall geworden ist
– Ziel: **Verringerung**
  ◦ der Abfallmenge
  ◦ der schädlichen Auswirkungen des Abfalls auf Mensch/Umwelt
  ◦ des Gehaltes an schädlichen Stoffen in Materialien/Erzeugnissen
– Maßnahmen zur Abfallvermeidung sind z. B.
  ◦ anlageninterne **Kreislaufführung** von Stoffen
  ◦ abfallarme Produktgestaltung
  ◦ **Wiederverwendung** von Erzeugnissen
  ◦ Verlängerung der **Lebensdauer** von Erzeugnissen
  ◦ abfallbewusstes **Konsumverhalten**
    ▪ Erwerb von abfall- und schadstoffarmen Produkten
    ▪ Nutzung von Mehrwegverpackungen

1.2.2.2 Wiederverwendung nach § 3 (21) KrWG

– Verfahren, bei dem Erzeugnisse oder deren Bestandteile wieder **für denselben Zweck** verwendet werden, für den sie ursprünglich bestimmt waren
– bei einer Wiederverwendung sind die Erzeugnisse/Bestandteile keine Abfälle!

1.2.3   Die Begriffe zu den grundlegenden abfallwirtschaftlichen Tätigkeiten

1.2.3.1 Abfallbewirtschaftung nach § 3 (14) KrWG

Abfallbewirtschaftung ist
– die **Bereitstellung** und die **Überlassung** von Abfällen
– die **Sammlung** und die **Beförderung** von Abfällen
– die **Verwertung** und die **Beseitigung** von Abfällen
– die **Überwachung** der abfallwirtschaftlichen Verfahren
– die **Nachsorge** von Beseitigungsanlagen
– abfallwirtschaftliche Tätigkeiten, die von Händlern und Maklern vorgenommen werden

1.2.3.2 Kreislaufwirtschaft nach § 3 (19) KrWG

Unter Kreislaufwirtschaft versteht man alle Maßnahmen zur
– **Vermeidung** und
– Verwertung
von Abfällen.

1.2.4   Die Begriffe zu den Entsorgungsarten

1.2.4.1 Abfallverwertung nach § 3 (23) KrWG

- jedes Entsorgungsverfahren, wodurch Abfälle einem **sinnvollen Zweck** zugeführt werden
- **Ersatz von Rohstoffen** (andere Materialien, die sonst verwendet worden wären) durch Abfälle
- alle Vorbereitungsmaßnahmen, damit Abfälle diese Ersatzfunktion erfüllen können
- Anlage 2 KrWG: nicht abschließende Liste von abfalltypischen Verwertungsverfahren

1.2.4.2 Vorbereitung zur Wiederverwendung nach § 3 (24) KrWG

Vorbereitung zur Wiederverwendung

- ist ein abfallrechtliches Verwertungsverfahren
- wird angewendet auf Erzeugnisse oder deren Bestandteile
  - die zu Abfällen geworden sind
  - die wieder für denselben Zweck verwendet werden, für den sie ursprünglich bestimmt waren
  - **Prüfung, Reinigung, Reparatur, Sortierung**, aber keine weitere Vorbehandlung
- ist nach der Abfallvermeidung die **2. Stufe der Abfallhierarchie**

1.2.4.3 Recycling nach § 3 (25) KrWG

jedes Verwertungsverfahren zur

- **stofflichen Aufbereitung** von (auch organischen) Abfällen und
- **Herstellung** von Erzeugnissen, Materialien oder Stoffen **aus Abfällen**
  - für den ursprünglichen Zweck oder
  - für andere Zwecke
- kein Recycling ist aber
  - die energetische Verwertung
  - die Aufbereitung zu Ersatzbrennstoff
  - die Aufbereitung zur Verfüllung
- ist nach der Abfallvermeidung und der Vorbereitung zur Wiederverwendung die **3. Stufe der Abfallhierarchie**

1.2.4.4 Beseitigung nach § 3 (26) KrWG

jede Entsorgungsmaßnahme, die **keine Verwertung** ist

- selbst wenn dabei Stoffe oder Energie zurückgewonnen werden, z. B. thermische Beseitigung
- Anlage 1 KrWG: nicht abschließende Liste von abfalltypischen Beseitigungsverfahren
- ist die **5. (letzte) Stufe der Abfallhierarchie**

1.2.5   Die Begriffe zu den abfalltypischen Nebentätigkeiten

1.2.5.1 Abfallsammlung nach § 3 (15) KrWG

– Einsammeln von Abfällen
– auch die vorläufige Sortierung/Lagerung für den Transport zu einer Abfallbehandlungsanlage

1.2.5.2 Getrennte Abfallsammlung nach § 3 (16) KrWG

– Sammlung, bei der ein Abfallstrom nach Art/Beschaffenheit des Abfalls getrennt gehalten wird
– Ziel: um eine bestimmte Behandlung zu erleichtern
– Beispiel: Bioabfälle; Anforderungen zur Getrennthaltung können nach § 11 (2) Nr. 2 KrWG durch Rechtsverordnung festgelegt werden (z. B. Anhang 1 Nr. 1 Spalte 3 BioAbfV)

1.2.5.3 Gemeinnützige Abfallsammlung nach § 3 (17) KrWG

– Sammlung,
  ◦ die durch eine **gemeinnützige Körperschaft** getragen wird und
  ◦ die der Verfolgung des **gemeinnützigen Zweckes** dient
– „gemeinnützig" (§ 52 AO) = Tätigkeit die darauf gerichtet ist, die Allgemeinheit auf materiellem, geistigem oder sittlichem Gebiet selbstlos zu fördern, z. B. Förderung von Wissenschaft, Forschung, Religion, öffentliche Gesundheit, Jugend-/Altenhilfe, Kunst, Kultur, Denkmalschutz/ -pflege, Erziehung, Bildung, Naturschutz, Umweltschutz
– wenn Sammler beauftragt wird:
  ◦ Sammler führt Tätigkeit zum Selbstkostenpreis durch
  ◦ Veräußerungserlös geht vollständig an gemeinnützige Körperschaft

1.2.5.4 Gewerbliche Abfallsammlung nach § 3 (18) KrWG

– Sammlung,
  ◦ die zum Zweck der **Einnahmeerzielung** erfolgt
  ◦ die auf Grundlage vertraglicher Bindungen zwischen Sammler und privaten Haushalten in dauerhaften Strukturen abgewickelt wird

1.2.6   Die Begriffe zu den abfallwirtschaftlichen Akteuren

1.2.6.1 Erzeuger von Abfällen nach § 3 (8) KrWG

Es gibt zwei Arten von Abfallerzeugern

- **Ersterzeuger** = derjenige, durch dessen Tätigkeit Abfälle angefallen sind
- **Zweiterzeuger** = derjenige, der als z. B. als Entsorger diese Abfälle vorbehandelt, vermischt oder anderweitig behandelt und sie an einen weiteren Entsorger abgibt

Erläuterung:
- Eine bloße Verursachung eines Abfalls durch eine Handlung ist nicht ausreichend für die Eigenschaft „Abfallerzeuger".
- Erforderlich ist, dass der Erzeuger die Abfallentstehung <u>maßgeblich bewirkt</u>.
- Der Erzeuger ist daher diejenige natürliche oder juristische Person,
  ○ die den <u>bestimmenden Einfluss</u> über die Handlung hat, durch die Abfälle anfallen oder
  ○ die <u>für die Umstände verantwortlich</u> ist, auf Grund derer eine Entledigung geboten ist.

Häufiges Problem in der Praxis:
- Wer ist Abfallerzeuger, wenn ein Bau- und Abbruchunternehmen im Auftrag eines Bauherrn ein Gebäude in mineralischen Abfall verwandelt? Die Baufirma oder der Bauherr?

Lösungsvorschlag:
- Die Baufirma handelt nicht von sich heraus, sondern im Auftrag.
- Der Bauherr übt den bestimmenden Einfluss über die Tätigkeit aus, die zur Erzeugung der Abfälle führt.
- Die Baufirma ist also allenfalls Erfüllungsgehilfe und damit nicht notwendigerweise selbst Abfallerzeuger.

1.2.6.2 Besitzer von Abfällen nach § 3 (9) KrWG

Abfallbesitzer ist jeder, der die tatsächliche Sachherrschaft über Abfälle hat.
- Der Begriff der tatsächlichen Sachherrschaft bestimmt damit maßgeblich die Verantwortlichkeit für den Abfall.
- Nach der Rechtsprechung des BVerwG muss stets „ein Mindestmaß" an tatsächlicher Sachherrschaft an dem Abfall bestehen.
- Auf den „Willen zum Besitz" oder auf die „Rechtmäßigkeit des Besitzes" kommt es dabei nicht an (anders als beim zivilrechtlichen Besitzbegriff nach § 854 (1) BGB).

1.2.6.3 Beförderer von Abfällen nach § 3 (11) KrWG

- Natürliche/juristische Person, die Abfälle befördert
  ○ entweder gewerbsmäßig
    = unternehmerische Tätigkeit, die auf die Beförderung von Abfällen gerichtet ist
  ○ oder im Rahmen anderer wirtschaftlicher Unternehmen
    = unternehmerische Tätigkeit, die nicht auf die Beförderung von Abfällen gerichtet ist
- Beförderer ist auch derjenige, der Abfälle einsammelt, die vom Erzeuger/Besitzer zur Beförderung bereitgestellt worden sind

1.2.6.4 Sammler von Abfällen nach § 3 (10) KrWG

– Natürliche/juristische Person, die Abfälle sammelt
  ○ entweder gewerbsmäßig
    = unternehmerische Tätigkeit, die auf die Sammlung von Abfällen gerichtet ist
  ○ oder im Rahmen anderer wirtschaftlicher Unternehmen
    = unternehmerische Tätigkeit, die nicht auf die Sammlung von Abfällen gerichtet ist

1.2.6.5 Händler von Abfällen nach § 3 (12) KrWG

– natürliche/juristische Person, die in eigener Verantwortung Abfälle erwirbt und weiterveräußert
  ○ entweder gewerbsmäßig
    = unternehmerische Tätigkeit, die auf das Handeln mit Abfällen gerichtet ist
  ○ oder im Rahmen anderer wirtschaftlicher Unternehmen
    = unternehmerische Tätigkeit, die nicht auf das Handeln mit Abfällen gerichtet ist
  ○ oder als öffentliche Einrichtung
– der Erwerb der tatsächlichen Sachherrschaft ist für das Handeln mit Abfällen nicht erforderlich
– Voraussetzung für die Tätigkeit als Händler von Abfällen
  ○ bei nicht gefährlicher Abfällen: **Anzeige** nach § 53 KrWG
  ○ bei gefährlichen Abfällen: **Erlaubnis** nach § 54 KrWG

1.2.6.6 Makler von Abfällen nach § 3 (13) KrWG

– natürliche/juristische Person, die für die Bewirtschaftung von Abfällen für Dritte sorgt (Vermittler)
  ○ entweder gewerbsmäßig
    = unternehmerische Tätigkeit, die auf das Vermitteln von Abfallbewirtschaftungsmaßnahmen gerichtet ist
  ○ oder im Rahmen anderer wirtschaftlicher Unternehmen
    = unternehmerische Tätigkeit, die nicht auf das Vermitteln von Abfallbewirtschaftungsmaßnahmen gerichtet ist
  ○ oder als öffentliche Einrichtung
– der Erwerb der tatsächlichen Sachherrschaft ist für das Vermitteln von Abfallbewirtschaftungsmaßnahmen nicht erforderlich
– unter den Begriff „Bewirtschaftung von Abfällen" fällt auch die Abfallbeförderung
– aber: das Beauftragen von Beförderungen durch Spediteure (Frachtvertrag nach § 407 (1) HGB) ist keine Abfallbewirtschaftung → ein Spediteur ist somit kein Abfallmakler
– Voraussetzung für die Tätigkeit als Makler von Abfallbewirtschaftungsmaßnahmen
  ○ bei nicht gefährlicher Abfällen: **Anzeige** nach § 53 KrWG
  ○ bei gefährlichen Abfällen: **Erlaubnis** nach § 54 KrWG

LERNZIELKONTROLLE ZU I.1.2

Lernzielkontrolle – Aufgabe I.1.2-1

Im Rahmen von Rückbauarbeiten sind asbesthaltige Rückstände angefallen. Es handelt sich um Brandschutzauskleidungen von Leitungskanälen und Hohlraumabdichtungen aus Spritzasbest (Weichasbest) und um die Asbestzementplatten der Lüftungskanäle (Hartasbest).
Handelt es sich bei den Asbestzementplatten um Abfall im Sinne des KrWG?
Begründung:

_____

_____

_____

_____

Lernzielkontrolle – Aufgabe I.1.2-2

Was ist der Unterschied zwischen den Entsorgungsverfahren D10 und R1?

_____

_____

_____

_____

⌐ⁿtrolle – Lösung Aufgabe I.1.2-1

– Ja.

– Der Entledigungswille ist anzunehmen, da die Asbestplatten nicht bezweckt angefallen sind bzw. die ursprüngliche Zweckbestimmung entfallen und kein unmittelbarer neuer Verwendungszweck vorhanden ist. Da Asbest ein verbotener Stoff ist, gibt es keine neue und erlaubte Zweckbestimmung.

– Außerdem Entledigungszwang, da es keine zweckgerichtete Verwendung gibt (verboten) und konkretes Gefährdungspotential vorhanden ist, das nur durch Entsorgung ausgeschlossen werden kann.

Lernzielkontrolle – Lösung Aufgabe I.1.2-2

– Entsorgungsverfahren D10 ist ein Beseitigungsverfahren nach Anlage 1 KrWG: Verbrennung an Land

– Entsorgungsverfahren R1 ist ein Verwertungsverfahren nach Anlage 2 KrWG: Hauptverwendung als Brennstoff oder als anderes Mittel der Energieerzeugung

1.3   Abfallhierarchie

Die **Abfallhierarchie** nach § 6 KrWG

- ist eine **Grundsatznorm** zur Festlegung einer prinzipiellen Rangfolge von Maßnahmen zur Abfallvermeidung und Abfallbewirtschaftung
- hat das Ziel: Umsetzung der fünfstufigen Abfallhierarchie nach Art. 4 der EU-AbfRRL
  - ◦ generalisierte Prioritätenfolge, aber weiter Ermessensspielraum
  - ◦ durch die Hierarchie sollen diejenigen Maßnahmen gefördert werden, die
    - ▪ insgesamt das beste Ergebnis unter allen Umweltschutzaspekten erbringen
    - ▪ den gesamten Lebenszyklus des Abfalls berücksichtigen

Frühere Abfallhierarchie
- bis 31.05.2012: **3-stufige Abfallhierarchie** (§ 4 (1), § 11 (1) KrW-/AbfG)
  - ◦ 1. „Vermeidung" (= Verringerung der Menge bzw. Schädlichkeit)
  - ◦ 2. „Verwertung" (= Nutzung stofflich oder zur Gewinnung von Energie)
  - ◦ 3. „Beseitigung" (= Entsorgungsmaßnahme, wenn nicht verwertet wird)

Heutige Abfallhierarchie
- seit 01.06.2012: KrWG mit **5-stufiger Abfallhierarchie** (§ 6 (1) KrWG)
  - ◦ 1. **„Vermeidung"**
  - ◦ 2. **„Vorbereitung zur Wiederverwendung"**
  - ◦ 3. **„Recycling"** (= stoffliche Verwertung)
  - ◦ 4. **„sonstige Verwertung"** (z. B. energetische Verwertung oder Verfüllung)
  - ◦ 5. **„Beseitigung"**

Das Prinzip der Abfallhierarchie gilt aber **nicht absolut**, sondern

- entsprechend dem bestmöglichen Schutz von Mensch/Umwelt
- unter Berücksichtigung
  - ◦ des Vorsorge- und Nachhaltigkeitsprinzips
  - ◦ des Schutzes und der Schonung von Ressourcen
  - ◦ der Gesamtauswirkungen auf die Umwelt und menschliche Gesundheit
- unter Beachtung
  - ◦ der technischen Möglichkeit und Durchführbarkeit
  - ◦ der wirtschaftlichen Vertretbarkeit und Zumutbarkeit
  - ◦ der wirtschaftlichen Folgen und sozialen Verträglichkeit

Beispiele für die Anwendung der Abfallhierarchie:

Hierarchiestufe	Beispiel	Maßnahme
Vermeidung	Altreifen	Nutzung zur Beschwerung von Kunststoffplanen in der Landwirtschaft
	Holzschutzmittelproduktion	Unmittelbare Verwendung von Rückständen für die nächste Charge
	Unbelasteter Erdaushub	Einsatz als Füllmaterial am Ort des Aushubs
	Beschädigtes Werkzeug/ Arbeitsmittel	Reparatur und Weiterverwendung
	Verunreinigte Kleidung	Reinigung und Weiternutzung
Vorbereitung zur Wiederverwendung	Möbel	Aussortierung von brauchbaren Möbeln aus dem Sperrmüll zur Weiterverwendung
	Holzpaletten	Aussortierung von unbeschädigten Holzpaletten aus einem Stapel Altholz
	Textilien	Aussortierung und Reinigung von brauchbarer Kleidung aus Altkleidercontainer
Recycling (stoffliche Verwertung)	Eisenschrotte	Gewinnung von Sekundärrohstoffen
	NE-Metallabfälle	
	Altpapier	
	Kunststoffabfälle (sortenrein)	
	Altglas	
	Mineralfaserabfälle	Herstellung von silikatischen Zuschlagstoffen für die Tonziegelproduktion (derzeit keine Anwendung, HessVGH Beschluss vom 09.10.2012, 2 B 1860/12)
	Altreifen	Aufbereitung zur Herstellung von Gummimehl für technische Kunststoffprodukte
	Altöl	Aufbereitung, Rektifikation und Herstellung von Basisöl

Hierarchiestufe	Beispiel	Maßnahme
Sonstige Verwertung	Kunststoffe (hochkalorisch, nicht sortenrein)	Erzeugung von Ersatzbrennstoff nach Aussortieren aus Wertstoffgemisch
	Restabfall	Energiegewinnung in einem Müllheizkraftwerk
	Altreifen	Einsatz als Granulat zur Energiegewinnung in einem Zementofen
	Schlacken	Einsatz als Versatzmaterial in Bergwerken
	Ofenausbruch aus Verbrennungsprozessen	
	Filterstäube	
	REA-Gips	
	Gießerei-Altsande	
Beseitigung	PCB-Abfall	Verbrennung (Beseitigungspflicht wegen PCBAbfallV, Zerstörungspflicht wegen POP-VO)
	Asbesthaltige Abfälle	Deponierung auf einer SAD (Verwertung ist technisch nur mit großem Aufwand möglich)
	Dioxinhaltige Filterstäube	Untertagedeponierung (zulässig nach Anhang V POP-VO)
	Cyanidhaltige flüssige Abfälle	Chemisch-physikalische Behandlung (z. B. Oxidation)
	Chromathaltige Abfälle	Chemisch-physikalische Behandlung (z. B. Reduktion)

1.4 Grundpflichten

1.4.1 Bedeutung der Grundpflichten der Kreislaufwirtschaft

Die Grundpflichten der Kreislaufwirtschaft nach § 7 KrWG sind
- Vermeidung von Abfällen: unmittelbare und konkrete Rechtspflichten richten sich an
  ○ Betreiber von BImSch-Anlagen
  ○ die im Rahmen der Regelungen zur Produktverantwortung Verpflichteten
- Verwertung von Abfällen
  ○ zentrale Grundpflicht von Abfallerzeugern und Abfallbesitzern
  ○ prinzipiell: Vorrang der Verwertung vor der Beseitigung
    ▪ Umsetzung der Abfallhierarchie (Differenzierung der einzelnen Verwertungsmaßnahmen in § 8 KrWG)
    ▪ Ausnahmen (Abwägung: Kriterien der Abfallhierarchie): kein Verwertungsvorrang,
      • wenn Schutz von Mensch/Umwelt am besten durch Beseitigung gewährleistet ist
      • wenn technisch nicht möglich
      • wenn wirtschaftlich nicht zumutbar
      • für Abfälle, die unmittelbar und üblicherweise bei Forschung/Entwicklung anfallen

Zur Erfüllung der Grundpflichten der Kreislaufwirtschaft sind Abfälle zu **verwerten**
- **vorrangig** und möglichst **hochwertig**,
- **ordnungsgemäß** und **schadlos**

Dabei bedeuten:
- **vorrangig**
  ○ nach Maßgabe der Abfallhierarchie
  ○ unter Berücksichtigung der Abwägungskriterien

- möglichst **hochwertig**
  ○ unter Berücksichtigung aller Umweltwirkungen („Ökobilanzen")
  ○ nach den besten verfügbaren Techniken (BVT)

- **ordnungsgemäß** =
  ○ im Einklang mit den abfallrechtlichen Vorschriften
  ○ im Einklang mit anderen Vorschriften, soweit von Belang

- **schadlos** =
  ○ keine Beeinträchtigungen des Wohls der Allgemeinheit, wegen
    ▪ Beschaffenheit der Abfälle
    ▪ Ausmaß der Verunreinigungen
    ▪ Art der Verwertung
  ○ insbesondere keine Schadstoffanreicherung im Wertstoffkreislauf

Beispiel: **Altöl**verwertung zu Basisöl oder Ersatzbrennstoff

– nicht ordnungsgemäß, wenn
  ○ aufgrund eines Gehaltes an PCB von mehr als 50 mg/kg
  ○ abfallrechtlich eine Beseitigung vorgeschrieben ist
– Rechtsvorschriften:
  ○ PCBAbfallV
  ○ Richtlinie 96/59/EG
  ○ VO (EU) 2019/1021 (neue POP-VO)

Beispiel: **Kunststoff**verwertung zu Sekundärrohstoff

– nicht ordnungsgemäß, wenn
  ○ der aus dem Kunststoffabfall gewonnene Sekundärrohstoff eine solche Konzentration von Cadmium enthält, so dass
  ○ ein Inverkehrbringen des Kunststoffproduktes verboten ist
– Rechtsvorschriften:
  ○ ChemVerbotsV
  ○ VO (EG) Nr. 1907/2006 (REACH-VO), Anhang XVII, Nr. 23

Beispiel: Verwertung von **Holzasche** zu Sekundärdünger

– nicht ordnungsgemäß, wenn
  ○ das aus der Abfallasche gewonnene Düngemittel eine solche Konzentration von Schwermetalloxiden enthält, so dass
  ○ ein Inverkehrbringen als Düngemittel verboten ist
– Rechtsvorschriften:
  ○ DüngG
  ○ VO (EG) Nr. 2003/2003 (bis 16.07.2022, danach VO (EU) 2019/1009)

Die wichtigsten **Grundsätze und Grundpflichten** im aktuellen Abfallrecht sowie deren Zusammenhänge und Abgrenzungen sind nachfolgend dargestellt.

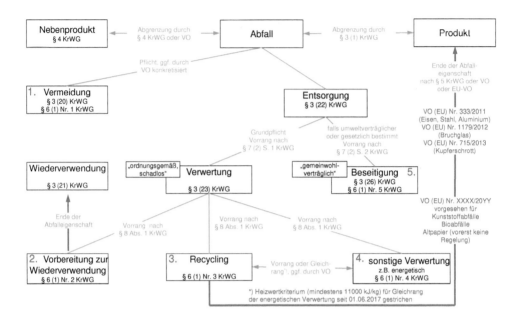

Grundsätze und Grundpflichten des KrWG

1.4.2   Die Entsorgungsarten Verwertung und Beseitigung

Abfälle werden grundsätzlich beschrieben durch

- die **Abfalldefinition** nach § 3 (1) Satz 1 KrWG:
  - Abfall
  - Nicht-Abfall
- die **Entsorgungsart** nach § 3 (1) Satz 2 KrWG:
  - Abfall zur Verwertung
  - Abfall zur Beseitigung
- die **Abfallbestimmung** nach § 48 KrWG und AVV:
  - Abfallschlüssel
  - Abfallbezeichnung
  - Gefährlichkeit
- verschiedene physikalische und chemische **Parameter** entsprechend der jeweiligen Entsorgungsmaßnahme (z. B. AltölV, AbfKlärV, DepV)

Nach § 3 (1) Satz KrWG gilt für die Verwertung:

- *„Abfälle zur Verwertung sind Abfälle, die verwertet werden* (es heißt nicht: Abfälle, *„die verwertbar sind")*;
- *„Abfälle, die nicht verwertet werden, sind Abfälle zur Beseitigung"*

Damit sind z. B. Kunststoff-, Holz-, Metall-, Papierabfälle (die verwertbar sind) nicht von vornherein auch Abfälle zu Verwertung, sondern erst dann, wenn sie tatsächlich einer Verwertungsmaßnahme unterzogen werden.

Dazu Grundsätze:

- ohne **Kenntnis der Entsorgungsmaßnahme** kann die Entsorgungsart nicht abschließend festgestellt werden
- für die Entsorgungsart ist die Art und Zusammensetzung des Abfalls nicht alleine entscheidend, sondern in erster Linie die Entsorgungsmaßnahme

1.4.2.1 Anforderungen an die Verwertung

Konkrete **Anforderungen** an die **Standards** und **Qualität** von **Verwertungsmaßnahmen** aufgrund von § 10 KrWG, z. B.

- Verbot oder Beschränkung der Einbindung von bestimmten Abfällen in Erzeugnissen
- Anforderungen an Getrennthalten, Vermischung, Beförderung, Lagerung
- Anforderungen an Bereitstellen, Überlassen, Sammeln, Hol-/Bringsysteme
- bei kritischen Abfällen:
  - Mengenbegrenzung, Kriterien zur Beschaffenheit/Verkehrsfähigkeit
  - Verbot des Inverkehrbringens
- bei mineralischen Abfällen: Anforderungen für Verwertung zu Bauprodukten

– weitere verfahrenstechnische Anforderungen, z. B. ggf.
  ○ spezielle Nachweise oder Register, Annahme- bzw. Übergabekontrollen, Betriebstagebuch, spezielle Behälterkennzeichnung
  ○ Probenahme, Rückstellproben, Analyseverfahren
  ○ Sachverständigenpflicht, Sach-/Fachkundeanforderungen
  ○ elektronische Kommunikation/Archivierung

1.4.2.2 Wichtige Rechtsvorschriften zur Festlegung von Verwertungsstandards

AbfKlärV	Abfallklärschlamm-Verordnung
AltfahrzeugV	Altfahrzeug-Verordnung
AltholzV	Altholz-Verordnung
AltölV	Altöl-Verordnung
BioAbfV	Bioabfall-Verordnung
DepV	Deponie-Verordnung (Teil 3, §§ 14–17)
ErsatzbaustoffV	Ersatzbaustoff-Verordnung (in Vorbereitung für mineralische Abfälle)
GewAbfV	Gewerbeabfall-Verordnung
GewinnungsAbfV	Gewinnungsabfall-Verordnung
HKWAbfV	Halogenierte Lösemittelabfall-Verordnung
VersatzV	Versatz-Verordnung

sowie auch

BattG	Batteriegesetz
BattGDV	Batteriegesetz-Durchführungsverordnung
ElektroG	Elektro- und Elektronikgerätegesetz
VerpackG	Verpackungsgesetz

1.4.2.3 Energetische Verwertung und thermische Beseitigung

Europäische Rechtsprechung zur Unterscheidung von

– energetischer Verwertung und

– thermischer Beseitigung

Europäischer Gerichtshof

– <u>Energetische Verwertung</u>
  nach EuGH (Rechtssache Nr. C-228/00, Urteil vom 13.02.2003), wenn:
  ○ Hauptverwendung als Brennstoff
    ▪ stoffliches Kriterium: Abfall ist nicht nur brennbar, sondern hat Brennstoffgüte
    ▪ z. B. „Ersatzbrennstoff"
  ○ Abfall wird für sinnvollen Zweck, nämlich Energieerzeugung, eingesetzt
  ○ durch Abfallverbrennung wird mehr Energie „erzeugt", erfasst und tatsächlich genutzt(!) als verbraucht

- ∘ Primärenergie (die sonst benötigt würde) muss durch Abfall ersetzt werden
- ∘ andere Kriterien, wie Heizwert, Schadstoffgehalt oder die Frage der Vermischung (grundsätzliches Vermischungsverbot für alle gefährlichen Abfälle!) sind ohne Belang
- ∘ es gibt keine ausdrückliche Verwertungsanlage, sondern nur eine Verwertungsmaßnahme (Einzelfallbetrachtung!)

− Thermische Beseitigung
  nach EuGH (Rechtssache C-458/00, Urteil vom 13.02.2003), wenn:
  - ∘ Hauptzweck ist Verringerung der Abfallmenge und/oder Beseitigung des Schadstoffpotentials
  - ∘ Zweck der Maßnahme ist Abfallverbrennung und nicht Ersatz primärer Energieträger
  - ∘ Rückgewinnung und Nutzung der Verbrennungswärme ist nur Nebeneffekt
  - ∘ Eigenschaft des Abfalls, brennbar zu sein, ist unerheblich

LERNZIELKONTROLLE ZU I.1.4

Lernzielkontrolle – Aufgabe I.1.4-1

Welche Entsorgungsarten gibt es nach dem KrWG?

☐ stoffliche Verwertung von Abfällen
☐ thermische Verwertung von Abfällen
☐ Vermeidung von Abfällen
☐ thermische Beseitigung von Abfällen
☐ energetische Beseitigung von Abfällen
☐ energetische Verwertung von Abfällen

Lernzielkontrolle – Aufgabe I.1.4-2

Unter welchen Voraussetzungen ist die energetische Verwertung von Abfällen nach dem KrWG überhaupt zulässig?

_____

_____

_____

_____

Lernzielkontrolle – Lösung Aufgabe I.1.4-1

☒ stoffliche Verwertung von Abfällen
☐ thermische Verwertung von Abfällen
☐ Vermeidung von Abfällen
☒ thermische Beseitigung von Abfällen
☐ energetische Beseitigung von Abfällen
☒ energetische Verwertung von Abfällen

Lernzielkontrolle – Lösung Aufgabe I.1.4-2

– Hauptzweck der Maßnahme ist Gewinnung und Nutzung von Energie
– Abfallhierarchie nach § 6 KrWG: energetische Verwertung ist nachrangig zu Recycling, es sei denn
  ○ Recycling ist technisch nicht möglich, wirtschaftlich nicht zumutbar
  ○ energetische Verwertung ist hochwertiger als Recycling

1.5   Getrennthaltungspflichten und Vermischungsverbote

Die Pflicht zum **Getrennthalten von Abfällen zur Verwertung** und das **Vermischungsverbot** nach § 9 KrWG dient der Sicherstellung einer möglichst hochwertigen Verwertung.

1.5.1   Getrennthaltungsgebot (§ 9 (1) KrWG)

- Grundsatz:
  alle Abfälle müssen **getrennt gehalten** und **getrennt behandelt** werden
- Relativierung:
  soweit dies erforderlich ist zur Erfüllung
  - der Grundpflichten der Kreislaufwirtschaft (§ 7 KrWG)
  - der Rangfolge und Hochwertigkeit der Verwertungsmaßnahmen (§ 8 KrWG)
- **Konkretisierung** z. B. durch
  - Getrennthalten vom Restabfall
    - Elektro-/Elektronik-Altgeräte (§ 10 (1) ElektroG)
    - nicht in Geräte eingebaute Altbatterien (§ 11 (1) BattG)
  - Getrennthalten von Altöl
    - von PCB-Öl (§ 2 (3) PCBAbfallV, § 4 (2) AltölV)
    - angeordnetes Getrennthalten (§ 4 (6) AltölV)
  - Getrennthalten von Altholz
    - nach Herkunft/Sortiment (§ 10 und Anhang III AltholzV)
    - nach Altholzkategorie (§ 10 und § 2 Nr. 4 AltholzV)
    - von PCB-Altholz (§ 2 (3) PCBAbfallV, § 10 AltholzV)
    - von mit Holzschutzmitteln oder mit Teeröl behandeltem Altholz (§ 10 AltholzV)
  - Getrennthalten von halogenierten Lösemitteln (§ 2 (1) HKWAbfV)
  - künftig (ab 01.01.2025) EU-weite getrennte Abfallsammlung für gefährliche Abfallfraktionen in Haushalten vorgesehen (Art. 20 (1) EU-AbfRRL)

1.5.2   Vermischungsverbot (§ 9 (2) KrWG)

- Grundsatz:
  Vermischung (auch Verdünnung) **gefährlicher Abfälle**
  - mit anderen Arten gefährlicher Abfälle
  - mit anderen Abfällen, Stoffen, Materialien
  ist **unzulässig** (= Anforderung wegen Umsetzung von Art. 18 EU-AbfRRL)
- Vermischungsverbot **gilt nicht**, wenn:
  - Vermischung in einer zugelassenen Anlage nach KrWG oder BImSchG
  - Anforderungen an ordnungsgemäße/schadlose Verwertung sind eingehalten
  - schädliche Auswirkungen auf Mensch/Umwelt werden durch Vermischung nicht verstärkt
  - Vermischung erfolgt nach dem Stand der Technik

– **Konkretisierung** z. B. durch
  ◦ Vermischungsverbot von Altölen
    ▪ mit anderen Abfällen (§ 4 (1) AltölV)
    ▪ mit Altölen anderer Sammelkategorien (§ 4 (3) AltölV)
  ◦ Vermischungsverbot von Altholz
    ▪ bei der Herstellung von Holzwerkstoffen (§ 3 (3) und Anhang II AltholzV)
  ◦ Vermischungsverbot von halogenierten Lösemitteln (§ 2 (2) HKWAbfV)
    ▪ mit anderen halogenierten Lösemitteln
    ▪ mit anderen Stoffen und Abfällen

1.5.3   Separierungsgebot (§ 9 (3) KrWG)

– Grundsatz:
  Unzulässig vermischte gefährliche Abfälle sind wieder zu **trennen**
– Relativierung:
  soweit dies
  ◦ erforderlich ist für eine ordnungsgemäße/schadlose Verwertung (§ 7 (3) KrWG)
  ◦ technisch möglich und wirtschaftlich zumutbar ist

1.6   Überlassungspflichten

1.6.1   Überlassungspflichten

- **Überlassung** = Erzeuger/Besitzer des Abfalls müssen diesen den nach Landesrecht zur Entsorgung verpflichteten juristischen Personen (öffentlich-rechtliche Entsorgungsträger, örE) physisch übergeben oder für diese bereitstellen
  - z. B. Nutzung bestimmter **Sammelsysteme**
  - keine freie Wahl des Entsorgungsweges möglich
- grundsätzlich bei
  - **allen Abfällen** aus **privaten** Haushaltungen
    - Ausnahme nur, wenn eigene Verwertung Rahmen der privaten Lebensführung auf eigenem Grundstück durchgeführt werden kann und wird (z. B. Bioabfall)
  - **Abfall zur Beseitigung** aus nicht privaten Herkunftsbereichen **(Gewerbe-/Industrieabfall)**
    - Ausnahme nur, wenn eigene Beseitigung und kein überwiegendes öffentliches Interesse an Überlassung
- **Ausnahmen** von der allgemeinen Überlassungspflicht (§ 17 (2) KrWG)
  - rücknahme-/rückgabepflichtige Abfälle
    - gilt nicht, wenn örE dabei mitwirken (z. B. Wertstofftonne)
  - freiwillig zurückgenommene Abfälle, wenn Freistellungs-/Feststellungsbescheid vorliegt
  - gemeinnützige Sammlung von Abfällen zur Verwertung
    - nicht bei gemischten Abfällen aus privaten Haushaltungen oder gefährlichen Abfällen
  - gewerbliche Sammlung von Abfällen zur Verwertung, wenn überwiegende öffentliche Interessen nicht entgegenstehen
    - nicht bei gemischten Abfällen aus privaten Haushaltungen oder gefährlichen Abfällen

Überwiegende öffentliche Interessen stehen einer gewerblichen Sammlung entgegen, wenn

- Gefährdung
  - der **Funktionsfähigkeit des örE** oder von diesem beauftragte Dritte
  - eines **Rücknahmesystems** für rücknahme-/rückgabepflichtige Abfälle
  - der **Erfüllung der Entsorgungspflichten des örE** zu „wirtschaftlich ausgewogenen Bedingungen"
- wesentliche **Beeinträchtigung der Planungssicherheit**/Organisationsverantwortung der örE
  - das ist anzunehmen, wenn
    - der örE haushaltsnahe oder sonstige hochwertige getrennte Erfassung und Verwertung selbst durchführt
    - die Gebührenstabilität gefährdet ist
    - eine diskriminierungsfreie, transparente und wettbewerbsneutrale Vergabe von Entsorgungsleistungen erschwert/unterlaufen wird
  - das ist nicht anzunehmen, wenn der gewerbliche Sammler gegenüber dem örE
    - die Sammlung/Verwertung wesentlich leistungsfähiger durchführt, also
    - Qualität, Effizienz, Umfang, Dauer der Erfassung und Verwertung und die „gemeinwohlorientierte Servicegerechtigkeit der Leistung" wesentlich besser sind

1.6.2   Andienungs- und Überlassungspflichten bei gefährlichen Abfällen

Die Bundesländer dürfen nach § 17 (4) KrWG bestimmen

− Andienungs- und Überlassungspflichten für gefährliche Abfälle
− soweit zur Sicherstellung der umweltverträglichen Beseitigung erforderlich
− Festlegung eines Verfahrens zur Zuweisung und Anzeige
− grundsätzlich nur gefährliche Abfälle zur Beseitigung
− Ausnahme:
  ◦ Andienungspflicht auch für gefährliche Verwertungsabfälle, wenn diese schon vor dem 07.10.1996 bestimmt war
  ◦ einziges davon betroffenes Bundesland: Rheinland-Pfalz

Rechtsfolgen der Andienung:

− Erzeuger / Besitzer eines gefährlichen Abfalls müssen vor der Entsorgung unabhängig von anderen Rechtspflichten eine Zuweisung zu einer bestimmten (zumeist beantragten) Entsorgungsanlage besitzen
− die betroffenen Bundesländer haben dazu zentrale Stellen (Andienungsgesellschaften) eingerichtet
− Erzeuger/Besitzer müssen vor der beabsichtigten Beseitigung und zusätzlich zum Nachweisverfahren erst diesen Stellen den Abfall „anbieten"

Andienungspflichten in Deutschland seit 01.07.2014 (Wegfall der Andienungspflicht in Hessen durch § 27 (2) Nr. 1 HAKrWG) nur noch in 7 Bundesländern:

− durch jeweilige Landesabfallgesetze bzw. Sonderabfallverordnungen
− Beispiele
  ◦ Baden-Württemberg: Sonderabfallverordnung (SAbfVO)
  ◦ Bayern: Bayerisches Abfallwirtschaftsgesetz (Art. 10 BayAbfG)
  ◦ Hamburg: Andienungsverordnung (GefAbfAndV HH)
  ◦ Niedersachsen: Verordnung über die Andienung von Sonderabfällen (NAndienV)

Andienungspflichten für gefährliche Abfälle in den einzelnen Bundesländern:

Bundesland (in Klammern ggf. zentraler Träger der Sonderabfallentsorgung)	Andienungspflichten für gefährliche Abfälle zur	
	Beseitigung	Verwertung
Baden-Württemberg (SAA Sonderabfallagentur Baden-Württemberg)	Ja	Nein
Bayern (GSB Sonderabfall-Entsorgung Bayern)	Ja	Nein
Berlin (SBB Sonderabfallgesellschaft Brandenburg/Berlin)	Ja	Nein
Brandenburg (SBB Sonderabfallgesellschaft Brandenburg/Berlin)	Ja	Nein
Bremen	Nein	Nein
Hamburg (Behörde für Umwelt und Energie Hamburg)	Ja	Nein
Hessen	Nein	Nein
Mecklenburg-Vorpommern	Nein	Nein
Niedersachsen (NGS Niedersächsische Gesellschaft zur Endablagerung von Sonderabfall)	Ja	Nein
Nordrhein-Westfalen	Nein	Nein
Rheinland-Pfalz (SAM Sonderabfall-Management-Gesellschaft)	Ja	Ja
Saarland	Nein	Nein
Sachsen	Nein	Nein
Sachsen-Anhalt	Nein	Nein
Schleswig-Holstein	Nein	Nein
Thüringen	Nein	Nein

Beispiel: EN zur Beseitigung und Zuweisungsbescheid in Baden-Württemberg

Deckblatt Entsorgungsnachweise **DEN**

Zutreffendes bitte ankreuzen bzw. ausfüllen! Auszufüllen durch den Abfallerzeuger/Bevollmächtigten	EN-Nr.: ENF██████ █ (nicht vom Antragsteller auszufüllen)

Entsorgungsnachweis/Sammelentsorgungsnachweis/EN/SN

EN	[X]	Entsorgungsnachweis für nachweispflichtige Abfälle
SN	[ ]	Sammelentsorgungsnachweis für nachweispflichtige Abfälle

[ ] mit Behördenbestätigung   [X] ohne Behördenbestätigung (§ 7 NachwV)   [ ] zur Verwertung   [X] zur Beseitigung

Nur bei Verwendung als Registerdeckblatt

Nach Abfallverzeichnis-Verordnung (AVV)

Abfallschlüssel

Abfallbezeichnung

Für interne Vermerke der Behörde

1 Angaben zum Abfallerzeuger

1.1 Firma/Körperschaft
██████ ████ █ ██████
████ ███

1.2 Straße   Hausnummer
███████

1.3 Postleitzahl   Ort
████   ████ ███

1.4 Ansprechpartner
█ ███████ ███

1.5 Telefon   Telefax
███ ███   ███ ████ ███

1.6 E-Mail-Adresse
██████ ██████ ██

2 Angaben zum Bevollmächtigten

2.1 Firma/Körperschaft

2.2 Straße   Hausnummer

2.3 Postleitzahl   Ort

2.4 Ansprechpartner

2.5 Telefon   Telefax

2.6 E-Mail-Adresse

Für Vermerke des Abfallerzeugers (für Entsorgungsnachweis / Sammelentsorgungsnachweis ausfüllen)

Durch die Behörde
bestätigtes Eingangsdatum
(Tag, Monat, Jahr)

Ablauf der Frist nach § 5 Abs. 5
Datum
(Tag, Monat, Jahr)

[ ] Unterlagen vollständig

Verantwortliche Erklärung und Annahmeerklärung und
Bestätigung der Behörde(soweit aufgrund NachwV erforderlich)
gingen in Kopie an die zuständige Behörde am

Datum
(Tag, Monat, Jahr)

Zuweisungsbescheid gemäß § 5 Sonderabfallverordnung

Sehr geehrte Damen und Herren,

wir haben Ihren Zuweisungsantrag zur Entsorgung eines gefährlichen Abfalls zur Beseitigung am ▉ ▉.2013 erhalten. Aufgrund der Angaben in Ihrem Antrag

Abfallbezeichnung:	Abfallschlüssel:
* wässrige Waschflüssigkeiten und Mutterlaugen	070701

Vorschlag:
Entsorger:

Abfallmenge pro Jahr:	10 t
(Sammel)-Entsorgungsnachweisnummer:	ENF▉▉▉
Beantragt bis:	▉ ▉.2018
Anfallstelle:	

Erzeugernummer:

ergeht gemäß § 5 Sonderabfallverordnung folgende Entscheidung:

Zuweisung

Der Abfall wird bis ▉ ▉.2018 dem von Ihnen vorgeschlagenen Entsorgungsweg zugewie-
sen.

Nebenbestimmung

Der Bescheid kann jederzeit widerrufen, nachträglich befristet oder mit Auflagen versehen
werden, wenn dies zur Sicherstellung einer geordneten Entsorgung geboten ist.

Gebühren

Rechtsbehelfsbelehrung

Gegen diesen Bescheid kann innerhalb eines Monats nach Bekanntgabe Widerspruch erhoben werden. Der Widerspruch ist bei der SAA Sonderabfallagentur Baden-Württemberg
GmbH, ▉▉▉ ▉▉▉ schriftlich oder zur Niederschrift ▉▉▉
▉▉▉ einzureichen.

Für Rückfragen stehen wir Ihnen gerne zur Verfügung.

Mit freundlichem Gruß

LERNZIELKONTROLLE ZU I.1.6

Lernzielkontrolle – Aufgabe I.1.6-1

Unter welchen Voraussetzungen ist nicht gefährlicher Abfall überlassungspflichtig?

_____

_____

_____

_____

Lernzielkontrolle – Aufgabe I.1.6-2

Unter welchen Voraussetzungen ist gefährlicher Abfall andienungspflichtig bzw. überlassungspflichtig?

_____

_____

_____

_____

Lernzielkontrolle – Lösung Aufgabe I.1.6-1

Für Abfälle zur Beseitigung im Rahmen der lokalen bzw. regionalen Abfallsatzungen.

Lernzielkontrolle – Lösung Aufgabe I.1.6-2

– Für gefährliche Abfälle zur Beseitigung in BB, BE, BW, BY, HH, NI.
– Für alle gefährlichen Abfälle in RP.
– Rechtsgrundlage: § 17 (4) KrWG

1.7   Anzeigeverfahren für gemeinnützige und gewerbliche Sammlungen

- Anzeige spätestens 3 Monate vor Beginn der Sammlung
- Inhalt:

Angaben zu	Sammlung	
	gewerblich	gemeinnützig
Größe / Organisation des Sammlungs- unternehmens / Trägers der Sammlung	X	X
Art, Ausmaß, Dauer der Sammlung	X	X
Art, Menge, Verbleib der zu verwertenden Abfälle	X	(X)
Verwertungswege	X	(X)
Ordnungsgemäßheit und Schadlosigkeit der Verwertung	X	(X)

- Anhörung des öffentlich-rechtlichen Entsorgungsträgers; dieser hat 2 Monate Zeit, Stellung zu nehmen
- zuständige Behörde kann Auflagen machen
- zuständige Behörde kann Mindestzeitraum festlegen, max. 3 Jahre

1.8   Rechte und Pflichten der öffentlich-rechtlichen Entsorgungsträger

1.8.1   Allgemeines und Definition

Wesentlicher Aspekt der Kreislaufwirtschaft und Abfallbeseitigung in Deutschland:

- **Aufgabenteilung** zwischen **kommunaler** und **privater** Entsorgungswirtschaft
- **Verursacherprinzip**
  - gewerbliche Erzeuger/Besitzer von Abfällen sind grundsätzlich selbst für deren Entsorgung verantwortlich
- Prinzip der **Daseinsvorsorge**
  - Staat trägt Verantwortung für Entsorgung von
    - Abfällen aus privaten Haushalten
    - Abfällen zur Beseitigung aus nicht-privaten Herkunftsbereichen
  - Kommunen (kreisfreie Städte, Gemeinden, Landkreise) werden als öffentlich-rechtliche Entsorgungsträger tätig

Definition der öffentlich-rechtlichen Entsorgungsträger (**örE**)

- die nach Landesrecht zur Entsorgung verpflichteten juristischen Personen (§ 17 (1) KrWG)
- derzeit in Deutschland ca. 550 örE
- nähere Bestimmung sowie die Festlegung der Rechte und Pflichten im Abfallrecht der Bundesländer (jeweiliges **Landesabfallgesetz**):

Bundes-land	Landesabfallgesetz	Bestimmung, Auf-gaben, Rechte der örE
BB	Brandenburgisches Abfall- und Bodenschutzgesetz	§§ 2 bis 16
BE	Gesetz zur Förderung der Kreislaufwirtschaft und Sicherung der umweltverträglichen Beseitigung von Abfällen in Berlin	§§ 2 bis 13
BW	Landesabfallgesetz Baden-Württemberg	§§ 6 bis 11
BY	Gesetz zur Vermeidung, Verwertung und sonstigen Bewirtschaftung von Abfällen in Bayern	Art. 3 bis 9
HB	Bremisches Ausführungsgesetz zum Kreislaufwirtschafts- und Abfallgesetz	§§ 3 bis 9 und Ortsgesetz über die Entsorgung von Abfällen in der Stadtge-meinde Bremen
HE	Hessisches Ausführungsgesetz zum Kreislaufwirtschaftsgesetz	§§ 1 bis 6
HH	Hamburgisches Abfallwirtschaftsgesetz	§§ 4 bis 6b
MV	Abfallwirtschaftsgesetz für Mecklenburg-Vorpommern	§§ 3 bis 8
NI	Niedersächsisches Abfallgesetz	§§ 6 bis 12
NW	Abfallgesetz für das Land Nordrhein-Westfalen	§§ 5 bis 9

Bundes-land	Landesabfallgesetz	Bestimmung, Aufgaben, Rechte der örE
RP	Landeskreislaufwirtschaftsgesetz Rheinland-Pfalz	§§ 3 bis 7
SH	Abfallwirtschaftsgesetz für das Land Schleswig-Holstein	§§ 3 bis 7
SL	Saarländisches Abfallwirtschaftsgesetz	§§ 5 bis 11
SN	Gesetz über die Kreislaufwirtschaft und den Bodenschutz im Freistaat Sachsen	§ 2
ST	Abfallgesetz des Landes Sachsen-Anhalt	§§ 3 bis 11b
TH	Thüringer Ausführungsgesetz zum Kreislaufwirtschafts-gesetz	§§ 3 bis 7

1.8.2   Pflichten der öffentlich-rechtlichen Entsorgungsträger

Die typischen Pflichten der örE finden sich im Kreislaufwirtschaftsgesetz (KrWG), den Landes-Abfall-, Abfallwirtschafts- bzw. Kreislaufwirtschaftsgesetzen und in den darauf beruhenden regionalen bzw. lokalen Abfall- bzw. Abfallwirtschaftssatzungen der Kommunen.

Pflichten der örE nach § 20 KrWG

– Entsorgung der im jeweiligen Gebiet der örE angefallenen/überlassenen
  ◦ Abfälle aus **privaten Haushaltungen**
  ◦ Abfälle zur **Beseitigung aus anderen Herkunftsbereichen**
– **Verwertung** auch für überlassene Beseitigungsabfälle, wenn
  ◦ Verwertung für örE **technisch möglich** und **wirtschaftlich zumutbar**
  ◦ für Überlassungspflichtigen u. U. nicht technisch möglich / wirtschaftlich zumutbar
– Entsorgung der im jeweiligen Gebiet der örE vorgefundenen **Kraftfahrzeuge / Anhänger**
  ◦ ohne gültige amtlichen Kennzeichen
  ◦ auf öffentlichen Flächen oder außerhalb bebauter Ortsteile abgestellt
  ◦ länger als 1 Monat nach einer am Fahrzeug angebrachten Aufforderung zum Entfernen
  ◦ keine Anhaltspunkte für Entwendung oder bestimmungsgemäße Nutzung
– **Ausschluss** (widerruflich) **von der Entsorgungspflicht** der örE
  ◦ mit behördlicher Zustimmung
  ◦ rücknahmepflichtige Abfälle bei vorhandenen Rücknahmeeinrichtungen
  ◦ gewerbliche Abfälle zur Beseitigung, wenn
    ▪ wegen Art, Menge, Beschaffenheit nicht mit Haushaltabfällen entsorgbar
    ▪ Abfallwirtschaftspläne der Länder nicht entgegenstehen
    ▪ Entsorgungssicherheit anderweitig (anderer örE oder Dritte) gewährleistet ist
– **Verwertung** muss **ordnungsgemäß**, **Beseitigung** muss **gemeinwohlverträglich** sein

Pflichten der örE, z. B. nach HAKrWG Hessen

- **Einsammlung** und **Beförderung** angefallener und überlassener Abfälle
- **Entsorgung** nach § 20 KrWG
- Schaffung/Bereithaltung
  - der notwendigen **Sammelsysteme**, Einrichtungen und Anlagen
  - ausreichend vieler ortsfester/mobilen Sammelstellen für **Kleinmengen gefährlicher Abfälle**
    - Privat: max. 100 kg/Sammlung bzw. Sammeltag, zweimal jährlich, keine Zusatzgebühren
    - Gewerblich: max. 500 kg/Jahr möglich, Gebühren möglich
- **Abfallsatzung**
  - Anschluss-/Benutzungszwang der Grundstücke an Sammelsysteme, Einrichtungen, Anlagen zur Abfallentsorgung
  - Details der Überlassungsanforderungen (wie, wo, wann)
  - Mindestbehältervolumen, Mindestanzahl von Einsammlungen kann festgelegt werden
- **Abfallwirtschaftskonzepte** (§ 8 HAKrWG Hessen)
  - bundesrechtlich vorgeschrieben (§ 21 KrWG)
    - Adressat: örE
    - konkrete Ausgestaltung nach Landesrecht
  - **Inhalte** der Abfallwirtschaftskonzepte
    - Angaben über Art, Menge und Verbleib der zu entsorgenden Abfälle
    - Darstellung der getroffenen/geplanten Entsorgungsmaßnahmen
    - Begründung der Notwendigkeit der Abfallbeseitigung (Angaben zur mangelnden Verwertbarkeit)
    - Darlegung der vorgesehenen Entsorgungswege für die nächsten sechs Jahre
    - Angaben zur notwendigen Standort-/Anlagenplanung
    - gesonderte Darstellung der Verbringungsabfälle
  - Berücksichtigung der **Abfallwirtschaftsplanung der Bundesländer** nach § 30 KrWG
  - Abfallwirtschaftskonzepte werden grundsätzlich **alle sechs Jahre** fortgeschrieben (Abfallbehörde kann Abweichungen gestatten / festlegen)
- **Abfallbilanzen** (§ 8 HAKrWG Hessen)
  - bundesrechtlich vorgeschrieben (§ 21 KrWG)
    - Adressat: örE
    - konkrete Ausgestaltung nach Landesrecht
  - **Inhalte** der Abfallbilanzen
    - Art, Menge, Anfall und Verbleib der entsorgten Abfälle
    - gesonderte Darstellung der Verbringungsabfälle
    - Begründung der Notwendigkeit der Abfallbeseitigung (Angaben zur mangelnden Verwertbarkeit)
  - Abfallbilanzen werden **jährlich** und grundsätzlich bis spätestens 01.04. des Folgejahres erstellt (Abfallbehörde kann Frist verlängern)
- Rechtsverordnung über Abfallwirtschaftskonzepte/Abfallbilanzen möglich
    - nähere Anforderungen an Form und Inhalt
    - Ausnahmen für bestimmte Abfälle

1.8.3   Rechte der öffentlich-rechtlichen Entsorgungsträger

− Recht auf **Gebührenerhebung**:
  örE können Gebühren verlangen, z. B. nach § 5 HAKrWG Hessen
  ◦ zur **Deckung der Kosten** der Abfallentsorgung
  ◦ für **alle Aufwendungen** für von den örE selbst oder in ihrem Auftrag wahrgenommene abfallwirtschaftliche Aufgaben
  ◦ für die **Deponierung** von Abfällen und Leistungen im **Zusammenhang mit Ablagerung**
  ◦ für **Sicherheitsleistungen** oder **Rücklagen** für Stilllegung / Nachsorge von Abfallbeseitigungsanlagen
− Recht auf **kommunale Zusammenarbeit**
  ◦ z. B. nach § 4 HAKrWG Hessen
    ▪ örE dürfen sich den Formen kommunaler Gemeinschaftsarbeit bedienen
  ◦ z. B. durch **Abfallverbände** nach § 8 LAbfG Baden-Württemberg
    ▪ örE können zur Erfüllung ihrer Pflichten Abfallverbände bilden oder öffentlich-rechtliche Vereinbarungen abschließen (mit Zustimmung durch UM)
    ▪ bei dringendem öffentlichen Bedürfnis sogar Pflicht
      (örE müssen sich zusammenschließen, um z. B. Entsorgungssicherheit, bessere Umweltverträglichkeit, Wirtschaftlichkeit zu gewährleisten)
− Rechte des örE, z. B. nach § 3 Abfallwirtschaftssatzung des Landkreises Karlsruhe
  ◦ Gegenstand: Anschluss-/Benutzungszwang an örE
  ◦ Adressaten: Grundstückseigentümer, Erbbauberechtigte, Wohnungseigentümer/-erbbauberechtigte, Nießbraucher, sonstige Nutzungsberechtigte (auch Mieter, Pächter), das Grundstück tatsächlich nutzende Personen, sonstige Abfallbesitzer (auch Selbstanlieterer)
  ◦ Grundpflicht: auf den Grundstücken anfallende **Abfälle sind** Landkreis **zu überlassen**
  ◦ Ausnahme: z. B. **Pflanzenabfälle**, die außerhalb von Entsorgungsanlagen entsorgt werden dürfen

1.9   Beauftragung Dritter

– Beauftragung Dritter durch zur Verwertung oder Beseitigung Verpflichtete grundsätzlich möglich.

– Die zur Verwertung oder Beseitigung Verpflichteten bleiben aber weiter verantwortlich, und zwar bis zur endgültigen (!) Entsorgung.

– Die beauftragten Dritten müssen zuverlässig sein.

– Sammler/Beförderer/Händler/Makler: können Aufträge an Dritte weitergeben; diese müssen dann aber dieselben Anforderungen (Anzeige/Erlaubnis) erfüllen, wie ihre Auftraggeber.

1.10   Produktverantwortung

Zentraler Aspekt des deutschen Abfallrechts seit dem KrW-/AbfG (06.10.1996)

- verursacherorientierte, private Kreislaufwirtschaft
- anstelle einer öffentlich-rechtlichen Abfallentsorgung

Das heutige KrWG hat die **Schwerpunkte**:

- Grundsätze und Grundpflichten von Abfallerzeugern/-besitzern und öffentlich-rechtlichen Entsorgungsträgern (örE)
- **Abfallwirtschaftliche Produktverantwortung**
- Planungsverantwortung
  (Abfallbeseitigung, Abfallwirtschaftspläne/Abfallvermeidungsprogramme, Anlagenzulassung)
- Pflichten zur Abfallberatung und Öffentlichkeitsarbeit
- Überwachungspflichten, Register- und Nachweispflichten, Erlaubnis- und Anzeigepflichten
- Entsorgungsfachbetriebe
- Betriebsorganisation, Beauftragter für Abfall und Erleichterungen für auditierte Unternehmensstandorte.

Die **Produktverantwortung** ist eine der wichtigsten Maßnahmen zur **Abfallvermeidung** nach § 3 (20) KrWG:

- **anlageninterne Kreislaufführung** von Stoffen, die als Vor-, Zwischen- und Nebenprodukte anfallen (innerhalb einer Anlage gibt es also keinen rechtlichen Unterschied zwischen Vermeidung und Verwertung)
- die Produktverantwortung, insbesondere die **abfallarme Produktgestaltung** nach §§ 23–27 KrWG
- **Konsum**verhalten
- Erwerb von abfall- und schadstoffarmen Produkten
- Nutzung von Mehrwegverpackungen
- die **Wiederverwendung** von Erzeugnissen
- die Verlängerung der **Lebensdauer** von Erzeugnissen

Förderung der Vermeidung und Verwertung von Abfällen

- ordnungsrechtliche Instrumentarien
- finanzielle Anreize

Übertragung der Produktverantwortung auf **Hersteller und Vertreiber** (Inverkehrbringer)

- Erzeugnisse müssen so konzipiert werden, dass während Herstellung und Gebrauch **möglichst wenig Abfall** entsteht
- Erzeugnisse müssen nach ihrer Gebrauchsphase **unentgeltlich zurückgenommen** und verwertet werden
- die zusätzlichen Kosten sollen das Verhalten der Marktteilnehmer steuern
  - ∘ Anreiz für Kunden, Produkte mit geringen Entsorgungskosten zu kaufen
  - ∘ Anreiz für Hersteller, Produkte abfallarm / recyclingfreundlich zu gestalten

Rechtliche Verankerung der **Produktverantwortung im KrWG:**

- § 23 Grundsätze der Produktverantwortung
- § 24 Anforderungen an Verbote, Beschränkungen und Kennzeichnungen
- § 25 Anforderungen an Rücknahme- und Rückgabepflichten
- § 26 Freiwillige Rücknahme
- § 27 Besitzerpflichten nach Rücknahme

1.10.1 Grundsätze der Produktverantwortung nach § 23 KrWG

Adressaten:

- Wer Erzeugnisse **entwickelt, herstellt, be-/verarbeitet, vertreibt** trägt dafür die Produktverantwortung

Pflicht: Erzeugnisse möglichst so gestalten, dass
- bei Herstellung und Gebrauch **nur wenige Abfälle** anfallen
- die nach dem Gebrauch entstandenen Abfälle **umweltverträglich entsorgt** werden können

Zur Produktverantwortung gehört vor allem
- solche Erzeugnisse zu entwickeln, herzustellen und zu vertreiben, die
  - ∘ **mehrfach verwendbar**
  - ∘ **technisch langlebig**
  - ∘ nach Gebrauch ordnungsgemäß, schadlos und **hochwertig verwertbar**
  - ∘ auch zur **umweltverträglichen Beseitigung** geeignet
  - sind;
- vorrangig verwertbare Abfälle oder **sekundäre Rohstoffe** anstelle von Primärrohstoffen bei der Herstellung von Erzeugnissen einzusetzen
- schadstoffhaltige Erzeugnissen als solche zu **kennzeichnen**, um ihre umweltverträgliche Entsorgung zu gewährleisten
- durch Kennzeichnung auf Möglichkeiten oder Pflichten der **Rückgabe, Wiederverwendung,** Verwertung bzw. **Pfandregelungen** hinzuweisen
- Erzeugnisse bzw. deren Abfälle zurückzunehmen, um diese umweltverträglich zu entsorgen

1.10.2 Konkretisierende Regelungen zur Produktverantwortung

RechtsVO nach § 23 (4) KrWG:
Festlegung der Produktverantwortung

- **durch wen** wahrzunehmen
- für **welche Erzeugnisse**
- in welcher **Art und Weise**

RechtsVO nach § 24 KrWG:
Anforderungen an **Verbote, Beschränkungen, Kennzeichnungen**

- Festlegung, dass bestimmte Erzeugnisse (auch Verpackungen / Behältnisse) **nur in Verkehr gebracht werden dürfen**
  - in bestimmter Beschaffenheit
  - zu bestimmten Verwendungen
  - in einer die Entsorgung entlastenden/erleichternden Weise
    (z. B. in einer Mehrwegform)
  - wenn sie entsprechend und zweckmäßig gekennzeichnet sind
    (z. B. mit Hinweis auf Schadstoffgehalt, Rückgabe-/Pfandpflicht, Pfandhöhe, Rückgabemöglichkeit, Wiederverwendbarkeit, Entsorgungsweg)
- Festlegung, dass bestimmte Erzeugnisse (auch Verpackungen/Behältnisse) **nicht in Verkehr gebracht werden dürfen**
  - wenn ihre schadlose Entsorgung nicht oder nur sehr schwer möglich ist

1.10.3   Produktverantwortung bei ausgewählten Erzeugnissen

1.10.3.1 Verpackungen

Rechtsgrundlage:
Verordnung über die Vermeidung und Verwertung von Verpackungsabfällen (Verpackungsverordnung – **VerpackV**)

– Ursprüngliche Fassung: VerpackV vom 12.06.1991
  ○ erste abfallrechtliche Konkretisierung der Produktverantwortung
– 5. Novelle der VerpackV vom 02.04.2008
  ○ u. a. jetzt auch gültig für den Versandhandel
– 6. Novelle der VerpackV vom 17.07.2014
  ○ Umsetzung der RL 2013/2/EU vom 07.02.2013
    = Änderung von Anhang I der EU-Verpackungs-RL 94/62/EG
  ○ Klarstellungen bei Begriffsbestimmungen und Abgrenzungsfragen:
    „Container sind keine Transportverpackungen"
    Verpackungseigenschaften von z. B. Getränkesystemkapseln, Streichholzschachteln, Kleiderbügel, Backförmchen
– 7. Novelle der VerpackV vom 17.07.2014
  ○ Anlass:
    ▪ stetige Abnahme der Mengen an lizenzierten Verkaufsverpackungen
    ▪ Probleme bei Vollzug und Überwachung
    ▪ Missbrauch bei „Eigenrücknahme" von Verpackungen und bei Branchenlösungen
  ○ Vorgesehene Maßnahmen:
    ▪ Verbesserung der Rahmenbedingungen für den Wettbewerb der „dualen Systeme"
    ▪ bessere Nachprüfbarkeit der Verpackungsmengen bei Eigenrücknahme und bei Branchenlösungen durch detaillierten Mengenstromnachweis über gesamten Lieferweg
– Seit 01.01.2019: Gesetz für das Inverkehrbringen, die Rücknahme und die hochwertige Verwertung von Verpackungen (Verpackungsgesetz – **VerpackG**)

Pflicht für Hersteller und Vertreiber

– Rücknahme und Verwertung von **Transport-**, **Um-** und **Verkaufsverpackungen**, regelmäßig erfüllt durch
  ○ nachweisliche Teilnahme an unabhängigem, leistungsfähigem, flächendeckendem **Rücknahme- und Verwertungssystem** (derzeit 8 Systeme: BellandVision GmbH, Der Grüne Punkt Duales System Deutschland GmbH, INTERSEROH Dienstleistungs GmbH, Landbell AG für Rückhol-Systeme, NOVENTIZ Dual GmbH, Reclay Systems GmbH, Veolia Umweltservice Dual GmbH, Zentek GmbH & Co. KG, außerdem RK Recycling Kontor GmbH & Co. KG und Prezero Dual GmbH, diese aber zunächst bis 31.12.2019)

– **Zwangspfand** für bestimmte Verkaufsverpackungen
  ○ ökologisch nicht vorteilhafte Einweggetränkeverpackungen für besonders marktrelevante Getränkebereiche
– Verkaufsverpackungen für private Endverbraucher: festgelegte **stoffliche Verwertungsquoten** nach § 16 VerpackG (im Klammern: Quoten ab 01.01.2022)
  ○ Glas: 80 %   (90 %)
  ○ Eisen (Weißblech):   80 %   (90 %)
  ○ Aluminium: 80 %   (90 %)
  ○ Papier, Pappe, Karton: 80 %   (90 %)
  ○ Getränkekartonverpackungen: 75 %   (80 %)
  ○ Verbundverpackungen: 55 %   (70 %)

1.10.3.2 Batterien

Rechtsgrundlage:
Gesetz über das Inverkehrbringen, die Rücknahme und die umweltverträgliche Entsorgung von Batterien und Akkumulatoren (Batteriegesetz – **BattG**)

– in Kraft seit 01.12.2009 und Ersatz für die bis dahin gültige Batterieverordnung (BattV), die es seit 27.03.1998 gab
– u. a. Umsetzung der aktuellen **europäischen Batterierichtlinie** 2006/66/EG
– Ziel: Begrenzung von Umwelt- und Gesundheitsschäden durch Altbatterien
– aktuell: Anpassung des BattG (Arbeitsentwurf vom 27.05.2019)

Nach BattG gibt es **verschiedene Altbatterien**

Fahrzeugbatterien, für

– Anlasser, Beleuchtung, Zündung von Fahrzeugen

Industriebatterien, ausschließlich für

– industrielle, gewerbliche, landwirtschaftliche Zwecke
– Elektrofahrzeuge, Antrieb von Hybridfahrzeugen

Gerätebatterien

– sind gekapselt und können in der Hand gehalten werden
– auch Knopfzellen (Durchmesser ist größer als Höhe)

Pflichten für Hersteller, Vertreiber und Endnutzer

Endnutzer

– müssen Altbatterien einer **getrennten Sammlung** zuführen

Vertreiber

– müssen Altbatterien vom Endnutzer **unentgeltlich zurücknehmen**

Hersteller / Importeure

– müssen das vorgesehene Inverkehrbringen von Batterien dem **Umweltbundesamt anzeigen** (§ 4 (1) BattG, beabsichtigt ist künftig eine Registrierungspflicht)

– müssen ihre Batterien kostenlos vom Endnutzer bzw. von den Sammelstellen der Vertreiber und der örE zurücknehmen

– können Gerätebatterien durch **herstellereigene Systeme** zurücknehmen

– dürfen sich dem **Gemeinsamen Rücknahmesystem GRS** (für Gerätebatterien) anschließen

Herstellereigene Rücknahmesysteme nach § 7 BattG

– müssen jährlich die von ihren Teilnehmern jeweils in Verkehr gebrachte und von ihnen jeweils gesammelten und verwerteten **Batteriemengen dokumentieren**

– müssen diese Dokumentation („Erfolgskontrolle") dem **Umweltbundesamt** bis spätestens 30.04. des Folgejahres vorlegen

– sollen künftig durch Stiftung Elektro-Altgeräte Register (Stiftung EAR) genehmigt werden

Gemeinsames Rücknahmesystem für Gerätebatterien GRS nach § 6 BattG

– wurde 1998 als „Stiftung Gemeinsames Rücknahmesystem Batterien" mit Sitz in Hamburg gegründet

– Sammlung überwiegend im Handel (mehr als 4 300 Systemteilnehmer, größtes Rücknahmesystem für Gerätebatterien in Europa)

– Weitere, herstellereigene Rücknahmesysteme:
  ○ CCR REBAT: CCR Logistics Systems AG, Dornach (seit 2009)
  ○ ÖcoReCell: IFA-Ingenieurgesellschaft für Abfallwirtschaft und Umweltlogistik mbH, Bonn (seit 2008)
  ○ ERP European Recycling Platform Deutschland GmbH, Aachen (seit 2010)

Statistik des GRS **2018** *(Quelle: Erfolgskontrolle 2018 nach § 15 (1) BattG)*:

– mehr als 4 300 registrierte Hersteller/Importeure

– in Verkehr gebrachte Gerätebatterien: 35.855 t

– eingesammelte Geräte-Altbatterien: 16.615 t
  ○ stofflich verwertet: 16.840 t (!) (= Masse der Verwertungsprodukte)
  ○ beseitigt: 0 t (vollständige Verwertung)

– Sammelquote: 45,6 % (bezogen auf den aktuellen Dreijahresdurchschnitt der in Verkehr gebrachten Mengen)
  ○ Gesetzliche Sammelquote: 45 % (seit 2016, vorher: 35 %)

– Anzahl Übergabestellen: mehr als 170 000

Identifizierbare Altbatterien sind nach dem Stand der Technik **stofflich zu verwerten**, soweit **technisch möglich** und **wirtschaftlich zumutbar**.

Die verbleibenden und nicht verwerteten Altbatterien sind gemeinwohlverträglich zu beseitigen.

Für **Fahrzeug- und Industriebatterien** gelten eigene Regelungen (§ 8 BattG)

– Verbot der Verbrennung oder Deponierung (§ 14 (2) BattG)

– Hersteller bieten zumutbare und kostenfreie Möglichkeit der Rückgabe an

Zuständige Behörde ist das Umweltbundesamt. Es

– unterhält das **BattG-Melderegister** in D für die Angaben nach § 4 (1) BattG

– überwacht die **Wahrnehmung der Produktverantwortung** bei Batterien

– ist berechtigt, **Verstöße** gegen die Register-, Rücknahme- und Entsorgungspflichten zu verfolgen und ggf. mit Bußgeldern zu ahnden

Stoffbegrenzungen (§ 3 BattG)

– in Batterien dürfen höchsten enthalten sein

  ○ **Quecksilber**:   max. 0,0005 Gew.-% (= 5 mg/kg oder ppm)
     Ausnahme: Keine. Frühere Ausnahme für Knopfzellen mit bis zu 2 % Quecksilber wurde zum 01.10.2015 gestrichen (bereits in Verkehr gebrachte Knopfzellen dürfen noch gehandelt werden)
  ○ **Cadmium**:   max. 0,002 Gew.-% (= 20 mg/kg oder ppm)
     Ausnahmen: Batterien in Not- und Alarmsystemen und vom Cadmiumverbot freigestellte Batterien in Fahrzeugen nach Anhang II der RL 2000/53/EG

Kennzeichnungspflicht von Batterien

Kennzeichnungspflicht für Batterien mit

– > 0,0005 Gew.-% (> **5 mg/kg**) Quecksilber (Symbol „Hg")

– > 0,002 Gew.-% (> **20 mg/kg**) Cadmium (Symbol „Cd")

– > 0,004 Gew.-% (> **40 mg/kg**) Blei (Symbol „Pb")

– mit Symbol „**durchgestrichene Mülltonne**" nach der Anlage BattG

– außerdem: chemisches Zeichen der jeweiligen Metalle „**Hg**", „**Cd**" und/oder „**Pb**" mit Grenzwertüberschreitung

– gut sichtbar, lesbar, dauerhaft

– **Mindestgrößen**:
  ◦ eckige Batterien: mind. 3 % der größten Batterie-/Gebindefläche
  ◦ zylindrische Batterien: mind. 1,5 % Batterieoberfläche
  ◦ max. 5 cm × 5 cm; mind. 1 cm × 1 cm

Bei Fahrzeug- und Gerätebatterien:

– zusätzlich **Angabe der Kapazität** nach § 17 (6) BattG

– seit 01.06.2012: Angabe der Kapazität nach VO (EU) Nr. 1103/2010
  nicht notwendig bei sekundären (= wiederaufladbaren) Batterien, die fest in Geräten eingebaut sind

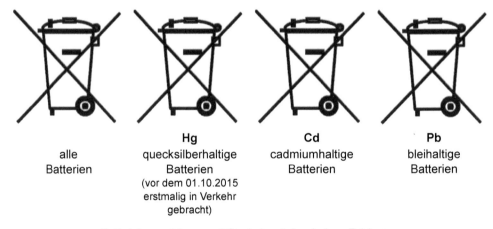

	Hg	**Cd**	**Pb**
alle Batterien	quecksilberhaltige Batterien (vor dem 01.10.2015 erstmalig in Verkehr gebracht)	cadmiumhaltige Batterien	bleihaltige Batterien

Batteriekennzeichnung mit Symbol und chemischem Zeichen

1.10.3.3 Elektroaltgeräte

Rechtsgrundlage:
Gesetz über das Inverkehrbringen, die Rücknahme und die umweltverträgliche Entsorgung von Elektro- und Elektronikgeräten (Elektro- und Elektronikgerätegesetz – **ElektroG**)

– Ursprüngliche Fassung: ElektroG vom 16.03.2005

– Konkretisierung der Produktverantwortung bei Elektro-/Elektronikgeräten

– Hintergrund:
Europäische Richtlinie 2002/96/EG über Elektro- und Elektronik-Altgeräte (**WEEE 1-RL**, von Waste of Electrical and Electronic Equipment = Elektro- und Elektronikgeräte-Abfall). Aktuell ist die Richtlinie 2012/19/EU (**WEEE 2-RL**) gültig

– 20.10.2015: Gesetz zur Neuordnung des Rechts über das Inverkehrbringen, die Rücknahme und die umweltverträgliche Entsorgung von Elektro- und Elektronikgeräten
   ◦ Umsetzung der WEEE-RL 2012/19/EU vom 07.07.2012
   ◦ offener Anwendungsbereich mit 6 **Gerätekategorien**
   ◦ schrittweise **Erhöhung der Sammel- und Verwertungsquoten**
   ◦ Beweislastumkehr beim Export gebrauchter Elektro- und Elektronikgeräte zum Schutz gegen illegale Verbringung (§ 23 und Anlage 6 ElektroG)

Ursprünglich wurde durch das ElektroG (ehem. § 5) auch die EG-Richtlinie 2002/95/EG (**RoHS 1-RL**, von Restriction of the use of certain Hazardous Substances = Beschränkung der Verwendung bestimmter gefährlicher Stoffe") umgesetzt. Aktuell ist die Richtlinie 2011/65/EU (**RoHS 2-RL**) gültig.

Seit 09.05.2013 sind die europäischen Stoffverbote in Deutschland durch die Verordnung zur Beschränkung der Verwendung gefährlicher Stoffe in Elektro- und Elektronikgeräten (Elektro- und Elektronikgeräte-Stoff-Verordnung – **ElektroStoffV**) umgesetzt.

Ziele des ElektroG für elektrische und elektronische Altgeräte (EAG)

– Definition der **Produktverantwortung**

– **Wiederverwendung** der Geräte/Geräteteile und Abfallvermeidung

– stoffliche und andere Formen der **Verwertung**

– **Reduktion** des **Schadstoff**eintrags (i. V. m.. ElektroStoffV)

Elektrische und elektronische Geräte nach ElektroG sind Geräte

– mit **max. 1 000 V Wechselspannung** bzw. **max. 1 500 V Gleichspannung**

– die zum Betrieb elektrische Ströme/elektromagnetische Felder benötigen

– die zur Erzeugung, Übertragung, Messung solcher Ströme/Felder dienen

Seit dem 15.08.2018 werden EAG in einer nicht abschließenden Liste mit **sechs Gerätekategorien** eingeteilt:

- 1. Wärmeüberträger
- 2. Bildschirme, Monitore und Geräte, die Bildschirme mit einer Oberfläche von mehr als 100 Quadratzentimeter enthalten
- 3. Lampen
- 4. Großgeräte
- 5. Kleingeräte
- 6. Kleine IT- und Telekommunikationsgeräte
  (keine äußere Abmessung beträgt mehr als 50 cm)

Schon seit 24.03.2006: **Trenngebot der EAG** vom Restabfall

Produktverantwortung, Rücknahmeverpflichtung und Gemeinsame Stelle

Gemeinsame Produktverantwortung für EAG durch

- öffentlich-rechtliche Entsorgungsträger (**örE**)
  - ∘ Einrichtung von Sammelstellen für EAG aus Privathaushalten
    (= **b2c** „business to consumer" EAG) = kommunale Übergabestellen
  - ∘ kostenfreie Abgabe durch Endnutzer und Endvertreiber
  - ∘ ggf. Einrichtung von Holsystemen

- **Hersteller**
  - ∘ Registrierungspflicht vor Inverkehrbringen von Elektro-/Elektronikgeräten
  - ∘ Finanzierungsgarantie für Rücknahme und Entsorgung
  - ∘ kostenfreie Bereitstellung von Sammelcontainern für 6 Sammelgruppen (neu: auch Fotovoltaikmodule)
  - ∘ unverzügliche Abholung, Wiederverwendung, Behandlung, Entsorgung der b2c-EAG
  - ∘ Haftungsgemeinschaft aller am Markt tätigen Hersteller zum Zeitpunkt des Anfalls der EAG

Stiftung **Elektro-Altgeräte-Register** (EAR = Elektro-Altgeräte-Register)
- **Gemeinsame Stelle der Hersteller** von Elektro-/Elektronikgeräten
- Sitz in Nürnberg
- durch das Umweltbundesamt mit **hoheitlichen Rechten** beliehen
- nimmt **Herstellerregistrierungen** nach § 6 (1) ElektroG entgegen → Registriernummer
- organisiert Einsammlung der EAG an den kommunalen Sammelstellen
  ◦ bestimmt durch Abhol- und Bereitstellungsanordnungen, welcher Hersteller wo gefüllte Container abzuholen und leere aufzustellen hat
- erstellt jährliches **Herstellerverzeichnis**
- erstellt **Verzeichnis** der Betreiber von **Erstbehandlungsanlagen**
- erstellt **Verzeichnis** der angezeigten **Sammel-/Rücknahmestellen**
- erstellt jährliche Vertriebs-, Sammel- und Entsorgungs**statistik**
- Informationspflicht an Umweltbundesamt

Hersteller

- beauftragen mit **Abholung und Bereitstellung leerer Container** zumeist Transport- oder Entsorgungsunternehmen
- müssen eine ihrem **Marktanteil entsprechende Menge** EAG je Geräteart entsorgen
  ◦ Berechnung durch „Gemeinsame Stelle"
  ◦ Berechnung der individuellen Rücknahmeverpflichtung pro Geräteart
    ▪ durch Sortierung oder über eine anerkannte statistische Analyse bzw.
    ▪ über Anteil am Gesamtgewicht der in Verkehr gebrachten Neugeräte

b2b („business to business")-EAG, nach dem 13.08.2005 in Verkehr gebracht

- Hersteller hat **zumutbare Rücknahme-/Entsorgungsmöglichkeiten** zu schaffen und Entsorgung sicher zu stellen
- ältere Geräte („historische Altgeräte" = Inverkehrbringen vor dem 13.08.2005 bei Altgeräten, vor dem 24.10.2015 bei Leuchten/Fotovoltaikmodulen): dafür ist Abfallbesitzer selbst verantwortlich

Vertreiber

– mit Verkaufsfläche für Elektro-/Elektronikgeräte von mindestens **400 Quadratmeter** (Online-Handel: Verkaufsfläche = alle Lager-/Versandflächen für Elektro-/Elektronikgeräte)

– Pflicht zur
  ◦ **unentgeltlichen** Rücknahme
    ▪ von gleichartigen Altgeräten bei Kauf eines neuen Elektro-/Elektronikgerätes am Verkaufsort oder in der Nähe
    ▪ von kleinen Altgeräten (Abmessung < 25 cm) in haushaltsüblichen Mengen im Einzelhandelsgeschäft oder in unmittelbarer Nähe auch ohne Kauf eine neuen Elektro-/Elektronikgerätes
  ◦ Abgabe der Rücknahme-Altgeräte an Hersteller, Wiederverwendung, Behandlung oder Entsorgung

– zulässig ist auch freiwillige unentgeltliche Rücknahme
  (lediglich für Abholleistungen darf Entgelt verlangt werden)

– nicht zulässig:
  ◦ Rücknahme über Sammel-/Übergabestellen der örE
  ◦ Entfernung von Bauteilen an den Rücknahmestellen (außer Batterien)

Kennzeichnung von Elektro-/Elektronikgeräten

– Ausnahme: historische Altgeräte

– Identität des Herstellers

– Hinweis auf ein Inverkehrbringen nach dem 13.08.2005 (bzw. für Leuchten, Fotovoltaikmodule: nach dem 24.10.2015)

– für b2c-Geräte: zusätzlich mit Symbol nach § 9 (2) und Anlage 3 ElektroG

Symbol zur Kennzeichnung von Elektro-/Elektronikgeräten,
die auch an Endverbraucher abgegeben werden

Produktkonzeption nach § 4 ElektroG

Hersteller müssen Geräte möglichst so gestalten, dass sie

- nach Gebrauch **leicht demontiert** und **verwertet** werden können
- und ihre Bauteile und Werkstoffen **leicht wiederverwendet** bzw. **stofflich verwertet** werden können

Entnahme von Batterien/Akkumulatoren muss **problemlos** möglich sein
(außer, wenn aus technischen, medizinischen, sicherheitstechnischen, datentechnischen Gründen eine besondere Konstruktion erforderlich)
Aber: unklare gesetzliche Formulierung (UBA: „problemlos" bezieht sich nicht auf Nutzung, sondern auf Entsorgung) und fehlende Sanktionsnormen führen zu einer Zunahme von Geräten mit fest verbauten Akkus

---

ZEIT ONLINE   WIRTSCHAFT

PRODUKTENTTÄUSCHUNG

Die Spur der Bürste

Viele elektrische Kleingeräte landen auf dem Müll, weil der Akku nicht einfach auswechselbar ist.

17. Mai 2013

So sollte es nicht sein:
Zahnbürste mit fest eingebautem Akku,
der sich nicht austauschen lässt

Stoffbegrenzungen (ElektroStoffV)

- seit 01.07.2006 gibt es Stoffbegrenzungen für Elektro-/Elektronikgeräte
- in den Elektro-/Elektronikgeräten dürfen **höchstens** enthalten sein
  - Schwermetalle
    - **Blei**:   max. 0,1   Gew.-%
    - **Chromat** (= sechswertiges Chrom):   max. 0,1   Gew.-%
    - **Quecksilber**:   max. 0,1   Gew.-%
    - **Cadmium**:   max. 0,01 Gew.-%
  - Phthalate
    - Butylbenzylphthalat (**BBP**):   max. 0,1   Gew.-%
    - Di(2-ethylhexyl)phthalat (**DEHP**):   max. 0,1   Gew.-%
    - Dibutylphthalat (**DBP**):   max. 0,1   Gew.-%
    - Diisobutylphthalat (**DIBP**):   max. 0,1   Gew.-%
  - Bromierte Phenyle
    - polybromierte Biphenyle (**PBB**) :   max. 0,1   Gew.-%
    - polybromierte Diphenylether (**PBDE**) :   max. 0,1   Gew.-%
- Bezugsgröße: Bauteil/Werkstoff mit **homogener Verteilung** dieser Stoffe

- **Ausnahmen** von den Stoffverboten bei
  - ◦ DEHP, BBP, DBP, DIBP in medizinischen Geräten, in-vitro-Diagnostika, Überwachungs-/Kontrollinstrumenten bis 22.07.2021,
  - ◦ bestimmten Geräten/Gerätebauteilen, Medizinprodukten, Überwachungs-/Kontrollinstrumenten nach Anhang III und Anhang IV der RoHS-RL,
  - ◦ Spielzeug, das schon Beschränkungen nach Anhang XVII REACH-VO unterliegt

Verwertung und Verwertungsquoten nach § 22 ElektroG

Es gibt 3 Möglichkeiten der Verwertung für EAG nach KrWG und ElektroG

- die Behandlung (Vorbereitung) zur **Wiederverwendung** (= „Re-Use")
  - ◦ EAG oder deren Bauteile werden zum gleichen Zweck verwendet, für den sie hergestellt oder in Verkehr gebracht wurden
- die **stoffliche Verwertung** (= „Recycling")
  - ◦ Wiederaufbereitung der Abfallmaterialien zum ursprünglichen oder zu anderen Zwecken (nicht energetische Verwertung)
- die **sonstige Verwertung** (= „Recovery")
  - ◦ alle weiterem Verwertungsverfahren nach Anlage 2 KrWG (R-Verfahren)

Für die Erfassung, die stoffliche Verwertung und die Verwertung von EAG insgesamt wurden **Mindestmengen und Mindestquoten** im ElektroG festgelegt:

- **Mindesterfassungsquote** (= Gesamtgewicht der erfassten EAG im Verhältnis zum 3-Jahres-Durchschnittsgewicht aller in Verkehr gebrachten Elektro-/Elektronikgeräte)
  - ◦ 65 Prozent (seit 2019)

EAG-Kategorie seit 15.08.2018		
Elektro-/Elektronikgeräte (Kategorie nach Anlage 1 ElektroG = Anhang III WEEE 2-RL)	Vorbereitung zur Wiederverwertung + des Recyclings in %	Verwertung in %
Wärmeüberträger (1)	80	85
Bildschirme (2)	70	80
Lampen (3)	–	80
Großgeräte (4)	80	85
Kleingeräte (5)	55	75
Kleine IT- und TK-Geräte (6)	55	75

Verwertungsquoten für Gerätekategorien gemäß ElektroG und WEEE 2-RL

Behandlung und Mengenstromnachweis

Falls keine Wiederverwendung:

- Behandlung nach dem **Stand der Technik** (§ 20 (2) ElektroG)
- erster Behandlungsschritt = **selektive Behandlung** (Anlage 4 ElektroG)
- aus den getrennt gesammelten EAG müssen **schadstoffhaltige Komponenten entfernt** werden, z. B. quecksilberhaltige Bauteile, Batterien, Tonerkartuschen, Leiterplatten > 10 cm^2, asbesthaltige Bauteile, Kathodenstrahlröhren, Gasentladungslampen, externe elektrische Leitungen, Elektrolyt-Kondensatoren > 2,5 cm
- danach **weitere Zerlege- und Aufbereitungsschritte**

Erstbehandlungsanlagen

- neu: **Anzeige der Tätigkeit** bei der Stiftung Elektro-Altgeräte-Register EAR (§ 25 (4) ElektroG)
- **jährliche Zertifizierung** durch Sachverständigen (§ 21 ElektroG)
- **Eignungsnachweis**, dass
  ○ Anlage technisch zur Erstbehandlung geeignet ist
  ○ Betreiber in der Lage ist, alle Primärdaten bis zur Verwertungsanlage nachvollziehbar zu dokumentieren (**Mengenstromnachweis**)

Im Zusammenhang mit der **Kommunikation** u. a. über Verwertungsquoten gibt es im ElektroG zahlreiche Mitteilungspflichten für die Akteure, insbesondere an die gemeinsame Stelle.

Akteur	Mitteilung an Gemeinsame Stelle	Zeitpunkt
örE (Optierung = Ausnahme von Bereitstellung zur Abholung, eigene Weiterverwendung, Behandlung oder Entsorgung) § 26 ElektroG	an Erstbehandlungsanlage abgegebene EAG (je SG und Kategorie) oder Nullmenge, wenn keine EAG an Erstbehandlungsanlage abgegeben wurden	Monatlich (bis 15. des Folgemonats)
	zur Wiederverwendung vorbereitete und recycelte EAG (je Kategorie)	Kalenderjährlich (bis 30.04. des Folgejahres)
	verwertete EAG (je Kategorie)	
	beseitigte EAG (je Kategorie)	
	zur Behandlung ins Ausland ausgeführte EAG (je Kategorie)	
	bei Erstbehandlungsanlagen nach § 22 (3) ElektroG zusammengefasste Mengen	

Akteur	Mitteilung an Gemeinsame Stelle	Zeitpunkt
Hersteller (Bevollmächtigte) § 27 ElektroG	in Verkehr gebrachte Elektro-/Elektronik-geräte (je Geräteart, b2c-Geräte sind gesondert auszuweisen) oder Nullmenge, wenn keine Elektro-/Elektronik-geräte in Verkehr gebracht wurden	Monatlich für b2c-Geräte (bis 15. des Folgemonats) Kalenderjährlich für b2b-Geräte (bis 30.04. des Folgejahres) Vereinbarung eines anderen Mitteilungszeit-raums mit Stiftung EAR möglich
	ins Ausland ausgeführte in Verkehr gebrachte Elektro-/Elektronikgeräte (je Geräteart)	
	bei den örE abgeholte EAG (je SG)	Unverzüglich
	nach § 16 (5) zurückgenommene EAG („Eigenrücknahme") (je Geräteart)	Monatlich (bis 15. des Folgemonats) Vereinbarung eines anderen Mitteilungszeit-raums mit Stiftung EAR möglich
	zurückgenommene b2b-EAG (je Geräteart und Kategorie)	Kalenderjährlich (bis 30.04. des Folge-jahres)
	zur Wiederverwendung vorbereitete und recycelte EAG (je Kategorie)	
	verwertete EAG (je Kategorie)	
	beseitigte EAG (je Kategorie)	
	zur Behandlung ins Ausland ausgeführte EAG (je Kategorie)	
	bei Erstbehandlungsanlagen nach § 22 (3) ElektroG zusammengefasste Mengen	
Vertreiber (sofern Eigenverwer-tung) § 29 (1–3) ElektroG (sofern Übergabe an Hersteller oder örE) § 29 (4) ElektroG	zurückgenommene EAG (je Kategorie) bzw. an Hersteller (Bevollmächtigten) oder örE übergebene EAG (je Kategorie)	Kalenderjährlich (bis 30.04. des Folge-jahres)
	zur Wiederverwendung vorbereitete und recycelte EAG (je Kategorie)	
	verwertete EAG (je Kategorie)	
	beseitigte EAG (je Kategorie)	
	zur Behandlung ins Ausland ausgeführte EAG (je Kategorie)	
	bei Erstbehandlungsanlagen nach § 22 (3) ElektroG zusammengefasste Mengen	

Akteur	Mitteilung an Gemeinsame Stelle	Zeitpunkt
Entsorgungspflichtige Besitzer (sofern keine Übergabe an Hersteller) §§ 19, 30 ElektroG	zur Wiederverwendung vorbereitete und recycelte EAG (je Kategorie)	Kalenderjährlich (bis 30.04. des Folgejahres)
	verwertete EAG (je Kategorie)	
	beseitigte EAG (je Kategorie)	
	zur Behandlung ins Ausland ausgeführte EAG (je Kategorie)	
	bei Erstbehandlungsanlagen nach § 22 (3) ElektroG zusammengefasste Mengen	

Sammelgruppen (SG) dienen dazu, eine ressourcenschonende Entsorgung und Schadstoffbehandlung zu gewährleisten. Es gibt folgende SG:

Sammelgruppe	Zuordnung seit 15.08.2018
SG 1	Wärmeüberträger
SG 2	Bildschirme, Monitore und Geräte mit mehr als 100 cm² Bildschirm-Oberfläche
SG 3	Lampen
SG 4	Großgeräte
SG 5	Kleingeräte und kleine IT- und Telekommunikationsgeräte
SG 6	Fotovoltaikmodule

Ergebnisse der Anwendung des ElektroG

hochwertige Verwertung der EAG

- durch das KrWG gefordert
- durch manuelle Zerlegung und schonende Demontage gewährleistet
- qualitativ hochwertige sortenreine Fraktionen
- aber auch hoher Verwaltungsaufwand für Datenerfassung und Kommunikation, mit zunehmender Zerlegetiefe steigend
- deshalb u. U. Wettbewerbsnachteile für kleine Zerlegebetriebe und soziale Einrichtungen gegenüber großen, automatisierten Aufbereitungsanlagen

Sammlung, Bereitstellung und Transport der EAG

- früher: regelmäßig **Qualitätsverlust** der übergebenen EAG wegen
  - ◦ unsachgemäßer, weil z. B. nicht witterungsgeschützter Zwischenlagerung an Sammel- und Übergabestellen
  - ◦ „rustikaler" Handhabung beim Transport, z. B. Beschädigungen bei Bildschirmgeräten, wenn lose in Schüttgutcontainern transportiert
- heute: Anforderungen zur **Vermeidung von Qualitätsverlusten**
  - ◦ Sammelbehältnisse müssen
    - ▪ so befüllt werden, dass Zerbrechen der EAG möglichst vermieden wird. EAG dürfen nicht mechanisch verdichtet werden (§ 14 (2) ElektroG)
    - ▪ so beschaffen sein, dass die enthaltenen EAG bruchsicher gesammelt werden können (§ 15 (3) ElektroG)
  - ◦ Gasentladungslampen müssen bruchsicher gelagert und transportiert werden (Anlage 4 Nr. 8 ElektroG)
  - ◦ darüber hinaus gelten gefahrgutrechtliche Anforderungen, wenn es sich um EAG handelt, die als gefährliche Güter befördert werden, z. B. weil sie Lithiumbatterien enthalten

Qualifikation der Erstbehandlungsanlagen

- jährliche Zertifizierung durch zugelassene **Umweltgutachter** (§§ 9, 10 UAG) oder öffentlich bestellte und vereidigte **Sachverständige** (§ 36 GewO) oder
- Entsorgungsfachbetrieb mit Bestätigung der **ElektroG-Konformität** im Efb-Überwachungszertifikat (§ 21 (4) ElektroG)

EAG-Verwertungsquoten 2017 in Deutschland *(Quelle: BMU Elektro- und Elektronikgeräte in Deutschland, Daten 2017)*:

– Gesammelt (Privathaushalte):	754.751 t
– Gesammelt (andere Quellen):	82.156 t
– Gesammelt (insgesamt):	836.907 t
– Verwertungsquote (gesamt):	97,0 %
– Verwertungsquote (Vorbereitung zur Wiederverwendung / Recycling):	85,8 %
– Mindesterfassungsquote nach ElektroG und 2012/19/EU (ab 2019, bezogen auf den Jahresdurchschnitt der in Verkehr gebrachten Neugeräte der letzten 3 Jahre):	65 %

Zusammenfassung WEEE 2-RL 2012/19/EU und ElektroG:

- angestrebt: Steigerung der Sammelmengen und Ressourceneffizienz
- neu: Regelungen für Fotovoltaikmodule (Gerätekategorie Nr. 4)
- nicht abschließende Liste von Gerätearten bei den Gerätekategorien; Übergangszeit: 6 Jahre
- Verpflichtung des Handels zur Rücknahme von kleinen Elektroaltgeräten
- bis 2019: stufenweise Anhebung der Sammelziele pro Mitgliedsstaat auf
  ◦ 65 % der in den vergangenen 3 Jahre in Verkehr gebrachten EAG oder
  ◦ 85 % der jeweils anfallenden EAG
- seit 2015: Erhöhung der Recycling- und Verwertungsquoten um je 5 %
- Mitgliedsstaaten können ambitioniertere bzw. spezifische Sammelziele für bestimmte EAG (z. B. Fotovoltaikmodule, Energiesparlampen) festlegen
- Erschwerung illegaler Exporte durch Mindestanforderungen an Verbringung (§ 23 und Anhang VI ElektroG bzw. Anhang VI WEEE 2-RL)
  ◦ Exporteur muss nachweisen, dass es sich bei einem Exportgut um funktiontüchtige gebrauchte Geräte und nicht um EAG-Abfall handelt
  ◦ Beweislastumkehr und Regelvermutung: EAG und illegale Verbringung, wenn
    ▪ kein (ausreichender) Nachweis nach Anlage 6 ElektroG durch Besitzer, der Beförderung veranlasst, dass gebrauchtes Elektro-/Elektronikgerät vorliegt und nicht EAG
    ▪ kein Schutz vor Beschädigung der Ladung, keine ausreichende Verpackung, keine geeignete Ladungssicherung

1.10.3.4 Fahrzeuge

Rechtsgrundlagen:
Gesetz über die Entsorgung von Altfahrzeugen (Altfahrzeug-Gesetz – AltfahrzeugG)
Verordnung über die Überlassung, Rücknahme und umweltverträgliche Entsorgung von Altfahrzeugen (Altfahrzeug-Verordnung – AltfahrzeugV)

- in Kraft seit 01.07.2002 und Ersatz für die bis dahin gültige Altauto-Verordnung (AltautoV), die es seit 04.07.1997 gab
- u. a. Umsetzung der aktuellen europäischen Altfahrzeugrichtlinie (AltfahrzeugRL = RL 2000/53/EG)

Die AltfahrzeugV gilt für

- PKW (M1), max. 8 Sitzplätze (außer Fahrer), auch z. B. Wohnmobile
- LKW (N1) mit zulässiger Gesamtmasse ≤ 3,5 t
- dreirädrige Kfz (nicht Krafträder)

Rücknahmepflichten

Hersteller und Importeure von Fahrzeugen (nach der AltfahrzeugV)

- müssen **alle Altfahrzeuge ihrer Marke** vom Letzthalter kostenlos zurücknehmen
  - ◦ Voraussetzung: das Altfahrzeug enthält noch alle wesentlichen Bauteile oder Komponenten (z. B. Antrieb, Karosserie, Fahrwerk, Katalysator, elektronische Steuergeräte für Fahrzeugfunktionen)
- müssen **flächendeckend Rückgabemöglichkeiten** in Form von **Rücknahmestellen** und **Demontagebetrieben** anbieten
- Rückgabestellen müssen in zumutbarer Entfernung zum Wohnsitz des Letzthalters liegen.
- müssen die Letzthalter in geeigneter Weise über die **Rücknahmenetze** informieren

Rückgabe-/Überlassungspflichten

Besitzer (**Letzthalter**) eines Altfahrzeuges (= Fahrzeug als Abfall)

- müssen dieses zur Verwertung überlassen
  - ◦ einer anerkannten **Annahmestelle**
  - ◦ einer anerkannten **Rücknahmestelle** oder
  - ◦ einem anerkannten **Demontagebetrieb**
- erhalten von diesen einen **Verwertungsnachweis** (nach § 15 und Anlage 8 Fahrzeugzulassungsverordnung, FZV), der die ordnungsgemäße Verwertung des Fahrzeuges bescheinigt
- müssen das Fahrzeug dann nach § 15 (1) FZV außer Betrieb setzen lassen

Gemeinsame Stelle Altfahrzeuge (GESA)

- Erfassung und Bereitstellung der Daten
  - ◦ zu **anerkannten Betrieben**
    - = Demontagebetriebe, Schredderanlagen, sonstige Anlagen zur weiteren Behandlung von Altfahrzeugen
  - ◦ von **Sachverständigen** und **Umweltgutachtern**
    für Anerkennungen und Bescheinigungen nach § 5 (3) AltfahrzeugV
  - ◦ zu **Annahme-** und **Rücknahmestellen**
- zentral für die gesamte Bundesrepublik
- www.altfahrzeugstelle.de = Teil der „InformationsKoordinierenden Stelle Abfall DV-Systeme (**IKA**)" der Bundesländer
- Wahrnehmung der Aufgaben durch Gesellschaft für die Organisation der Entsorgung von Sonderabfällen mbH (GOES) Schleswig-Holstein aufgrund der Verwaltungsvereinbarung **GADSYS** (Gemeinsame Abfall-DV-Systeme)

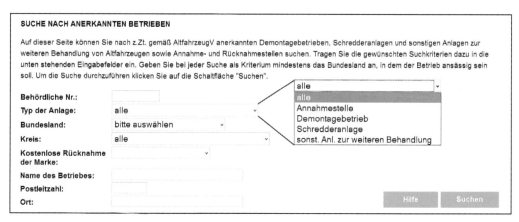

Suchmaske unter „www.altfahrzeugstelle.de" der GESA

Aufgaben der anerkannten Betriebe

Anerkannte Betriebe

– Demontagebetriebe, Fahrzeug-Schredderanlagen, Annahme- und Rücknahmestellen

– Erfüllen die Anforderungen nach dem Anhang der AltfahrzeugV

– werden jährlich durch Sachverständige, Umweltgutachter oder Kfz-Innungen **überwacht**

– brauchen ein entsprechendes **Überwachungszertifikat**

Annahmestellen

– nehmen Altfahrzeuge entgegen

– leiten diese zur eigentlichen Behandlung an anerkannte Demontagebetriebe weiter

Rücknahmestellen

– Annahmestellen, die im Auftrag eines Automobilherstellers **Altfahrzeuge einer bestimmten Marke** unentgeltlich zurücknehmen

Demontagebetriebe

– i.d.R. **anerkannte Kfz-Werkstätten**

– behandeln die ihnen (direkt oder von Annahme-/Rücknahmestellen) überlassenen Altfahrzeuge
  ◦ **Trockenlegung**
  ◦ obligatorische **Demontage** bestimmter Bauteile (z. B. Airbags, Batterien)
  ◦ Gewinnung von **Ersatzteilen** durch Demontage weiterer Bauteile

– übergeben die Restkarossen an Schredderanlagen oder sonstige Anlagen zur weiteren Behandlung

Schredderanlagen

– Restkarossen (und ggf. andere metallische Abfälle wie z. B. Elektrogroßgeräte) werden **zertrümmert** und **zerkleinert**

– Metallschrott und andere verwertbare Fraktionen werden weiterer Verwertung zugeführt

– Entsorgung von Störstoffen („**Schredderleichtfraktion**")

Verwertungspflichten

Wirtschaftsbeteiligte (= u. a. Hersteller, Importeure, Vertreiber, Rücknahme-/Annahmestellen, Demontagebetriebe, Schredderanlagen, Verwertungsbetriebe) stellen gemeinsam sicher, dass bei Altfahrzeugen

– seit 01.01.2015
  ◦ ≥ 85 % **stofflich verwertet** oder **wiederverwendet** werden
  ◦ ≥ 95 % insgesamt **verwertet** werden

Demontagebetriebe müssen bezogen auf die angenommenen Altfahrzeuge sicherstellen, dass
– seit 01.01.2006
  ◦ ≥ 10 % **stofflich verwertet** oder **wiederverwendet** werden

Schredderanlagen müssen bezogen auf die übernommenen Altfahrzeuge sicherstellen, dass die nichtmetallischen Schredderrückstände

– ab 01.01.2015
  ◦ ≥ 5 % **stofflich verwertet** werden
  ◦ ≥ 15 % insgesamt **verwertet** werden

Tatsächliche Verwertungsquoten von Altfahrzeugen in Deutschland 2017:

– **89,5 % stoffliche Verwertung oder Wiederverwendung**

– **98,4 % Verwertung insgesamt**

Abfallvermeidung und Produktverantwortung nach § 8 AltfahrzeugV

Förderung der Abfallvermeidung

- **gefährliche Stoffe** in Fahrzeugen **begrenzen**
- Neufahrzeugen so gestalten/produzieren, dass Bauteile/Werkstoffe
  ○ demontiert
  ○ vorrangig stofflich, aber auch
  ○ anderweitig verwertet werden können
- bei Fahrzeugherstellung verstärkt **Recyclingmaterial** verwenden

Stoffverbote bei Fahrzeugen

- Werkstoffe/Bauteile von Neufahrzeugen
  dürfen seit 01.07.2003 nicht bzw. höchstens enthalten
  ○ **Blei, Quecksilber, Chromat** (= sechswertiges Chrom):   max. 0,1 Gew.-%
  ○ **Cadmium:**   max. 0,01 Gew.-%
  ○ Bezugsgröße = Bauteil/Werkstoff mit **homogener Verteilung** dieser Stoffe
- Ausnahmen:
  ○ **Anhang II der Altfahrzeug-RL**, wird ständig durch EU-Kommission angepasst
  ○ **Blei** in Legierungen, Bauteilen, Ersatzteilen (z. B. Batterien, Lötmittel)
  ○ **Chromat** in Korrosionsschutzschichten von Ersatzteilen
  ○ **Quecksilber** in Entladungslampen, Leuchtstoffröhren
  ○ **Cadmium** in Elektrofahrzeug-Batterien

1.10.3.5 Öle

Rechtsgrundlagen:
Altölverordnung (**AltölV**) und **Art. 21 EU-AbfRRL**

- schon seit 27.10.1987 (Umsetzung der Richtlinie 75/439/EWG über die Altölbeseitigung), Neufassung 16.04.2002
- Ziel: Begrenzung von Umweltschäden in Wasser und Boden durch Altöl

Regelungsgegenstand:

- **Mineralöl**, **synthetisches Öl**, **biogenes Öl**
- **Basisöle** werden nach Verwendungszweck eingeteilt in 11 Sortengruppen

01: Motorenöle	07: Maschinenöle
02: Getriebeöle	08: Andere Industrieöle, nicht für Schmierzwecke
03: Hydrauliköle	09: Prozessöle
04: Turbinenöle	10: Metallbearbeitungsöle
05: Elektroisolieröle	11: Schmierfette
06: Kompressorenöle	

Produktverantwortung bei der Abgabe von Motoren-/Getriebeöl

- Kennzeichnung nach § 7 AltölV:
  "Dieses Öl gehört nach Gebrauch in eine Altölannahmestelle! Unsachgemäße Beseitigung von Altöl gefährdet die Umwelt!
  Jede Beimischung von Fremdstoffen wie Lösemitteln, Brems- und Kühlflüssigkeiten ist verboten."
- Rücknahme bei Abgabe an Endverbraucher nach § 8 AltölV
- Einrichtung einer Annahmestelle für Altöl, Ölfilter und ölverunreinigte Betriebsmittel (ÖVB) bzw. Nutzung solcher Einrichtungen von Dritten
  ◦ Hinweistafel an der Verkaufsstelle
  ◦ Kostenlose Rücknahme
  ◦ Einrichtung für Ölwechsel
  ◦ Benutzung muss für Käufer zumutbar sein
  ◦ nicht erforderlich bei gewerblichen Kunden
  ◦ Ausnahmen für Abgabe/Rücknahme von Bilgenölen (Schifffahrt)

Entsorgung von Altöl

- grundsätzlich Aufbereitung zu Basisöl
- Voraussetzung für Aufbereitung
  ◦ Altöl ist frei von Schadstoffen
  ◦ Schadstoffe werden durch Aufbereitung abgetrennt oder zerstört
- ansonsten energetische Verwertung (z.B. wenn > 20 mg/kg PCB)
- Beseitigung bei PCB-Öl (> 50 mg/kg) oder wenn Verwertung unmöglich

Vermischungsverbote und Gebot der Getrennthaltung

- Grundsätzliche Vermischungsverbote von Altölen
  ◦ mit anderen Abfällen
  ◦ unterschiedlicher Sammelkategorien (4 Kategorien nach Anlage I AltölV)
  ◦ unterschiedlicher Abfallschlüssel,
    sofern in BImSch-Genehmigung und/oder EN/SN angeordnet
- Getrennthaltegebot von PCB-Öl (z.B. Alttransformatoren, Kondensatoren)
  ◦ Behördenausnahme bei Erzeuger, wenn unverhältnismäßiger Aufwand

Sammel-kategorie	Art des Altöls	Abfallschlüssel
1	nichtchlorierte Öle, gut aufbereitbar	130110, 130205, 130206, 130208, 130307
2	halogenfreie Bearbeitungs-, Hydrauliköle	120107, 120110, 130111, 130113
3	halogenhaltige Öle Öle mit max. 50 mg PCB/kg	120106, 130101, 130109, 130204, 130301, 130306
4	biologisch leicht abbaubare Öle; Öle aus Öl-/Wasserabscheidern; Heizöl, Diesel	130112, 130207, 130308,130309, 130310, 130506, 130701

Ausnahmen vom Vermischungsverbot / Getrennthaltegebot

- kein Vermischungsverbot bei zugelassenen Entsorgungsanlagen, wenn
  - ○ Getrennthaltung für Verwertungserfolg nicht erforderlich oder
  - ○ Vermischung in Genehmigung vorgesehen ist
- kein Vermischungsverbot verschiedener Sammelkategorien
  - ○ nur bei Kategorie 2 bis 4 (**Kategorie 1 muss immer getrennt gehalten** werden)
  - ○ Getrennthaltung für Verwertungserfolg nicht erforderlich oder
  - ○ Vermischung ist in Entsorgungsanlage vorgesehen (Bestätigung im EN oder SN)

Ökobilanz zur Altölverwertung

Verschiedene Studien, u. a.
„Ökologische Bewertung von Altölverwertungswegen" (UBA 2000)

Ökobilanz nach EN ISO 14040 und 14042: Vergleich von

- 3 **stoffliche Verwertungsverfahren**
  - ○ Aufbereitung zu Basisöl für Schmierstoffe durch mehrstufige Destillation
  - ○ Aufbereitung zu normgerechten Heizölen
  - ○ Druckvergasung mit anschließender Methanolsynthese
- **energetische Verwertung** im Zementwerk
  - ○ Hochtemperaturverbrennung in Drehrohröfen bei Zementherstellung
- Annahmen
  - ○ Altöl ersetzt Importkohle oder Braunkohle im Zementwerk
  - ○ Altöl ersetzt Rohöl bei der Herstellung von Basisöl und Heizöl
  - ○ Altöl ersetzt Erdgas oder Braunkohle bei der Methanolsynthese

Ergebnis
- keines der Verfahren hat herausragende Umweltvorteile
- jedes Verfahren ist bei mindestens einer Umweltauswirkung günstiger als die anderen
- eine ökologisch begründete Rangreihenfolge der Verwertungsverfahren **lässt sich nicht ableiten**

Trotzdem gesetzlicher Vorrang der **stofflichen Verwertung** (Aufbereitung)!

Aktuelle Daten zu Altölverwertung (Quelle: BMUB)

Verwertung von Altöl in Deutschland im Jahr 2012
- gesammelt wurden insgesamt: 447.000 t   davon
- stofflich verwertet: 380 000 t   ($-$ 85 %)
- energetisch verwertet: 67.000 t   ($=$ 15 %)

1.10.3.6   Produktverantwortung bei weiteren Produkten

1.10.3.6.1   Fluorierte Treibhausgase

Rechtsgrundlagen:

- Verordnung zum Schutz des Klimas vor Veränderungen durch den Eintrag bestimmter fluorierter Treibhausgase (Chemikalien-Klimaschutzverordnung – **ChemKlimaschutzV**)
- **VO (EU) Nr. 517/2014** über fluorierte Treibhausgase („F-Gase")

Ziel:

- Verhinderung/Minimierung von Emissionen der geregelten F-Gase
- Industrieemissionen sollen bis 2030 um 70 % gegenüber 1990 verringert werden

Regelungsgegenstand sind die F-Gase:

Fluorierte Nicht-Kohlenwasserstoffe	Teilfluorierte Kohlenwasserstoffe (HFKW)		Perfluorierte Kohlenwasserstoffe (FKW)	
Schwefelhexafluorid $= SF_6$	HFKW-23	$= CHF_3$	FKW-14	$= CF_4$
	HFKW-32	$= CH_2F_2$	FKW-116	$= C_2F_6$
	HFKW-41	$= CH_3F$	FKW-218	$= C_3F_8$
	HFKW-125	$= CHF_2CF_3$	FKW-3-1-10 (R-31-10)	$= C_4F_{10}$
	HFKW-134	$= CHF_2CHF_2$	FKW-4-1-12 (R-41-12)	$= C_5F_{12}$
	HFKW-134a	$= CH_2FCF_3$	FKW-5-1-14 (R-51-14)	$= C_6F_{14}$
	HFKW-143	$= CH_2FCHF_2$	FKW-c-318	$= c\text{-}C_4F_8$
	HFKW-143a	$= CH_3CF_3$		
	HFKW-152	$= CH_2FCH_2F$		
	HFKW-152a	$= CH_3CHF_2$		
	HFKW-161	$= CH_3CH_2F$		
	HFKW-227ea	$= CF_3CHFCF_3$		
	HFKW-236cb	$= CH_2FCF_2CF_3$		
	HFKW-236ea	$= CHF_2CHFCF_3$		
	HFKW-236fa	$= CF_3CH_2CF_3$		
	HFKW-245ca	$= CH_2FCF_2CHF_2$		
	HFKW-245fa	$= CHF_2CH_2CF_3$		
	HFKW-365 mfc	$= CF_3CH_2CF_2CH3$		
	HFKW-43-10 mee	$= CF_3(CHF)_2CF_2CF_3$		

Anlagen:
- **Kälte-/Klimaanlagen, Wärmepumpen**
- Einrichtungen mit F-Gasen als Lösungsmittel
- **Brandschutzsysteme**, Feuerlöscher
- **Elektrische Schaltanlagen**
- Organic-Rankine-Kreisläufe (**ORC**-Anlagen)

Rücknahmepflicht nach § 4 (2) ChemKlimaschutzV
- Hersteller/Vertreiber müssen F-Gase nach Gebrauch zurücknehmen oder die Rücknahme durch einen Dritten sicherstellen
- Aufzeichnungen über Art, Menge, Verbleib der zurückgenommenen/entsorgten F-Gase
    - auch mittels Entsorgungsregister nach NachwV möglich, wenn zusätzlich
    - Angabe der entsorgten Stoffe/Stoffgruppe(n) nach Anhang I VO (EU) Nr. 517/2014
    - Angabe der Entsorgungsart Verwertung oder Beseitigung

1.10.3.6.2   Ozonschichtschädigende Stoffe

Rechtsgrundlagen:
- Verordnung über Stoffe, die die Ozonschicht schädigen
  (Chemikalien-Ozonschichtverordnung – **ChemOzonSchichtV**)
- **VO (EG) Nr. 1005/2009** über Stoffe, die zum Abbau der Ozonschicht führen

Ziel:
- Verhinderung/Minimierung von Emissionen der geregelten ozonschichtschädigenden Stoffe/Gemische

Regelungsgegenstand:
- Ozonschichtschädigende Stoffe nach Anhang I der VO (EG) Nr. 1005/2009
- **Geregelte Stoffe**: Einteilung in 9 Gruppen I bis IX

Gruppe	Stoffe (die Nummerncodes lassen sich in die jeweilige chemische Formel umrechnen)
I	**FCKW** (= Fluor-Chlor-Kohlenwasserstoffe)-11, -12, -113, -114, -115
II	FCKW-13, -111, -112, -211, -212, -213, -214, -215, -216, -217
III	Halon-1211, -1301, -2402
IV	**CTC** = Tetrachlormethan (Tetrachlorkohlenstoff)
V	**1,1,1-TCA** = 1,1,1-Trichlorethan (Methylchloroform)
VI	**Methylbromid** = Brommethan
VII	**HFBKW** (= teilhalogenierte Fluor-Brom-Kohlenwasserstoffe)-21 B2, -22 B1, -31 B1, -121 B4, -122 B3, -123 B2, -124 B1, -131 B3, -132 B2, -133 B1, -141 B2, -142 B1, -151 B1, -221 B6, -222 B5, -223 B4, -224 B3, -225 B2, -226 B1, -231 B5, -232 B4, -233 B3, -234 B2, -235 B1, -241 B4, -242 B3, -243 B2, -244 B1, -251 B1, -252 B2, -253 B1, -261 B2, -262 B1, -271 B1
VIII	**HFCKW** (teilhalogenierte Fluor-Chlor-Kohlenwasserstoffe)-21, -22, -31, -121, -122, -123, -124, -131, -132, -133, -141, -141b, -142, -142b, -151, -221, -222, -223, -224, -225, -225ca, -225cb, -226, -231, -232, -233, -234, -235, -241, -242, -243, -244, -251, -252, -253, -261, -262, -271
IX	**BCM** = Chlorbrommethan

Anlagen:

- **Kälte-/Klimaanlagen, Wärmepumpen**
- Einrichtungen mit ozonschichtschädigenden Stoffen als Lösungsmittel
- **Brandschutzsysteme**, Feuerlöscher

Wichtige Anforderungen:

- **Grundsätzliches Verbot** der Herstellung, der Abgabe, des Verwendens der geregelten Stoffe
  - ◦ Ausnahme: als Hilfsstoffe in definierten Anwendungen
    (Anhang III, z. B. Tetrachlormethan bei Chlorherstellung)
  - ◦ Generelle **Ausnahme für Labor-/Analysezwecke**
  - ◦ bis 2020: **Befristete Ausnahmen** für Klima-/Kälteanlagen
- **Halonverbot** in Brandschutzeinrichtungen, Feuerlöschern
  - ◦ Ausnahme: nur sogenannte „kritische Verwendungszwecke" erlaubt
    (Anhang VI, z. B. Löscheinrichtungen in Flugzeugen)

Rücknahmepflicht nach § 3 (2) ChemOzonschichtV

- Hersteller/Vertreiber müssen ozonschichtschädliche Stoffe/Gemische nach Gebrauch zurücknehmen oder die Rücknahme durch einen Dritten sicherstellen

1.10.3.6.3   Halogenkohlenwasserstoff (HKW)-Lösungsmittel

Rechtsgrundlage:

- Verordnung über die Entsorgung gebrauchter halogenierter Lösemittel (HKWAbfV)
- schon seit 23.10.1989

Ziel:

- Verhinderung/Minimierung von Emissionen von halogenierten Kohlenwasserstoffen

HKW-Lösungsmittel sind:

- **Flüssigkeiten** mit
- **> 5 Gew.-% Halogenkohlenwasserstoffe (HKW)**
- HKW-Siedepunkt: **20 °C bis 150 °C**
- z. B. Dichlormethan, Chloroform, Dichlorethan, Trichlorethylen

Anlagen und Tätigkeiten:

- **Oberflächenbehandlung**
  - Werkstoffe: Metall, Glas, Keramik, Kunststoff
  - Tätigkeiten: Reinigen, Be-/Entfetten, Be-/Entschichten, Entwickeln, Phosphatieren, Trocknen
- **Materialbehandlung**
  - Material: Textilien, Leder, Pelze, Felle, Fasern, Federn, Wolle
  - Tätigkeiten: Reinigen, Entfetten, Ausrüsten, Trocknen
- **Extraktion**
  - Material: Aromen, Öle, Fette, Pflanzeninhaltsstoffe, Pflanzenteile, Tierkörper, Tierkörperteile
- **Gewinnung, Herstellung**
  - Stoffe, Zubereitungen, Erzeugnisse mithilfe halogenierter Kohlenwasserstoffe

Rücknahmepflicht nach § 3 HKWAbfV

- Vertreiber müssen HKW-Lösungsmittel nach Gebrauch zurücknehmen oder die Rücknahme durch einen Dritten sicherstellen
- wenn Abgabe an Anlagen zur Behandlung von Oberflächen, Textilien, Leder, Pelze, Extraktionsanlagen, Produktionsanlagen
- gilt **nicht bei Kleinmengen: < 10 L pro Monat und Anlagenbetreiber**
- vor der Rückgabe:
  - formalisierte **Betreibererklärung** nach § 4 und Anlage HKWAbfV
  - Erklärung über Art und Verwendung der HKW-Lösungsmittel

1.10.4 Produktverantwortung durch freiwillige Rücknahme von Abfällen

Ermächtigung für RechtsVO nach § 26 (1) KrWG

- Zielfestlegungen für die freiwillige Rücknahme von Abfällen
- bislang keine entsprechende RechtsVO erlassen

Anzeigepflicht für gefährliche Abfälle nach § 26 (2) KrWG

- Hersteller/Vertreiber müssen vor der Rücknahme anzeigen
  - ○ wenn sie gebrauchte Erzeugnisse oder deren Abfälle zurücknehmen
  - ○ es sich dabei um gefährliche Abfälle handelt

Privilegierungen

- Befreiung bis zum Abschluss der Rücknahme
  - ○ **keine Nachweispflichten** nach § 50 KrWG
  - ○ **keine Beförderungserlaubnis** nach § 54 KrWG
  - ○ nicht automatisch, sondern auf Antrag (z. B. gemeinsam mit Anzeige)
  - ○ **Freistellungsbescheid** (i. d. R. auf 5 Jahre befristet, ggf. mit Auflagen, z. B. Mengenmeldungen über zurückgenommene Abfälle)
- Voraussetzungen: Hersteller/Vertreiber ...
  - ○ **nimmt** die gefährlichen Abfälle **freiwillig zurück**
  - ○ entsorgt diese in **eigenen Anlagen** oder in Anlagen **beauftragter Dritter**
  - ○ nimmt dadurch seine **Produktverantwortung** wahr
  - ○ fördert dadurch die Kreislaufwirtschaft
  - ○ gewährleistet stets die umweltverträgliche Verwertung/Beseitigung
- Hersteller/Vertreiber hat **Anspruch auf amtliche Feststellung** der freiwilligen Rücknahme (und damit die Wahrnehmung seiner Produktverantwortung) bei allen Abfällen auf Antrag

Abschluss der freiwilligen Rücknahme:

- bei Übernahme durch Entsorgungsanlage (nicht: Zwischenlager)
- Behörde bestimmt früheren Zeitpunkt in Freistellungs- oder Feststellungsbescheid

Beispiele: Freiwillige Rücknahmesystem für Chemikalienabfälle
- Retrologistik® der Merck KGaA, Recycling Logistics, Darmstadt
- Rücknahmeservice der HACH LANGE GmbH, Umweltzentrum Düsseldorf

Retrologistik®

gebrauchte Säuren, Lösungen, Lösungsmittel
Mehrweg-Formular – bitte Status ankreuzen:

✱ 1. Kunde: Anfrage nach Kostenvoranschlag – bitte Formularfeld 1 ausfüllen (Anzahl Behälter und Etiketten)

✱ 2. Kunde: Auftragserteilung entsprechend Kostenvoranschlag – bitte Formularfeld 2 ausfüllen

Merck		Kunde	
Fax-Nr.	06151 72-„…"	Fax-Nr.	
Firma	Merck KGaA	Firma	
Straße	Frankfurter Str. 250	Straße	
PLZ, Ort	64293 Darmstadt	PLZ, Ort	
Abteilung	Retrologistik	Abteilung	
Name	„…"	Anrede, Name	
Telefon-Nr.	06151 72-„…"	Telefon-Nr.	
Kd.-Nr.	Auftr.-Nr.	Datum	

1 Inhalt		Leihbehälter, Etiketten und Transport					
		Leihbehälter	10 Liter	25 Liter	Gitterbox 28 x 10 l	Gitterbox 8 x 25 l	200 Liter
Lösungsmittelgemisch halogenfrei OHNE: Diethylether, Schwefelkohlenstoff	2.29770. 8888	Edelstahlkanne					
Lösungsmittelgemisch halogenhaltig OHNE: Diethylether, Schwefelkohlenstoff	2.29771. 8888	Stahlkanne PE					
Lösungsmittelgemisch halogenfrei	2.29775. 8888	Edelstahlkanne					
Lösungsmittelgemisch halogenhaltig	2.29776. 8888	Stahlkanne PE					
CSB Lösung	2.29772. 8888	Kunststoff- kanister, weiß					
Säuregemisch Salzsäure, Schwefel- säure, Phosphorsäure)	2.29773. 8888	Kunststoff- kanister, weiß					
Salpetersäure	2.29774. 8888	Kunststoff- kanister, weiß					

Beispiel: Freiwillige Rücknahme von Chemikalien bei Retrologistik®

Abfallschlüssel	Abfallbezeichnung	Abfallart	voraussichtliche Menge
16 05 06	Laborchemikalien, die aus gefährlichen Stoffen bestehen oder solche enthalten, einschließlich Gemische von Laborchemikalien	Gase in Druckbehältern und gebrauchte Chemikalien	max. 1000 t/a

Abfallschlüssel	Entsorgungsweg
16 05 06	chemische Abfallbehandlungsanlage der Firma HACH LANGE GmbH (Eigenverwertung)

Die gewährten Befreiungen gelten nur für die Rücknahme von Abfällen aus Ihren eigenen Produkten/Erzeugnissen und für den o.g. Entsorgungsweg.

Rücknahmeservice der Hach Lange GmbH, Auszug aus Freistellungsbescheid

LERNZIELKONTROLLE ZU I.1.10

Lernzielkontrolle – Aufgabe I.1.10-1

Was versteht man unter abfallrechtlicher Produktverantwortung?

_____

_____

_____

_____

Lernzielkontrolle – Aufgabe I.1.10-2

Wo ist die Produktverantwortung im KrWG geregelt?

_____

_____

_____

_____

Lernzielkontrolle – Aufgabe I.1.10-3

Bei welchen Produktarten ist die abfallrechtliche Produktverantwortung gesetzlich geregelt?

_____

_____

_____

_____

Lernzielkontrolle – Aufgabe I.1.10-4

Welche bundesweiten Rücknahmesysteme für Gerätebatterien gibt es? Bitte drei nennen.

_____

_____

_____

_____

Lernzielkontrolle – Aufgabe I.1.10-5

Wie heißt die gemeinsame Stelle der Hersteller von Elektro-/Elektronikgeräten?

_____

_____

_____

Lernzielkontrolle – Aufgabe I.1.10-6

Nennen Sie drei Rücknahme- und Verwertungssysteme für Verpackungen in Deutschland.

_____

_____

_____

_____

Lernzielkontrolle – Aufgabe I.1.10-7

Welche Aufgaben hat die GESA?

_____

_____

_____

_____

Lernzielkontrolle – Aufgabe I.1.10-8

Was bedeuten WEEE und RoHS?

_____

_____

_____

_____

Lernzielkontrolle – Aufgabe I.1.10-9

Was bedeuten b2c und b2b im Zusammenhang mit Elektro-/Elektronikgeräten?

_____

_____

_____

_____

Lernzielkontrolle – Aufgabe I.1.10-10

Was ist die Schredderleichtfraktion?

_____

_____

_____

_____

Lernzielkontrolle – Aufgabe I.1.10-11

Was sind F-Gase? Nennen Sie drei Beispiele.

_____

_____

_____

_____

Lernzielkontrolle – Aufgabe I.1.10-12

Welche Arten von Batterien regelt das BattG?

_____

_____

_____

_____

Lernzielkontrolle – Aufgabe I.1.10-13

Fallen Reisebusse unter die AltfahrzeugV?

_____

_____

_____

_____

Lernzielkontrolle – Aufgabe I.1.10-14

In welchen Anlagen werden typischerweise Stoffe eingesetzt, die schädlich sind für die Ozonschicht?

Lernzielkontrolle – Aufgabe I.1.10-15

Welche Stoffe dürfen in Batterien nicht oder nur in geringer Menge enthalten sein?

Lernzielkontrolle – Aufgabe I.1.10-16

Welche Stoffe dürfen in Elektro-/Elektronikgeräten nicht oder nur in geringer Menge enthalten sein?

Lernzielkontrolle – Aufgabe I.1.10-17

Wo dürfen die verbotenen Stoffe Blei, Quecksilber, Cadmium und Chromat in Bauteilen von Fahrzeugen ausnahmsweise enthalten sein? Nennen Sie drei Beispiele.

Lernzielkontrolle – Aufgabe I.1.10-18

Wann und wie sind Batterien nach BattG zu kennzeichnen?

Lernzielkontrolle – Aufgabe I.1.10-19

Wie viele Gerätekategorien nach ElektroG gibt es heute und künftig? Nennen Sie drei.

Lernzielkontrolle – Aufgabe I.1.10-20

Wann unterliegt ein Stoff den Rücknahmepflichten der HKWAbfV?

Lernzielkontrolle – Aufgabe I.1.10-21

Wie hoch muss aktuell die allgemeine Verwertungsquote bei elektrischen bzw. elektronischen Werkzeugen sein?

Lernzielkontrolle – Aufgabe I.1.10-22

Was muss Halter in Deutschland vorlegen, damit er seinen PKW amtlich außer Betrieb setzen lassen kann?

Lernzielkontrolle – Aufgabe I.1.10-23

Wie muss Altöl vorrangig entsorgt werden?

Lernzielkontrolle – Aufgabe I.1.10-24

Wie viele Sammelkategorien für Altöl gibt es?

Lernzielkontrolle – Aufgabe I.1.10-25

Was versteht man unter selektiver Behandlung nach Anhang III ElektroG?

Lernzielkontrolle – Aufgabe I.1.10-26

Darf ein Abfallerzeuger Abfälle der Abfallschlüssel 130205 und 130301 miteinander vermischen?

_____

_____

_____

_____

Lernzielkontrolle – Aufgabe I.1.10-27

Muss die freiwillige Rücknahme von Abfallschwefelsäure abfallrechtlich angezeigt werden?

_____

_____

_____

_____

Lernzielkontrolle – Lösung Aufgabe I.1.10-1

Summe aller Maßnahmen zur Abfallvermeidung durch

- anlageninterne Kreislaufführung
- abfallarme Produktgestaltung
- umweltgerechtes Konsumverhalten
- möglichst lange Wiederverwendung
- Verlängerung der Lebensdauer von Erzeugnissen.

Lernzielkontrolle – Lösung Aufgabe I.1.10-2

§ 3 (20) (= Definition), § 23 (= Grundsätze), § 24 (Verbote, Beschränkungen, Kennzeichnung), § 25 (gesetzliche Rücknahme/Rückgabe), § 26 (Freiwillige Rücknahme), § 27 (Besitzerpflichten nach Rücknahme)

Lernzielkontrolle – Lösung Aufgabe I.1.10-3

Verpackungen, Batterien, Elektro-/Elektronikgeräte, Öl, Fahrzeuge, Klimagase, Ozonschädliche Stoffe, HKW-Lösungsmittel

Lernzielkontrolle – Lösung Aufgabe I.1.10-4

GRS Stiftung Gemeinsames Rücknahmesystem Batterien, Hamburg
CCR REBAT: CCR Logistics Systems AG, Dornach
ÖcoReCell: IFA-Ingenieurgesellschaft für Abfallwirtschaft und Umweltlogistik mbH, Bonn
ERP European Recycling Platform Deutschland GmbH, Aachen

Lernzielkontrolle – Lösung Aufgabe I.1.10-5

Stiftung Elektro-Altgeräte-Register in Nürnberg

Lernzielkontrolle – Lösung Aufgabe I.1.10-6

- Duales System Deutschland GmbH, Köln
- Landbell AG für Rückhol-Systeme, Mainz
- BellandVision GmbH, Pottenstein
- Interseroh Dienstleistungs GmbH, Köln

Lernzielkontrolle – Lösung Aufgabe I.1.10-7

Erfassung und Bereitstellung der Daten zu anerkannten Annahme- und Rücknahmestellen, Demontagebetrieben, Schredderanlagen und sonstige Anlagen zur weiteren Behandlung von Altfahrzeugen sowie zu Umweltgutachtern und Sachverständigen nach AltfahrzeugV

Lernzielkontrolle – Lösung Aufgabe I.1.10-8

- WEEE   = Waste of Electrical and Electronic Equipment = Elektro- und Elektronikgeräte-Abfall
- RoHS-RL = Restriction of the use of certain Hazardous Substances = Beschränkung der Verwendung bestimmter gefährlicher Stoffe in Elektro-/Elektronikgeräten

Lernzielkontrolle – Lösung Aufgabe I.1.10-9

- b2c = business to consumer = Verkauf an private Kunden
- b2b = business to business = Verkauf an gewerbliche Kunden

Lernzielkontrolle – Lösung Aufgabe I.1.10-10

Schredderleichtfraktion sind Störstoffe, die beim Schreddern von entkernten Altfahrzeugen anfallenden, überwiegend die nichtmetallischen Bestandteile des Fahrzeuginnenausbaus (Sitze, Isolierung, Armaturenbrett).
Die Schredderleichtfraktion besteht aus Kunststoffen (62 %), Autoglas, Sand (16 %), Lackstaub, Rost (11 %), Textilien, Leder (6 %), Holzfaser, Pappe (4 %), Metallreste (1 %).

Lernzielkontrolle – Lösung Aufgabe I.1.10-11

- F-Gase: nach der ChemKlimaschutzV und der VO (EG) Nr. 517/2014 über fluorierte Treibhausgase
- Beispiele: Schwefelhexafluorid, Perfluormethan, Perfluorethan

Lernzielkontrolle – Lösung Aufgabe I.1.10-12

Fahrzeugbatterien, Industriebatterien, Gerätebatterien

Lernzielkontrolle – Lösung Aufgabe I.1.10-13

Nein, unter die AltfahrzeugV fallen nur Personen-Fahrzeuge der Klasse M1.
Reisebusse sind M2, wenn bis zu 5 t zGM oder M3, wenn > 5 t zGM.

Lernzielkontrolle – Lösung Aufgabe I.1.10-14

- Kälteanlagen, Klimaanlagen, Wärmepumpen
- Brandschutzvorrichtungen, Feuerlöscher

Lernzielkontrolle – Lösung Aufgabe I.1.10 15

- Quecksilber (max. 5 mg/kg)
- Cadmium (max. 20 mg/kg)

Lernzielkontrolle – Lösung Aufgabe I.1.10-16

- Blei, Quecksilber, Chromat, Phthalate, polybromierte Phenyle / Biphenyle / Diphenylether (Flammschutzmittel), jeweils max. 0,1 %
- Cadmium, max. 0,01 %

Lernzielkontrolle – Lösung Aufgabe I.1.10-17

- Blei: z. B. in Legierungen, Bauteilen, Ersatzteilen (z. B. Batterien, Lötmittel)
- Chromat: z. B. in Korrosionsschutzschichten von Ersatzteilen
- Quecksilber: z. B. in Entladungslampen, Leuchtstoffröhren
- Cadmium: z. B. in Elektrofahrzeug-Batterien

Lernzielkontrolle – Lösung Aufgabe I.1.10-18

- Kennzeichnungspflicht, wenn Batterien mehr als die gesetzlichen Grenzwerte für Quecksilber (5 mg/kg, alte Batterien), Cadmium (20 mg/kg) und/oder Blei (40 mg/kg) enthalten.
- Kennzeichnung durch Symbol „durchgestrichene Mülltonne" und chemisches Zeichen von Quecksilber (Hg), Cadmium (Cd) und/oder Blei (Pb)
- zusätzlich bei Fahrzeug-/Gerätebatterien: Angabe der Kapazität

Lernzielkontrolle – Lösung Aufgabe I.1.10-19

- Es gibt heute 6 Gerätekategorien im ElektroG.
- Beispiele: Wärmeüberträger, Bildschirme (auch Monitore und Geräte mit Bildschirmen von mehr als 100 cm^2 Oberfläche), Lampen, Großgeräte, Kleingeräte, kleine IT-/Telekommunikationsgeräte (äußere Abmessung max. 50 cm)

Lernzielkontrolle – Lösung Aufgabe I.1.10-20

- Flüssigkeit, > 5 % HKW mit HKW-Siedepunkt von 20 °C bis 150 °C
- Abgabemenge > 10 L pro Monat und Anlage

Lernzielkontrolle – Lösung Aufgabe I.1.10-21

Verwertungs-Pflichtquote bei elektrischen/elektronischen Werkzeugen: 75 %

Lernzielkontrolle – Lösung Aufgabe I.1.10-22

Einen Verwertungsnachweis für das Fahrzeug nach § 15 und Anlage 8 FZV.

Lernzielkontrolle – Lösung Aufgabe I.1.10-23

Stoffliche Verwertung durch Aufbereitung zu Basisöl nach § 2 (1) AltölV.

Lernzielkontrolle – Lösung Aufgabe I.1.10-24

Es gibt 4 Sammelkategorien nach Anlage I AltölV.

Lernzielkontrolle – Lösung Aufgabe I.1.10-25

Selektive Behandlung = Entfernung schadstoffhaltiger Komponenten aus Elektro-/Elektronik-Altgeräten in einem ersten Verwertungsschritt, z.B. Demontage quecksilberhaltiger Bauteile, Batterien, Tonerkartuschen, kleine Leiterplatten, Kathodenstrahlröhren, elektrische Leitungen.

Lernzielkontrolle – Lösung Aufgabe I.1.10-26

Nein, ASN 130205 gehört zur Sammelkategorie 1. Dafür ist keine Vermischung zulässig.

Lernzielkontrolle – Lösung Aufgabe I.1.10-27

Ja, da es sich um einen gefährliche Abfälle handelt (§ 26 (2) KrWG).

1.11 Bedeutung von Abfallwirtschaftsplänen und -Vermeidungsprogrammen

Ein zentrales abfallrechtliches Instrument zur Gewährleistung einer nachhaltigen Abfallwirtschaft ist die öffentlich-rechtliche **Planungsverantwortung**, insbesondere durch

- gesetzliche Ordnung und Durchführung der **Abfallbeseitigung** (§§ 28, 29 KrWG)
- **Abfallwirtschaftspläne** der Bundesländer (§§ 30–32 KrWG)
- **Abfallvermeidungsprogramme** des Bundes (mit Beteiligung der Bundesländer), ggf. von eigenen Abfallvermeidungsprogrammen der Bundesländer (§ 33 KrWG)

1.11.1 Rechtliche Grundlagen

Europarechtliche Grundlage

- **nationale Abfallwirtschaftspläne** (Art. 28 EU-AbfRRL), insbesondere
  ○ Berücksichtigung von Art. 14 RL 94/62/EG (Verpackungen und Verpackungsabfälle)
  ○ Berücksichtigung von Art. 5 RL 1999/31/EG (Verringerung der zur Deponierung bestimmten biologisch abbaubaren Abfälle)
- **Abfallvermeidungsprogramme** (Art. 29 EU-AbfRRL)
  ○ Abfallvermeidungsziele und Darstellung von Abfallvermeidungsmaßnahmen
  ○ Ziel: Entkopplung von Wirtschaftswachstum und abfallrelevanten Umweltauswirkungen
  ○ Berücksichtigung von Art. 1 EU-AbfRRL:
    ▪ **Vermeidung / Verringerung schädlicher Auswirkungen** der Abfallerzeugung/-wirtschaft
    ▪ Verringerung der **Gesamtauswirkungen der Ressourcennutzung**
    ▪ Verbesserung der **Effizienz der Ressourcennutzung**
  ○ Berücksichtigung von Art. 4 EU-AbfRRL:
    ▪ **Abfallhierarchie**
    ▪ = Prioritätenfolge Vermeidung > Vorbereitung zur Wiederverwendung > Recycling > sonstige Verwertung > Beseitigung

Rechtsgrundlage in Deutschland

- Teil 4, Abschnitt 2 (§§ 30–33) KrWG: Abfallwirtschaftspläne und Abfallvermeidungsprogramme
- Anlage 4 KrWG: Beispiele für Abfallvermeidungsmaßnahmen nach § 33

1.11.2 Abfallwirtschaftspläne (§ 30 KrWG)

- Adressat: **Bundesländer**
- Darstellung:
  - Ziele der Abfallvermeidung, der Abfallverwertung (insbesondere Vorbereitung zur Wieder-verwendung und Recycling) sowie der Abfallbeseitigung,
  - bestehende **Situation der Abfallbewirtschaftung**
  - erforderliche **Maßnahmen zur Verbesserung** der Abfallentsorgung mit **Bewertung ihrer Wirksamkeit**
  - inländische zugelassene **Abfallentsorgungsanlagen** zur Sicherung der öffentlich-rechtlichen Abfallentsorgung
  - **Flächen**, die für diese Abfallentsorgungsanlagen (auch Deponien und sonstige Beseitigungsanlagen) nach Lage, Größe, Beschaffenheit in Übereinstimmung mit abfallwirtschaftlichen Zielsetzungen geeignet sind
  - auch: vorgesehene **Entsorgungsträger** und Abfallentsorgungsanlagen, an die Abfälle zu überlassen sind
- Bestimmung des Bedarfs an **Entsorgungskapazitäten**:
  - Berücksichtigung eines Zeitraums von mindestens 10 Jahren
  - Auswertung der Abfallwirtschaftskonzepte und Abfallbilanzen
- bei der Abfallwirtschaftsplanung sind **raumordnungsrechtliche Ziele** zu beachten
- **Mindestinhalte** von Abfallwirtschaftsplänen
  - Art, Menge und Herkunft der erzeugten, exportierten und Importierten Abfälle
  - Abschätzung der zukünftigen Entwicklung der Abfallströme
  - bestehende Abfallsammelsysteme
  - bedeutende Entsorgungsanlagen, speziell auch für Altöl, gefährliche Abfälle, Abfallströme, für die besondere Vorschriften gelten
  - Beurteilung
    - der Notwendigkeit neuer Sammelsysteme
    - der Stilllegung bestehender Abfallentsorgungsanlagen
    - der Errichtung zusätzlicher Abfallentsorgungsanlagen und entsprechender Investitionen
  - Informationen über die Ansiedlungskriterien zur Standortbestimmung und über die Kapazität künftiger Beseitigungs-/bedeutender Verwertungsanlagen
  - Abfallbewirtschaftungsstrategien
    - allgemeine, einschließlich geplanter Abfalltechnologien/-verfahren
    - solche, die besondere Bewirtschaftungsprobleme aufwerfen
  - weitere Angaben im Einzelfall
    - organisatorische Aspekte der Abfallbewirtschaftung, z. B. Beschreibung der Aufteilung der Verantwortlichkeiten zwischen öffentlichen und privaten Akteuren
    - Bewertung von Nutzen/Eignung des Einsatzes wirtschaftlicher und anderer Instrumente zur Bewältigung verschiedener Abfallprobleme auch im Hinblick auf ein reibungsloses Funktionieren des Binnenmarkts
    - Einsatz von Sensibilisierungsmaßnahmen
    - Informationen für Öffentlichkeit oder bestimmte Verbrauchergruppen
    - über geschlossene kontaminierte Abfallstandorte (Altlasten) und deren Sanierung

- **Erstellung** von Abfallwirtschaftsplänen (§ 31 KrWG)
  - Abstimmung innerhalb der und zwischen den Bundesländern („Benehmenslösung")
  - Beteiligung der Gemeinden, Landkreise, deren Zusammenschlüsse und örE
  - örE legen dazu die Abfallwirtschaftskonzepte und Abfallbilanzen auf Verlangen vor
  - Auswertung der Pläne **mindestens alle sechs Jahre**; Fortschreibung bei Bedarf
  - Beteiligung und Unterrichtung der **Öffentlichkeit** (§ 32 KrWG)
    - Öffentliche Auslegung für Einsicht- und Stellungnahmen: 1 Monat
    - Amtliche Bekanntgabe und öffentliche Auslegung des beschlossenen Plans einschließlich der Gründe / Erwägungen
    - Ggf. Öffentlichkeitsbeteiligung im Zusammenhang mit UVP- oder SUP-Vorhaben
    - Zusätzlich Information der Öffentlichkeit über Stand der Stand der Abfallwirtschaftsplanung
- **Abfallwirtschaftspläne der Bundesländer**:
  Übersicht bei der Bund/Länder-Arbeitsgemeinschaft Abfall (LAGA)[1]

1.11.3 Abfallvermeidungsprogramme (§ 31 KrWG)

- Adressaten:
  - **Bund** (mit beteiligten Bundesländern)
    - **BMUB** oder eine vom BMUB zu bestimmende Behörde
    - fachlich betroffene Bundesministerien (Einvernehmen)
  - Bundesländer, die sich nicht an Vermeidungsprogramm des Bundes beteiligen
- Zweck und Inhalte
  - Festlegung der **Abfallvermeidungsziele**
  - Strategie: **Entkoppelung** von **Wirtschaftswachstum** und der **abfallrelevanten Auswirkungen** auf Mensch und Umwelt
  - Darstellung / Bewertung der bestehenden Abfallvermeidungsmaßnahmen (Anlage 4 KrWG)
  - ggf. weitere Abfallvermeidungsmaßnahmen
  - Vorgabe von
    - zweckmäßigen, spezifischen, qualitativen oder quantitativen Maßstäben für festgelegte Abfallvermeidungsmaßnahmen
    - Indikatoren zur Überwachung / Bewertung erzielter Fortschritte
  - Beteiligung der **Öffentlichkeit** bei Aufstellung/Änderung von Abfallvermeidungsprogrammen
- Fristen:
  - erstmals zum 12.12.2013 zu erstellen
  - Auswertung **alle sechs Jahre**
  - Fortschreibung bei Bedarf
- **Aktuelles Abfallvermeidungsprogramm** des Bundes
  - erstellt am 31.07.2013
  - Übersicht beim BMUB[2]

---

[1]   www.laga-online.de/Publikationen-50-Informationen-Uebersicht-ueber-Abfallwirtschaftsplaene-der-Laender.html
[2]   www.bmu.de/fileadmin/Daten_BMU/Pools/Broschueren/abfallvermeidungsprogramm_bf.pdf

1.12   Abfallrechtliche Überwachung

Abfallrechtliche Überwachung bedeutet insbesondere

- **Allgemeine Überwachung** durch die zuständigen Abfallbehörden nach § 47 KrWG
- **Spezielle Überwachungsmaßnahmen und -instrumente**, z. B.
  - ◦ Abfallrechtliche **Nachweis- und Registerführung**
  - ◦ Überwachungsmaßnahmen bei der grenzüberschreitenden Abfallverbringung (z. B. **Kontrollen / Kontrollpläne** nach Art. 50 EU-AbfVerbrVO)
  - ◦ Besondere Überwachungsmaßnahmen bei **bestimmten Abfallströmen**, z. B.
    - ▪ geprüfte Vollständigkeitserklärung nach § 11 (1) VerpackG
    - ▪ gebrauchte Elektro-/Elektronikgeräte nach § 23 (2) ElektroG
- **Innerbetriebliche Überwachung**
  - ◦ durch den Betriebsbeauftragten für Abfall nach § 60 KrWG
  - ◦ durch eine Aufsichts- und Kontrollorganisation nach § 130 OWiG

1.12.1   Allgemeine abfallrechtliche Überwachung nach § 47 KrWG

Zuständige Behörde (= landesrechtlich bestimmte Abfallbehörde) überwacht/überprüft in regelmäßigen Abständen und in angemessenem Umfang

- die **Abfalleigenschaft**
  - ◦ von Nebenprodukten (§ 4 KrWG)
  - ◦ von Sekundärprodukten (§ 5 KrWG)
- die **Abfallvermeidung** nach Maßgabe von
  - ◦ § 1 (3) VerpackG
  - ◦ § 1 ElektroG
  - ◦ § 24 KrWG (= Rechtsverordnungen über Verbote, Beschränkungen, Kennzeichnungen)
  - ◦ § 25 KrWG (= Rechtsverordnungen über Anforderungen an Rücknahme-/Rückgabepflichten)
  - ◦ Beispiele: AltfahrzeugV, ChemOzonschichtV, ChemKlimaschutzV
- die **Abfallbewirtschaftung**
  - ◦ Definition in § 3 (14) KrWG
  - ◦ = Bereitstellung, Überlassung, Sammlung, Beförderung, Entsorgung, Überwachung dieser Verfahren, Nachsorge von Beseitigungsanlagen, Tätigkeiten von Händlern/Maklern
- Vollzug analog zur Marktüberwachung nach ProdSG

Adressaten der regelmäßigen Behördenüberwachung sind

- **Erzeuger** von gefährlichen Abfällen
- Anlagen/Unternehmen, die **Abfälle entsorgen**
- **Sammler / Beförderer** von Abfällen (auch auf deren Ursprung, Art, Menge, Bestimmungsort)
- **Händler / Makler** von Abfällen

Diese regelmäßig überwachten Personen sind verpflichtet

- **Betreten** von **Geschäfts-/Betriebsgrundstücken/-räumen** zu gestatten
- soweit zur Verhütung dringender Gefahren für die öffentliche Sicherheit/Ordnung erforderlich
  - Betreten auch außerhalb üblicher Geschäftszeiten zu gestatten
  - Betreten von Wohnräumen zu gestatten

Auskunftspflicht gegenüber Behörde über Betrieb, Anlagen, Einrichtungen und sonstige der Überwachung unterliegende Gegenstände:

- **Adressaten**
  - Erzeuger/Besitzer von Abfällen
  - Entsorgungspflichtige
  - Betreiber (auch frühere Betreiber) von Unternehmen/Anlagen (auch stillgelegte), die Abfälle entsorgen oder entsorgt haben
  - Sammler, Beförderer, Händler und Makler von Abfällen
- **Pflichten** der Adressaten
  - der Behörde das Betreten der Grundstücke/Geschäfts-/Betriebsräume zu den üblichen Geschäftszeiten zu gestatten (bei Gefahr in Verzug auch außerhalb und auch Wohnräume)
  - **Einsicht** in entsprechende **Unterlagen** zu gestatten
  - Durchführung von **technischen Ermittlungen/Prüfungen** zu gestatten
  - als **Betreiber von Entsorgungsanlagen** der Behörde
    - die Anlagen zugänglich zu machen
    - die zur Überwachung erforderlichen Arbeitskräfte, Werkzeuge, Unterlagen zur Verfügung zu stellen
    - auf Anordnung Zustand/Betrieb der Anlage auf eigene Kosten prüfen zu lassen
- Einschränkung der Auskunftspflicht:
  - **Auskunftsverweigerungsrecht** nach § 55 StPO
  - keine Pflicht zur straf-/ordnungswidrigkeitenrechtlichen Selbstanzeige
- behördliche Überwachungspläne/Überwachungsprogramme für zulassungspflichtigen **Deponien**
  - Ausnahmen:
    - nicht für Deponien für Inertabfälle
    - nicht für Deponien mit Aufnahmekapazität ≤ 10 t/Tag und Gesamtkapazität ≤ 25 000 t
  - Anforderungen an die und **Maßnahmen zur Deponieüberwachung**
    - Errichtung, vor-Ort-Besichtigungen, Emissionsüberwachung, Überprüfung interner Berichte, Folgedokumente, Messungen/Kontrollen, Überprüfung der Eigenkontrolle, die Prüfung der angewandten Techniken und der Eignung des Umweltmanagements der Deponie.

1.12.2 Überwachung im Einzelfall nach § 51 KrWG

Spezielle Überwachungsmaßnahmen sind insbesondere

– die abfallrechtliche **Nachweispflichten** nach § 50 KrWG und

– die abfallrechtliche **Registerführung** nach § 49 KrWG

Die Einzelheiten zu diesen Pflichten werden in den Abschnitten I.1.13 (Register- und Nachweispflichten) und I.2.2 (Nachweisverordnung – NachwV) dieses Buches erörtert.

Zum Zwecke der **fakultativen Überwachung** aufgrund eines besonderen Anlassen kann die Behörde anordnen, dass die abfallrechtlichen Akteure[1] (= Erzeuger, Besitzer, Sammler, Beförderer, Händler, Makler, Entsorger) auch ohne eine obligatorische Rechtspflicht

– Register/Nachweise ggf. elektronisch zu **führen** haben

– Register/Nachweise ggf. elektronisch **vorzulegen** haben

– Registerangaben ggf. elektronisch **mitzuteilen** haben

– **bestimmten Anforderungen** nachzukommen haben (z. B. nachweisliche Überprüfungspflicht der Abfälle, Betriebstagebuch, Probenahme, Rückstellproben, Abfallanalysen, Sachverständige, Sach-/Fachkunde, elektronische Dokumentation)

Besondere Privilegierung/behördliche Würdigung im Zusammenhang mit der fakultativen Überwachung bei

– Entsorgungsfachbetrieben

– auditierten EMAS-Unternehmensstandorten

  ◦ insbesondere bei den umweltgutachterlich geprüften EMAS-Unterlagen

---

[1] Private Haushaltungen sind keine abfallwirtschaftlichen Akteure und insofern von der fakultativen behördlichen Anordnungsbefugnis zur Überwachung im Einzelfall nicht betroffen.

1.13 Register- und Nachweispflichten

Abfallströme müssen wegen der besonderen Eigenschaften und der möglichen Umweltwirkungen von Abfällen umfassend überwacht werden. Überwachung der Abfallentsorgung von der Entstehung, Sammlung, Beförderung, Zwischenlagerung von Abfällen bis zur ihrer abschließenden Verwertung/ Beseitigung innerhalb von Deutschland:

- formalisiertes und gesetzlich geregeltes **Nachweisverfahren** für bestimmte Abfälle
- formalisierte und gesetzlich geregelte **Registerführung** für Abfälle
- die betriebliche **Eigenkontrolle**, insbesondere durch den Betriebsbeauftragten für Abfall
- die Aufsicht und Überwachung der **Abfallbehörden**

Das abfallrechtliche Nachweisverfahren = Formalisierung
- der Überwachung und Kontrolle
- der vorgesehenen und durchgeführten Abfallentsorgung
- unter Beteiligung der Erzeuger, Besitzer, Beförderer, Sammler (= Einsammler), Entsorger von Abfällen sowie der jeweiligen Behörden

Die Ursprünge der formalisierten abfallrechtlichen Nachweisführung finden sich schon im Altölgesetz von 1968. In der späteren Abfallnachweisverordnung (AbfNachwV) vom 29.07.1974 wurde dann eine generelle Nachweispflicht für alle gewerblichen Abfälle eingeführt, jedoch zunächst nur nach behördlicher Anordnung.

Seit dem Inkrafttreten des KrWG zum 01.06.2012 sind die formalen Grundlagen der abfallrechtlichen Überwachung verankert in
- den **Nachweispflichten** nach § 50 KrWG und
- den **Registerpflichten** nach § 49 KrWG.

Wesentliche Inhalte des § 50 KrWG (**Nachweispflichten**)
- **Adressaten** der Nachweispflicht
  ◦ Erzeuger, Besitzer, Sammler, Beförderer, Entsorger
    ▪ Nachweispflicht <u>nur bei gefährlichen</u> Abfällen
  ◦ vor Beginn der Entsorgung: „Vorabkontrolle"
    ▪ → Entsorgungsnachweis
    ▪ Erklärung zur vorgesehenen Entsorgung durch Erzeuger oder Besitzer, Sammler oder Beförderer
    ▪ Annahmeerklärung durch Abfallentsorger
    ▪ Bestätigung der Zulässigkeit der vorgesehenen Entsorgung durch Behörde
  ◦ über die ganz/teilweise durchgeführte Entsorgung: „Verbleibkontrolle"
    ▪ → Begleit-/Übernahmescheinverfahren
    ▪ Erklärungen der Adressaten über den Verbleib der entsorgten Abfälle
- **Ausnahmen** von der Nachweispflicht
  ◦ bei Eigenentsorgung, wenn die (Eigen-)Entsorgungsanlagen in engem räumlichen und betrieblichen Zusammenhang mit den Anfallstellen stehen
  ◦ bei rückgabe-/rücknahmepflichtigen Abfällen bis zur Übergabe an Rücknahmestelle
  ◦ bei privaten Haushaltungen

Wesentliche Inhalte des § 49 KrWG (Registerpflichten)

- **Adressaten** der Registerpflicht
  - ◦ Entsorger, Betreiber von Entsorgungsanlagen
    - • Registerpflicht bei <u>allen</u> Abfällen
  - ◦ Erzeuger, Besitzer, Sammler, Beförderer, Händler, Makler
    - • Registerpflicht <u>nur bei gefährlichen</u> Abfällen
  - ◦ zuständige Behörden
    - • können Vorlage der Register (vollständig oder teilweise) verlangen
- Registerpflichtige **Angaben** sind
  - ◦ Menge, Art und Ursprung der Abfälle
  - ◦ Bestimmung, Häufigkeit der Sammlung, Beförderungsart, Entsorgungsart (auch Vorbereitungsmaßnahmen) soweit *„zur Gewährleistung einer ordnungsgemäßen Abfallbewirtschaftung von Bedeutung"*
  - ◦ beim Entsorger ggf. auch Angaben über behandelte oder gelagerte Abfälle für die weitere Entsorgung *„soweit aus Gründen einer ordnungsgemäßen Entsorgung erforderlich"*
- **Aufbewahrungsfristen**
  - ◦ Beförderer: mindestens zwölf Monate
  - ◦ Erzeuger, Besitzer, Händler, Makler, Entsorger: mindestens drei Jahre
  - ◦ Fristbeginn: ab dem Zeitpunkt der Eintragung/Einstellung
- **Ausnahmen** von der Registerpflicht
  - ◦ bei privaten Haushaltungen

Die Verordnung über die Nachweisführung bei der Entsorgung von Abfällen (**Nachweisverordnung – NachwV**) regelt dazu im Einzelnen

- wie **Entsorgungsnachweise** und **Entsorgungsregister** zu führen sind
- wie **Begleit- und Übernahmescheine** gehandhabt werden
- wie **sonstige** zur Abfallentsorgung erforderliche **Dokumente** (z. B. Beförderungserlaubnisse, Entsorgungsfachbetriebszertifikate oder Quittungsbelege) für die Abfallüberwachung verwendet werden.

Einzelheiten zum Nachweisverfahren befinden sich in Abschnitt I.2.2 (Nachweisverordnung – NachwV) dieses Buches.

1.14 Anzeige- und Erlaubnisverfahren für Sammler, Beförderer, Händler und Makler

Innerdeutsche und grenzüberschreitende gewerbsmäßige Beförderung von Abfällen

Ermittlung der Anforderungen an den Beförderer gemäß KrWG und AbfAEV in 9 Fragen:

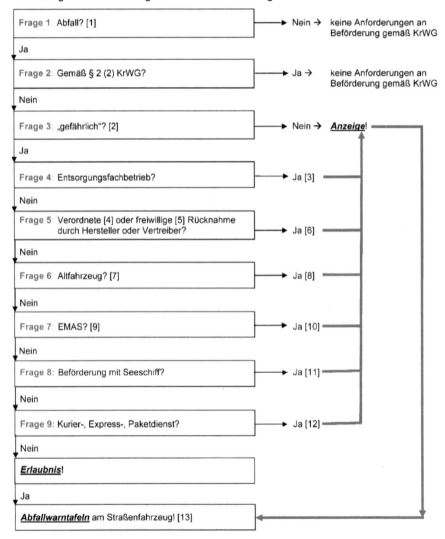

Einzelheiten zum Anzeige- und Erlaubnisverfahren befinden sich in Abschnitt I.2.3 (Abfall-Anzeige- und Erlaubnisverordnung – AbfAEV) dieses Buches.

Fundstellen:

[1]   gemäß § 3 (1) KrWG, Art. 3 Nr. 1 RL 2008/98/EG.

[2]   gemäß §§ 3 (5) KrWG, 3 (1) AVV.

[3]   §§ 54 (3) Nr. 2 KrWG, 12 (1) AbfAEV.

[4]   z.Z. gemäß

− *ElektroG* (§ 2 (3) Satz 1)
  (Abfallschlüssel 160210, 160211, 160212, 160213, 160215, 200121, 200123, 200135)

− *BattG* (§ 1 (3) Satz 1)
  (Abfallschlüssel 160601, 160602, 160603, 160606, 200133)

− *AltölV*
  (Abfallschlüssel 120106, 120107, 120110, 120119, 130101 (nur wenn PCB-Gehalt ≤ 20 mg/kg,
  § 3 (1) AltölV), 130109, 130110, 1301111, 130112, 130113, 130204, 130205, 130206, 130207,
  130208, 130301, 130306, 130307, 130308, 130309, 130310, 130506, 130701)

− *ChemOzonschichtV / ChemKlimaschutzV*
  (Abfallschlüssel 140601, 140602, 160504)

− *HKWAbfV*
  (Abfallschlüssel 140601, 140602)

− *VerpackV*
  (Abfallschlüssel 150110, 150111).

[5]   gemäß § 26 KrWG.

[6]   § 12 (1) Nr. 2 AbfAEV.

[7]   § 3 (1) AltfahrzeugV (Abfallschlüsselnummer 160104).

[8]   § 12 (1) Nr. 3 AbfAEV.

[9]   Mit Einordnung der Tätigkeit in Klasse 38.12, 38.22 oder 46.77.

[10] § 12 (1) Nr. 4 AbfAEV.

[11] § 12 (1) Nr. 5 AbfAEV.

[12] § 12 (1) Nr. 6 AbfAEV.

[13] §§ 55 KrWG, 10 AbfVerbrG.

LERNZIELKONTROLLE ZU I.1.14

Lernzielkontrolle – Aufgabe I.1.14-1

Benötigt der Einsammler von Altbatterien der Abfallschlüsselnummern 160601 oder 200133 (= gefährlicher Abfall) eine abfallrechtliche Beförderungserlaubnis?

_____

_____

_____

_____

Lernzielkontrolle – Aufgabe I.1.14-2

Ist ein Beförderer von gefährlichen Laborchemikalien, die ein Hersteller freiwillig als Abfall zurücknimmt, von der abfallrechtlichen Beförderungserlaubnis freigestellt?

_____

_____

_____

_____

Lernzielkontrolle – Lösung Aufgabe I.1.14-1

Nein, wegen § 1 (3) Satz 1 BattG: Freistellung von § 54 KrWG (Beförderungserlaubnis) bei gesetzlicher Rücknahmepflicht.

Lernzielkontrolle – Lösung Aufgabe I.1.14-2

Keine Beförderungserlaubnis, wenn aufgrund von § 26 (3) KrWG bei der Anzeige der freiwilligen Rücknahme zusätzlich eine Befreiung von § 54 KrWG (Beförderungserlaubnis) beantragt und bewilligt wurde. Aber: Anzeige nach § 53 KrWG erforderlich!

1.15   Kennzeichnung von Fahrzeugen

 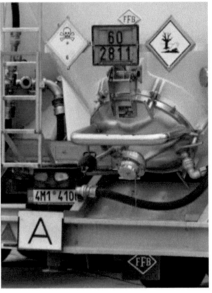

„Mulde" = Container   „Silo" = Tank

1.15.1 Kennzeichnung von Fahrzeugen (LKW) – abfallrechtlich

innerdeutsch	grenzüberschreitend
Sammler und Beförderer ...	**Beförderer und den Transport unmittelbar durchführende Personen** (= Fahrer) ...

... haben Fahrzeuge,
- mit denen sie Abfälle in Ausübung ihrer Tätigkeit auf öffentlichen Straßen befördern
- vor Antritt der Fahrt mit zwei rechteckigen, rückstrahlenden, weißen Warntafeln von mindestens 40 cm Breite und mindestens 30 cm Höhe zu versehen („A-**Schilder**").

Die Warntafeln müssen
- in schwarzer Farbe die Aufschrift „A" (Buchstabenhöhe 20 cm, Schriftstärke 2 cm) tragen.
- während der Beförderung außen am Fahrzeug deutlich sichtbar angebracht sein, und zwar vorn und hinten. Bei Zügen muss die hintere **Tafel** an der Rückseite des Anhängers angebracht sein.

Das gilt nicht für Sammler und Beförderer, die im Rahmen wirtschaftlicher Unternehmen Abfälle sammeln oder befördern.	Das gilt nicht für Fahrzeuge, mit denen Abfälle im Rahmen wirtschaftlicher Unternehmen befördert werden.

Bem.: Unzulässig sind demnach Selbstklebefolien, ins Fahrerhaus gelegte Zettel o. ä.

Bußgeld:	
Sammler/Beförderer: i.d.R. 100 € (BAG)	Beförderer: i.d.R. 100 € (BAG) Fahrer: i.d.R. 50 € (BAG)

Zum Vergleich: Gefahrgut: Warntafeln: i.d.R. 300 €

Ausnahmen (z. B. Verkleinerung)? Möglich!

So geht es allerdings <u>nicht</u>:

(Zettel im Fahrerhaus)

Und so auch <u>nicht</u>:

(Selbstklebefolie)

1.15.2 Kennzeichnung von Fahrzeugen (LKW) – gefahrgutrechtlich

Sofern es sich bei dem Abfall um Gefahrgut handelt, müssen Fahrzeuge wie folgt gekennzeichnet werden: bei

– Versandstückbeförderungen:
   mit der orangefarbenen Warntafel ohne Gefahrnummer und ohne UN-Nummer vorne und hinten, bei Überschreitung bestimmter Mengen, die von der Art des Gefahrguts abhängig sind. Beispiel: „UN 1263 Abfall Farbe 3 II“: bei mehr als 333 Liter. Der Fahrer dieses Transports benötigt einen „Gefahrgutführerschein“ („ADR-Schein“)!

– Beförderungen in Tanks oder in loser Schüttung („Kipper“, „Mulden“): mit
   ◦ der orangefarbenen Warntafel
      ▪ mit der Gefahrnummer und der UN-Nummer an den beiden Längsseiten des Fahrzeugs
      ▪ ohne die Gefahrnummer und die UN-Nummer vorne und hinten am Fahrzeug
   ◦ dem / den Großzettel/n („Placards“) an den beiden Längsseiten des Fahrzeugs und hinten.

LERNZIELKONTROLLE ZU I.1.15

Lernzielkontrolle – Aufgabe I.1.15-1

Ein Fahrzeug eines Paketdienstleisters befördert ein Paket, das als Abfall deklariert ist. Muss der Fahrer an dem Fahrzeug vorne und hinten die „A"-Tafeln öffnen?

_____

_____

_____

_____

Lernzielkontrolle – Lösung Aufgabe I.1.15-1

Ja.

1.16   Zertifizierung von Entsorgungsfachbetrieben

Unternehmen, die Abfälle (gefährliche und nicht gefährliche)

▶ behandeln

▶ verwerten / beseitigen

▶ lagern (falls sie auch verwerten/beseitigen)

▶ sammeln / befördern

▶ handeln

▶ makeln

können sich als Entsorgungsfachbetrieb (Efb) **zertifizieren** lassen.

Abfallerzeuger, die keine der genannten Tätigkeiten ausüben, können **nicht** als Efb zertifiziert werden.

Efb gelten als besonders qualifiziert und kommen in den Genuss einiger Privilegien.

Um Efb zu werden, muss man

▶ entweder einen **Überwachungsvertrag** mit einer technischen Überwachungsorganisation („TÜO") abschließen

▶ oder **Mitglied einer Entsorgergemeinschaft** („Eg") werden.

Das Unternehmen wird dann regelmäßig von der TÜO bzw. Eg auditiert, was naturgemäß mit Aufwand und Kosten verbunden ist.

Einzelheiten zu Entsorgungsfachbetrieben befinden sich in Abschnitt I.2.4 (Entsorgungsfachbetriebeverordnung – EfbV) dieses Buches.

1.17   Bußgeldvorschriften

Für Sammler / Beförderer / Händler / Makler relevante **Ordnungswidrigkeitentatbestände**:

Ordnungswidrigkeitentatbestände	Bußgeld bis zu ... €
Wer vorsätzlich oder fahrlässig ...	
... ohne **Erlaubnis** gefährliche Abfälle sammelt, befördert, handelt oder makelt	100 000
... nicht gefährliche Abfälle sammelt, befördert, handelt oder makelt, aber die **Anzeige** nicht, nicht richtig, nicht vollständig oder nicht rechtzeitig erstattet hat	10 000
... Abfälle gewerbsmäßig befördert, aber das Fahrzeug nicht, nicht richtig, nicht vollständig oder nicht rechtzeitig mit **Abfallwarntafeln** versieht	10 000 falls innerdeutsch, 20 000 falls grenzüberschreitend

Speziell grenzüberschreitendes Befördern/Handeln/Makeln („Abfallverbringung"):

Fehler	Beförderer	Fahrer	Händler/Makler	Bußgeld ... €
Das Begleitformular wird nicht oder nicht rechtzeitig ausgehändigt (an den weiteren Beförderer, Empfänger oder Betreiber einer Anlage)	x	x		100 – 1 000
Eine Unterlage (Kopie des Begleitformulars) wird nicht oder nicht rechtzeitig (einer Zollstelle) vorgelegt	x			100 – 1 000
Das Versandinformationsformular wird nicht, nicht richtig oder nicht vollständig mitgeführt oder nicht oder nicht rechtzeitig ausgehändigt	x	x		100 – 1 000
Das Fahrzeug wird nicht, nicht richtig, nicht vollständig oder nicht rechtzeitig mit Abfallwarntafeln versehen	x	x		50 – 200
Es wird nicht hinreichend an der Überwachung mitgewirkt	x	x	x	100 – 20 000
Eine Unterlage wird nicht oder nicht rechtzeitig ausgehändigt	x	x		100 – 1 000

Quelle: LAGA: Bußgeldkatalog im Zusammenhang mit Verstößen bei der Abfallverbringung, Stand: September 2012.

Verbringung von Abfällen: Gerichtsurteile, Ordnungswidrigkeitenverfahren (Jahr 2013):

1. Gerichtsurteile:

Abfallart	Menge in kg	Transportrichtung	Tatbestand	Entscheidung des Gerichts
Altpapier (B3020)	5 100	Von DE nach NL	Anhang VII-Formular fehlte	Geldstrafe 1 000 €
Elektroaltgeräte (GC 020)	31 000	Von DE nach NL	Anhang VII-Formular fehlte	Geldstrafe 600 €
Kabelabfälle (170411)	2 200	Von DE nach NL	Anhang VII-Formular fehlte	Geldstrafe 900 €
Verbrauchtes Frittieröl (B3065)	2 500	Von NL nach DE	Anhang VII-Formular fehlte	Geldstrafe 900 €
FCKW-haltige Kühlgeräte (160211)	200	Von DE nach Afrika	Exportverbot	Geldstrafe 240 €
FCKW-haltige Kühlgeräte (A1180) und Bleibatterien (A1160)	5 000	Von IT nach Afrika	Exportverbot	Geldstrafe 2 000 €
Sperrmüll/Alte Autoteile	2 500	Von DE nach Afrika	Exportverbot	Geldstrafe 1 500 €
FCKW-haltige Kühlgeräte, Fernsehgeräte	1 000	Von DE nach Afrika	Exportverbot	Geldstrafe 160 €
Altfahrzeuge und Altfahrzeugteile (AVV 160104)	24 000	Von AT nach Afrika	Exportverbot	Geldstrafe 600 €
Altfahrzeuge (AVV 160104)	12 000	Von DE in den Kosovo	Exportverbot	Geldstrafe 1 600 €
FCKW-haltige Kühlgeräte und andere Elektroaltgeräte (A1180)	2 000	Von DE nach Afrika	Exportverbot	Geldstrafe 1200 €
Elektroaltgeräte (A1180)	1 000	Von DE nach Afrika	Exportverbot	Geldstrafe 450 €
FCKW-haltige Kühlgeräte und andere Elektroaltgeräte (A1180)	15 000	Von DE nach Afrika	Exportverbot	Geldstrafe 1500 €
Altfahrzeuge (AVV 160104)	10 000	Von DE nach Afrika	Exportverbot	Geldstrafe 450 €
Altfahrzeuge (AVV 160104)	20 000	Von DE nach Afrika	Exportverbot	Geldstrafe 1200 €
FCKW-haltige Kühlgeräte und andere Elektroaltgeräte (A1180)	20 000	Von DE nach Afrika	Exportverbot	Geldstrafe 1600 €
FCKW-haltige Kühlgeräte (160211)	350	Von DE nach Afrika	Exportverbot	Geldstrafe 300 €
FCKW-haltige Kühlgeräte (160211)	2 000	Von DE nach Afrika	Exportverbot	Geldstrafe 560 €
FCKW-haltige Kühlgeräte (160211)	2 500	Von DE nach Afrika	Exportverbot	Geldstrafe 2 700 €
FCKW-haltige Kühlgeräte (160211)	1 200	Von DE nach Afrika	Exportverbot	Geldstrafe 1 200 €
FCKW-haltige Kühlgeräte (160211)	600	Von DE nach Afrika	Exportverbot	Geldstrafe 400 €
FCKW-haltige Kühlgeräte (160211)	750	Von DE nach Afrika	Exportverbot	Geldstrafe 3 000 €
FCKW-haltige Kühlgeräte (160211)	150	Von DE nach Afrika	Exportverbot	Geldstrafe 600 €
FCKW-haltige Kühlgeräte (160211)	150	Von DE nach Afrika	Exportverbot	Geldstrafe 600 €
Metallschrott (B1010)	22 000	Von DE nach NL	Falsche Angaben in Anhang VII-Formular	Geldstrafe 2 000 €
Verbrauchtes Frittieröl (B3065)	26 000	Von NL nach DE	Anhang-VII-Formular unvollständig	Geldstrafe 1 200 €

Abfallart	Menge in kg	Transportrichtung	Tatbestand	Entscheidung des Gerichts
Ölhaltiger Metallschleifschlamm	2 400	Von DE nach NL	Transport ohne Notifizierung	Geldstrafe 1 000 €
Aluminumspäne, kontaminiert mit Öl	24 000	Von DK nach IT	Transport ohne Notifizierung	Geldstrafe 500 €
Altreifen (B3140)	18 000	Von DE nach RO	Transport ohne Notifizierung	Geldstrafe 2 500 €
Altfahrzeuge (AVV 160104)	1 500	Von DE nach HU	Transport ohne Notifizierung	Geldstrafe 300 €
Rückstände aus der Abfall-verbrennung (Y47)	24 000	Von CH nach NL	Transport ohne Notifizierung	Geldstrafe 700 €
Kunststoffabfälle (B3010)	20 000	Von FR nach RO	Transport ohne Notifizierung	Geldstrafe 450 €
Altfahrzeuge (AVV 160104)	15 000	Von GB nach RO	Transport ohne Notifizierung	Geldstrafe 500 €
Altfahrzeuge (AVV 160104); Elektroaltgeräte (A1100)	15 000	Von IE nach BG	Transport ohne Notifizierung	Geldstrafe 450 €
Altkleider (B3030)	15 000	Von DE nach RO	Transport ohne Notifizierung	Geldstrafe 4 800 €
Verbrauchte Bleicherde (AVV 150203)	29 000	Von NL nach DE	Transport ohne Notifizierung	Geldstrafe 3 000 €
Mist (AC 260)	5 000	Von NL nach DE	Transport ohne Notifizierung	Geldstrafe 3 000 €
Altkleider und ähnliches	24 900	Von DE nach Nahost	Transport ohne Notifizierung	Geldstrafe 3 000 €
Kontaminierter Metallschrott	Nicht bekannt	Von CZ nach DE	Transport ohne Notifizierung	Geldstrafe 2 800 €

Quelle: Auswertung der Gerichtsurteile durch das Umweltbundesamt

2. Ordnungswidrigkeitsverfahren mit Bußgeldern ab 200 €:

Abfallart	Menge in kg	Transportrichtung	Tatbestand	Entscheidung der Behörde
Altpapier (B3020)	23 000	Von DE nach NL	Anhang-VII-Formular fehlte	Bußgeld 200 €
Kunststoffabfälle (B3010)	18 000	Von PL nach DE	Anhang-VII-Formular unvollständig	Bußgeld 250 €
Kunststoffabfälle (B3010)	18 000	Von PL nach DE	Vertrag nach Artikel 18 fehlte	Bußgeld 250 €
Altpapier (B3020)	18 000	Von PL nach DE	Anhang-VII-Formular fehlte	Bußgeld 200 €
Metallschrott (B1010)	19 000	Von DE nach Indien	Anhang-VII-Formular unvollständig	Bußgeld 250 €
Abfälle aus der Eisen- und Stahlindustrie	400	Von DE nach Korea	Anhang-VII-Formular unvollständig	Bußgeld 250 €

Abfallart	Menge in kg	Transportrichtung	Tatbestand	Entscheidung des Gerichts
Bildröhrenglas (A2010)	24 000	Von SE nach DE	Transporteur nicht notifiziert	Bußgeld 400 €
Altkleider (B3030)	700 000	Von DE nach PL	Auflagen nach Artikel 10 nicht eingehalten	Bußgeld 200 €
Asbesthaltige Abfälle (A2050)	250 000	Von IT nach DE	Auflagen nach Artikel 10 nicht eingehalten	Bußgeld 2 000 €
Gemischter Abfall	10 000	Von DE nach Afrika	Anhang-VII-Formular fehlte	Bußgeld 200 €
FCKW-haltige Kühlgeräte (160211)		Von DE nach Afrika	Exportverbot	Bußgeld 100 u. 200 €
Metallschrott (B1010)	27 000	Von DE nach CH	Anhang-VII-Formular fehlte	Bußgeld 500 €
Altpapier (B3020)	25 000	Von GB nach DE	Anhang-VII-Formular unvollständig	Bußgeld 250 €
Altpapier (B3020)	26 000	Von DK nach DE	Anhang-VII-Formular unvollständig	Bußgeld 450 €
Metallschrott (B1010)	20 000	Von FR nach DE	Anhang-VII-Formular unvollständig	Bußgeld 200 €
Ungelisteter Abfall	24 000	Von DK nach DE	Transporteur nicht notifiziert	Bußgeld 300 €
Rückstände aus der Abfallverbrennung (Y47)	25 000	Von IE nach DE	Transporteur nicht notifiziert	Bußgeld 250 €
Altpapier (B3020)	24 000	Von FR nach DE	Anhang-VII-Formular unvollständig	Bußgeld 230 €
Kunststoffabfälle (B3010)	10 000	Von GB nach DE	Anhang-VII-Formular unvollständig	Bußgeld 220 €
Altpapier (B3020)	26 000	Von NO nach DE	Anhang-VII-Formular unvollständig	Bußgeld 200 €
Industrieller Abwasserschlamm	28 000	Von GB nach DE	Auflagen nach Artikel 10 nicht eingehalten	Bußgeld 250 €
Metallschrott	29 000	Von DE nach NL	Anhang-VII-Formular unvollständig	Bußgeld 200 €
Metallschrott	29 000	Von DE nach NL	Anhang-VII-Formular unvollständig	Bußgeld 200 €
Chemikalienabfälle	150	Von CH nach DE	Auflagen nach Artikel 10 nicht eingehalten	Bußgeld 200 €
Altholz	24 000	Von NL nach DE	Auflagen nach Artikel 10 nicht eingehalten	Bußgeld 250 €
Lederabfälle	25 000	Von ES nach DE	Anhang-VII-Formular unvollständig	Bußgeld 710 €
Quelle: Mitteilungen der Bundesländer und des Bundesamts für Güterverkehr an das Umweltbundesamt				

3. Andere Maßnahmen der Behörden:

Es wurden ca. 150 Rückführungen durchgeführt und in ca. 80 Fällen wurde eine umweltgerechte Abfallentsorgung in der Nähe des Kontrollortes veranlasst. Eine größere Anzahl von leicht unvollständigen Anhang-VII-Formularen wurde entdeckt, die mit geringen Bußgeldern belegt wurden oder ungeahndet blieben. Andere kleine Regelwidrigkeiten wurden ebenfalls mit Bußgeldern kleiner als 200 € bestraft. Eine detaillierte Auflistung wird jedoch als nicht zweckmäßig angesehen.

LERNZIELKONTROLLE ZU I.1.17

Lernzielkontrolle – Aufgabe I.1.17-1

Ein Fahrzeug eines Paketdienstleisters befördert ein Paket, das als Abfall deklariert ist. Der Fahrer muss an dem Fahrzeug vorne und hinten die „A"-Tafeln öffnen. Ist es eine Ordnungswidrigkeit, wenn er das nicht tut?

Lernzielkontrolle – Lösung Aufgabe I.1.17-1

Ja.

2 Auf Grund des Kreislaufwirtschaftsgesetzes (KrWG) ergangene Rechtsverordnungen

2.1 Abfallverzeichnis-Verordnung (AVV)

2.1.1 Abfallbestimmung

Nomenklatur zur Abfallbestimmung

– Zweck: einheitliche Beschreibung von Abfällen

– Zuordnung eines Abfalls zu
  - einem **sechsstelligen Schlüssel** und einer diesem eindeutig zugewiesenen
  - standardisierten „offiziellen" **Abfallbezeichnung**
  - einem Kennzeichnungselement für Gefährlichkeit „*" (**Sternchen**)

Beispiele:

06 03 15*   Metalloxide, die Schwermetalle enthalten
               z. B. Abfälle mit Blei (IV)-oxid, PbO_2

06 03 16   Metalloxide mit Ausnahme derjenigen, die unter 06 03 15 fallen
               z. B. Abfälle mit Aluminiumoxid, Al_2O_3

Zentrale Bedeutung des **Abfallschlüssels (AS)** bei der Abfallbestimmung.

Auf den AS nehmen Bezug:

– sämtliche abfallrechtlich vorgeschriebenen Genehmigungen, Erlaubnisse, Feststellungen, Zertifikate, Nachweise, Scheine oder sonstigen Dokumente

– die für die Abfallentsorgung weiterhin erforderlichen notwendigen Verwaltungsakte anderer Rechtsbereiche, z. B. die immissionsschutzrechtlichen Genehmigungen der Entsorgungsanlagen

Die **sechsstelligen Abfallschlüssel**

– sind ein wesentliches Beschreibungs-/Kommunikationselement für Abfälle

– haben ihren Ursprung in Art. 1 (2) a) der ehemaligen EG-Abfall-Rahmenrichtlinie 75/442/EWG, wodurch die EU-Kommission angewiesen wurde, ein gemeinschaftliches Abfallverzeichnis („Abfallkatalog") zu erstellen; heutige Grundlage: Art. 7 der RL 2008/98/EG (EU-AbfRRL)

– wurden durch Entscheidung 2000/532/EG der EG-Kommission verbindlich festgelegt (geringfügige Änderungen durch die Entscheidungen 2001/118/EG, 2001/119/EG, 2001/573/EG)

– wurden durch Beschluss 2014/955/EU der EU-Kommission vom 18.12.2014 geändert und an den aktuellen Fortschritt angepasst

Historie und Umsetzung des europäischen Abfallkataloges EAK (European Waste Catalogue, EWC):

- 1996: erstmalige Einführung in Deutschland mit der seinerzeitigen „Verordnung zur Einführung des Europäischen Abfallkatalogs (EAK-Verordnung – EAKV)"
- 2001: „Verordnung über das Europäische Abfallverzeichnis (Abfallverzeichnis-Verordnung – AVV)" löst die EAKV ab
- 2014: VO (EU) Nr. 1357/2014 vom 18.12.2014 zur Ersetzung von Anhang III der Richtlinie 2008/98/EG über Abfälle und zur Aufhebung bestimmter Richtlinien (Inkrafttreten: 01.06.2015)
- 2014: Beschluss der Kommission 2014/955/EU vom 18.12.2014 zur Änderung der Entscheidung 2000/532/EG über ein Abfallverzeichnis gemäß der Richtlinie 2008/98/EG
- 2016: Verordnung zur Umsetzung der novellierten abfallrechtlichen Gefährlichkeitskriterien vom 04.03.2016 (BGBl. I, Nr. 11 vom 10.03.2016, S. 382), in Kraft seit 11.03.2016
- 2017: VO (EU) 2017/997 vom 08.06.2017 zur Änderung von Anhang III der Richtlinie 2008/98/EG in Bezug auf die gefahrenrelevante Eigenschaft HP 14 „ökotoxisch" (Inkrafttreten: 05.07.2018)
- 2017: Anpassung der AVV durch Art. 2 der Verordnung zur Überwachung von nicht gefährlichen Abfällen mit persistenten organischen Schadstoffen und zur Änderung der Abfallverzeichnis-Verordnung vom 17.07.2017 (BGBl. I Nr. 49, S. 2644)

2.1.2   Aufbau und Anwendung der AVV und des europäischen Abfallkataloges

Die **AVV** besteht aus

- 3 Paragrafen und einem Anhang mit Einleitung = Abfallverzeichnis

EU-Abfallkatalog

- 20 **Kapitel** mit zweistelligen Hauptüberschriften
  - ◦ z. B. Kapitel 17 = Bau- und Abbruchabfälle (einschließlich Aushub von verunreinigten Standorten)
- Kapitel bestehen aus vierstelligen **Gruppen**
  - ◦ z. B. Gruppe 17 02 = Holz, Glas und Kunststoff
- Gruppen enthalten die aus sechs Ziffern zusammengesetzten **Abfallschlüssel**
  - ◦ z. B. für einen nicht gefährlichen Abfall, Abfallschlüssel 17 02 01 = Holz
  - ◦ z. B. für einen gefährlichen Abfall, Abfallschlüssel 17 02 04* = Glas, Kunststoff und Holz, die gefährliche Stoffe enthalten oder durch gefährliche Stoffe verunreinigt sind

Typ	Nr.	Kapitel des Verzeichnisses nach der Anlage zu § 2 Abs. 1 AVV
branchentypisch	01	Abfälle, die beim Aufsuchen, Ausbeuten und Gewinnen sowie bei der physikalischen und chemischen Behandlung von Bodenschätzen entstehen
	02	Abfälle aus Landwirtschaft, Gartenbau, Teichwirtschaft, Forstwirtschaft, Jagd und Fischerei sowie der Herstellung und Verarbeitung von Nahrungsmitteln
	03	Abfälle aus der Holzbearbeitung und der Herstellung von Platten, Möbeln, Zellstoffen, Papier und Pappe
	04	Abfälle aus der Leder-, Pelz- und Textilindustrie
	05	Abfälle aus der Erdölraffination, Erdgasreinigung und Kohlepyrolyse
prozesstypisch	06	Abfälle aus anorganisch-chemischen Prozessen
	07	Abfälle aus organisch-chemischen Prozessen
	08	Abfälle aus Herstellung, Zubereitung, Vertrieb und Anwendung (HZVA) von Beschichtungen (Farben, Lacke, Email), Klebstoffen, Dichtmassen und Druckfarben
	09	Abfälle aus der fotografischen Industrie
	10	Abfälle aus thermischen Prozessen
	11	Abfälle aus der chemischen Oberflächenbearbeitung und Beschichtung von Metallen und anderen Werkstoffen; Nichteisenhydrometallurgie
	12	Abfälle aus Prozessen der mechanischen Formgebung sowie der physikalischen und mechanischen Oberflächenbearbeitung von Metallen und Kunststoffen

Typ	Nr.	Kapitel des Verzeichnisses nach der Anlage zu § 2 Abs. 1 AVV
abfallartentypisch	13	Ölabfälle und Abfälle aus flüssigen Brennstoffen (außer Speiseöle und Ölabfälle, die unter Kapitel 05, 12 oder 19 fallen)
	14	Abfälle aus organischen Lösemitteln, Kühlmitteln und Treibgasen (außer Abfälle, die unter Kapitel 07 oder 08 fallen)
	15	Verpackungsabfall, Aufsaugmassen, Wischtücher, Filtermaterialien und Schutzkleidung (a.n.g.)
	16	Abfälle, die nicht anderswo im Verzeichnis aufgeführt sind
prozesstypisch	17	Bau- und Abbruchabfälle (einschließlich Aushub von verunreinigten Standorten)
	18	Abfälle aus der humanmedizinischen oder tierärztlichen Versorgung und Forschung (ohne Küchen- und Restaurantabfälle, die nicht aus der unmittelbaren Krankenpflege stammen)
	19	Abfälle aus Abfallbehandlungsanlagen, öffentlichen Abwasserbehandlungsanlagen sowie der Aufbereitung von Wasser für den menschlichen Gebrauch und Wasser für industrielle Zwecke
	20	Siedlungsabfälle (Haushaltsabfälle und ähnliche gewerbliche und industrielle Abfälle sowie Abfälle aus Einrichtungen), einschließlich getrennt gesammelter Fraktionen

Auswahl in der Reihenfolge:
– branchen- bzw. prozesstypisch vor abfallartentypisch
– Kapitel **1–12** bzw. **17–20** vor **13–15** vor **16**

2.1.2.1 Hauptkapitel des Europäischen Abfallverzeichnisses

Kapitel **01 bis 05**:

– Abfallschlüssel, die typisch sind für bestimmte Industriebranchen

– z. B. Abfälle aus der Erdölraffination

– Abfälle, die üblicherweise nur in diesen Branchen anfallen, unabhängig von ihrer konkreten Zusammensetzung

Kapitel **06 bis 12** und **17 bis 20**:

– Abfallschlüssel, die zwar nicht branchentypisch, aber charakteristisch für bestimmte Prozesse sind

– z. B. Abfälle aus thermischen Prozessen

Kapitel **13 bis 15**:

- Abfallschlüssel der Abfallarten
  - Altöl
  - Fluidabfälle (z. B. Lösungsmittel, Kühlmittel, Treibgase) und
  - Verpackungsabfälle, Aufsaugmassen
- Abfälle, die üblicherweise bei allen Branchen und Prozessen auftreten können

Kapitel **16**:
- Abfallschlüssel für alle Abfälle, die nicht den anderen Kapitel zugeordnet werden können
- z. B. „Altreifen", „Laborchemikalien"

2.1.2.2 Grundprinzip der Abfallbestimmung

- **spezieller Abfallschlüssel** hat Vorrang vor allgemeinem Abfallschlüssel

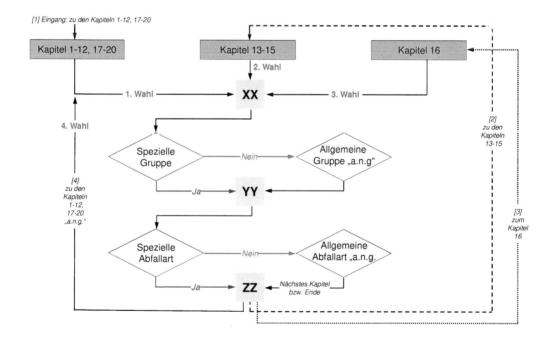

Ablaufschema zur Bestimmung des Abfallschlüssels

- 1. Schritt:
  - ◦ Prüfung, ob Abfall einem branchen-/prozesstypischen Eintrag (= Kapitel 01 bis 12 oder 17 bis 20) zugeordnet werden kann
  - ◦ falls ja: spezifischer Abfallschlüssel aus dem jeweiligen Kapitel auswählen (z. B. 06 01 05* Salpetersäure und salpetrige Säure
  - ◦ falls nein oder nur sogenannter XX YY 99 a.n.g.-Eintrag („anderweitig nicht genannt") möglich (z. B. 08 02 99, Abfälle a.n.g.) → 2. Schritt
- 2. Schritt:
  - ◦ Recherche in den weiteren Kapiteln 13 bis 15
  - ◦ falls zutreffend: spezifischer Abfallschlüssel aus Kapitel 13, 14 oder 15 auswählen (z. B. 13 02 05* nichtchlorierte Maschinen-, Getriebe- und Schmieröle auf Mineralölbasis)
  - ◦ falls nicht zutreffend → 3. Schritt
- 3. Schritt:
  - ◦ Suche im Kapitel 16
  - ◦ falls zutreffend: Abfallschlüssel aus Kapitel 16 auswählen (z. B. 16 01 03 Altreifen)
  - ◦ falls nicht zutreffend → 4. Schritt
- 4. Schritt
  - ◦ Auswahl eines zur abfallerzeugenden Tätigkeit passenden Abfallschlüssels XX YY 99 (Abfälle a.n.g.) aus den branchen-/prozesstypischen Kapiteln 01 bis 12 oder 17 bis 20

2.1.2.3 Beispiele für Abfallbestimmungen

Betriebliche Bezeichnung	Abfallschlüssel	Abfallbezeichnung	Anzeige	Erlaubnis[1]
Alte Bahnschwellen	17 02 04*	Glas, Kunststoff und Holz, die gefährliche Stoffe enthalten oder durch gefährliche Stoffe verunreinigt sind		X
Alte Kühlschränke	20 01 23*	gebrauchte Geräte, die Fluorchlorkohlenwasserstoffe enthalten		X
Altkleider	20 01 10	Bekleidung	X	
Bohr- und Schleiföl	12 01 09*	halogenfreie Bearbeitungsemulsionen und -lösungen		X
Fettabscheiderinhalt aus der Betriebskantine	02 02 04	Schlämme aus der betriebseigenen Abwasserbehandlung	X	
Ölverunreinigte Betriebsmittel (ÖVB)	15 02 02*	Aufsaug- und Filtermaterialien (einschließlich Ölfilter a.n.g.), Wischtücher und Schutzkleidung, die durch gefährliche Stoffe verunreinigt sind		X

---

[1] Falls Efb mit Zertifizierung für die entsprechende Tätigkeit Befördern/Sammeln/Handeln/Makeln: Anzeige!

2.1.3   Zweifelsfälle bei der Abfallbestimmung

Beispiel: **Cyanidhaltiges Galvanikbad** als Abfall

Herkunft:

– Chemische Oberflächenbearbeitung

Passendes Kapitel im EAK:

– Kapitel **11** =   Abfälle aus der chemischen Oberflächenbearbeitung und Beschichtung von Metallen und anderen Werkstoffen; Nichteisenhydrometallurgie

Passende Gruppe:

– **11 01** =   Abfälle aus der chemischen Oberflächenbearbeitung und Beschichtung von Metallen und anderen Werkstoffen, z. B. Galvanik, Verzinkung, Beizen, Ätzen, Phosphatieren, alkalisches Entfetten und Anodisierung

– aber: es gibt keinen cyanidhaltigen Abfall in dieser Gruppe

Möglicher (und hier üblicher) Abfallschlüssel:

– **11 01 98*** =   andere Abfälle, die gefährliche Stoffe enthalten

– keine Aussage über Stoff/Stoffgruppe

Falsch wäre:

– 11 03 01* =   cyanidhaltige Abfälle

– Warum?   Gruppe 11 03 beschreibt nicht Galvanikabfälle, sondern Abfälle aus Härteprozessen, eine völlig andere Herkunft

Alternative:

Alternatives Kapitel im EAK:

– Kapitel **06** =   Abfälle aus anorganisch-chemischen Prozessen

Passende Gruppe:

– **06 03** =   Abfälle aus HZVA (= Herstellung, Zubereitung, Vertrieb, Anwendung) von Salzen, Salzlösungen und Metalloxiden

Möglicher Abfallschlüssel:

– **06 03 11*** =   feste Salze und Lösungen, die Cyanid enthalten

– Keine spezifische Beschreibung der Herkunft (wie Gruppe 11 01), aber konkretere Abfallbezeichnung

Beispiel: **Chromathaltiges Galvanikbad** als Abfall

Hier wären sogar drei Abfallschlüssel möglich und begründbar.

- **11 01 98*** = andere Abfälle, die gefährliche Stoffe enthalten
- **06 03 13*** = feste Salze und Lösungen, die Schwermetalle enthalten
- **16 09 02*** = Chromate, z. B. Kaliumchromat, Kalium- oder Natriumdichromat

Interne Abfall-bezeichnung	Zuordnung, Herkunft	Abfallschlüssel Abfallbezeichnung	Begründung
Cyanidhaltiges Galvanikbad	Kapitel 06 Abfälle aus anorganisch-chemischen Prozessen	06 03 11* feste Salze und Lösungen, die Cyanid enthalten	ausreichende stoffliche Beschreibung, weist auf Gefahrenkomponente Cyanid hin Herkunftsbeschreibung aber nicht genau genug
	Kapitel 11 Abfälle aus der chemischen Oberflächenbearbeitung und Beschichtung von Metallen und anderen Werkstoffen; Nichteisenhydrometallurgie	11 01 98* andere Abfälle, die gefährliche Stoffe enthalten	korrekte Herkunftsbeschreibung, aber stofflich unbestimmte Bezeichnung
Chromhaltiges Galvanikbad	Kapitel 06 Abfälle aus anorganisch-chemischen Prozessen	06 03 13* feste Salze und Lösungen, die Schwermetalle enthalten	ausreichende stoffliche Beschreibung, weist auf Gefahrenkomponente Schwermetall hin Herkunftsbeschreibung aber nicht genau genug
	Kapitel 11 Abfälle aus der chemischen Oberflächenbearbeitung und Beschichtung von Metallen und anderen Werkstoffen; Nichteisenhydrometallurgie	11 01 98* andere Abfälle, die gefährliche Stoffe enthalten	korrekte Herkunftsbeschreibung, aber stofflich unbestimmte Bezeichnung
	Kapitel 16 Abfälle, die nicht anderswo im Verzeichnis aufgeführt sind	16 09 02* Chromate, z. B. Kaliumchromat, Kalium- oder Natriumdichromat	ausreichende stoffliche Beschreibung, weist auf Gefahrenkomponente Chromat hin Herkunftsbeschreibung aber nicht genau genug Kapitel 16 darf nur nachrangig verwendet werden

Galvanikbäder als Abfall, cyanidhaltig bzw. chromathaltig
Mehrere Möglichkeiten für die Abfallbestimmung

Hilfsmittel, Leitfäden, Vollzugshinweise zur Abfallbestimmung

Bund, länderübergreifend

- Bund/Länder-Arbeitsgemeinschaft Abfall LAGA, Technische Hinweise zur Einstufung von Abfällen nach ihrer Gefährlichkeit vom 04.12.2018
- Informationsportal Abfallbewertung IP@, Gemeinsames Projekt der Bundesländer Baden-Württemberg, Hessen, Niedersachsen, Nordrhein-Westfalen, Rheinland-Pfalz, Sachsen und Sachsen-Anhalt, http://www.abfallbewertung.org,
  darin: Abfallanalysendatenbank ABANDA, Abfallsteckbriefe, Datenbank Abfalltransportkontrolle, Hessische Abfalltransportdatenbank, Abfallbilddatenbank, Modul Hazard-Check
- Bundesministerium für Umwelt, Naturschutz und Reaktorsicherheit: Hinweise zur Anwendung der AVV (BAnz. Nr. 148a vom 09.08.2005)[1]

Baden-Württemberg

- Handbuch zum richtigen Umgang mit dem Europäischen Abfallverzeichnis 2001/118/EG. Ministerium für Umwelt und Verkehr Baden-Württemberg (Reihe Abfall Heft 73, Februar 2003)[1]
- Ministerium für Umwelt und Verkehr Baden-Württemberg: Vollzugshinweise zur Zuordnung von Abfällen zu Abfallarten aus Spiegeleinträgen (28.10.2002, aktualisiert 02.2006)[1]

Bayern

- Erlass des Bayerischen Staatsministeriums für Umwelt, Gesundheit und Verbraucherschutz: BMU-Hinweise zur Anwendung der AVV, Anwendung in Bayern (04.11.2005)[1]
- Bayerisches Landesamt für Umwelt: Hinweise zur Einstufung und Einschlüsselung von Abfällen in Bayern (August 2016)

Berlin, Brandenburg

- Senatsverwaltung für Stadtentwicklung und Umwelt Berlin: Vollzugshinweise zur Zuordnung von Abfällen zu den Abfallarten eines Spiegeleintrages in der AVV (19.11.2015)[1]
- Ministerium für Ländliche Entwicklung, Umwelt und Landwirtschaft Brandenburg: Vollzugshinweise zur Zuordnung von Abfällen zu den Abfallarten eines Spiegeleintrages in der AVV vom 08.04.2016 (ABl. Nr. 19 vom 18.05.2016 S. 507)
- SBB Sonderabfallgesellschaft Brandenburg Berlin mbH:
  - Merkblatt zur Entsorgung von Brandabfällen (12.01.2017)
  - Merkblatt zur Einstufung von KMF-Abfällen (11.01.2017)
  - Merkblatt zur Entsorgung von teerhaltiger Dachpappe (03.2010).

Bremen

- Erlass des Senats für Umwelt, Bau und Verkehr der Freien Hansestadt Bremen: Hinweise zur Einstufung der Gefährlichkeit von Abfällen in Bremen (07.07.2012)[1]

Niedersachsen

– Erlasse des Niedersächsischen Ministeriums für Umwelt, Energie und Klimaschutz:
  - Abgrenzung von Bodenmaterial und Bauschutt mit und ohne schädliche Verunreinigungen (10.09.2010)[1]
  - Einstufung von Gleisschotter und von Bodenaushub mit Belastungen von bahntypischen Herbiziden nach der AVV (13.08.2015)[1]
  - Einstufung von Gleisschotter und von Bodenaushub mit Belastungen von bahntypischen Herbiziden nach der AVV (01.06.2017)
– NGS Niedersächsische Gesellschaft zur Endablagerung von Sonderabfall mbH:
  - Merkblatt zur Entsorgung von asbesthaltigen Abfällen (06.2017)
  - Merkblatt zur Entsorgung von teerhaltigem Straßenaufbruch (05.2016)

Nordrhein-Westfalen

– LANUV Landesamt für Natur, Umwelt und Verbraucherschutz Nordrhein-Westfalen: Arbeits- liste zur Einstufung von Abfällen in gefährliche und nicht gefährliche Abfälle (01.06.2015)[1]

Rheinland-Pfalz

– SAM Sonderabfall-Management-Gesellschaft Rheinland-Pfalz mbH: Fachinformation zur Ein- stufung von mineralischen Abfällen als gefährliche Abfälle bzw. Sonderabfälle (10.04.2014)[1]

Sachsen

– Sächsisches Staatsministerium für Umwelt und Landwirtschaft: Einstufung von Abfällen als gefährliche bzw. nicht gefährliche Abfälle in Sachsen (12.02.2014)[1]

Saarland

– Landesamt für Umwelt- und Arbeitsschutz des Saarlandes: Vollzugshinweise zur Zuordnung von Abfällen zu den Abfallarten eines Spiegeleintrages der AVV (01.2011)[1]

Thüringen

– Landesamt für Bau und Verkehr des Freistaates Thüringen: Gefährlichkeitseinstufung minera- lischer Abfalle (ausgenommen Asphalt bzw. teer-/pechhaltiger Straßenaufbruch) (Informati- onsblatt Abfall Nr. 4, 02.07.2015)[1]

---

[1]   Entspricht inhaltlich u. U. nicht mehr der aktuellen Abfallverzeichnis-Verordnung vom 04.03.2016.

LERNZIELKONTROLLE ZU I.2.1

Lernzielkontrolle – Aufgabe I.2.1-1

Wie lauten die Abfallschlüssel und Abfallbezeichnungen für folgende Abfälle?

a) Alte Bahnschwellen

b) Alte Kühlschränke

c) Bohr- und Schleiföl

d) Cyanidhaltiges Galvanikbad

e) Ölverunreinigte Betriebsmittel (ÖVB)

f) Teerhaltige Dachpappe

Lernzielkontrolle – Lösung Aufgabe I.2.1-1

a) Alte Bahnschwellen

17 02 04*   Glas, Kunststoff und Holz, die gefährliche Stoffe enthalten oder durch gefähr- liche Stoffe verunreinigt sind

b) Alte Kühlschränke

20 01 23*   gebrauchte Geräte, die Fluorchlorkohlenwasserstoffe enthalten

16 02 11*   gebrauchte Geräte, die Fluorchlorkohlenwasserstoffe, HFCKW oder HFKW enthalten

c) Bohr- und Schleiföl

12 01 09*   halogenfreie Bearbeitungsemulsionen und -lösungen

d) Cyanidhaltiges Galvanikbad

11 01 98   andere Abfälle, die gefährliche Stoffe enthalten

e) Ölverunreinigte Betriebsmittel (ÖVB)

15 02 02*   Aufsaug- und Filtermaterialien (einschließlich Ölfilter a.n.g.), Wischtücher und Schutzkleidung, die durch gefährliche Stoffe verunreinigt sind

f) Teerhaltige Dachpappe

17 03 01*   kohlenteerhaltige Bitumengemische

2.2   Nachweisverordnung (NachwV)

2.2.1   Geltungsbereich und Inhalte

Die NachwV

- soll Anforderungen an Entsorgungsnachweise und Entsorgungsregister näher konkretisieren
  Rechtsgrundlage: § 52 KrWG
- gilt für Abfallentsorgungen innerhalb von Deutschland
- gilt nicht für grenzüberschreitende Abfallverbringungen
- gilt nicht für private Haushaltungen

Die NachwV richtet sich in erster Linie an

- Erzeuger oder Besitzer von Abfällen (**Abfallerzeuger**)
- Einsammler oder Beförderer von Abfällen (**Abfallbeförderer**) und
- Anlagenbetreiber oder Unternehmen, die Abfälle entsorgen (**Abfallentsorger**)

Die NachwV

- regelt, wie **Nachweise und Register** über die Entsorgung von Abfällen geführt werden müssen
- bestimmt die **Art und Weise der Nachweisführung** (elektronisch bzw. mit Papierformularen)

Nicht betroffen von der NachwV sind

- private Haushalte
- Entsorgungsmaßnahmen im Zusammenhang mit grenzüberschreitender Abfallverbringung aus, nach oder durch Deutschland (dafür gilt die EU-Abfallverbringungsverordnung = VO (EG) Nr. 1013/2006)

ACHTUNG:
Bestehende lokale Andienungs-/Überlassungspflichten bleiben durch die NachwV unberührt!
Nicht alle Vorschriften der NachwV gelten in jedem Fall.
Es gibt eine **Kleinmengenregelung** (§ 2 (2) NachwV):

- Abfallerzeuger mit insgesamt weniger als 2 t gefährliche Abfälle pro Jahr
- diese sind von den Nachweisregelungen weitgehend befreit
- sie sind nur verpflichtet, Übernahmescheine (ÜS) der jeweiligen Abfallentsorgung zu führen und zu archivieren

NachwV
Anwendungsbereich und Kreis der Nachweispflichtigen

grundsätzlich   zusätzlich   keine Anwendung   keine Anwendung

Führung von Nachweisen und Registern	Andienungs- und Überlassungspflichten bleiben unberührt	gilt nicht für private Haushaltungen	gilt nicht für die Abfallverbringung nach VO (EG) Nr. 1013/2006

Abfallerzeuger	Abfallbeförderer	Abfallentsorger
Erzeuger Besitzer	Einsammler Beförderer	Betreiber von Entsorgungsanlagen

Kreis der Nachweispflichtigen
soweit Nachweispflicht besteht nach
— § 50 (1) KrWG
   (obligatorisch für gefährliche Abfälle)
— § 51 (1) Nr. 1 KrWG
   (fakultativ für nicht gefährliche Abfälle)

Kleinmengenregelung: keine Nachweispflicht, wenn nicht mehr als insgesamt 2 t/Jahr gefährliche Abfälle
dennoch: Übernahmeschein-Pflicht

2.2.2   Nachweispflichten und Registerpflichten – Rechtliche Voraussetzungen und Normadressaten

Rechtsgrundlagen für die formalisierte abfallrechtliche Überwachung:

- Teil 6 KrWG, insbesondere die §§ 49 bis 52 KrWG
- die darauf beruhende Nachweisverordnung (NachwV)

Normadressaten der Nachweisführung

- Abfallwirtschaftsbeteiligte, also die Abfallerzeuger, Abfallbeförderer und die Abfallentsorger

Wer ist Abfallerzeuger im Sinne der NachwV?

Im Sinne der NachwV ist **Abfallerzeuger**

→ der tatsächliche Abfallerzeuger nach § 3 (8) KrWG

→ aber auch der Abfallbesitzer nach § 3 (9) KrWG

Es gibt zwei Arten von tatsächlichen Abfallerzeugern

- Ersterzeuger   =   derjenige, durch dessen Tätigkeit Abfälle angefallen sind
- Zweiterzeuger   =   derjenige, der als z. B. als Entsorger diese Abfälle behandelt oder vermischt und sie an einen weiteren Entsorger abgibt

Wer ist Abfallbeförderer im Sinne der NachwV?

Im Sinne der NachwV ist **Abfallbeförderer**

- derjenige, der Abfälle einsammelt oder transportiert

Einsammler nachweispflichtiger Abfälle sind Beförderer, die beim Transport eines nachweispflichtigen Abfalls einen Sammelentsorgungsnachweis führen.

Wer ist Abfallentsorger im Sinne der NachwV?

Im Sinne der NachwV ist **Abfallentsorger**

- derjenige, der an Abfällen ein Beseitigungsverfahren nach Anlage 1 KrWG oder ein Verwertungsverfahren nach Anlage 2 KrWG durchführt

Das können auch bloße Vorbehandlungsverfahren und das Vermischen sein, wie z. B. etwa das Verwertungsverfahren R12 (*„Austausch von Abfällen, um sie einem der unter R1 bis R11 aufgeführten Verfahren zu unterziehen"*).

Auch die vorübergehende Abfalllagerung (Zwischenlagerung ohne Veränderung von Art oder Zusammensetzung der Abfälle), zählt als Beseitigungs- (D15) oder Verwertungsverfahren (R13), wenn diese Abfälle anschließend einem weiteren Entsorgungsverfahren zugeführt werden.

Aber **Achtung:**

– zeitweilige Lagerung bis zum Einsammeln auf dem Gelände der Abfallentstehung ist <u>kein Zwischenlagern</u>

– der Betreiber eines Sammelplatzes zur kurzfristigen Lagerung (wenige Tage) oder Umschlagplatzes für die Umladung von Abfällen zwischen verschiedenen Fahrzeugen ist kein Abfallentsorger.

Abfall

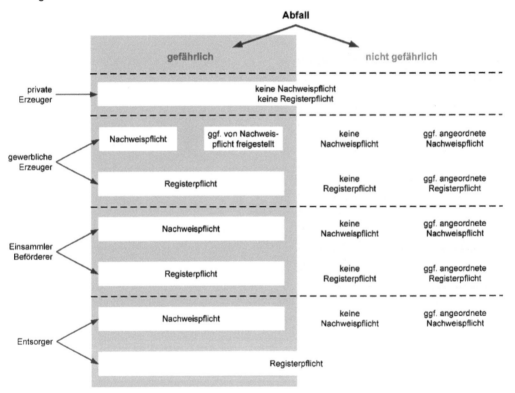

Nachweispflicht und Registerpflichten verschiedener Beteiligter

Ausmaß der abfallrechtlichen Anforderungen der an der Entsorgung Beteiligten nimmt in folgender Reihenfolge zu

- private Abfallerzeuger
- gewerbliche Abfallerzeuger
- Einsammler und Beförderer
- Abfallentsorger

Private Haushalte haben gar keine Pflichten nach der NachwV zu erfüllen.
Gewerbliche Kleinmengen-Abfallerzeuger (insgesamt max. 2 t pro Jahr gefährliche Abfälle) sind weitgehend von den Nachweispflichten befreit und müssen ggf. nur Übernahmescheine aufbewahren.

Für **Beförderer** gibt es keine Befreiungen bei der Nachweisführung.

Entsorger haben zudem eine gegenüber den anderen Beteiligten umfassende Registerpflicht.

Bestimmte gefährliche Abfälle sind von der Nachweisführung generell befreit.
Bei diesen wird angenommen, dass die Abfallströme auch ohne ein formalisiertes Nachweisverfahren hinreichend überwacht sind.

Keine Nachweispflichten für gefährliche Abfälle, die

- bis zu max. 2 t insgesamt pro Jahr anfallen (ÜS muss dennoch aufbewahrt werden,)
- in eigenen Abfallentsorgungsanlagen in der Nähe der Anfallstelle entsorgt werden (§ 50 (2) KrWG),
- einer Rücknahme- oder Rückgabepflicht unterliegen (§ 50 (3) KrWG),
- im Rahmen einer freiwilligen Rücknahme durch die zuständige Behörde von der Nachweispflicht freigestellt wurden (§ 26 (3) KrWG),
- als Elektro-/Elektronik-Altgeräte an Einrichtungen zur Sammlung und Erstbehandlung überlassen werden (§ 2 (3) Satz 4 ElektroG), z. B. Leuchtstoffröhren
- als Altbatterien an Rücknahmestellen von Altbatterien abgegeben werden (§ 1 (3) Satz 2 BattG i. V. m.. § 50 (3) KrWG),
- als Altfahrzeuge an Annahmestellen, Rücknahmestellen oder Demontagebetriebe überlassen werden (§ 4 (5) AltfahrzeugV).
- als Verkaufsverpackungen mit Rückständen schadstoffhaltiger Füllgüter an einer zentralen Annahmestelle der Hersteller oder Vertreiber abgegeben werden (§ 2 (2) Satz 2 VerpackG)

Bei gefährlichen Abfällen mit **Rückgabe-/Rücknahmepflicht** ist die Formalüberwachung anderweitig sichergestellt. Die wichtigsten dieser Abfälle sind:

Rücknahmegegenstand/-stoff:	Regelungsinhalt	Rechtsgrundlage
Fahrzeuge der Klasse M1 oder N1 nach Anhang II Teil A RL 2007/46/EG und Altfahrzeuge (Fahrzeuge, die Abfall sind)	Fahrzeughersteller sind verpflichtet, Altfahrzeuge vom Letzthalter zurückzunehmen. Fahrzeughersteller müssen die Altfahrzeuge ab Überlassung an eine anerkannte Rücknahmestelle oder Demontagebetrieb unentgeltlich zurücknehmen.	§ 3 (1) AltfahrzeugV
	Besitzer sind verpflichtet, Altfahrzeuge zur Entsorgung nur anerkannten Annahme-/Rücknahmestellen/Demontagebetrieben zu überlassen.	§ 4 (1) AltfahrzeugV
HKW-Lösemittel Flüssigkeiten mit > 5 % HKW (Siedepunkt 20–150 °C)	Vertreiber bei Mengen von ≤ 10 L/Monat an Anlagen zur Behandlung von Oberflächen, Textilien, Leder, Pelze, Extraktionsanlagen, Produktionsanlagen sind verpflichtet, gebrauchte Lösemittel zurückzunehmen oder die Rücknahme durch Dritte sicherzustellen. Eine Rück<u>gabe</u>pflicht der Besitzer besteht nicht.	§ 3 HKWAbfV
Geregelte Stoffe nach Art. 3 Nr. 4 und Anhang I VO (EG) Nr. 1005/2009, z. B. FCKW, Halone, CCl_4, 1,1,1-Trichlorethan, Methylbromid, teil-FCKW und -FBKW, CH_2BrCl	Hersteller/Vertreiber sind verpflichtet, geregelte Stoffe/Gemische nach Gebrauch zurückzunehmen oder die Rücknahme durch einen Dritten sicherzustellen. Ausnahme: Stoffe nach HKWAbfV	§ 3 (2) ChemOzonschichtV
Fluorierte Treibhausgase nach Anhang I der VO (EU) Nr. 517/2014), z. B. SF_6	Hersteller/Vertreiber sind verpflichtet, fluorierte Treibhausgase nach Gebrauch zurückzunehmen oder die Rücknahme durch einen Dritten sicherzustellen.	§ 4 (2) ChemKlimaschutzV
Altöl Öle, die als Abfall anfallen und ganz oder teilweise aus Mineralöl, synthetischem oder biogenem Öl bestehen	Wer gewerbsmäßig Verbrennungsmotoren- oder Getriebeöl an Endverbraucher abgibt, hat eine Annahmestelle für solche gebrauchten Öle einzurichten oder eine solche durch entsprechende vertragliche Vereinbarung nachzuweisen.	§ 8 AltölV
Verkaufsverpackungen schadstoffhaltiger Füllgüter	Hersteller/Vertreiber sind verpflichtet, dafür zu sorgen, dass gebrauchte, restentleerte Verpackungen vom Endverbraucher in zumutbarer Entfernung oder ggf. an einer zentralen Annahmestelle unentgeltlich zurückgegeben werden können. Bei nicht privaten Endverbrauchern: abweichende Vereinbarungen über Rückgabeort und Kostenregelung möglich.	§ 15 (1) VerpackG

Rücknahmegegenstand/-stoff:	Regelungsinhalt	Rechtsgrundlage
Elektro-/Elektronik-Altgeräte entsprechend der Kategorien in Anhang I ElektroG	Hersteller sind verpflichtet, Elektro-/ Elektronik-Altgeräte zurückzunehmen, u. a. die durch örE bereitgestellten Behältnisse mit Altgeräten entsprechend einer bestimmten Zuweisung abzuholen, die Geräte/Bauteile unentgeltlich wiederzuverwenden, zu behandeln und zu entsorgen. Getrennhalte- und Rückgabepflicht der Besitzer.	§ 10 ElektroG
	Hersteller sind verpflichtet, die durch die örE bereitgestellten EAG-Behältnisse entsprechend der behördlichen Zuweisung unverzüglich abzuholen, sie wiederzuverwenden oder zu behandeln und zu entsorgen.	§ 16 ElektroG
	Hersteller sind verpflichtet, für b2b-Altgeräte und vergleichbaren Altgeräte eine zumutbare Möglichkeit zur Rückgabe zu schaffen und die Altgeräte zu entsorgen. Ausnahme: historische Altgeräte	§ 19 ElektroG
Batterien	Hersteller sind verpflichtet, die von den Vertreibern oder örE erfassten Altbatterien unentgeltlich zurückzunehmen und zu entsorgen (auch Batterien aus Elektro-/Elektronik-Altgeräten und Altfahrzeugen)	§ 5 BattG

2.2.3   Die abfallrechtliche Vorabkontrolle

Das Nachweisverfahren ist unterteilt in zwei Schritte:

– Vorabkontrolle und

– Verbleibkontrolle

1. Schritt:

Durch die **Vorabkontrolle** wird der Entsorgungsweg

– formal und rechtsverbindlich bestimmt

– ggf. behördlich bestätigt und

– in Form eines Entsorgungsnachweises festgelegt.

Die Beteiligten bei der Vorabkontrolle sind

– der Abfallerzeuger

– der Abfallentsorger

– die Behörde des Abfallentsorgers

Der **Entsorgungsnachweis (EN)** wird geführt

– im Grundverfahren oder

– im (privilegierten) Anzeigeverfahren oder

– im Sammelentsorgungsnachweisverfahren.

Erst wenn ein gültiger EN vorliegt darf nachweispflichtiger Abfall vom Abfallerzeuger an die Entsorgungsanlage abgegeben werden.
Evtl. ist eine zusätzliche und vom Nachweisverfahren unabhängige Zuweisung im Rahmen von länderspezifischen Andienungspflichten erforderlich.

2. Schritt:

Die **Verbleibkontrolle** dient

– zur Überwachung des nachweispflichtigen Abfalls
– bei der Überführung zur Entsorgungsanlage.

Die Instrumente der Verbleibkontrolle sind

– der Begleitschein (BS) und
– der Übernahmeschein (ÜS).

Seit 01.04.2010: Vorabkontrolle und Verbleibkontrolle müssen auf elektronischem Wege durch-
                  geführt werden

Ausnahme: Übernahmeschein (ÜS) darf weiter als Papierformular geführt werden

Nachweisführung bei der Abfallentsorgung

2.2.3.1 Entsorgungsnachweis im Grundverfahren

EN-Grundverfahren:

1. Schritt:　　Abfallerzeuger und Abfallentsorger vereinbaren, welcher Abfall mit welcher Entsorgungsmaßnahme entsorgt werden soll.

2. Schritt:　　Danach bestätigt die Entsorgerbehörde den vorgesehenen Entsorgungsweg oder lehnt ihn ab.

Alle erforderlichen Informationen, Angaben und rechtsverbindlichen Unterschriften erfolgen auf der Grundlage der Formblätter nach Anlage 1 NachwV durch ein elektronisches Kommunikationsverfahren.

Kommunikationsplattform:

- Zentrale Koordinierungsstelle der Länder (ZKS-Abfall)
- EDV-technische Infrastruktur, betrieben durch die Bundesländer (ASYS)
- Grundlage:　　Verwaltungsvereinbarung über <u>G</u>emeinsame <u>A</u>bfall-<u>D</u>V-<u>Sys</u>teme der Länder (GADSYS).

Die Entstehung eines EN erfolgt nach folgendem Schema:

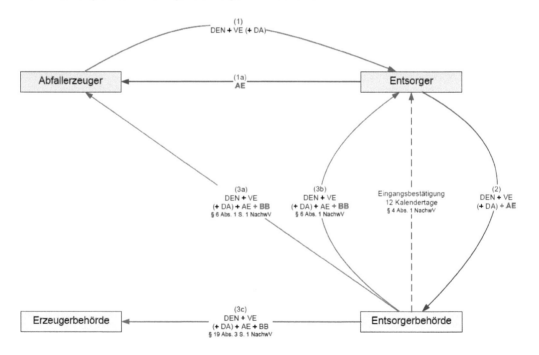

Entsorgungsnachweis im Grundverfahren mit Behördenbestätigung

1. Schritt: (1)

Abfallerzeuger

- übermittelt die Angaben zum nachweispflichtigen Abfall
- über die ZKS-Abfall
- an Entsorger
- unter Verwendung der elektronischen Formblätter **DEN** (Deckblatt Entsorgungsnachweis), **VE** (Verantwortliche Erklärung) und **DA** (Deklarationsanalyse)

Alle drei Formblätter sind zwingend.

Ausnahme: Auf Angaben in der DA darf verzichtet werden, wenn sich aus der Abfallherkunft oder -bezeichnung die Zusammensetzung des Abfalls hinreichend ergibt,
z. B. bei Mineralfasern oder asbesthaltigen Abfällen (§ 3 (2) Satz 2 NachwV).

Beispiel: Ausgefüllte Formblätter EN – Deckblatt und VE (1) und (2)

Deckblatt

Vor-Nr. *34F5EEB4-* ⬛⬛⬛⬛⬛   Nr. *ENH15V* ⬛⬛⬛⬛

Entsorgungsnachweis/Sammelentsorgungsnachweis/EN/SN (ENSNBEHLayer)

EN [X] Entsorgungsnachweis für nachweispflichtige Abfälle

SN [ ] Sammelentsorgungsnachweis für nachweispflichtige Abfälle

[ ] mit Behördenbestätigung	[X] ohne Behördenbestätigung (§ 7 NachwV)	[X] zur Verwertung	[ ] zur Beseitigung
[ ] Freiwillige Rücknahme			

	Für
Nur bei Verwendung als Registerblatt Nach Abfallverzeichnis-Verordnung (AVV) Abfallschlüssel Abfallbezeichnung	interne Vermerke der Behörde

1   Angaben zum Abfallerzeuger

Firma / Körperschaft

1.1 ⬛⬛⬛⬛⬛⬛⬛⬛⬛⬛⬛

Straße   Hausnummer

1.2 ⬛⬛⬛⬛⬛

Postleitzahl   Ort

1.3 ⬛⬛⬛ ⬛⬛⬛⬛

Ansprechpartner

1.4 ⬛⬛⬛

Telefon   Telefax

1.5 ⬛⬛⬛ ⬛⬛⬛

E-Mail-Adresse

1.6 ⬛⬛⬛

2   Angaben zum Bevollmächtigten

Firma / Körperschaft

2.1

Straße   Hausnummer

2.2

Postleitzahl   Ort

2.3

Ansprechpartner

2.4

Telefon   Telefax

2.5

E-Mail-Adresse

2.6

Für Vermerke des Abfallerzeugers (für Entsorgungs / Sammelentsorgungsnachweis ausfüllen)

Ablauf der Frist nach § 5 Abs. 5 oder § 7 Abs 4 NachwV

Durch die Behörde bestätigtes Eingangsdatum

[ ] Unterlagen vollständig

Verantwortliche Erklärung und Anahmeerklärung und Bestätigung der Behörde (soweit aufgrund NachwV erforderlich) gingen in Kopie an die zuständige Behörde am   ▶

Verantwortliche Erklärung (1)

Vor-Nr. *34F5EEB4-* ▓▓▓▓▓▓▓▓▓▓▓▓
▓▓▓▓▓▓▓▓ ▓   Nr. *ENH15V* ▓▓▓▓ ▓

Verantwortliche Erklärung (ENSNBEHLayer)

		Für interne Vermerke der Behörde
1	Abfallherkunft (nicht ausfüllen bei Sammelentsorgung)	
	Erzeugernummer Arbeitsstättennummer	
1.1	*H* ▓▓▓▓▓ ▓	
	Betriebsstätte, sonstige ortsfeste Einrichtung, bauliche Anlage, Grundstück oder davon betrieblich unabhängige ortsveränderliche technische Einrichtung	
1.2	▓▓▓▓▓▓▓▓▓▓▓▓▓▓▓▓▓	
	Straße oder Koordinaten Hausnummer	
1.3	▓▓▓▓▓▓▓▓▓▓▓	
1.4	▓▓▓▓ ▓▓▓▓▓▓▓▓▓▓	
	Ansprechpartner	
1.5	▓▓▓▓▓▓▓	
	Telefon Telefax	
1.6	▓▓▓▓▓▓ ▓▓▓▓▓▓	
	E-Mail-Adresse	
1.7	▓▓▓▓▓▓▓	
	Bezeichnung der Anfallstelle	
1.8	*Betriebsgelände* ▓▓▓▓▓	
1.9	Anlage ist nach des Anhangs genehmigt. BlmSchG, Nr. zur 4. BlmSchV,	

2	Abfallherkunft (nur ausfüllen bei Sammelentsorgung)	
	Bundesland / Bundesländer in dem / denen der Abfall eingesammelt wird	
2.1	Index Bundesland Kreiskennung Kreis	
	Beförderernummer Arbeitsstättennummer	
2.2		
	Name	
2.3		
	Straße oder Koordinaten Hausnummer	
2.4		
	Postleitzahl Ort	
2.5		
	Ansprechpartner	
2.6		
	Telefon Telefax	
2.7		
	E-Mail-Adresse	
2.8		

Verantwortliche Erklärung (2)

Vor-Nr.*34F5EEB4-* ▨▨▨▨

Nr.*ENH15V* ▨▨▨

Verantwortliche Erklärung (ENSNBEHLayer)

		Für interne Vermerke der Behörde
3	**Abfallbeschreibung**	

Betriebsinterne Bezeichnung

3.1 *Altholz mit schädlichen Verunreinigungen*

Nach Abfallverzeichnis-Verordnung (AVV)

Abfallschlüssel

170204

Abfallbezeichnung

Glas, Kunststoff und Holz, die gefährliche Stoffe enthalten oder durch gefährliche Stoffe verunreinigt sind

Abfall wurde vorbehandelt (§ 3 Abs. 2 NachwV):   ☐ Ja   ☒ Nein

Art der Vorbehandlung

3.2

3.3 Konsistenz: ☒ fest   ☐ stichfest   ☐ pastös/schlammig/breiig   ☐ staubförmig   ☐ flüssig

3.4 Deklarationsanalyse(n) ist/sind beigefügt: ☒ Ja   ☐ Nein

4   Anfall und Abgabe des Abfalls

4.1 Menge des Abfalls

bezogen auf die Laufzeit des Entsorgungsnachweises

250 Tonnen

5   Beantragte Laufzeit

Datum   Datum

5.1 von *05.04.2013*   bis *04.04.2018*

6   Verantwortliche Erklärung

6.1 *Wir versichern, dass die in dieser Verantwortlichen Erklärung gemachten Angaben zutreffen. Wir werden nur Abfälle zur Entsorgung bereitstellen, die den Angaben in der Verantwortlichen Erklärung entsprechen.*

Ort   Datum   Name   Name Bevollmächtige(r)   Rechtsverbindliche Unterschrift (Signatur)

▨▨▨   *05.04.2013*   ▨▨▨   ▨▨▨

Beispiel: Anlage zum Formblatt Deklarationsanalyse (DA)

PRÜFBERICHT

Datum:

Probenummer: Auftrag-Nr.:
Auftraggeber:
Projekt:
Entnahmestelle:
Probenehmer: Probenahme: Probeneingang:
Bearbeitungszeitraum: bis

Parameter	Methode	Messwert		BG
Naphthalin	HLUG Bd. 7 T1	n.b.	mg/kg	0,6
Acenaphthylen	HLUG Bd. 7 T1	n.b.	mg/kg	0,6
Acenaphthen	HLUG Bd. 7 T1	n.b.	mg/kg	0,6
Fluoren	HLUG Bd. 7 T1	n.b.	mg/kg	0,6
Phenanthren	HLUG Bd. 7 T1	1,4	mg/kg	0,6
Anthracen	HLUG Bd. 7 T1	n.b.	mg/kg	0,6
Fluoranthen	HLUG Bd. 7 T1	0,9	mg/kg	0,6
Pyren	HLUG Bd. 7 T1	3,2	mg/kg	0,6
Benzo-a-anthracen	HLUG Bd. 7 T1	n.b.	mg/kg	0,6
Chrysen	HLUG Bd. 7 T1	n.b.	mg/kg	0,6
Benzo-b+k-fluoranthen	HLUG Bd. 7 T1	5,3	mg/kg	0,6
Benzo-a-pyren (BaP)	HLUG Bd. 7 T1	2,8	mg/kg	0,6
Indeno-1,2,3-cd-pyren	HLUG Bd. 7 T1	n.b.	mg/kg	0,6
Dibenzo-(a,h)-anthracen	HLUG Bd. 7 T1	n.b.	mg/kg	0,6
Benzo-g,h,i-perylen	HLUG Bd. 7 T1	3,1	mg/kg	0,6
Summe PAK-EPA (16)	HLUG Bd. 7 T1	16,7	mg/kg	
Summe PAK-EPA (15)	HLUG Bd. 7 T1	16,7	mg/kg	

BG: Bestimmungsgrenze   n.b. : nicht bestimmbar, kleiner Bestimmungsgrenze   n.a. : nicht analysiert

Es wurden PAK in der Probe nachgewiesen: Die Summe PAK 16 EPA (PAK 15 EPA) liegt bei 16,7 mg/kg (16,7mg/kg). Der Benzo-a-Pyrengehalt wurde mit 2,8mg/kg bestimmt

---

Anmerkung zur Deklarationsanalyse

Abfall:	interne Bezeichnung „Altholz mit schädlichen Verunreinigungen"
AVV-Nr.:	170204

Art, Beschaffenheit und Zusammensetzung des Abfalls sind bekannt bzw. ergeben sich für die weitere Durchführung des Nachweisverfahrens in ausreichendem Umfang aus dem Verfahren, bei dem der Abfall anfällt.

Der Abfall entsteht bei Abbruch-, Sanierungs- und Instandhaltungsarbeiten und enthält möglicherweise (s. auch Analyse im Anhang):

Arsen	<	200	mg/l
Blei	<	3000	mg/l
Cadmium	<	100	mg/l
Kupfer	<	3500	mg/l
Nickel	<	2000	mg/l
Quecksilber	<	35	mg/l
Zink	<	80000	mg/l
Schwefel		3	Gew.%
Zinn	<	1000	mg/kg
Cyanide	<	100	mg/kg

---

2. Schritt: (1a)

Entsorger

- erklärt seine Bereitschaft zur Annahme und Entsorgung des in der VE beschriebenen Abfalls
- unter Angabe des zugehörigen Entsorgungsverfahrens nach Anlage 1 oder Anlage 2 KrWG (D- oder R-Verfahren)
- durch die Annahmeerklärung (**AE**) gegenüber dem Abfallerzeuger

3. Schritt: (2)

Entsorger

- beantragt Behördenbestätigung (**BB**) durch
- elektronische Übersendung der Angaben zum nachweispflichtigen Abfall
- über die ZKS-Abfall
- an Entsorgerbehörde
- unter Verwendung der elektronischen Formblätter **DEN** (Deckblatt Entsorgungsnachweis), **VE** (Verantwortliche Erklärung), **DA** (Deklarationsanalyse) und **AE** (Annahmeerklärung)

Beispiel: Ausgefülltes Formblatt AE

Annahmeerklärung

Vor-Nr. *34F5EEB4-* ░░░░░░ ░░░░░░	Nr. *ENH15V* ░░░░░

Annahmeerklärung (ENSNBEHLayer)

Nur bei Verwendung als Registerblatt Nach Abfallverzeichnis-Verordnung (AVV) Abfallschlüssel Abfallbezeichnung	Für interne Vermerke der Behörde

1   Angaben zum Abfallentsorger

Firma

1.1 ░░░░░░░░░░░░░░░

Straße	Hausnummer
1.2 ░░░░░░░░░	░

Postleitzahl	Ort
1.3 ░░░	░░░░░

2   Entsorgungsanlage

2.1 ☐ Chemisch-/physikalische Behandlung ☐ Thermische Behandlung ☐ oberirdische Deponie ☐ Untertagedeponie [X] sonstige Behandlungsverfahren

2.2 Entsorgungsverfahren (Verfahrensangabe nach Anhang IIA oder IIB des KrW-/AbfG)   *R12*

Bezeichnung der Entsorgungsanlage bzw. Betriebsstätte	Arbeitsstättennummer	Entsorgernummer
2.3 *Recyclinganlage* ░░░░░░░░░░░ ░░░░░░░		*H* ░░░░ ░

Straße oder Koordinaten	Hausnummer
2.4 ░░░░░░░	░

Postleitzahl	Ort
2.5 ░░░	░░░░░

Ansprechpartner

2.6 ░ ░░░

Telefon	Telefax
2.7 ░░░░░░ ░	░░░░░ ░

E-Mail-Adresse

2.8 ░░░░░░░░░░░░

2.9 Die Anlage ist gemäß § 7 NachwV freigestellt.   [X] Ja   ☐ Nein

Freistellungsnummer: *FRH* ░░░░░ ░

3   Laufzeit der Annahmeerklärung

Datum	Datum
3.1 von *05.04.2013*	bis *04.04.2018*

4 _Wir versichern, dass die Angaben zutreffen. Die Anlage ist für die Entsorgung des deklarierten Abfalls gemäß Verantwortlicher Erklärung zugelassen. Wir versichern, dass die Abfälle in unserer Anlage ordnungsgemäß und schadlos verwertet oder gemeinwohlverträglich beseitigt werden. Wir sind bereit, den deklarierten Abfall anzunehmen._
Zusatz:

Ort	Datum	Name	Rechtsverbindliche Unterschrift (Signatur)
░░░░░	*08.04.2013*	░ ░░░	░░░░ ░░░░░ ░░░░ ░░░░░

4. Schritt: (3a/3b)

Entsorgerbehörde

- bestätigt den EN und
- übersendet die mit den Formularen DEN, VE, DA und AE elektronisch verbundene Behörden-bestätigung (**BB**)
- als elektronischen Bescheid
- an Abfallerzeuger, Abfallentsorger und an die Behörde des Abfallerzeugers.

HINWEIS:

In den Bundesländern gibt es zur Verwaltungsvereinfachung für das abfallrechtliche Nachweis-verfahren jeweils eine Zentralstelle. Bei Entsorgungen innerhalb eines Bundeslandes sind also dafür Erzeuger- und Entsorgerbehörde identisch.

2.2.3.2 Entsorgungsnachweis im privilegierten Anzeigeverfahren

Beim Entsorgungsnachweis nach § 7 NachwV (*„privilegiertes" Verfahren*) wird anstelle des Grundverfahrens ein vereinfachtes Anzeigeverfahren durchgeführt.

Besonderheit:

- keine Bestätigung des Entsorgungsweges durch die Entsorgerbehörde
- nur die Nachweiserklärungen (= ausgefüllte + unterzeichnete elektronische Formblätter DEN, VE, DA, AE) müssen der Entsorgerbehörde übermittelt werden

Voraussetzung:

- vorherige Freistellung der Entsorgungsanlage
- für den zugeordneten Abfallschlüssel und
- für die Entsorgungsmaßnahme (Behandlung, stoffliche/energetische Verwertung, Lagerung/Ablagerung).

Abfallentsorger ist nach § 7 (1) NachwV von der Einholung einer Behördenbestätigung freige-stellt, wenn

- er als Entsorgungsfachbetrieb zertifiziert ist und das gültige Überwachungszertifikat der Ent-sorgerbehörde vorliegt
- er auf Antrag durch seine Abfallbehörde von der Bestätigungspflicht freigestellt wurde oder
- die Abfallentsorgungsanlage
  ○ zu einem nach EU-EMAS-Verordnung und UAG in das EMAS-Register eingetragenen Standort gehört und
  ○ dies der Entsorgerbehörde mitgeteilt wurde.

Ablauf:

Der Abfallerzeuger

– übersendet wie im Grundverfahren die elektronisch ausgefüllten und unterzeichneten Formblätter DEN, VE und DA an Entsorger

Der Abfallentsorger

– erklärt die Annahmebereitschaft mit dem Formblatt AE und

– übersendet die Nachweiserklärungen DE + VE + DA + AE an die Entsorgerbehörde.

Die ZKS-Abfall

– leitet die Nachweiserklärungen auch an die Erzeugerbehörde weiter.

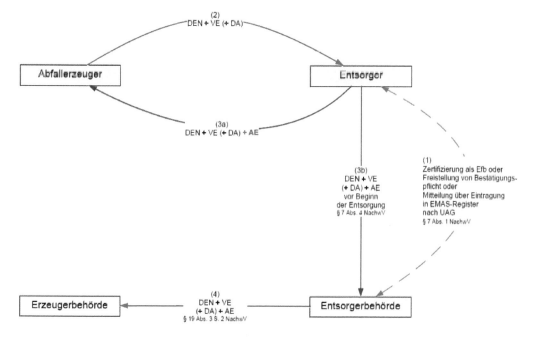

Entsorgungsnachweis im privilegierten Anzeigeverfahren

Beispiel: Ausgefüllte Formblätter privilegierter EN – Deckblatt und VE

Deckblatt

Vor-Nr.*34F5EEB4-*	Nr.*ENH15V*

Entsorgungsnachweis/Sammelentsorgungsnachweis/EN/SN (ENSNBEHLayer)

EN [X] Entsorgungsnachweis für nachweispflichtige Abfälle

SN [ ] Sammelentsorgungsnachweis für nachweispflichtige Abfälle

[ ] mit Behördenbestätigung	[X] ohne Behördenbestätigung (§ 7 NachwV)	[X] zur Verwertung	[ ] zur Beseitigung
[ ] Freiwillige Rücknahme			

	Für
Nur bei Verwendung als Registerblatt	interne
Nach Abfallverzeichnis-Verordnung (AVV)	Vermerke
Abfallschlüssel	der
	Behörde
Abfallbezeichnung	

1 Angaben zum Abfallerzeuger

Firma / Körperschaft

1.1

Straße   Hausnummer

1.2

Postleitzahl   Ort

1.3

Ansprechpartner

1.4

Telefon   Telefax

1.5

E-Mail-Adresse

1.6

2 Angaben zum Bevollmächtigten

Firma / Körperschaft

2.1

Straße   Hausnummer

2.2

Postleitzahl   Ort

2.3

Ansprechpartner

2.4

Telefon   Telefax

2.5

E-Mail-Adresse

2.6

Für Vermerke des Abfallerzeugers (für Entsorgungs / Sammelentsorgungsnachweis ausfüllen)

Ablauf der Frist nach § 5 Abs. 5 oder § 7 Abs. 4 NachwV

Durch die Behörde bestätigtes Eingangsdatum

[ ] Unterlagen vollständig

Verantwortliche Erklärung und Anahmeerklärung und Bestätigung der Behörde (soweit aufgrund NachwV erforderlich) gingen in Kopie an die zuständige Behörde am ▶

Verantwortliche Erklärung (1)

Vor-Nr. *34F5EEB4-* _____   Nr. *ENH15V* _____

Verantwortliche Erklärung (ENSNBEHLayer)

		Für interne Vermerke der Behörde
1	Abfallherkunft (nicht ausfüllen bei Sammelentsorgung)	
	Erzeugernummer Arbeitsstättennummer	
1.1	*H* _____	
	Betriebsstätte, sonstige ortsfeste Einrichtung, bauliche Anlage, Grundstück oder davon betrieblich unabhängige ortsveränderliche technische Einrichtung	
1.2	_____	
	Straße oder Koordinaten Hausnummer	
1.3	_____	
1.4	_____	
	Ansprechpartner	
1.5	_____	
	Telefon Telefax	
1.6	_____	
	E-Mail-Adresse	
1.7	_____	
	Bezeichnung der Anfallstelle	
1.8	*Betriebsgelände* _____	
1.9	Anlage ist nach BlmSchG, Nr. des Anhangs zur 4. BlmSchV, genehmigt.	

2	Abfallherkunft (nur ausfüllen bei Sammelentsorgung)	
	Bundesland / Bundesländer in dem / denen der Abfall eingesammelt wird	
2.1	Index Bundesland Kreiskennung Kreis	
	Befördernummer Arbeitsstättennummer	
2.2		
	Name	
2.3		
	Straße oder Koordinaten Hausnummer	
2.4		
	Postleitzahl Ort	
2.5		
	Ansprechpartner	
2.6		
	Telefon Telefax	
2.7		
	E-Mail-Adresse	
2.8		

Verantwortliche Erklärung (2)

Vor-Nr. *34F5EEB4-* ▓▓▓	Nr. *ENH15V* ▓▓

Verantwortliche Erklärung (ENSNBEHLayer)

3 Abfallbeschreibung	Für interne Vermerke der Behörde

Betriebsinterne Bezeichnung

3.1 *Altholz mit schädlichen Verunreinigungen*

Nach Abfallverzeichnis-Verordnung (AVV)

Abfallschlüssel

170204

Abfallbezeichnung

Glas, Kunststoff und Holz, die gefährliche Stoffe enthalten oder durch gefährliche Stoffe verunreinigt sind

Abfall wurde vorbehandelt (§ 3 Abs. 2 NachwV): ☐ Ja   ☒ Nein

Art der Vorbehandlung

3.2

3.3 Konsistenz: ☒ fest   ☐ stichfest   ☐ pastös/schlammig/breiig   ☐ staubförmig   ☐ flüssig

3.4 Deklarationsanalyse(n) ist/sind beigefügt: ☒ Ja   ☐ Nein

4   Anfall und Abgabe des Abfalls

4.1 Menge des Abfalls

bezogen auf die Laufzeit des Entsorgungsnachweises

250 Tonnen

5   Beantragte Laufzeit

Datum   Datum

5.1 von *05.04.2013*   bis *04.04.2018*

6   Verantwortliche Erklärung

6.1 *Wir versichern, dass die in dieser Verantwortlichen Erklärung gemachten Angaben zutreffen. Wir werden nur Abfälle zur Entsorgung bereitstellen, die den Angaben in der Verantwortlichen Erklärung entsprechen.*

Ort	Datum	Name	Name Bevollmächtige(r)	Rechtsverbindliche Unterschrift (Signatur)
▓▓▓	*05.04.2013*	▓▓▓		▓▓▓

Beispiel: Anlage zum Formblatt Deklarationsanalyse (DA)

PRÜFBERICHT

Datum:

Probenummer: Auftrag-Nr.:
Auftraggeber:
Projekt:
Entnahmestelle:
Probenehmer: Probenahme: Probeneingang:
Bearbeitungszeitraum: bis

Parameter	Methode	Messwert		BG
Naphthalin	HLUG Bd. 7 T1	n.b.	mg/kg	0,6
Acenaphthylen	HLUG Bd. 7 T1	n.b.	mg/kg	0,6
Acenaphthen	HLUG Bd. 7 T1	n.b.	mg/kg	0,6
Fluoren	HLUG Bd. 7 T1	n.b.	mg/kg	0,6
Phenanthren	HLUG Bd. 7 T1	1,4	mg/kg	0,6
Anthracen	HLUG Bd. 7 T1	n.b.	mg/kg	0,6
Fluoranthen	HLUG Bd. 7 T1	0,9	mg/kg	0,6
Pyren	HLUG Bd. 7 T1	3,2	mg/kg	0,6
Benzo-a-anthracen	HLUG Bd. 7 T1	n.b.	mg/kg	0,6
Chrysen	HLUG Bd. 7 T1	n.b.	mg/kg	0,6
Benzo-b+k-fluoranthen	HLUG Bd. 7 T1	5,3	mg/kg	0,6
Benzo-a-pyren (BaP)	HLUG Bd. 7 T1	2,8	mg/kg	0,6
Indeno-1,2,3-cd-pyren	HLUG Bd. 7 T1	n.b.	mg/kg	0,6
Dibenzo-(a,h)-anthracen	HLUG Bd. 7 T1	n.b.	mg/kg	0,6
Benzo-g,h,i-perylen	HLUG Bd. 7 T1	3,1	mg/kg	0,6
Summe PAK-EPA (16)	HLUG Bd. 7 T1	16,7	mg/kg	
Summe PAK-EPA (15)	HLUG Bd. 7 T1	16,7	mg/kg	

BG: Bestimmungsgrenze   n.b. : nicht bestimmbar, kleiner Bestimmungsgrenze   n.a. : nicht analysiert

Es wurden PAK in der Probe nachgewiesen: Die Summe PAK 16 EPA (PAK 15 EPA) liegt bei 16,7 mg/kg (16,7mg/kg). Der Benzo-a-Pyrengehalt wurde mit 2,8mg/kg bestimmt

Anmerkung zur Deklarationsanalyse

Abfall: interne Bezeichnung „Altholz mit schädlichen Verunreinigungen"

AVV-Nr.: 170204

Art, Beschaffenheit und Zusammensetzung des Abfalls sind bekannt bzw. ergeben sich für die weitere Durchführung des Nachweisverfahrens in ausreichendem Umfang aus dem Verfahren, bei dem der Abfall anfällt.

Der Abfall entsteht bei Abbruch-, Sanierungs- und Instandhaltungsarbeiten und enthält möglicherweise (s. auch Analyse im Anhang):

Arsen	< 200	mg/l
Blei	< 3000	mg/l
Cadmium	< 100	mg/l
Kupfer	< 3500	mg/l
Nickel	< 2000	mg/l
Quecksilber	< 35	mg/l
Zink	< 80000	mg/l
Schwefel	3	Gew.%
Zinn	< 1000	mg/kg
Cyanide	< 100	mg/kg

Beispiel: Ausgefülltes Formblatt AE und Nebenbestimmungen Behörde

Annahmeerklärung

Vor-Nr.*34F5EEB4*- ▓▓▓▓▓▓
▓▓▓▓▓▓▓

Nr.*ENH15V* ▓▓▓▓ ▓

Annahmeerklärung (ENSNBEHLayer)

Nur bei Verwendung als Registerblatt Nach Abfallverzeichnis-Verordnung (AVV) Abfallschlüssel Abfallbezeichnung	Für interne Vermerke der Behörde

1   Angaben zum Abfallentsorger

Firma

1.1 ▓▓▓▓▓▓▓▓▓▓▓▓▓▓▓▓▓▓▓▓

Straße	Hausnummer

1.2 ▓▓▓▓▓▓▓▓▓   ▓

Postleitzahl	Ort

1.3 ▓▓▓▓   ▓▓▓▓▓▓

2   Entsorgungsanlage

2.1 ☐ Chemisch-/physikalische Behandlung ☐ Thermische Behandlung ☐ oberirdische Deponie ☐ Untertagedeponie ☒ sonstige Behandlungsverfahren

2.2 Entsorgungsverfahren (Verfahrensangabe nach Anhang IIA oder IIB des KrW-/AbfG)   *R12*

Bezeichnung der Entsorgungsanlage bzw. Betriebsstätte	Arbeitsstättennummer	Entsorgernummer

2.3 *Recyclinganlage*
▓▓▓▓▓▓▓▓▓▓▓▓▓▓▓▓▓▓▓▓▓▓▓▓▓   *H*▓▓▓▓▓▓ ▓

Straße oder Koordinaten	Hausnummer

2.4 ▓▓▓▓▓▓▓▓▓   ▓

Postleitzahl	Ort

2.5 ▓▓▓▓   ▓▓▓▓▓▓

Ansprechpartner

2.6 ▓▓ ▓▓▓▓

Telefon	Telefax

2.7 ▓▓▓▓▓▓▓▓ ▓   ▓▓▓▓▓▓▓ ▓▓

E-Mail-Adresse

2.8 ▓▓▓▓▓▓▓▓▓▓▓▓▓▓▓▓▓▓▓▓▓

2.9 Die Anlage ist gemäß § 7 NachwV freigestellt: ☒ Ja   ☐ Nein

Freistellungsnummer: *FRH* ▓▓▓▓▓▓ ▓

3   Laufzeit der Annahmeerklärung

Datum	Datum

3.1 von *05.04.2013*   bis *04.04.2018*

4 *Wir versichern, dass die Angaben zutreffen. Die Anlage ist für die Entsorgung des deklarierten Abfalls gemäß Verantwortlicher Erklärung zugelassen. Wir versichern, dass die Abfälle in unserer Anlage ordnungsgemäß und schadlos verwertet oder gemeinwohlverträglich beseitigt werden. Wir sind bereit, den deklarierten Abfall anzunehmen.*
Zusatz:

Ort	Datum	Name	Rechtsverbindliche Unterschrift (Signatur)
▓▓▓▓▓▓	*08.04.2013*	▓▓ ▓▓▓▓	▓▓▓▓ ▓▓▓▓▓▓ ▓▓▓▓▓ ▓▓▓▓▓▓ ▓

Behördliche Anordnung

Name

SAA Sonderabfallagentur Baden-Württemberg GmbH

Straße		Hausnummer

Postleitzahl	Ort

Ansprechpartner

Telefon	Telefax
+49(0)	+49(0)

E-Mail-Adresse

.de

Behördliche Anordnung

Vor-Nr. *34F5EEB4-*   Nr. *ENH15V*

[X] **Behördliche Anordnung** (ENSNBEHLayer)

		Für interne Vermerke der Behörde
1	Anordnung zum privilegierten Entsorgungsnachweis / Sammelentsorgungsnachweis	
1.1	Die Nutzung des privilegierten Nachweises wird untersagt: [ ] Ja [X] Nein	
1.3	Die Anordnung ergeht mit folgender/n Nebenbestimmung(en):	
	Siehe Anhang	
1.4	Der privilegierte Nachweis ist gültig bis:	
	Datum Datum	
	von 08.04.2013 bis 07.04.2018	
1.5	Begründung, wenn Nutzung untersagt, unter 5 Jahre befristet oder mit Nebenbestimmungen ergangen:	
1.8	Die beigefügte Rechtsbehelfsbelehrung ist Bestandteil dieser Anordnung.	
1.9	Aktenzeichen	
	Ort Datum Rechtsverbindliche Unterschrift (Signatur)	
1.10	09.04.2013	

Nebenbestimmung(en):

Lfd-Nr.	Adressat	Kurz-Beschreibung	Beschreibung
1	ERZ / ENT	Prüfung des privilegierten Entsorgungsnachweises	Auf der Grundlage dieses Entsorgungsnachweises können Abfälle entsorgt werden.
2	ERZ / ENT	Bearbeitung von Begleitscheinen (ENp)	Sobald von Ihnen bei der SAA Begleitscheine zu diesem Entsorgungsnachweis eingehen, werden wir prüfen, ob diese ordnungsgemäß ausgefüllt sind und ob die im Begleitschein enthaltenen Angaben mit denen des Entsorgungsnachweises übereinstimmen.
3	ERZ / ENT	Verwertung/Beseitigung (ENp)	Es wurde nicht geprüft, ob die vom Erzeuger vorgesehene Entsorgung eine Verwertungs- oder Beseitigungsmaßnahme darstellt.
4	ERZ / ENT	ohne Gebühr	Diese Vorgangsbearbeitung / Entscheidung ist gebührenfrei.

Begründung:

Lfd-Nr.	Bezug-NB	Kurz-Beschreibung	Beschreibung

Rechtsbehelf - Erzeuger:

Gegen diesen Bescheid kann innerhalb eines Monats nach Bekanntgabe Widerspruch erhoben werden. Der Widerspruch ist bei der SAA Sonderabfallagentur Baden-Württemberg GmbH, ▆▆▆▆▆▆▆▆ schriftlich oder zur Niederschrift ▆▆▆▆▆▆▆▆ einzureichen.

Rechtsbehelf - Beförderer:

Rechtsbehelf - Entsorger:

Gegen diesen Bescheid kann innerhalb eines Monats nach Bekanntgabe Widerspruch erhoben werden. Der Widerspruch ist bei der SAA Sonderabfallagentur Baden-Württemberg GmbH, ▆▆▆▆▆▆▆▆ schriftlich oder zur Niederschrift ▆▆▆▆▆▆▆▆ einzureichen.

2.2.3.3 Entsorgungsnachweisverfahren bei der Sammelentsorgung

Sonderfall des Nachweisverfahrens: **Sammelentsorgung** = Entsorgung von
- gleichartigen nachweispflichtigen Abfällen
- mehrerer Abfallerzeuger
- zu einer Entsorgungsanlage
- mit einem Sammelentsorgungsnachweis (SN)

Besonderheit:
- Abfallerzeuger muss keinen eigenen EN führen
- Beförderer (Sammler) ist nachweistechnisch der (fiktive) Abfallerzeuger

Voraussetzungen für SN nach § 9 NachwV: Sammelabfälle haben
- denselben Abfallschlüssel (Ausnahme: bestimmte Altöle und Althölzer)
- den gleichen Entsorgungsweg (Entsorgungsanlage)
- eine nach Maßgaben des SN entsprechende Zusammensetzung

Anforderung an den einzelnen **Abfallerzeuger**:
- Abfallmenge pro Anfallstelle max. 20 t pro Abfallschlüssel und Kalenderjahr
- Ausnahme: Abfälle nach Anlage 2a) NachwV, z. B. 16 06 01 Bleibatterien

Ablauf des Sammelnachweisverfahrens:
- wie Grundverfahren (EN)
- Sammler übernimmt Rolle des eigentlichen Abfallerzeugers

Nicht in NachwV vorgesehen, aber empfehlenswert:
- Übermittlung des bestätigten SN von Sammler an den tatsächlichen Abfallerzeuger (Schritt 4)
- Nur bei Kenntnis der Entsorgungsanlage aus der AE des SN kann Abfallerzeuger seiner besonderen Sorgfaltspflicht nachkommen, den Weg der Abfälle von der Entstehung bis zur durchgeführten Entsorgung zu überwachen

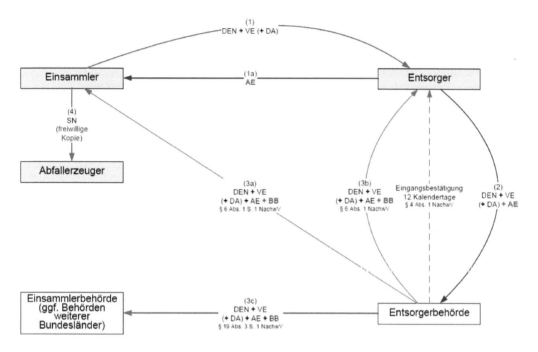

Sammelentsorgungsnachweis im Grundverfahren

Beispiel: SN mit Behördenbestätigung (BB)

EN-Nr		Nr. / PZ*) (nicht vom Antragsteller auszufüllen)	SNC _____ 3

Entsorgungsnachweis/Sammelentsorgungsnachweis/EN/SN

EN	☐	Entsorgungsnachweis für nachweispflichtige Abfälle	☒ mit Behördenbestätigung
SN	☒	Sammelentsorgungsnachweis für nachweispflichtige Abfälle	☐ ohne Behördenbestätigung (§7 NachwV)
	☐	freiwillige, gesetzliche oder verordnete Rücknahme	☒ zur Verwertung
			☐ zur Beseitigung

Nur bei Verwendung als Registerdeckblatt   Nach Abfallverzeichnis-Verordnung (AVV)   **Abfallschlüssel** 160507

Abfallbezeichnung

gebrauchte anorganische Chemikalien, die aus gefährlichen Stoffen bestehen oder solche enthalten

1   Angaben zum Abfallerzeuger

Name		
Straße		26
Staat/PLZ/Ort	DE	
Postfach		
Ansprechpartner		Tel	Fax
E-Mail		

2   Angaben zum Bevollmächtigten

Name		
Straße		
Staat/PLZ/Ort		
Postfach		
Ansprechpartner		Tel	Fax
E-Mail		

3   Für Vermerke des Abfallerzeugers (für Entsorgungsnachweis / Sammelentsorgungsnachweis ausfüllen)

Durch die Behörde bestätigtes Eingangsdatum _____   Ablauf der Frist nach § 5 Abs. 5 _____   ☐ Unterlagen vollständig

Verantwortliche Erklärung und Annahmeerklärung und Bestätigung der Behörde (soweit aufgrund NachwV erforderlich) gingen in Kopie an die zuständige Behörde am _____

BB

Auszufüllen durch die für die Entsorgungsanlage zuständige Behörde
Zutreffendes bitte ankreuzen bzw. ausfüllen!

Nr. / PZ*) (nicht vom Antragsteller auszufüllen) SNC ████████ 3

Behördliche Bestätigung der Zulässigkeit der Entsorgung

1 Bestätigung der Zulässigkeit der Entsorgung

Die Zulässigkeit der vorgesehenen Entsorgung des in der Verantwortlichen Erklärung beschriebenen Abfalls in der in der Annahmeerklärung beschriebenen Entsorgungsanlage wird bestätigt!

Ja ☒
Nein ☐

Die Bestätigung ergeht mit den folgenden Nebenbestimmung(en)

Index	Adressat 1 2 3	Beschreibung	Kurz
1	ENT	Die behördliche Bestätigung kann unter Bedingungen erteilt, mit Auflagen verbunden sowie mit einer verkürzten Geltungsdauer versehen werden.	C00000002, G16S9 Änderungsvorbehalt für BB
2	ERZ BEF	Es ist nicht geprüft worden, ob es sich bei der Entsorgungsmaßnahme um eine Verwertung oder Beseitigung von Abfällen handelt oder die im Übrigen aus dem KrWG und sonstigen Rechtsvorschriften des Bundes und der Länder folgenden Erzeugerpflichten eingehalten sind (§ 5 Abs. 3 NachwV).	C00000002, G19S9 Keine Prüfung Verwertung/Beseitigung bei BB
3	ERZ BEF ENT	Weitere Nebenbestimmungen, Hinweise und Erläuterungen: siehe landesrechtlicher Bescheid (Zuweisung) und/oder Bescheid im Nachweisverfahren zur Vergabe der Nachweisnummer.	C00000002, G17S9 Verweis auf weitere Erläuterungen im landesrecht.

Der Entsorgungsnachweis ist gültig von ████ .2013 bis ████ .2018
Begründung: wenn nicht bestätigt, unter 5 Jahre befristet, unter Vorbehalt des Widerrufs erteilt oder mit Nebenbestimmungen ergangen

Bezug Nebenbestimmung	Beschreibung	Kurz
1	Bedingungen und/oder Auflagen und/oder Verkürzung der Geltungsdauer können erfolgen, soweit dies zur Erfüllung der Bestätigungsvoraussetzungen (§ 5 Abs. 1 Satz 1 NachwV) erforderlich ist.	C00000002, G16S9 Begründung Änderungsvorbehalt für BB

☒ Diese Bestätigung ist an den in der Verantwortlichen Erklärung (VE) genannten Abfallerzeuger gerichtet
☒ Diese Bestätigung ist an den in der Annahmeerklärung (AE) genannten Abfallentsorger gerichtet
Dieser Bescheid ist gebührenpflichtig. Es ergeht ein gesonderter Gebührenbescheid. Die beigefügte Rechtsbehelfsbelehrung ist Bestandteil dieses Bescheides.

(1. Teil des Vordrucks „Behördliche Bestätigung")

2 Angaben zur Behörde

Name ████ ████ ████ ████
Straße ████ ████ ████
Staat/PLZ/Ort DE ████ ████ ████
Postfach ████ ████ ████
Ansprechpartner ████ Tel ████ Fax ████
E-Mail ████

3 Rechtsbehelf

Rechtsbehelf Erzeuger

Gegen diesen Bescheid kann innerhalb eines Monats nach Bekanntgabe Widerspruch erhoben werden. Der Widerspruch ist schriftlich oder zur Niederschrift bei der ████ einzulegen.

Rechtsbehelf Beförderer

Gegen diesen Bescheid kann innerhalb eines Monats nach Bekanntgabe Widerspruch erhoben werden. Der Widerspruch ist schriftlich oder zur Niederschrift bei der ████ einzulegen.

Rechtsbehelf Entsorger

Gegen diesen Bescheid kann innerhalb eines Monats nach Bekanntgabe Widerspruch erhoben werden. Der Widerspruch ist schriftlich oder zur Niederschrift bei der ████ einzulegen.

Aktenzeichen ████

Name ████

Ort ████ Datum ████ .2013

Unterschrift der Behörde
Unterschrift 1 ████
Unterschrift 2 ████

(2. Teil des Vordrucks „Behördliche Bestätigung")

2.2.3.4 Sammelentsorgung im privilegierten Anzeigeverfahren

Seit 01.02.2007: Privilegiertes Anzeigeverfahren auch bei der Sammelentsorgung

Ablauf des privilegierten Sammelnachweisverfahrens:

– wie privilegiertes Grundverfahren (EN)

– Sammler übernimmt Rolle des eigentlichen Abfallerzeugers

Einschränkung:

– Anzeigeverfahren bei Sammelentsorgung gilt nur für die 56 Abfallschlüssel der **Anlage 2 NachwV**

– vorwiegend Altöle, Mineralfaserabfälle, Asbest, medizinische Abfälle

2.2.4   Die abfallrechtliche Verbleibkontrolle

2.2.4.1 Begleitscheinverfahren

Abgabe nachweispflichtiger Abfälle

– vom Erzeuger über den Beförderer an die Entsorgungsanlage

– nur mit festgelegter Begleitdokumentation

– damit Weg des Abfalls auch verwaltungstechnisch überwacht werden kann

Begleitscheinverfahren

– früher papiergebunden

– heute elektronisch

– Abfallerzeuger, Abfallbeförderer, Abfallentsorger dokumentieren die jeweilige Übergabe/Übernahme in einem Datensatz

– Information der Behörden nach Annahme des Abfalls beim Entsorger

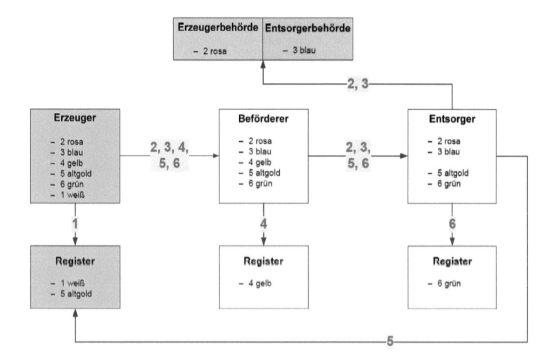

Begleitscheinverfahren bei der Einzelentsorgung

Ausführung des Begleitscheinverfahrens:

- elektronisch im Durchschreibesatz (elektronischer Begleitschein, eBS)
- Farbcodierung der 6 Exemplare („Blätter") wie in früherer Papiervariante: Blätter 1 (weiß), 2 (rosa), 3 (blau), 4 (gelb), 5 (altgold) und 6 (grün)

Vor Übergabe des Abfalls an Beförderer:

- Erzeuger füllt (auf der Basis des jeweiligen EN) Formular eBS 1 (weiß) aus
- Erzeuger unterzeichnet eBS 1 elektronisch
- Erzeuger übersendet eBS 1 an die ZKS-Abfall

Nach Übergabe des Abfalls an Beförderer und vor Übergabe an Entsorger:

- Beförderer unterzeichnet eBS elektronisch = eBS 4
- Beförderer übersendet eBS 4 an die ZKS-Abfall
- Beförderer kann dies auch während Beförderung oder unmittelbar vor(!) der Übergabe des Abfalls an den Entsorger erledigen (das muss aber nach § 19 (2) NachwV schriftlich und nachweislich zwischen Abfallbesitzer und Abfallbeförderer vereinbart worden sein.)

Nach Übergabe des Abfalls durch Beförderer an Entsorger:

- Entsorger unterzeichnet eBS elektronisch = eBS 6
- Entsorger übersendet eBS als eBS 2 und 3 an die ZKS-Abfall
- Entsorger übersendet eBS als eBS 5 an den Erzeuger (= Nachweis, dass der Abfall durch die Entsorgungsanlage übernommen wurde)

Erzeuger, Beförderer, Entsorger müssen die für sie bestimmten elektronischen Dokumente (EN, BS)

- spätestens nach 10 Kalendertagen
- in das zum jeweiligen EN gehörige Entsorgungsregister einstellen
- mindestens drei Jahre aufbewahren (§ 25 (1) NachwV, evtl. genehmigungsbedingt auch länger)

Beispiel: Elektronisch erstellter und ausgedruckter Begleitschein

Begleitschein   Nr. | 1549▓▓▓▓▓▓▓▓ |

Beleg zum Nachweis der Entsorgung von Abfällen

Abfallbezeichnung

| halogenorganische Lösemittel, Waschflüssigkeiten und Mutterlaugen |

Abfallschlüssel	**Entsorgungsnachweis-Nummer**	**Menge (t)**	**Volumen (m^3)**
070703	ENF▓▓▓▓▓▓	3,850	

Erzeugernummer	**Beförderernummer**	**Entsorgernummer**
H16▓▓▓▓	H15▓▓▓▓	F08▓▓▓▓
Datum der Übergabe	**Datum der Übernahme**	**Datum der Annahme**
▓▓.2013	▓▓.2013	▓▓.2013 verweigert ☐
	KFZ-Kennzeichen	
	Zugmaschine Anhänger/Auflieger	
	KA-▓▓ ▓▓	
Firmenname, Anschrift	**Firmenname, Anschrift**	**Firmenname, Anschrift**
Unterschrift (als Versicherung der richtigen Deklaration)	**Unterschrift** (als Versicherung der ordnungsgemäßen Beförderung)	**Unterschrift** (als Versicherung der Annahme zur ordnungsgemäßen Entsorgung)
▓▓▓ am ▓.2013 um	▓▓▓ am ▓.2013 um	▓▓▓ am ▓.2013 um

2.2.4.2 Kombiniertes Begleitschein-/Übernahmescheinverfahren bei der Sammelentsorgung

Begleitschein (BS) beim Sammelnachweisverfahren
wird geführt zwischen

- Einsammler = Rolle des Abfallerzeugers und des Beförderers nach NachwV
- Entsorger

Tatsächlicher Abfallerzeuger nimmt am BS-Verfahren nicht teil
(er ist ja auch nicht im SN aufgeführt)

Übernahmeschein (ÜS) beim Sammelnachweisverfahren
wird geführt zwischen

- Einsammler = Beförderer
- jedem tatsächlichen Abfallerzeuger

Zu einem BS gibt es also regelmäßig mehrere ÜS.

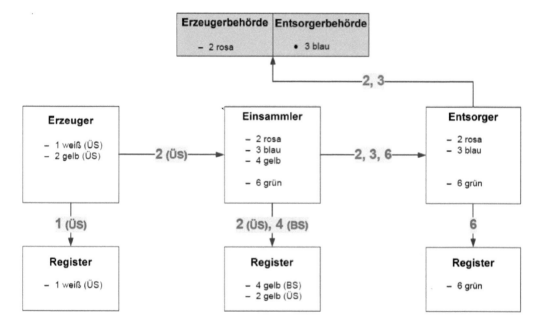

Begleitschein-/Übernahmescheinverfahren bei der Sammelentsorgung

Ablauf des Sammelbegleitscheinverfahrens:

– analog zum BS-Verfahren bei Einzelentsorgung

– einige technische Besonderheiten:
  ◦ im Formularfeld des Erzeugers: Eintrag einer fiktiven Erzeugernummer, bestehend aus Kennbuchstaben für das Bundesland, dem Buchstaben S und anschließend Nullen (§ 13 NachwV)
  ◦ für jedes Bundesland muss ein eigener Sammel-BS geführt werden

Übernahmeschein (ÜS)

– Dokumentation der Übergabe eines nachweispflichtigen Abfalls im Sammelverfahren vom Abfallerzeuger an Einsammler

– unterliegt nicht dem obligatorischen elektronischen Verfahren

– **darf in Papierform** ausgestellt und archiviert werden

– trägt u. a. die Nummer des zugrunde liegenden SN

– Sammler muss spätestens vor Übergabe aller eingesammelten Abfälle an den Entsorger die ÜS-Nummern aller übernommenen Abfälle auf dem zugehörigen Sammel-BS im Feld „Frei für Vermerke" eingetragen haben

Beispiel: ausgefüllter Übernahmeschein in Papierform

Übernahmeschein

Blatt (1)   Nr. 212

zum Nachweis der Übernahme von Abfällen

Diese Ausfertigung (weiß) ist mit der Unterschrift des
Beförderers/Entsorgers im Nachweisbuch des Erzeugers/Beförderers
bei Befördererwechsel abzuheften.

Barcodefeld 75 x 15mm

Abfallbezeichnung [1]

Farb- und Lackabfälle, die organische oder andere gefährliche Stoffe enthalten

Abfallschlüssel [1]	Entsorgungsnachweis-Nummer	Menge in t
08 01 11	SNH	0,174

Erzeugernummer (Außer Erzeuger von Kleinmengen)	Beförderernummer (Übernahme vom Erzeuger)	Entsorgernummer (soweit vorhanden)
H	H 1	H 1

Datum der Übergabe (Tag, Monat, Jahr)	Datum der Übernahme (Tag, Monat, Jahr)	Datum der Annahme (Tag, Monat, Jahr)
13	13	

Abfallerzeuger oder Beförderer bei Beförderwechsel (Name, Anschrift)	Beförderer (Name, Anschrift)	Abfallentsorger (Name, Anschrift)

Unterschrift (als Versicherung der richtigen Deklaration)	Unterschrift (als Versicherung der ordnungsgemäßen Beförderung)	Unterschrift (als Versicherung der Annahme zur ordnungsgemäßen Entsorgung)

Frei für Vermerke / Übernahmeschein-Nummern bei Nutzung eines Sammelentsorgungsnachweises

2 x 200 L Fa β   1400 m³

LERNZIELKONTROLLE ZU I.2.2

Lernzielkontrolle – Aufgabe I.2.2-1

Welche Abfallerzeuger sind von der Nachweisführung nach NachwV vollständig befreit?

_____

_____

_____

_____

Lernzielkontrolle – Aufgabe I.2.2-2

Welche abfallrechtlichen Nachweisdokumente zur Vorabkontrolle des Entsorgungsweges gibt es?

_____

_____

_____

_____

Lernzielkontrolle – Aufgabe I.2.2-3

Wie ist der Nachweis über die durchgeführte Entsorgung (Verbleibkontrolle) zu führen?

_____

_____

_____

_____

Lernzielkontrolle – Aufgabe I.2.2-4

Bei einem gewerblichen Abfallerzeuger werden Leuchtstoffröhren und Computerbildschirme im Rahmen der gesetzlichen Rücknahme abgeholt und als gefährliche Abfälle zu einem Verwertungsbetrieb befördert. Ist die Entsorgung nachweispflichtig?

_____

_____

_____

_____

Lernzielkontrolle – Aufgabe I.2.2-5

Welche Höchstmenge an Bleibatterien darf ein Abfallerzeuger pro Jahr und Entsorgungsanlage als Abfall über einen Sammelentsorgungsnachweis entsorgen lassen?

_____

_____

_____

_____

Lernzielkontrolle – Aufgabe I.2.2-6

Altchemikalien sollen als gefährliche Abfälle mit dem Abfallschlüssel 16 05 06 über eine Sammelentsorgung beseitigt werden.

a) Unter welchen Voraussetzungen darf die Nachweisführung über einen SN erfolgen?

_____

_____

_____

_____

b) Welches Nachweisdokument hat der Abfallerzeuger zu archivieren?

_____

_____

c) Darf die Sammelentsorgung im Anzeigeverfahren („privilegiertes" Verfahren) nach § 7 NachwV durchgeführt werden?

_____

_____

_____

e) Ist die jährliche Verwertung von 25 t Altchemikalien über mehrere Sammelentsorgungsnachweise verschiedener Entsorger zulässig?

_____

_____

_____

_____

Lernzielkontrolle – Aufgabe I.2.2-7

a) Wie lange gilt ein EN?

b) Wie lange gilt ein EN im privilegierten Verfahren?

c) Wie lange hat die Abfallbehörde Zeit, dem Abfallerzeuger den Eingang der Nachweiserklärungen zu bestätigen?

d) Wie lange hat die Abfallbehörde Zeit, um über die Bestätigung eines EN zu entscheiden?

e) Wann darf frühestens nach Zusendung der Nachweiserklärungen an die Behörde im privilegierten Verfahren mit der Entsorgung begonnen werden?

f) Wie lange müssen Abfallerzeuger das Entsorgungsregister aufbewahren?

g) Wie lange müssen Abfallentsorger das Entsorgungsregister aufbewahren?

Lernzielkontrolle – Aufgabe I.2.2-8

Welche Bedeutung haben die folgenden Abkürzungen?

a) eANV _____

b) DEN _____

c) VE _____

d) AE _____

e) DA _____

f) BB _____

g) ZKS _____

h) ASYS _____

i) XML _____

Lernzielkontrolle – Lösung Aufgabe I.2.2-1

- Private Haushalte
- Abfallerzeuger, die Abfälle grenzüberschreitend verbringen
- Abfallerzeuger, die Abfälle im Rahmen von § 25 KrWG (Rücknahmepflicht) abgeben
- Abfallerzeuger, die Abfälle im Rahmen von § 26 KrWG (freiwillige Rücknahme) abgeben und der Entsorger nach § 26 (3) KrWG freigestellt wurde
- Abfallerzeuger, die Batterien, Elektro-/Elektronik-Altgeräte, Verpackungen im Rahmen der Rücknahmepflichten nach BattG, ElektroG bzw. VerpackG abgeben

Lernzielkontrolle – Lösung Aufgabe I.2.2-2

- Entsorgungsnachweis (EN) nach § 3 NachwV mit Deckblatt Entsorgungsnachweise (DEN), verantwortlicher Erklärung (VE), Deklarationsanalyse (DA), Annahmeerklärung (AE) und Behördenbestätigung (BB)
- Entsorgungsnachweis (EN) im privilegierten Verfahren mit Freistellung, DEN, VE, DA und AE
- Sammelentsorgungsnachweis (SN) nach § 9 NachwV, wenn
  - bis zu 20 t je Abfallschlüssel und Jahr pro Anfallstelle
  - auch im privilegierten Verfahren sofern Abfallschlüssel genannt in Anlage 2 NachwV

Lernzielkontrolle – Lösung Aufgabe I.2.2-3

- bei EN: Begleitscheinverfahren nach § 10 NachwV
- bei SN: Begleitschein-/Übernahmescheinverfahren nach §§ 12, 13 NachwV

Lernzielkontrolle – Lösung Aufgabe I.2.2-4

Nein, wegen § 2 (3) Satz 4 ElektroG: *„Die Nachweispflichten nach § 50 (1) KrWG gelten nicht für die Überlassung von Altgeräten an Einrichtungen zur Sammlung und Erstbehandlung von Altgeräten."*

Lernzielkontrolle – Lösung Aufgabe I.2.2-5

Abfallschlüssel 16 06 01 Bleibatterien: Unbegrenzt nach Anlage 2 NachwV

Lernzielkontrolle – Lösung Aufgabe I.2.2-6

a) nach § 9 NachwV:
  - derselbe Abfallschlüssel
  - der gleiche Entsorgungsweg
  - Zusammensetzung entspricht den im SN genannten Maßgaben für die Sammelcharge
  - maximale Abfallmenge pro Erzeuger: 20 t je Abfallschlüssel und Jahr

b) der Übernahmeschein nach § 12 NachwV

c) Das „privilegierte" Anzeigeverfahren ist für die Altchemikalien nicht zulässig. § 7 NachwV gilt beim SN nur für die in Anhang 2 genannten AS; 16 05 06 zählt nicht dazu.

d) Nein, die Mengengrenze von 20 t/Jahr bezieht sich auf die „angefallene" und nicht auf die „eingesammelte" Abfallmenge.

Lernzielkontrolle – Lösung Aufgabe I.2.2-7

a) 5 Jahre, im Einzelfall kürzer (§ 5 (4) NachwV)

b) 5 Jahre (§ 7 (4) NachwV), aber Zertifikat gilt max. 18 Monate (§ 56 (3) Satz 4 KrWG)

c) 12 Arbeitstage (§ 4 NachwV), sofern nicht Bestätigung innerhalb dieser Frist

d) 30 Kalendertage (§ 5 (1) NachwV)

e) Unmittelbar

f) 3 Jahre vom Datum der letzten Eintragung an gerechnet (§ 25 (1) NachwV)

g) entsprechend dem Zulassungsbescheid, mindestens 3 Jahre (§ 25 (1) NachwV)

Lernzielkontrolle – Lösung Aufgabe I.2.2-8

a) eANV = Elektronisches Abfallnachweisverfahren

b) DEN = Deckblatt Entsorgungsnachweise

c) VE   = Verantwortliche Erklärung

d) DA   = Deklarationsanalyse

e) AE   = Annahmeerklärung

f) BB   = Behördenbestätigung

g) ZKS = Zentrale Koordinierungsstelle Abfall

h) ASYS = Abfall-DV-System der Bundesländer

i) XML = Extended Markup Language („erweiterbare Auszeichnungssprache" zur Darstellung hierarchisch strukturierter Datensätze), wird als Protokoll für die eANV-Datensätze verwendet

2.3   Anzeige- und Erlaubnisverordnung (AbfAEV)

Vorbemerkung: Wir reden bei der AbfAEV „nur" über Abfälle, die dem KrWG unterliegen! Es gibt nämlich auch Abfälle, die <u>nicht</u> dem KrWG unterliegen: § 2 (2):

1. Stoffe, die zu entsorgen sind nach

   a) Lebensmittel- und Futtermittelgesetzbuch (LFMG), soweit es für Lebensmittel, Lebensmittel-Zusatzstoffe, kosmetische Mittel, Bedarfsgegenstände und mit Lebensmitteln verwechselbare Produkte gilt

   b) Vorläufigem Tabakgesetz (VTabakG)

   c) Milch- und Margarinegesetz (MilchMargG)

   d) Tierseuchengesetz (TierSG) (§ 26 f.)

   e) Pflanzenschutzgesetz (PflSchG)

   f) auf Grund dieser Gesetze erlassener Rechtsverordnungen

2. tierische Nebenprodukte (TierNebG, TierNebV)

   = ganze Tierkörper, Tierkörperteile oder Erzeugnisse tierischen Ursprungs, die nicht für den menschlichen Verzehr bestimmt sind

   – Sammlung/Beförderung geregelt in VO (EG) Nr. 1069/2009 (= ex VO (EG) Nr. 1774/2002) + TierNebG (= ex Tierkörperbeseitigungsgesetz)/TierNebV (= ex Tierkörperbeseitigungsverordnung):

   – gewerbsmäßige Beförderung: Anzeige (§ 7 TierNebV)

   – LKW: Kennzeichnung (wenn die Versandstücke nicht gekennzeichnet sind) (§ 9a TierNebV):

   – Kategorie 1 = höchstes Risiko: „Nur zur Entsorgung"

   – Kategorie 2 = mittleres Risiko: „Darf nicht verfüttert werden"

   – Kategorie 3 = geringes Risiko: „Nicht für den menschlichen Verzehr"; Bsp.: MHD abgelaufen:

3. Körper von Tieren, die nicht durch Schlachtung zu Tode gekommen sind

4. Fäkalien

5. Kernbrennstoffe und sonstige radioaktive Stoffe im Sinne des Atomgesetzes (AtAV).

Über welche Mengen reden wir denn?

Jahr 2012, in Mio t	Abfall	
	gefährlich[1]	nicht gefährlich[1]
innerdeutsch	23	338
grenzüberschreitend	1	33
Summe	~ 400	

[1]   im Sinne des Abfallrechts

Zur quantitativen Bedeutung der Transportgenehmigung / des Efb „Befördern":

Bundesland	Tg	Efb „Befördern"
Baden-Württemberg	674	293
Bayern	~1.500	~50
Berlin	245	32
Brandenburg	883	302
Bremen	k.A.	k.A.
Hamburg	39	k.A.*
Hessen	~538	~366
Mecklenburg-Vorpommern	254	24
Niedersachsen	871	49
Nordrhein-Westfalen	981	345
Rheinland-Pfalz	k.A.	k.A.
Saarland	133	101
Sachsen	~200	~2
Sachsen-Anhalt	k.A.**	k.A.**
Schleswig-Holstein	k.A.	k.A.
Thüringen	300	214
Summe	(6618)	(1778)

Für Binnenschifffahrt siehe http://www.abfall-inform.de/index.php?id=20 (39 Reedereien / Partikuliere)
Stand: Ende 2011; Quelle: eigene Erhebung Norbert Müller
*   Info hätte 70 € gekostet
**   wg. personeller Engpässe z. Z. nicht möglich
k.A.   = keine Angabe

Abfall: Dokumente + Anforderungen an Beförderer auf einen Blick		
	innerdeutsch	**grenzüberschreitend**
Dokumente	– „*"-Abfall gemäß *AVV:* – i.d.R. **Entsorgungs-nachweis + Begleit-/ Übernahmeschein.** – **Ausnahme:** verordnete oder freiwillige Rück-nahme gemäß § 25 f. *KrWG: Unterlage gemäß § 16b NachwV.* – **nicht-„*"-Abfall** gemäß *AVV:* kein Dokument.	– **Codes** B1010, B1020, B1030, B1031, B1040, B1050, B1060, B1070, B1080, B1090, B1115, B1120, B1130, B1140, B1150, B1160, B1170, B1180, B1190, B1200, B1210, B1220, B1240, B1250, B2010, B2020, B2030, B2040, B2060, B2070, B2080, B2090, B2100, B2120, B2130, B3010, B3020, B3030, B3035, B3040, B3050, B3060, B3065, B3070, B3080, B3090, B3100, B3110, B3120, B3130, B3140, B4010, B4020, B4030, GB040, GC010, GC020, GC030, GC050, GE020, GF010, GG030, GG040, GH013, GN013, GN020, GN030 gemäß *VVA:* zur – Verwertung[1]: **Versandinformationen** (= *Anhang VII VVA*). – Beseitigung[2]: **Notifizierung** (= *Anhang IA VVA*) **+ Begleitschein** (= *Anhang IB VVA*). – alle übrigen Codes zur Verwertung/Beseitigung: **Notifizierung** (= *Anhang IA VVA*) **+ Begleitschein** (= *Anhang IB VVA*).
Beförderer (gewerbsmäßig) nicht gewerbsmäßig: – falls –> 2 t p.a. „*"-Abfälle: –> 20 t p.a. nicht-„*" -Abfälle: Anzeige – sonst: (§ 7 (9) AbfAEV)	– „*"-Abfall gemäß *AVV:* – i.d.R. **Erlaubnis** (§ 54 KrWG, https://einreichen.eaev-formulare.de/ intelliform/forms/AbfAEV/AbfAEV/**Antrag_54**/index) **Ausnahmen:** – öffentlich-rechtliche Entsorgungsträger (§ 54 (3) Nr. 1 KrWG, § 12 (1) AbfAEV) – Entsorgungsfachbetriebe mit Zertifikat „Befördern" (§ 54 (3) Nr. 2 KrWG, § 12 (1) AbfAEV) – Rücknahme: – verordnet gemäß § 25 KrWG: – Elektroaltgeräte (§ 2 (3) Satz 1 ElektroG, § 12 (1) AbfAEV) – Batterien (§ 1 (3) Satz 1 BattG, § 12 (1) AbfAEV) – Altöl gemäß AltölV (§ 12 (1) Nr. 3 AbfAEV) – Chemikalien gemäß ChemOzonSchichtV/ ChemKlimaschutzV (§ 12 (1) Nr. 3 AbfAEV) – HKW gemäß HKWAbfV (§ 12 (1) Nr. 3 AbfAEV) – Verpackungen gemäß VerpackV (§ 12 (1) Nr. 3 AbfAEV) – Altfahrzeuge gemäß AltfahrzeugV (§ 12 (1) Nr. 3 AbfAEV) – freiwillig gemäß § 26 KrWG (§ 12 (1) Nr. 2 AbfAEV) – EMAS-Standort mit Klasse 38.12, 38.22 oder 46.77 (§ 12 (1) Nr. 4 AbfAEV) – Seereederei (§ 12 (1) Nr. 5 AbfAEV) – KurierExpreßPaket-Dienste (§ 12 (1) Nr. 6 AbfAEV) – **nicht-„*"-Abfall** gemäß *AVV:* – i.d.R. **Anzeige** (§ 53 KrWG, https://einreichen.eaev-formulare.de/intelliform/ forms/AbfAEV/AbfAEV/**Anzeige_53**/index) – **Ausnahme:** öffentlich-rechtliche Entsorgungsträger (§ 3 (11) KrWG)	**Anzeige**
[1] Code „R" in Box 8 der Versandinformationen (= Anhang VII VVA); 2) Code „D" in Box 11 des Begleitscheins (= Anhang IB VVA).		

Beförderung von Abfällen: Begleit„papiere":

Abfall	gefährlich		nicht gefährlich	
	Beseitigung	Verwertung	Beseitigung	Verwertung
				Anh. III VO (EG) Nr. 1013/2006?
				Nein
Beförderung				Ja
innerdeutsch	– keine verordnete Rücknahme: *Begleit-/Übernahme"schein"** („eANV") – verordnete Rücknahme: *Unterlagen***	– ***		
grenzüberschreitend	*Begleitformular*****			*Versandinformationen* *****

*   § 50 (1) Satz 1 Nr. 2 KrWG, § 18 (2) NachwV;
**   § 50 (3) Satz 1 KrWG, § 16b NachwV;
***   und das ist das Problem für Sammler/Beförderer; siehe aber Nr. 3.2 ADSp;
****   Art. 4 Satz 2 Nr. 1 b) i.V.m.. Anhang IB VO (EG) Nr. 1013/2006 („EG-AbfVerbrV");
***** Art. 18 i.V.m.. Anhang VII VO (EG) Nr. 1013/2006 („EG-AbfVerbrV").

Beförderung	gewerb*lich*[1]	nicht gewerb*lich*[2]
gewerbs*mäßig*[3]	Das ist die Regel: Ein Transportunternehmen vereinbart vertraglich neben der Beförderung von anderen Gegenständen auch die Beförderung von **Abfällen** und wirbt sogar gezielt mit entsprechenden Angeboten. In diesen Fällen stellt die Abfallbeförderung einen Hauptzweck dar und das Unternehmen ist gewerbsmäßiger Beförderer von Abfällen.[4] → **Anzeige bzw. Erlaubnis > 0 kg** → **A-Tafeln am LKW > 0 kg**	Das kann es nicht geben

nicht gewerbs*mäßig*[3]	Das kann es ausnahmsweise auch geben:
	Ein Transportunternehmen hat die Beförderung von **Abfällen** in seinen AGBs *grundsätzlich* ausgeschlossen und führt *nur vereinzelt* auf besonderen Kundenwunsch eine Abfallbeförderung durch. Dann handelt es sich um ein wirtschaftliches Unternehmen, weil der Hauptzweck des Unternehmens die Beförderung von Nicht-Abfällen ist.[4]
	→ **Anzeige nur falls**
	   > 2 t p.a. falls gefährlich
	   > 20 t p.a. falls nicht gefährlich
	→ **keine Erlaubnis**
	→ **keine A-Tafeln am LKW**
		Das ist die Regel

[1] § 1 (4) GüKG; [2] § 1 (2), (3) GüKG („Werkverkehr"); [3] § 3 (11) KrWG; [4] Rn. 27 LAGA-Vollzugshilfe AbfAEV.

matigol Vollmitglied	**Anzeigepflicht Transportgenehmigung** **#19037 – 13/02/2014 11:11**
Registriert: 27/11/2007 Beiträge: 78 Ort: Karlsruhe	Werte Experten, leider bin ich absolut ahnungslos in Sachen Abfall. Die Forensuche hat mich auch nicht weiter gebracht und somit stelle ich jetzt hier mal meine Frage: Wir stellen Kunststoffe, **Lacke und Klebstoffe** her. Dabei entstehen selbstverständlich Abfälle, die zum Teil auch gefährlich sind. Dürfen wir wirklich kein Fass mit **lösemittelbeschmutzten Lappen** bzw. Kartons, von einem deutschen Firmenstandort zum anderen transportieren, ohne dies anzuzeigen oder gar eine Transportgenehmigung zu haben? Das wäre für mich schwer zu glauben, da wir das ja nicht gewerblich machen und den Abfall ja auch nur im Hauptwerk lagern, bis er vom Entsorger abgeholt wird. Es muss doch möglich sein, seine eigenen Abfälle von einem Standort zum anderen zu transportieren, sofern man die ADR-Bestimmungen einhält? Wer kann mich erleuchten? Vielen Dank mati

http://www.gefahrgut-foren.de/ubbthreads/showflat.php?Cat=0&Number=19037&an=0&page=0#Post19037

Abgrenzung „gewerbs*mäßig*" – „nicht gewerbs*mäßig*" in Einzelfällen schwierig

Bsp.: Heizöltank-Reinigungsunternehmen: Sammeln+Befördern
„UN 1202 Abfall Heizöl 3 III" = „130701* Heizöl und Diesel"

Ist das „gewerbs*mäßiges*" oder „nicht gewerbs*mäßiges* Sammeln / Befördern" eines gefährlichen Abfalls???

Gewerbsmäßig!
Fundstelle: MusterVwV, Kapitel IV.5
→ **Erlaubnis**
→ **A-Tafeln am LKW**

Gewerbsmäßiges Sammeln/Befördern von/Handeln/Makeln mit <u>nicht</u> gefährlichen Abfällen

Grundsätzlich: muss **angezeigt** werden
- unabhängig davon, ob der Betrieb in Deutschland oder außerhalb Deutschlands ansässig ist; Ausländer: einzelne Nachweise (betr. praktische Tätigkeit, Zuverlässigkeit, Fach-/Sachkunde) können anerkannt werden, falls gleichwertig
- unabhängig davon, ob innerdeutsch oder grenzüberschreitend gesammelt / befördert / gehandelt / gemakelt wird
- unabhängig vom Verkehrsmittel (keine Ausnahme)
- unabhängig von der gesammelten/beförderten/gehandelten / gemakelten Menge
- gewerbsmäßiges Sammeln/Befördern/Handeln/Makeln ohne Anzeige ist eine Ordnungswidrigkeit; Bußgeld: KrWG: bis zu 10 000 €, BAG: i. d. R. 150 €

Angesprochene Personen:
- Inhaber des Betriebs
- Die für Leitung und Beaufsichtigung des Betriebs verantwortliche(n) Person(en); Beauftragung Externer ist zulässig, aber nur, wenn der Externe die erforderlichen Entscheidungs- und Mitwirkungsbefugnisse übertragen bekommt
- Sonstiges Personal, z. B. Disponenten, Fahrer, Be-/Entladepersonal

Voraussetzungen für das Sammeln/Befördern von/Handeln/Makeln mit <u>nicht</u> gefährlichen Abfällen:
1.
- Der Inhaber des Betriebs und
- Die für die Leitung und Beaufsichtigung des Betriebs verantwortliche(n) Person(en)

müssen **zuverlässig** sein.
Als nicht zuverlässig gilt man i. d. R., wenn man in den letzten fünf Jahren vor der Anzeige gegen bestimmte Vorschriften verstoßen hat.

2.
- Der Inhaber des Betriebs, sofern er selbst für die Leitung des Betriebs verantwortlich ist und
- Die für die Leitung und Beaufsichtigung des Betriebs verantwortliche(n) Person(en)

müssen **fachkundig** sein.

Hier gibt es 3 Möglichkeiten:

a) 2-jährige praktische Tätigkeit im Bereich Sammeln/Befördern/Handeln/Makeln

oder

b) bestimmte Qualifikation (z. B. Fachkraft/Geprüfter Meister für Kreislauf- und Abfallwirtschaft) + 1-jährige praktische Tätigkeit im Bereich Sammeln/Befördern/Handel/Makeln

oder

c) falls keine einschlägigen praktischen Erfahrungen: Besuch eines anerkannten **Lehrgangs** (10 UE, ohne Prüfung).

Regelmäßige Fortbildung nur auf Anordnung der zuständigen Behörde.

Es reicht **nicht** aus, eine

– Güterkraftverkehrserlaubnis gemäß § 3 des GüKG

– EU-Lizenz gemäß Art. 4 der Verordnung (EG) Nr. 1072/2009

zu besitzen.

3.

Die sonstigen Personen müssen **sachkundig** sein.

Es muss ein Einarbeitungsplan existieren; Bsp.:

Mitarbeiter	Thema			
	Grundlagen	**Begleitpapiere**	**A-Tafeln**	**...**
Disponenten	x	x	–	
Fahrer	x	x	x	
...				

Das sonstige Personal ist auf aktuellem Wissensstand zu halten (Fortbildung ca. alle 3 Jahre). Webbased Training (eLearning) ist zulässig (eMail BMUB vom 27.03.2014).

4.

Anzeige

Schritte:

a) https://einreichen.eaev-formulare.de/intelliform/forms/AbfAEV/AbfAEV/Anzeige_53/index Formulare zum Anzeigeverfahren

Anzeige nach § 53 KrWG

Auf den folgenden Seiten können Sie das Formular zur Erstattung einer Anzeige Ihrer abfallwirtschaftlichen Tätigkeit nach § 53 KrWG mithilfe unseres Assistenten Schritt für Schritt elektronisch ausfüllen und anschließend an die zuständige Behörde übersenden.

Folgende **Angaben und Unterlagen** sollten Sie bereithalten:

– Ihre **Gewerbeanmeldung** (soweit eine Pflicht zur Gewerbeanmeldung besteht)

– einen **Auszug aus dem Handels-, Vereins- oder Genossenschaftsregister** (soweit ein Eintrag erfolgt ist)

- Ihre **abfallrechtliche Betriebsnummer(n)** als Sammler, Beförderer, Makler bzw. Händler von Abfällen (soweit Ihnen bereits erteilt)

- Ihr **Entsorgungsfachbetriebszertifikat** bzw. Ihre **Registrierungsurkunde als zertifizierter EMAS-Betrieb** (soweit Ihr Betrieb eine entsprechende Zertifizierung besitzt; **in Form einer PDF-Datei** mit einer maximalen Dateigröße von 2 MB)

- die **Vorgangsnummer Ihrer erstmaligen Anzeige** (nur wenn Sie eine Änderungsanzeige erstellen möchten)

Klicken Sie auf **Starten**, um die Anzeige mithilfe des Assistenten auszufüllen.

Anzeigenvordruck ausfüllen: 3 Seiten:

7   Frei für Vermerke des Anzeigenden (Angaben freiwillig)

7.1

8   Versicherung und Unterschrift

8.1   Es wird versichert, dass
- die Anzeige nach bestem Wissen ausgefüllt und unter dem unten genannten Datum an die zuständige Behörde übersandt wurde,
- bei der Tätigkeit des Sammelns, Beförderns, Handelns oder Makelns von Abfällen alle einschlägigen Vorschriften, insbesondere die Vorgaben des Kreislaufwirtschaftsgesetzes und der auf Grund dieses Gesetzes ergangenen Rechtsverordnungen, eingehalten werden,
- die Anforderungen an Sammler, Beförderer, Händler und Makler von Abfällen nach Abschnitt 2 der Anzeige- und Erlaubnisverordnung eingehalten werden.

8.2   Ort

Unterschrift

8.3   Datum (TT.MM.JJJJ)

Anzeigenvordruck ausfüllen: 3 Seiten:

Beispiel:

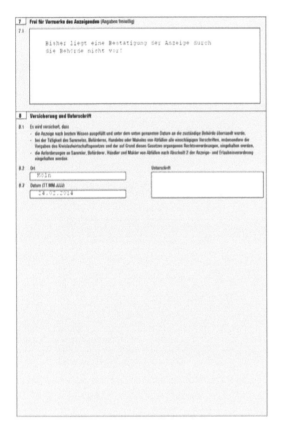

Wichtig: Nr. 8.1 dritter Spiegelstrich: Der Unterschreibende versichert Zuverlässigkeit + Fach- + Sachkunde! Die zuständige Behörde kann Nachweise im Nachgang verlangen!

Zuständige Behörden:

Baden-Württemberg	Kreisfreie Städte / Landkreise, Untere Abfallbehörde
Bayern	Kreisfreie Städte / Landkreise, Untere Abfallbehörde
Berlin	Senatsverwaltung für Stadtentwicklung und Umwelt
Brandenburg	Sonderabfallgesellschaft Brandenburg / Berlin GmbH
Bremen	Senator für Umwelt, Bau und Verkehr
Hamburg	Behörde für die Stadtentwicklung und Umwelt, Amt für Umweltschutz
Hessen	Regierungspräsidien (Darmstadt, Gießen, Kassel)
Mecklenburg-Vorpommern	Staatliche Ämter für Landwirtschaft und Umwelt (Rostock, Neubrandenburg, Schwerin, Stralsund)
Niedersachsen	Staatliches Gewerbeaufsichtsamt Hildesheim
Nordrhein-Westfalen	Kreisfreie Städte /Landkreise, Untere Abfallbehörde
Rheinland-Pfalz	Sonderabfall-Management-Gesellschaft Rheinland-Pfalz GmbH
Saarland	Landesamt für Umwelt- und Arbeitsschutz
Sachsen	Kreisfreie Städte / Landkreise, Untere Abfallbehörde
Sachsen-Anhalt	Kreisfreie Städte / Landkreise, Untere Abfallbehörde
Schleswig-Holstein	GOES GmbH, Neumünster
Thüringen	Kreisfreie Städte / Landkreise, Untere Abfallbehörde

b) Bei Sammlern / Beförderern: Ausdruck ins Fahrzeug legen mit Vermerk „Behörde hat noch nicht bestätigt"; Ausnahme: EVU

c) Bei Vollständigkeit der Anzeige bestätigt die zuständige Behörde den Eingang = Übersendung des ausgefüllten und unterschriebenen Anzeigevordrucks Seite 4

d) Bei Sammlern / Beförderern: Ausdruck ins Fahrzeug legen; Ausnahme: EVU

e) Ändern sich wesentliche Angaben (= Nrn. 1.1-1.4 und 2-6 des Formulars), so ist die Anzeige erneut zu erstatten

5.
Gebühren
Bis zu 95 €

Gewerbsmäßiges Sammeln/Befördern von/Handeln/Makeln mit gefährlichen Abfällen

Grundsätzlich: muss **erlaubt** werden
- unabhängig davon, ob der Betrieb in Deutschland oder außerhalb Deutschlands ansässig ist; Ausländer: einzelne Nachweise oder ganze Erlaubnisse können anerkannt werden, wenn gleichwertig
- unabhängig davon, ob innerdeutsch oder grenzüberschreitend gesammelt/befördert/gehandelt/gemakelt wird
- unabhängig vom Verkehrsmittel; Ausnahmen:
  - Sammler/Beförderer in Kurier-, Express, Paketdiensten: nur **Anzeige**
  - Sammler/Beförderer in der Seeschifffahrt: nur **Anzeige**
  - weitere Ausnahmen:
    - Sammler/Beförderer/Händler/Makler, die solche Abfälle sammeln/befördern/handeln/makeln, die von einem Hersteller oder Vertreiber
    - auf Grund eines Gesetzes oder einer Rechtsverordnung (→ § 25 KrWG; Bsp.: Batterien, EAG) oder
    - freiwillig (→ § 26 KrWG; Kopie des Freistellungsbescheids im Fahrzeug mitführen!) zurückgenommen werden: nur **Anzeige**
    - Sammler/Beförderer/Händler/Makler, die Altfahrzeuge gemäß AltfahrzeugV sammeln/befördern/handeln/makeln: nur **Anzeige**
    - Efb, wenn eine Zertifizierung für Sammeln und/oder Befördern und/oder Handeln und/oder Makeln vorliegt: nur **Anzeige**
    - EMAS-Betriebe, wenn eine Registrierung für die Klassen 38.12 (= Sammlung gefährlicher Abfälle), 38.22 (= Behandlung und Beseitigung gefährlicher Abfälle) oder 46.77 (= Großhandel mit Altmaterialien und Reststoffen) vorliegt: nur **Anzeige**
- unabhängig von der gesammelten/beförderten/gehandelten/gemakelten Menge
- gewerbsmäßiges Sammeln/Befördern/Handeln/Makeln ohne Erlaubnis ist eine Ordnungswidrigkeit; Bußgeld: KrWG: bis zu 100 000 €, BAG: i. d. R. 250 €

Angesprochene Personen:
- Inhaber des Betriebs
- Die für die Leitung und Beaufsichtigung des Betriebs verantwortliche(n) Person(en); Beauftragung Externer ist zulässig, aber nur, wenn der Externe die erforderlichen Entscheidungs- und Mitwirkungsbefugnisse übertragen bekommt
- Sonstiges Personal, z. B. Disponenten, Fahrer, Be-/Entladepersonal

Voraussetzungen für das Sammeln/Befördern von/Handeln/Makeln mit gefährlichen Abfällen:

1.
- Der Inhaber des Betriebs und
- Die für Leitung und Beaufsichtigung des Betriebs verantwortliche(n) Person(en)

müssen **zuverlässig** sein.

Als nicht zuverlässig gilt man i. d. R., wenn man in den letzten fünf Jahren vor der Beantragung der Erlaubnis gegen bestimmte Vorschriften verstoßen hat.

2.
- Der Inhaber des Betriebs, sofern er selbst für die Leitung des Betriebs verantwortlich ist und
- Die für die (Leitung und) Beaufsichtigung des Betriebs verantwortliche(n) Person(en)

müssen **fachkundig** sein.

Hier gibt es 2 Möglichkeiten:

a) 2-jährige praktische Tätigkeit im Bereich Sammeln/Befördern/Handeln/Makeln + Besuch eines anerkannten **Lehrgangs**

oder

b) bestimmte Qualifikation (z. B. Fachkraft/Geprüfter Meister für Kreislauf- und Abfallwirtschaft) + 1-jährige praktische Tätigkeit im Bereich Sammeln/Befördern/Handeln/Makeln + Besuch eines anerkannten **Lehrgangs**

Besuch des anerkannten **Lehrgangs** (30 UE, ohne Prüfung), alle 3 Jahre (Fortbildung, 15 UE, ohne Prüfung), Nachweis unaufgefordert an Behörde.

Es reicht nicht aus, eine
- Güterkraftverkehrserlaubnis gemäß § 3 des GüKG
- EU-Lizenz gemäß Art. 4 der Verordnung (EG) Nr. 1072/2009

zu besitzen.

Ausländer: Ggf. wird ein im Ausland besuchter Lehrgang anerkannt.

3.
Die sonstigen Personen müssen **sachkundig** sein.
Es muss ein Einarbeitungsplan existieren; Bsp.:

Mitarbeiter	Thema			
	Grundlagen	Begleitpapiere	A-Tafeln	...
Disponenten	x	x	-	
Fahrer	x	x	x	
...				

Das sonstige Personal ist auf aktuellem Wissensstand zu halten (Fortbildung ca. alle 3 Jahre) Webbased Training (eLearning) ist zulässig (eMail BMUB vom 27.03.2014).

4.
Erlaubnis
Schritte:

a) https://einreichen.eaev-formulare.de/intelliform/forms/AbfAEV/AbfAEV/Antrag_54/index

Antrag auf Erteilung einer Erlaubnis nach § 54 KrWG
Auf den folgenden Seiten können Sie das Formular zur Beantragung einer Erlaubnis Ihrer abfallwirtschaftlichen Tätigkeit nach § 54 KrWG mithilfe unseres Assistenten Schritt für Schritt elektronisch ausfüllen und anschließend an die zuständige Behörde übersenden.

Folgende **Angaben und Unterlagen** sollten Sie bereithalten:

- Ihre **abfallrechtliche Betriebsnummer(n)** als Sammler, Beförderer, Makler bzw. Händler von Abfällen (soweit Ihnen bereits erteilt)

- die **Vorgangsnummer Ihrer Erlaubnis** (nur wenn Sie die Änderung einer bestehenden Erlaubnis beantragen möchten)

Folgende Unterlagen müssen dem Antrag beigefügt werden. Halten Sie diese in Form einer **PDF-Datei** mit einer maximalen Dateigröße von 2 MB bereit.

- Ihre **Gewerbeanmeldung** (soweit eine Pflicht zur Gewerbeanmeldung besteht)

- einen **Nachweis einer Betriebs- und Umwelthaftpflichtversicherung** (soweit eine solche besteht)

- **Nachweise für die Fachkunde** der für die Leitung und Beaufsichtigung des Betriebes verantwortlichen Personen

- einen **Auszug aus dem Handels-, Vereins- oder Genossenschaftsregister** (soweit ein Eintrag erfolgt ist)

- einen **Nachweis einer Kraftfahrzeughaftpflichtversicherung** (soweit Sie eine Erlaubnis für die Tätigkeiten Sammeln oder

   Befördern beantragen möchten und die Beförderung auf öffentlichen Straßen stattfindet)

Der Antrag muss abschließend qualifiziert elektronisch signiert werden. Hierzu kann z. B. die im elektronischen Abfallnachweisverfahren genutzte **Signaturkarte** und der dort verwandte **Kartenleser** eingesetzt werden.

Klicken Sie auf **Starten**, um den Antrag mithilfe des Assistenten auszufüllen.

Für die elektronische Unterschrift muss JavaScript in Ihrem Browser aktiviert sein.

Für die elektronische Unterschrift muss eine Java Laufzeitumgebung installiert und im Browser aktiviert sein.

Erlaubnisvordruck ausfüllen: 3 Seiten:

Antrag auf Erteilung einer Erlaubnis für Sammler, Beförderer, Händler und Makler von gefährlichen Abfällen

Zutreffendes bitte ankreuzen ⊠ oder ausfüllen.

☐ Erstmaliger Antrag

☐ Änderungsantrag   Vorgangsnummer (sofern von der Behörde erteilt) ▭

1   Antragsteller (Hauptsitz des Betriebes)

1.1 Firma / Körperschaft

1.2 Straße   Hausnr.

1.3 Bundesland (2-stellig)   PLZ   Ort

1.4 Staat (2-stellig)

1.5 Für Antragsteller, die keinen Hauptsitz im Inland haben: Ort der erstmaligen Sammler-, Beförderer-, Händler- oder Maklertätigkeit.
     Bundesland (2-stellig)   PLZ   Ort

1.6 Telefon   Telefax   USt-Ident-nr.

1.7 Mobiltelefon   E-Mail

2   Folgende abfallwirtschaftliche Tätigkeiten werden beantragt:

2.1 ☐ Sammeln.   Sammler- oder Beförderernummer nach § 28 NachwV (sofern bereits erteilt)

2.2 ☐ Befördern. Beförderernummer nach § 28 NachwV (sofern bereits erteilt)

2.3 ☐ Handeln.   Händlernummer nach § 28 NachwV (sofern bereits erteilt)

2.4 ☐ Makeln.   Maklernummer nach § 28 NachwV (sofern bereits erteilt)

3   Folgende Unterlagen sind dem Antrag beigefügt bzw. bei der zuständigen Stelle angefordert:

3.1 ☐ die Gewerbeanmeldung.

3.2 ☐ ein Auszug aus dem Handels-, Vereins- oder Genossenschaftsregister, sofern eine Eintragung erfolgt ist.

3.3 ☐ eine firmenbezogene Auskunft aus dem Gewerbezentralregister (Belegart 9), sofern es sich bei dem Unternehmen um eine juristische Person oder Personenvereinigung handelt.

3.4 ☐ der Nachweis einer Betriebshaftpflichtversicherung und einer auf die jeweilige Tätigkeit bezogenen Umwelthaftpflichtversicherung, sofern solche Versicherungen vorhanden sind.

3.5 ☐ der Nachweis der Kraftfahrzeug-Haftpflichtversicherung bei Sammlern und Beförderern von Abfällen, die gefährliche Abfälle auf öffentlichen Straßen befördern.

4   Betriebsinhaber

4.1 Name   Vorname

4.2 Geburtsdatum   Geburtsort

4.3 Führungszeugnis (Belegart OG)   Beantragt am: Wird unmittelbar an die Behörde übersandt.

4.4 Personenbezogene Auskunft aus dem Gewerbezentralregister (Belegart 9) Beantragt am: Wird unmittelbar an die Behörde übersandt.

4.5 Ein Nachweis der Fachkunde ist beigefügt (sofern der Betriebsinhaber selbst die Leitung und Beaufsichtigung des Betriebes wahrnimmt). ☐

Weiterer Betriebsinhaber (sofern vorhanden)

4.6 Name   Vorname

4.7 Geburtsdatum   Geburtsort

4.8 Führungszeugnis (Belegart OG)   Beantragt am: Wird unmittelbar an die Behörde übersandt.

4.9 Personenbezogene Auskunft aus dem Gewerbezentralregister (Belegart 9) Beantragt am: Wird unmittelbar an die Behörde übersandt.

4.10 Ein Nachweis der Fachkunde ist beigefügt (sofern der Betriebsinhaber selbst die Leitung und Beaufsichtigung des Betriebes wahrnimmt). ☐

Für weitere Personen verwenden Sie bitte ein separates Beiblatt.

5   Für die Leitung und Beaufsichtigung des Betriebes verantwortliche Person (sofern nicht mit dem Betriebsinhaber identisch)

5.1 Name   Vorname

5.2 Geburtsdatum   Geburtsort

5.3 Führungszeugnis (Belegart OG)   Beantragt am: Wird unmittelbar an die Behörde übersandt.

5.4 Personenbezogene Auskunft aus dem Gewerbezentralregister (Belegart 9) Beantragt am: Wird unmittelbar an die Behörde übersandt.

5.5 Ein Nachweis der Fachkunde ist beigefügt.

Weitere für die Leitung und Beaufsichtigung des Betriebes verantwortliche Person (sofern vorhanden)

5.6 Name   Vorname

5.7 Geburtsdatum   Geburtsort

5.8 Führungszeugnis (Belegart OG)   Beantragt am: Wird unmittelbar an die Behörde übersandt.

5.9 Personenbezogene Auskunft aus dem Gewerbezentralregister (Belegart 9) Beantragt am: Wird unmittelbar an die Behörde übersandt.

5.10 Ein Nachweis der Fachkunde ist beigefügt.

Für weitere Personen verwenden Sie bitte ein separates Beiblatt.

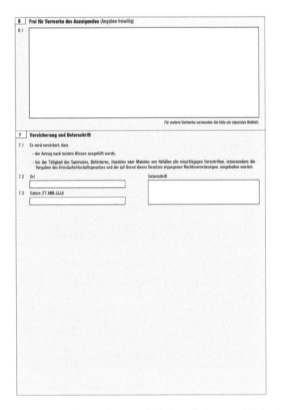

Folgende 8 **Unterlagen** sind dem Antrag auf Erlaubnis beizufügen:

1 Gewerbeanmeldung

2 Auszug aus dem Handelsregister

3 firmenbezogene Auskunft, Belegart 9, aus dem Gewerbezentralregister

4 personenbezogene Auskunft, Belegart 9, für
  ○ den Inhaber des Betriebs
  ○ die für die Leitung und Beaufsichtigung des Betriebs verantwortliche(n) Person(en)

5 Führungszeugnis, Belegart OG, für
  ○ den Inhaber des Betriebs
  ○ die für die Leitung und Beaufsichtigung des Betriebs verantwortliche(n) Person(en)

6 Nachweis über die Fachkunde (Besuch anerkannter Lehrgang), für
  ○ den Inhaber des Betriebs, soweit er für die Leitung des Betriebs verantwortlich ist,
  ○ die für die (Leitung und) Beaufsichtigung des Betriebs verantwortliche(n) Person(en)

7 Nachweis einer Betriebshaftpflichtversicherung und einer auf die jeweilige Tätigkeit bezogenen Umwelthaftpflichtversicherung, sofern vorhanden

8 Nachweis der Kfz-Haftpflichtversicherung bei Sammlern/Beförderern

Besonderheit bei:

- Efb: wenn eine Zertifizierung für Sammeln und/oder Befördern und/oder Handeln und/oder Makeln
- EMAS-Betrieben: wenn eine Registrierung für die Klassen 38.12 (= Sammlung gefährlicher Abfälle), 38.22 (= Behandlung und Beseitigung gefährlicher Abfälle) oder 46.77 (= Großhandel mit Altmaterialien und Reststoffen)

vorliegt: Der Anzeige ist beizufügen bei

- Efb: Kopie des aktuell gültigen Zertifikats
- EMAS-Betrieben: Kopie der aktuell gültigen Registrierungsurkunde.

Folgezertifikate (entfällt ab 01.12.2019; Begründung: Efb-Register online: 01.06.2017; Efb-Zertifikate haben eine Gültigkeit von 18 Monaten; 01.06.2017 + 18 Monate = 01.12.2019) bzw. -registrierungsurkunden: unaufgefordert an Behörde.

Zuständige Behörden:

Baden-Württemberg	Kreisfreie Städte/Landkreise, Untere Abfallbehörde
Bayern	Kreisfreie Städte/Landkreise, Untere Abfallbehörde
Berlin	Senatsverwaltung für Stadtentwicklung und Umwelt
Brandenburg	Sonderabfallgesellschaft Brandenburg/Berlin GmbH
Bremen	Senator für Umwelt, Bau und Verkehr
Hamburg	Behörde für die Stadtentwicklung und Umwelt, Amt für Umweltschutz
Hessen	Regierungspräsidien (Darmstadt, Gießen, Kassel)
Mecklenburg-Vorpommern	Staatliche Ämter für Landwirtschaft und Umwelt (Rostock, Neubrandenburg, Schwerin, Stralsund)
Niedersachsen	Staatliches Gewerbeaufsichtsamt Hildesheim
Nordrhein-Westfalen	Bezirksregierungen (Arnsberg, Detmold, Düsseldorf, Köln, Münster)
Rheinland-Pfalz	Sonderabfall-Management-Gesellschaft Rheinland-Pfalz GmbH
Saarland	Landesamt für Umwelt- und Arbeitsschutz
Sachsen	Kreisfreie Städte/Landkreise, Untere Abfallbehörde
Sachsen-Anhalt	Kreisfreie Städte/Landkreise, Untere Abfallbehörde
Schleswig-Holstein	GOES GmbH, Neumünster
Thüringen	Kreisfreie Städte/Landkreise, Untere Abfallbehörde

b) Bel Sammlern/Beförderern: Ausdruck ins Fahrzeug legen; Ausnahme: EVU

c) Bei Vollständigkeit des Antrags bestätigt die zuständige Behörde zunächst den Empfang

d) Irgendwann kommt dann die Erlaubnis; bei Sammlern/Beförderern: Ausdruck ins Fahrzeug legen; Ausnahme: EVU

Besonderheit bei:

- Efb: wenn eine Zertifizierung für Sammeln und/oder Befördern
- EMAS-Betrieben: wenn eine Registrierung für die Klassen 38.12 (= Sammlung gefährlicher Abfälle), 38.22 (= Behandlung und Beseitigung gefährlicher Abfälle) oder 46.77 (= Großhandel mit Altmaterialien und Reststoffen)
  vorliegt: Im Fahrzeug mitzuführen sind Ausdruck der **Anzeige** + bei
- Efb: Kopie des aktuell gültigen Zertifikats
- EMAS-Betrieben: Kopie der aktuell gültigen Registrierungsurkunde

e) Ändern sich
  - wesentliche Angaben (= Nrn. 1.1-1.4, 2, 4.1, 4.2, 4.6 und 4.7 des Antragsformulars), so ist die Erlaubnis erneut zu beantragen
  - die im Antrag angegebenen mit der Leitung und Beaufsichtigung des Betriebs beauftragte(n) Person(en) (= Nr. 5 des Antragformulars), so ist dies der zuständigen Behörde unverzüglich anzuzeigen.

5.
Gebühren
bis zu 5 750 €

Statistik Jahr 2010: BAG*): ~ 600 000 Beförderungseinheiten kontrolliert

davon mit Abfall: 23 879

davon beanstandet: 1 834 (= 8 %)

Anzahl der Verstöße: 3 728

   Beglelt /Übernahmeschein: 1 108, zumeist Formalien (Gewicht, Iel.-Nr., ...)

– Kennzeichnung Fahrzeug: 835 (50 € Fahrer, 100 € Beförderer)

Statistik Jahr 2014: BAG*): ~ 500 000 Beförderungseinheiten kontrolliert

davon mit Abfall: ???

davon beanstandet: ???

Anzahl der Verstöße: 4 483

davon durch Deutsche: 1 880 (= 40 %)

davon durch Ausländer: 2 603 (= 60 %)

LERNZIELKONTROLLE ZU I.2.3

Lernzielkontrolle – Beispiel I.2.3-1

150101-150109
B1010, 2020, 3010, 3020, 3050
Verpackungen aus Papier und Pappe, ...
verordnete Rücknahme (VerpackV), zur Verwertung („R...")

Innerdeutsch:
– Begleitpapiere:
  ◦ keine Nachweisdokumente
  ◦ (bei Anzeigepflicht) aber Kopie/Ausdruck der bestätigten Anzeige
  ◦ § 50 f. KrWG, § 2 (1) Nr. 2 NachwV, § 13 (1) AbfAEV
– Beförderer:
  ◦ Anzeige (seit 01.06.2012 falls gewerbsmäßig, seit 01.06.2014 falls nicht gewerbsmäßig, sofern nicht freigestellt nach § 7 (9) AbfAEV)
  ◦ LKW: A-Tafeln (seit 01.06.2012, nur falls gewerbsmäßig)

Grenzüberschreitend (Import nach D):
– Begleitpapiere:
  ◦ Formular „Versandinformationen"
  ◦ in D:　keine Nachweisdokumente
  ◦ in D:　(bei Anzeigepflicht) aber Kopie/Ausdruck der bestätigten Anzeige
– Beförderer:
  ◦ in D:　Anzeige (seit 01.06.2012 falls gewerbsmäßig, seit 01.06.2014 falls nicht gewerbsmäßig, sofern nicht freigestellt nach § 7 (9) AbfAEV)
  ◦ ggf. weitere Notifizierungen
  ◦ LKW: A-Tafeln (nur falls gewerbsmäßig)

Auslegung „gewerbsmäßig" durch BMU vom 30.05.2012:
„Das Beispiel „Handwerksbetrieb" trifft gerade auf diejenigen zu, die Produkte (= Nichtabfall) anliefern und das nicht mehr benötigte Verpackungsmaterial (= Abfall) wieder mit zurücknehmen. Auch in diesem Fall erfolgt die Beförderung der Abfälle (Altverpackungen) aus Anlass einer anderweitigen gewerblichen oder wirtschaftlichen Tätigkeit, die nicht auf die Beförderung von Abfällen, sondern im vorliegenden Fall gerade auf die Beförderung von Nichtabfällen (Produkte) gerichtet ist.

Auch wenn Produkte gewerbsmäßig befördert werden, erfolgt der Rücktransport des daraus resultierenden Verpackungsabfalls aus abfallrechtlicher Sicht nicht gewerbsmäßig, sondern im Rahmen eines „wirtschaftlichen Unternehmens" i.S.v. §§ 53 bis 55 i.V.m.. § 3 (11) KrWG, entsprechend dem unter Nummer 1 genannten Handwerkerfall."

Lernzielkontrolle – Beispiel I.2.3-2

160216
GC020
Aus gebrauchten Geräten entfernte nicht gefährliche Bestandteile (Tonerkartuschen)
(http://www.umweltdaten.de/abfallwirtschaft/gav/Anlaufstellen_Leitlinien_Nr_8.pdf)
zur Verwertung („R...")

Innerdeutsch:
– Begleitpapiere:
  ◦ keine Nachweisdokumente
  ◦ (bei Anzeigepflicht) aber Kopie/Ausdruck der bestätigten Anzeige
  ◦ § 50 f. KrWG, § 2 (1) Nr. 2 NachwV, § 13 (1) AbfAEV
– Beförderer: Anzeige (seit 01.06.2012 falls gewerbsmäßig, seit 01.06.2014 falls nicht ge-
         werbsmäßig, sofern nicht freigestellt nach § 7 (9) AbfAEV)
– LKW: A-Tafeln (seit 01.06.2012, nur falls gewerbsmäßig)

Grenzüberschreitend (Import nach D):
– Begleitpapiere:
  ◦ Formular „Versandinformationen"
  ◦ in D: keine Nachweisdokumente
  ◦ in D: (bei Anzeigepflicht) aber Kopie/Ausdruck der bestätigten Anzeige
– Beförderer:
  ◦ in D: Anzeige (seit 01.06.2012 falls gewerbsmäßig, seit 01.06.2014 falls nicht ge-
          werbsmäßig, sofern nicht freigestellt nach § 7 (9) AbfAEV)
  ◦ ggf. weitere Notifizierungen
  ◦ LKW: A-Tafeln (nur falls gewerbsmäßig)

siehe auch: http://www.collecture.com/

Lernzielkontrolle – Beispiel I.2.3-3

160211* oder 200123*

B....

Gebrauchte Geräte, die teil- und vollhalogenierte FCKW enthalten oder

Gebrauchte Geräte, die FCKW enthalten (Beispiel: Kühlschrank)

gesetzliche Rücknahme (ElektroG), zur Verwertung

Innerdeutsch:

− Begleitpapiere:

   ◦ Nachweisunterlagen nach § 16b NachwV +

   ◦ (bei Anzeigepflicht) Kopie/Ausdruck der bestätigten Anzeige

− Beförderer:

   ◦ keine Beförderungserlaubnis,

   ◦ aber Anzeige (seit 01.06.2012 falls gewerbsmäßig, seit 01.06.2014 falls nicht gewerbsmäßig, sofern nicht freigestellt nach § 7 (9) AbfAEV)

− LKW: A-Tafeln (seit 01.06.2012, nur falls gewerbsmäßig)

Grenzüberschreitend (Import nach D):

− Begleitpapiere:

   ◦ Notifizierungs- + Begleitformular

   ◦ in D: (bei Anzeigepflicht) Kopie/Ausdruck der bestätigten Anzeige

− Beförderer:

   ◦ in D: keine Beförderungserlaubnis

   ◦ in D: aber Anzeige (seit 01.06.2012 falls gewerbsmäßig, seit 01.06.2014 falls nicht gewerbsmäßig, sofern nicht freigestellt nach § 7 (9) AbfAEV)

   ◦ ggf. weitere Notifizierungen

   ◦ LKW: A-Tafeln (nur falls gewerbsmäßig)

Lernzielkontrolle – Beispiel I.2.3-4

170605*
B…
Asbesthaltige Baustoffe
zur Beseitigung

Innerdeutsch:
- Begleitpapiere:
  ◦ Begleitschein (oder Quittungsbeleg nach § 22 (1) NachwV) genügt nach § 18 (2) NachwV als Nachweisdokument
  ◦ bei Erlaubnispflicht: Kopie/Ausdruck der Erlaubnis
  ◦ bei Anzeigepflicht: Kopie/Ausdruck der bestätigten Anzeige
- Beförderer:
  ◦ Beförderungserlaubnis (seit 01.06.2014 Anzeige falls nicht gewerbsmäßig, sofern nicht freigestellt nach § 7 (9) AbfAEV)
  ◦ LKW: A-Tafeln (nur falls gewerbsmäßig)

Grenzüberschreitend (Import nach D):

Großpösna (Deponie)

Leipzig: Abladung der Trailer vom Zug

Verona: Verladung der Trailer auf Zug 43128

Verschiedene Ladestellen in Norditalien

- Begleitpapiere:
  ◦ Notifizierungs- + Begleitformular
  ◦ in D: bei Erlaubnispflicht Kopie/Ausdruck der Erlaubnis (nur LKW)
  ◦ in D: bei Anzeigepflicht Kopie/Ausdruck der bestätigten Anzeige (nur LKW)
- Beförderer (LKW-Unternehmer + Eisenbahnverkehrs-Unternehmer):
  ◦ in D: Beförderungserlaubnis (seit 01.06.2014 Anzeige falls nicht gewerbsmäßig, sofern   nicht freigestellt nach § 7 (9) AbfAEV)
  ◦ ggf. weitere Notifizierungen
  ◦ LKW: A-Tafeln, nur falls gewerbsmäßig

2.4 Entsorgungsfachbetriebeverordnung (EfbV)

2.4.1 Warum EfbV?

Die **EfbV** regelt die
– Anforderungen an Efb (z. Z. ca. 5000)
– Überwachung und Zertifizierung von Efb durch
  ◦ technische Überwachungsorganisationen („TÜO") ⎫
  ◦ Entsorgergemeinschaften („Eg")   ⎬ (z. Z. ca. 100)

Was ist denn ein **Efb**?
= ein Betrieb, der

– gewerbsmäßig, im Rahmen wirtschaftlicher Unternehmen oder öffentlicher Einrichtungen Abfälle
  ◦ sammelt
  ◦ befördert
  ◦ lagert
  ◦ behandelt
  ◦ verwertet
  ◦ beseitigt
  ◦ mit diesen
    ▪ handelt
    ▪ makelt

und
– in Bezug auf eine oder mehrere der genannten Tätigkeiten durch eine
  ◦ technische Überwachungsorganisation
  ◦ Entsorgergemeinschaft
als Efb zertifiziert ist.
Achtung: Anlagen zur Behandlung von EAG müssen gemäß ElektroG zertifiziert sein; eine Zertifizierung gemäß EfbV allein reicht nicht aus.

Sinn & Zweck der EfbV: Aufzeigen der Voraussetzungen für die Berechtigung,
– das Überwachungszeichen
– die Bezeichnung „Efb"

zu führen und damit
– in der Entsorgungswirtschaft als qualifiziert zu gelten: Die beauftragenden Abfallerzeuger und -besitzer sollen in besonderem Maße auf eine rechtlich beanstandungsfreie Entsorgung der Abfälle vertrauen können.
– gewisse rechtliche Privilegien in Anspruch nehmen zu können.

2.4.2 Begriffe

– „Inhaber" = natürliche oder juristische Person, die den Efb betreibt
– „Für die Leitung und Beaufsichtigung des Betriebes verantwortliche Person/en" = natürliche Person/en, die vom Inhaber mit der

- ◦ fachlichen Leitung
- ◦ Überwachung
- ◦ Kontrolle

der vom Betrieb durchgeführten abfallwirtschaftlichen Tätigkeiten beauftragt worden sind.

Sie ist/sind für jeden zu zertifizierenden Standort zu bestellen; Ausnahme auf Antrag möglich
- „sonstiges Personal" = Personen, die bei der Ausführung der abfallwirtschaftlichen Tätigkeiten mitwirken, z. B. Disponenten, Fahrer, Be-/Entladepersonal.

Es muss ausreichend sonstiges Personal vorhanden sein, nachzuweisen durch einen Einsatzplan.

2.4.3   Betriebsorganisation: Anforderungen

Es muss
- Funktionsbeschreibungen
- Organisationspläne
- Arbeitsanweisungen

geben für
- den Inhaber
- die für die Leitung und Beaufsichtigung des Betriebes verantwortliche Person/en
- das sonstige Personal
- ggf. den/die Betriebsbeauftragte/n (wenn eine/r bestellt werden muss), z. B.
  - ◦ Abfallbeauftragte/r
  - ◦ Gefahrgutbeauftragte/r

2.4.4   Betriebstagebuch

Es ist ein Betriebstagebuch zu führen für jeden zu zertifizierenden Standort.

Inhalt:
- Angaben über Art, Menge, Herkunft und Verbleib der gesammelten, beförderten, gelagerten, behandelten, verwerteten, beseitigten, gehandelten oder gemakelten Abfälle
- Besondere Vorkommnisse, insbes. Betriebsstörungen
- Festgestellte Unrichtigkeiten oder Unvollständigkeiten der Angaben des Abfallbesitzers oder -erzeugers, Angabe der getroffenen Maßnahme
- Angabe der mit dem Vorgang des Sammelns, Beförderns, Lagerns, Behandelns, Verwertens, Beseitigens, Handelns oder Makelns beauftragten Person des Unternehmens, oder, falls ein Subunternehmer beauftragt wurde, Angaben zu diesem
- Bei Anlagen: Ergebnisse von anlagen- oder stoffbezogenen Kontrolluntersuchungen einschl. Funktionskontrollen im Rahmen der Eigen- und Fremdkontrollen.

2.4.5   Versicherungsschutz

Abhängig von der Art der abfallwirtschaftlichen Tätigkeit sind folgende Versicherungen nachzu-weisen:

	Betriebshaftpflicht	Umwelthaftpflicht	Kfz-Haftpflicht	Umweltschaden
Lagern*	x	x		x
Behandeln	x	x		x
Verwerten	x	x		x
Beseitigen	x	x		x
Handeln	x			
Makeln	x			
Sammeln		x	x	x
Befördern		x	x	x
* nur gemeinsam mit Verwerten und/oder Beseitigen.				

2.4.6 Voraussetzungen, um Efb werden zu können

Es müssen alle für die abfallwirtschaftliche Tätigkeit erforderlichen behördlichen Entscheidungen, insbes.

– Planfeststellungen
– Genehmigungen
– Zulassungen
– Erlaubnisse
– Bewilligungen

vorliegen.

Subunternehmer müssen

– entweder auch Efb
– oder vergleichbar qualifiziert

sein.

2.4.7 Anforderungen an Personen

	Zuverlässigkeit	Fachkunde	Sachkunde
Inhaber	Nachzuweisen durch	Nachzuweisen durch	–
Für die Leitung und Beaufsichtigung des Betriebs verantwortliche/n Person/en	– Führungszeugnis, Belegart N – Personenbezogene Auskunft aus dem Gewerbezentralregister, Belegart 1 – Firmenbezogene Auskunft aus dem Gewerbezentralregister, Belegart 1 – Schriftliche Zuverlässigkeitserklärung	– Ausbildung – Praxis, min. 2 Jahre – Besuch eines anerkannten Lehrgangs, alle 2 Jahre – **DARUM SIND SIE HIER!**	
Sonstiges Personal	Kein Nachweis gefordert	–	Nachzuweisen durch – Einarbeitungsplan

2.4.8   Überprüfung der Einhaltung der Anforderungen

Zwei Optionen:

− Option 1: Abschluss eines Überwachungsvertrags mit einer TÜO
− Option 2: Mitgliedschaft in einer anerkannten Eg

Ablauf:

− Vorprüfung durch TÜO/Eg, ggf. mit Vor-Ort-Termin; Sinn: Prüfung, ob Zertifizierung beim Stand der Dinge überhaupt möglich ist; Kosten: ca. 2500 €
− Erst- und Wiederholungsprüfung nach folgenden System:
  ◦ Jahr X: Erstzertifizierung: 1 angekündigter Vor-Ort-Termin; Kosten: ca. 10000 €
    Für Prüfumfang siehe Anlage 2 EfbV
  ◦ Jahr X+1: Wiederholungszertifizierung   1: 1 angekündigter Vor-Ort-Termin
  ◦ Jahr X+2: Wiederholungszertifizierung   2: 1 angekündigter Vor-Ort-Termin
                                                + 1 unangekündigter Vor-Ort-Termin
  ◦ Jahr X+3: Wiederholungszertifizierung   3: 1 angekündigter Vor-Ort-Termin
  ◦ Jahr X+4: Wiederholungszertifizierung   4: 1 angekündigter Vor-Ort-Termin
                                                + 1 unangekündigter Vor-Ort-Termin
  ◦ usw.
− Efb muss an den Prüfungen mitwirken
− Ergebnis:
  ◦ Zertifikat; siehe Anlage 3 EfbV; Gültigkeit: max. 18 Monate
  ◦ Führen des Überwachungszeichens, der Bezeichnung „Efb" und Angabe der Art/en der zertifizierten Tätigkeiten; Beispiel:

2.4.9   Efb-Register

Die Länder führen ein bundesweit einheitliches Register über die zertifizierten Efb.
Das Efb-Register ist online ab 01.06.2018; Begründung: Inkrafttreten EfbV 2016 = 01.06.2017; „alte" Zertifikate gemäß EfbV 1996 haben eine Gültigkeit von 18 Monaten; 01.06.2017 + 18 Monate = eigentlich 01.12.2018, aber man hat sich verrechnet

2.4.10 Privilegierungen

Efb braucht

- bei der Sammlung/Beförderung gefährlicher Abfälle keine Beförderungserlaubnis, wenn er für Sammlung/Beförderung zertifiziert ist (= § 54 (3) Nr. 2 KrWG)[1]
- als Entsorger (Behandlung, Verwertung, Lagerung) keine Bestätigung des Eingangs der Nachweiserklärungen der Zulässigkeit der vorgesehenen Entsorgung durch die zuständige Behörde (§ 7 (1) Satz 1 Nr. 1 NachwV)

Behörde soll bei fakultativen Anordnungen die Efb-Eigenschaft berücksichtigen, insbesondere im Hinblick auf mögliche Beschränkungen des Umfangs oder des Inhalts der Nachweispflicht (§ 51 (2) KrWG)

2.4.11 Was bringt der Status „Efb"?[2]

- 83 %: Druck des Marktes (Auftraggeber, Mitbewerber)
- 61 %: ohne „Efb-Status" keine Marktchance
- Kaufentscheidung: Efb-Zertifizierung hat Gewichtung von 5 bis 20 %
- Kosteneinsparungen: bei 42 % der Efb durch geringere Behördengebühren und bei 71 % durch verbesserte Organisation
- 46 %: Verbesserungen in der betrieblichen Organisation
- 88 %: Qualitätsstandard hat sich durch Efb-Zertifizierung erhöht

---

[1] Efb muss aber die Sammlung/Beförderung der Abfälle bei der zuständigen Behörde anzeigen (= 53 (1) KrWG)
[2] http://lga.de/lga/de/aktuelles/veroeffentlichungen_entsorgung.shtml?print, 1999

LERNZIELKONTROLLE ZU I.2.4

Lernzielkontrolle – Aufgabe I.2.4-1

Frage	Ja	Nein	siehe Seite
a) Darf ein Efb einen Auftrag ohne Weiteres an einen Dritten weitergeben?	☐	☐	
b) Muss ein Fahrer eines Efb gemäß EfbV sachkundig sein?	☐	☐	
c) Muss ein Efb durch einen Externen regelmäßig überwacht werden?	☐	☐	
d) Braucht ein Efb mit Zertifizierung für „Befördern" für die Beförderung eines gefährlichen Abfalls zusätzlich eine Beförderungserlaubnis?	☐	☐	

Lernzielkontrolle – Lösung Aufgabe I.2.4-1

Frage	Ja	Nein	siehe Seite
a) Darf ein Efb einen Auftrag ohne Weiteres an einen Dritten weitergeben?	☐	☒	202
b) Muss ein Fahrer eines Efb gemäß EfbV sachkundig sein?	☒	☐	202
c) Muss ein Efb durch einen Externen regelmäßig überwacht werden?	☒	☐	203
d) Braucht ein Efb mit Zertifizierung für „Befördern" für die Beförderung eines gefährlichen Abfalls zusätzlich eine Beförderungserlaubnis?	☐	☒	204

2.5 Weitere Rechtsverordnungen zum KrWG

2.5.1 Altholzverordnung (AltholzV)

Rechtsvorschrift: **AltholzV**, gilt für

– die stoffliche Verwertung,

– die energetische Verwertung und

– die Beseitigung von Altholz

Altholzkategorien nach § 2 AltholzV und **Altholzsortimente** mit Regeleinstufung nach Anhang III AltholzV:

Kategorie Bezeichnung	Altholzsortimente	Abfall- schlüssel	nicht gefährlich	gefährlich
A I naturbelassen oder lediglich mechanisch bearbeitet; bei Verwendung unerheblich mit holzfremden Stoffen verunreinigt	Verschnitt, Abschnitte, Späne von naturbelassenem Vollholz aus Holzbe- und -verarbeitung	03 01 05	X	
	Paletten aus Vollholz, z. B.: Europaletten, Industriepaletten aus Vollholz	15 01 03	X	
	Transportkisten, Verschläge aus Vollholz			
	Obst-, Gemüse- und Zierpflanzenkisten sowie ähnliche Kisten aus Vollholz			
	Kabeltrommeln aus Vollholz (nach 1989 hergestellt)			
	naturbelassenes Vollholz aus Baubereich	17 02 01	X	
	Möbel, naturbelassenes Vollholz	20 01 38	X	
A II verleimt, gestrichen, beschichtet, lackiert oder anderweitig behandelt; (keine halogenorganische Beschichtung, kein Holzschutzmittel)	Verschnitt, Abschnitte, Späne von Holzwerkstoffen und sonstigen behandeltem Holz (ohne schädliche Verunreinigungen) aus Holzbe- und -verarbeitung	03 01 05	X	
	Paletten, Transportkisten aus Holzwerkstoffen	15 01 03	X	
	Holzwerkstoffe, Schalhölzer, behandeltes Vollholz (ohne schädliche Verunreinigungen) aus Baubereich	17 02 01		
	Dielen, Fehlböden, Bretterschalungen aus Innenausbau; Türblätter/Zargen von Innentüren; Profilblätter zur Raumausstattung, Deckenpaneele, Zierbalken usw. (ohne schädliche Verunreinigungen) aus Abbruch/Rückbau; Bauspanplatten	17 02 01	X	
	Möbel (Beschichtung ohne halogenorganische Verbindungen)	20 01 38	X	

Kategorie Bezeichnung	Altholzsortimente	Abfall- schlüssel	nicht gefährlich	gefährlich
A III halogenorganische Beschichtung, keine Holzschutz- mittel	Sonstige Paletten, mit Verbundmateria- lien	15 01 03	X	
	Möbel (Beschichtung mit halogenorgani- schen Verbindungen	20 01 38	X	
	Altholz aus dem Sperrmüll (Mischsorti- ment)	20 03 07	X	
A IV mit Holz- schutzmitteln behandelt; sonstiges Altholz, das wegen Schadstoffbe- lastung nicht AI, AII oder AIII zugeord- net werden kann, kein PCB-Alt- holz	Munitionskisten	15 01 10*		X
	Kabeltrommeln aus Vollholz (vor 1989 hergestellt)			
	Konstruktionshölzer für tragende Teile, Holzfachwerk und Dachsparren, Fenster, Fensterstöcke, Außentüren aus Baubereich Imprägnierte Bauhölzer aus dem Außen- bereich Bau- und Abbruchholz mit schädlichen Verunreinigungen	17 02 04*		X
	Imprägniertes Altholz aus dem Außen- bereich, wie Bahnschwellen, Leitungs- masten, Hopfenstangen, Rebpfähle, Sortimente aus dem Garten-/Land- schaftsbau, imprägnierte Gartenmöbel, Sortimente aus der Landwirtschaft			
	Altholz – aus industrieller Anwendung (z. B. Industriefußböden, Kühltürme) – aus dem Wasserbau – von abgewrackten Schiffen und Waggons – aus Schadensfällen (z. B. Brandholz)			
	Feinfraktion aus der Aufarbeitung von Altholz zu Holzwerkstoffen	19 12 06*		X
PCB-Holz PCB-haltiges Altholz mit mehr als 50 mg/kg PCB oder bei Verdacht	Dämm-/Schallschutzplatten aus Baubereich, die mit PCB-haltigen Mitteln behandelt wurden	17 06 03*		X

Herstellung von Holzwerkstoffen aus Holzhackschnitzel und Holzspänen

Inhaltsstoffe nach Anhang II AltholzV in der Trockensubstanz maximal

- Quecksilber: 0,4 mg/kg
- Arsen, Cadmium: 2   mg/kg
- PCP: 3   mg/kg
- PCB: 5   mg/kg
- Kupfer: 20   mg/kg
- Blei, Chrom: 30   mg/kg
- Fluor: 100 mg/kg
- Chlor: 600 mg/kg

2019 erfolgte die Evaluierung der AltholzV, bis 2021 soll die Regelung insbesondere im Hinblick auf die 5-stufige Abfallhierarchie angepasst und novelliert werden.

2.5.2   Altölverordnung (AltölV)

Rechtsvorschrift: **AltölV**, gilt für

- die stoffliche Verwertung,
- die energetische Verwertung und
- die Beseitigung

von Altöl

Grenzwerte von Altöl nach § 3 AltölV:

- Keine Aufbereitung, von Altöl mit
  - mehr als 20 mg PCB/kg (Anlage 2 Abschnitt 2 AltölV) oder
  - mehr als 2 g Gesamthalogen/kg (Anlage 2 Abschnitt 3 AltölV)
- Aufbereitung möglich, wenn in den Aufbereitungsprodukten PCB bzw. Halogen eliminiert ist oder deren Konzentration ≤ Grenzwert

Altölerklärung nach § 6 (1) AltölV
„Dem Altöl wurden im Betrieb keine Fremdstoffe wie synthetische Öle auf der Basis von PCB oder deren Ersatzprodukte für eine Aufbereitung ungeeigneter Altöle oder Abfälle beigefügt."
Bestimmung von **PCB in Altöl** nach Anlage 2 Abschnitt 2 AltölV

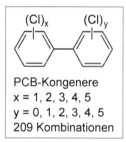

PCB-Kongenere
x = 1, 2, 3, 4, 5
y = 0, 1, 2, 3, 4, 5
209 Kombinationen

- Bestimmung von 6 PCB-Kongenere im Altöl (DIN EN 12766 Teil 1)
  - 2,4,4'-Trichlorbiphenyl (PCB 28)
  - 2,2',5,5'-Tetrachlorbiphenyl (PCB 52)
  - 2,2',4,5,5'-Pentachlorbiphenyl (PCB 101)
  - 2,2',3,4',4',5'-Hexachlorbiphenyl (PCB 138)
  - 2,2',4,4',5,5'-Hexachlorbiphenyl (PCB 153)
  - 2,2',3,4,4',5,5'-Heptachlorbiphenyl (PCB 180)
- Berechnung des PCB-Gehaltes (DIN EN 12766 Teil 2, Verfahren B)
- Bewertung: Überschreitung des Grenzwertes
  - ab 28,5 mg PCB/kg Altöl (berechnet) ist Grenzwert überschritten
  - statistische Sicherheit: 95 %

2.5.3 PCB / PCT-Abfallverordnung (PCBAbfallV)

Rechtsvorschrift: **PCBAbfallV**, gilt für Entsorgung

– polychlorierter Biphenyle $\longrightarrow$

– polychlorierter Terphenyle $\longrightarrow$

– halogenierter Monomethyldiphenylmethane $\longrightarrow$

PCB-Abfall (Gemisch oder Einzel-Erzeugnis), wenn

– mehr als **50 mg/kg** dieser Stoffe
– Verdacht dazu besteht, bis Gegenteil bewiesen ist

Entsorgung:

– Pflicht zur **unverzüglichen Beseitigung** von PCB-Abfall nach § 2 (1) PCBAbfallV!
– PCB ist auch ein Stoff nach der VO (EG) Nr. 850/2004 (POP-VO) → **Zerstörungsgebot** nach Art. 7 (2) und Anhang V POP-VO, z. B. für AS 13 03 01* = Isolier- und Wärmeübertragungsöle, die PCB enthalten

2.5.4 Bioabfallverordnung (BioAbfV)

Rechtsvorschrift: **BioAbfV**, gilt für

– unbehandelte/behandelte Bioabfälle
– Gemische, die zur Verwertung auf landwirtschaftlich, forstwirtschaftlich oder gärtnerisch genutzte Böden aufgebracht werden oder werden sollen

Charakterisierung nach § 4 (3) BioAbfV: Maximale Schadstoffgehalte

Parameter [mg/kg TS]	Aufbringung pro Hektar in 3 Jahren	
	max. 20 t	max. 30 t
Blei	150	100
Cadmium	1,5	1
Chrom	100	70
Kupfer	100	70
Nickel	50	35
Quecksilber	1	0,7
Zink	400	300
zusätzlich: pH-Wert, Salzgehalt, Glühverlust, Trockenrückstand, Anteil an Fremdstoffen, Steinen		

Für das Jahr 2020 ist eine „kleine Novelle" der BioAbfV vorgesehen, in der insbesondere die Fremdstoffproblematik in Bioabfällen geregelt werden soll.

2.5.5   Klärschlammverordnung (AbfKlärV)

Rechtsvorschrift: **AbfKlärV**, gilt für

– die Abgabe von Klärschlamm zum Aufbringen auf landwirtschaftlich oder gärtnerisch genutzte Böden

– das Aufbringen von Klärschlamm auf diese Böden

Untersuchung nach § 5 (1) AbfKlärV durch akkreditiertes Labor

– jeden Monat oder alle 250 t bzw. falls max. 750 t Klärschlamm/Jahr: alle 3 Monate
  ◦ **Blei, Cadmium, Chrom, Kupfer, Nickel, Quecksilber, Zink** und neu: **Arsen, Chrom(VI), Thallium**
  ◦ Summe der organischen Halogenverbindungen als **AOX**
  ◦ Gesamt- und Ammoniumstickstoff, Phosphor (gesamt), Phosphat
  ◦ Trockenrückstand, basisch wirksame Stoffe (als CaO, Eisen), pH-Wert

– alle 2 Jahre
  ◦ **PCB**
  ◦ **PCDD/PCDF**
  ◦ **Benzo(a)pyren (= B(a)P)** (neu)
  ◦ **polyfluorierte Verbindungen (= PFC, insbesondere PFOA, PFOS)** (neu)

Vorher und alle 10 Jahre muss auch der Boden untersucht werden (§ 4 AbfKlärV)!

Die Klärschlammverordnung wurde 2017 novelliert durch die „Verordnung zur Neuordnung der Klärschlammverwertung", vom 27.09.2017 (BGBl. I, Nr. 65, S. 3465)

– Gründe für die Verordnungsnovelle:
  ◦ 2015: ca. 1,8 Mill. t Trockenmasse Klärschlamm aus kommunalen Abwasserbehandlungsanlagen
  ◦ mittlerweile **64 % thermische Behandlung** → Ablagerung bzw. stoffliche Verwertung
  ◦ Rückgang der landwirtschaftlichen Verwertung
  ◦ 1992 letzte größere Änderung der AbfKlärV: Umsetzung der EU-Klärschlamm-RL 86/278/EWG

– Wesentliche Inhalte der neuen AbfKlärV:
  ◦ **Phosphorrückgewinnung**: Pflicht der Betreiber von größeren Abwasserbehandlungs- und von Klärschlammverbrennungsanlagen
    ▪ Ausnahme: Abwasserbehandlungsanlagen bis zu 50000 EW
    ▪ Berichtspflicht mit Darlegung der Maßnahmen bis 31.12.2023
    ▪ Phosphorrückgewinnung aus Klärschlamm 12 Jahre bzw. 15 Jahre nach Inkrafttreten, also ab 2029 (> 100000 EW) bzw. 2032 (> 50000 EW)
  ◦ Kontinuierliche Einschränkung/Beendigung der bodenbezogenen Klärschlammverwertung für größere Anlagen
  ◦ **Harmonisierung** der **Schadstoffgrenzwerte** mit dem **Düngemittelrecht**
    ▪ Schwermetalle, PFC, PCDD/-F, dioxinähnliche PCB
  ◦ Umsetzung der **Abfallhierarchie bei Klärschlamm** (Recyclingvorrang durch P-Rückgewinnung)
  ◦ wie bisher Bodenuntersuchungen und Klärschlammuntersuchungen: Parameter wie DüMV + Zink, AOX, B(a)P, dioxinähnliche PCB

2.5.6 Deponieverordnung (DepV)

Rechtsvorschrift: **DepV**, gilt für

- Errichtung, Betrieb, Stilllegung, Nachsorge von Deponien/Langzeitlager
- Abfallbehandlung vor Ablagerung oder Einsatz als Deponieersatzbaustoff
- Ablagerung von Abfällen auf Deponien, Lagerung in Langzeitlagern
- Herstellung von Deponieersatzbaustoff aus Abfällen
- Errichtung, den Betrieb, die Stilllegung und die Nachsorge

Grundlegende Charakterisierung nach § 8 (1) DepV

- Herkunft (Abfallerzeuger, Einsammlungsgebiet)
- Beschreibung
  (betriebsinterne Bezeichnung, AS, Abfallbezeichnung)
- ggf. Art der Vorbehandlung
- Aussehen, Konsistenz, Geruch, Farbe
- Masse (= Gesamtmenge oder Menge/Zeit)
- Probenahmeprotokoll

Bei gefährlichen Abfällen:
Verantwortliche Erklärung (VE)

- Protokoll über die Probenvorbereitung
- Analysenberichte zur Einhaltung der Kriterien nach Anhang 3 Nr. 2 DepV
- gefährlicher Abfall:
  ◦ Gehalt der gefährlichen Inhaltsstoffe, soweit beurteilungsrelevant
  ◦ bei Spiegeleinträgen: die relevanten gefährlichen Eigenschaften
- Abfall mit Stoffen der POP-VO und Grenzwertüberschreitung
  ◦ genehmigter Nachweis, dass Deponierung unter DK IV (= UTD) bessere Alternative als Zerstörung ist (Art. 7 (4) b) i) POP-VO)
- Schlüsselparameter und deren Untersuchungshäufigkeit

Grundlegende Charakterisierung, Kontrollanalysen **nicht erforderlich** bei

- **Inertabfall** = Glas, Beton, Ziegel, Fliesen, Keramik, Boden, Steine
  = AS 101103, 150107, 170101, 170102, 170103, 170107, 170202, 170504, 191205, 200102, 200202
- einziger Herkunftsbereich (einzige Quelle)
- keine Anhaltspunkte auf Schadstoffe oder dass DK0 unzulässig
- nicht mehr als 5 % Fremdstoffe (Metalle, Kunststoffe, Humus, organische Stoffe, Holz, Gummi)

Beispiel:

Grundlegende Charakterisierung gemäß § 8 DepV
für die Entsorgung auf der Deponie ...., DK ...

Die Punkte 1. bis 10. sind vom Abfallerzeuger oder einem verantwortlichen Beauftragten vollständig auszufüllen. Eine Entsorgung ohne diese Angaben und Anlagen ist rechtlich nicht zulässig.

1.	**Abfallherkunft** (§ 8 Abs. 1 Nr. 1 DepV)	Abfallerzeuger: _____ Anfallstelle: _____ Anschrift: _____ Ansprechpartner: _____ Telefon/Telefax: _____ E-Mail: _____
2.	**Abfallbeschreibung** (§ 8 Abs. 1 Nr. 2 DepV)	Betriebsinterne Abfallbezeichnung: _____ Prozess bei dem der Abfall anfällt/Zusammensetzung (nicht analytisch) ☐ Beschreibung des Abfalls – s. Anlage _____ ☐ Abfall fällt kontinuierlich an [Menge/Zeiteinheit] ☐ Abfall ist nicht verwertbar (ggf. gesonderte Erläuterungen auf einem Beiblatt) ☐ Abfall fällt chargenweise an [Masse der Einzelcharge] ☐ Abfall zur Ablagerung: ☐ Deponieersatzbaustoff Abfallschlüssel und Bezeichnung (nach AVV): _____
3.	**Abfallzusammensetzung** (§ 8 Abs. 1 Nr. 4 DepV)	Aussehen: _____ Konsistenz: ☐ fest ☐ stichfest ☐ staubförmig ☐ _____ Geruch: _____ Farbe: _____ Homogenität: ☐ homogen ☐ inhomogen
	Deklarationsanalyse Als Anlage sind gem. § 8 Nr. 6, 7 und 8 DepV die darin geforderten Unterlagen beizufügen!	☐ Deklarationsanalyse im Umfang von Anhang 3, Tabelle 2 DepV ☐ Schwermetallgehalte im Feststoff ☐ PAK ☐ MKW ☐ BTEX ☐ PCDD/F ☐ LHKW ☐ Herbizide ☐ _____ Anzahl der untersuchten Laborproben: _____ Das vom verantwortlichen Probenehmer unterzeichnete Probenahme-Protokoll und das Protokoll der Probenvorbereitung ist beizufügen.
	kritisches Reaktionsverhalten möglich	☐ mit Wasser ☐ mit Lösungsvermittler ☐ nein, nicht zu erwarten (Stichwort: Auslaugung, Gasbildung, Temperatur)
4.	**Art der Vorbehandlung** (§ 8 Abs. 1 Nr. 3 DepV)	☐ nicht erfolgt; ggfs. Begründung auf Beiblatt ☐ nicht erforderlich (Zuordnungswerte eingehalten) ☐ Art und Zielsetzung: _____
5.	**Abfallmenge** (möglichst genau) (§ 8 Abs. 1 Nr. 5 DepV)	Tonnen einmalig _____ Tonnen/Jahr_____
6.	Nur bei gefährlichen Abfällen: **Ablagerungsverhalten/ gefährliche Eigenschaften** (§ 8 Abs. 1 Nr. 10 DepV)	z.B. krebserzeugend H7)

7.	**Bewertung Deklarationsanalyse durch den Abfallerzeuger:**	Abfall hält Zuordnungs**werte** für DK _____ ☐ ein; **nicht ein** ☐ ☐ ein, mit Ausnahme TOC ☐ Deponiebetreiber stellt Antrag auf Zustimmung ☐ Nachweis, dass das Wohl der Allgemeinheit nicht beeinträchtigt ist, liegt bei Beurteilungsgrundlage ☐ Anhang 3, Tabelle 2 DepV ☐ Handlungshilfe organische Schadstoffe (PAK, MKW, BTEX, PCB, PCDD/F, Herbizide) ☐ Einstufung gefährlich/nicht gefährlich (Schwermetallgehalte im Feststoff gemäß Reihe Abfall Heft 69 – Spiegeleinträge) ☐ Wert der grundlegenden Charakterisierung (Anlage zum Analysenprotokoll), einschl. Schwankungsbreite der Analysewerte
8.	**Vorschlag des Abfallerzeugers für die Schlüsselparameter** (§ 8 Abs. 1 Nr. 12 DepV)	☐ Vorschlag (Auswahl vom Gesamtumfang nach Punkt 3): _____ _____ _____ _____ _____ _____
	Untersuchungshäufigkeit	☐ je angefangene 1.000 t ☐ 1 x jährlich ☐ nicht erforderlich
9.	**Bemerkungen:**	

Der unter Punkt 8 aufgeführte Parameterumfang ist für den Deponiebetreiber nicht bindend. Für die Benennung von Schadstoffen, die hier nicht aufgeführt sind, aber als Verunreinigungen im Entsorgungsgut enthalten sind, ist der Abfallerzeuger oder der von ihm Beauftragte verantwortlich.

11.	**Raum für Bemerkungen des Deponiebetriebes**
	☐ Die Eingangskontrolle wurde durchgeführt. Der Abfall entspricht der grundlegenden Charakterisierung. ☐ Probe für die Kontrolluntersuchung wurde gezogen. ☐ Die Eingangskontrolle wurde durchgeführt. Der Abfall entspricht **nicht** der Charakterisierung. ☐ Die Betriebsleitung wurde darüber informiert. ☐ Antrag auf Zustimmung bei Überschreitung von Zuordnungswerten wurde gestellt.
	Deponie, Datum Unterschrift

2.5.7   Gewerbeabfallverordnung (GewAbfV)

Rechtsvorschrift: **GewAbfV**, gilt für

- die Bewirtschaftung, insbesondere Erfassung, Vorbehandlung, Vorbereitung zur Wiederverwendung, Recycling und sonstige Verwertung
- von gewerblichen Siedlungsabfällen
- von bestimmten Bau- und Abbruchabfällen.

Ausnahmen: Die GewAbfV gilt nicht für

- **Elektroaltgeräte** (EAG) nach dem ElektroG
- **Batterien** nach dem BattG
- **Abfälle zur Beseitigung**, die einem öffentlich-rechtlicher Entsorgungsträger (örE) überlassen werden müssen und diesem überlassen werden

Adressaten der Vorschrift sind

- Erzeuger und Besitzer dieser Abfälle und
- Betreiber von Vorbehandlungs- und Aufbereitungsanlagen

2.5.7.1 Begriffsbestimmungen

Gewerbliche Siedlungsabfälle sind

- **Siedlungsabfälle** mit einem Abfallschlüssel (AS) des Kapitels 20 der AVV aus nicht-privaten Herkunftsbereichen, insbesondere Abfälle
  - aus Gewerbe und Industrie
  - aus privaten / öffentlichen Einrichtungen, die denjenigen aus Privathaushalten entsprechen
  - Beispiele: Papier/Pappe/Karton (PPK), Glas, Kunststoffe. Metalle, Holz, Textilien, Bioabfälle
- Abfälle mit einem Abfallschlüssel der Kapitel 1 bis 19 der AVV
  - aus Gewerbe und Industrie
  - die nach Art, Zusammensetzung, Schadstoffgehalt und Reaktionsverhalten mit denjenigen **aus Privathaushalten vergleichbar** sind
  - Beispiele: Verpackungen, Gummi, Kork, Keramik, Bekleidung, stoffgleiche Abfälle
    - AS 02 01 04 Kunststoffabfälle
    - AS 12 01 05 Kunststoffspäne und -drehspäne

Weitere Beispiele gewerblicher Siedlungsabfälle

AS	Abfallbezeichnung	AS	Abfallbezeichnung
15 01 01	Verpackungen aus Papier und Pappe	20 01 01	Papier und Pappe
15 01 02	Verpackungen aus Kunststoff	20 01 02	Glas
15 01 03	Verpackungen aus Holz	20 01 39	Kunststoffe
15 01 06	gemischte Verpackungen	20 02 01	biologisch abbaubare Abfälle
16 01 03	Altreifen	20 03 01	gemischte Siedlungsabfälle
		20 03 03	Straßenkehricht
		20 03 07	Sperrmüll

Bau- und Abbruchabfälle sind

– mineralische Abfälle, die typischerweise bei Bau- und Abbrucharbeiten anfallen
– nicht mineralische Abfälle
   ° mit einem Abfallschlüssel des Kapitels 17 AVV
   ° ausgenommen Abfälle der Abfallgruppe 17 05
      (= Boden, einschließlich Aushub von verunreinigten Standorten, Steine und Baggergut)

2.5.7.2 Pflichten der Abfallerzeuger/Abfallbesitzer bei Gewerbeabfällen

– **1. Getrenntsammlung**
   § 3 (1) und § 3 (3) Nr. 1, 2 GewAbfV
   ° Getrennte Sammlung, Beförderung und Entsorgung von
      ▪ Papier, Pappe, Karton (PPK)
      ▪ Glas
      ▪ Kunststoffen
      ▪ Metallen
      ▪ Holz
      ▪ Textilien
      ▪ Bioabfällen
      ▪ weiteren Abfallfraktionen (mit Privatabfällen vergleichbarer Gewerbe-/Industrie-Abfall)
   ° vorrangige Entsorgungsoptionen: Vorbereitung zur Wiederverwendung oder Recycling
   ° Dokumentation
      ▪ durch Lagepläne, Lichtbilder, Praxisbelege (z. B. Liefer-/Wiegescheine), Entsorgungs-
         verträge, Erklärung desjenigen, der die Abfälle übernimmt
      ▪ Vorlage bei Behörde auf Verlangen

- **2. Begründung**, wenn Getrenntsammlung unmöglich oder unzumutbar
  § 3 (3) Nr. 3 GewAbfV
  - Darlegung der technischen Unmöglichkeit oder wirtschaftlichen Unzumutbarkeit

- **3. Zuführung zu einer Vorbehandlungsanlage**
  § 4 (1), (2) und (5) GewAbfV
  - unverzügliche Entsorgung der nicht getrennt gesammelten Abfallgemische gewerblicher Siedlungsabfälle in geeigneter Vorbehandlungsanlage
    - keine Abfälle mit AS aus Kapitel 18
    - keine Bioabfälle und Glas, wenn diese die Vorbehandlung beeinträchtigen
  - Bestätigung durch Betreiber der Vorbehandlungsanlage, dass diese geeignet ist und insbesondere die Anforderungen nach § 6 (1), (3) GewAbfV erfüllt, z. B.
    - Mindestausstattung mit den technischen Komponenten nach der Anlage zur GewAbfV
    - Sortierquote ≥ 85 %
    - Recyclingquote ≥ 30 %
  - Dokumentation der Feststellung von Sortierquote und Recyclingquote

- **4. Dokumentation und Sachverständigenprüfung**
  § 4 (5) Satz 4 und 5 GewAbfV
  - Nachweis der Getrenntsammlungsquote und Prüfung durch Sachverständige bis jeweils 31.03. des Folgejahres
  - Vorlage bei Behörde auf Verlangen

- **5. Sonstige Verwertung und Dokumentation**
  § 4 (4), (5) GewAbfV
  - Getrennthaltung der Gewerbeabfallgemische von anderen Abfällen
  - Entsorgung durch sonstige hochwertige, insbesondere energetische Verwertung
  - Einschränkungen: In Abfallgemischen sind
    - nicht erlaubt: Abfälle aus Kapitel 18 (humanmedizinische, tiermedizinische Abfälle)
    - nur eingeschränkt erlaubt: Bioabfälle, Glas, Metalle und mineralische Abfälle (nur, wenn Verwertung nicht beeinträchtigt)
  - Dokumentation
    - Darlegung der technischen Unmöglichkeit / wirtschaftlichen Unzumutbarkeit
    - Beschreibung der Zuführung zu sonstiger, insbesondere energetischer Verwertung anhand von Lageplänen, Lichtbildern, Praxisbelegen (z. B. Liefer- / Wiegescheine), Entsorgungsverträgen oder Nachweisen desjenigen, der die Abfälle übernimmt
    - Vorlage bei Behörde auf Verlangen

– 6. **Überlassung bei Beseitigung**
§ 7 GewAbfV

○ gewerbliche Siedlungsabfälle, die nicht verwertet werden:
▪ Überlassungspflicht, an öffentlich-rechtliche Entsorgungsträger (örE)
▪ Nutzungspflicht der überlassenen örE-Abfallbehälter („Pflichtrestmülltonne")
○ Ausnahme: durch die Abfallsatzung von der Überlassungspflicht ausgeschlossene Abfälle
○ Bemessung des Behälterbedarfs erfolgt durch die jeweilige Abfallsatzung

– 7. **Ausnahmen**
○ Getrenntsammlung ist technisch unmöglich oder wirtschaftlich unzumutbar, wenn
▪ Platzmangel
▪ Aufstellung an öffentlich zugänglichen Stellen, Nutzung durch viele Abfallerzeuger
▪ Kosten für getrennte Sammlung und Entsorgung sind außer Verhältnis zu Kosten für gemischte Erfassung und Vorbehandlung, z. B. wegen einer „sehr geringen Menge"
▪ LAGA M34: „sehr geringe Menge" = deutlich weniger als 50 kg Gewerbeabfälle pro Woche von jedem Abfallerzeuger/-besitzer; Orientierungswert: 10 kg / Woche
○ Kleinmengenregelung nach § 5 GewAbfV
▪ Gemeinsame Entsorgung von Gewerbeabfällen mit den Abfällen aus Privathaushalten
▪ Voraussetzung: geringe Menge der Gewerbeabfälle, Getrennthaltung unzumutbar
○ Hohe Getrenntsammelquote (≥ 90 %)
▪ Bestätigung durch Sachverständigen
▪ restliche < 10 %
• keine weitere Verpflichtung zur Getrenntsammlung
• energetische Verwertung ohne weitere Vorbehandlung

2.5.7.3 Pflichten der Abfallerzeuger / Abfallbesitzer bei Bau- und Abbruchabfällen

– 1. **Getrenntsammlung**
§ 8 (1) und (3) Nr. 1, 2 GewAbfV

○ Getrennte Sammlung, Beförderung und Entsorgung von
▪ Glas   AS 17 02 02
▪ Kunststoffe   AS 17 02 03
▪ Metalle   AS 17 04 01 bis 17 04 07 und 17 04 11
▪ Holz   AS 17 02 01
▪ Dämmmaterial   AS 17 06 04
▪ Bitumengemische   AS 17 03 02
▪ Baustoffe auf Gipsbasis   AS 17 08 02
▪ Beton   AS 17 01 01
▪ Ziegel   AS 17 01 02
▪ Fliesen und Keramik   AS 17 01 03
○ vorrangige Entsorgungsoptionen: Vorbereitung zur Wiederverwendung oder Recycling

- ◦ Dokumentation
  - ▪ nicht erforderlich, wenn Gesamtabfallvolumen ≤ 10 m³
  - ▪ durch Lagepläne, Lichtbilder, Praxisbelege (z. B. Liefer- / Wiegescheine), Entsorgungsverträge, Erklärung desjenigen, der die Abfälle übernimmt
  - ▪ Vorlage bei Behörde auf Verlangen

- **2. Begründung**, wenn Getrenntsammlung unmöglich oder unzumutbar
  § 8 (3) Nr. 3 GewAbfV
  - ◦ nicht erforderlich, wenn Gesamtabfallvolumen ≤ 10 m³
  - ◦ Darlegung der technischen Unmöglichkeit oder wirtschaftlichen Unzumutbarkeit

- **3. Zuführung zu einer Aufbereitungsanlage**
  § 9 (1) Nr. 2, (3) und (6)
  - ◦ unverzügliche Entsorgung in geeigneter Aufbereitungsanlage
    - ▪ von überwiegend mineralischen Bau- / Abbruchabfällen
    - ▪ auch von AS 17 09 04 = gemischte Bau- / Abbruchabfälle
  - ◦ kein Glas, Dämmmaterial, Bitumengemische, Baustoffe auf Gipsbasis, wenn diese die Vorbehandlung / Aufbereitung beeinträchtigen
  - ◦ Bestätigung durch Betreiber der Aufbereitungsanlage, dass definierte Gesteinskörnungen hergestellt werden
  - ◦ Mindestausstattung einer Aufbereitungsanlage für AS 17 09 04 (gemischte Bau- / Abbruchabfälle) mit den technischen Komponenten nach der Anlage zur GewAbfV
  - ◦ Dokumentation der Entsorgung zur Aufbereitungsanlage
    - ▪ nicht erforderlich, wenn Gesamtabfallvolumen ≤ 10 m³
    - ▪ durch Lagepläne, Lichtbilder, Praxisbelege (z. B. Liefer- / Wiegescheine), Entsorgungsverträge, Erklärung desjenigen, der die Abfälle übernimmt
    - ▪ Vorlage bei Behörde auf Verlangen

- **4. Zuführung zu einer Vorbehandlungsanlage**
  § 9 (1) Nr. 1, (3) und (6)
  - ◦ unverzügliche Entsorgung in geeigneter Vorbehandlungsanlage
    - ▪ von überwiegend nicht mineralischen Bau- / Abbruchabfällen
    - ▪ auch von AS 17 09 04 gemischte Bau- / Abbruchabfälle
  - ◦ kein Beton, Ziegel, Fliesen, Keramik, Glas, Dämmmaterial, Bitumengemische und Baustoffe auf Gipsbasis, wenn diese die Vorbehandlung beeinträchtigen
  - ◦ Mindestausstattung einer Vorbehandlungsanlage für AS 17 09 04 (gemischte Bau- / Abbruchabfälle) mit den technischen Komponenten nach der Anlage zur GewAbfV
  - ◦ Dokumentation der Entsorgung zur Vorbehandlungsanlage
    - ▪ nicht erforderlich, wenn Gesamtabfallvolumen ≤ 10 m³
    - ▪ durch Lagepläne, Lichtbilder, Praxisbelege (z. B. Liefer- / Wiegescheine), Entsorgungsverträge, Erklärung desjenigen, der die Abfälle übernimmt
    - ▪ Vorlage bei Behörde auf Verlangen

- **5. Getrennthaltung und sonstige Verwertung**
  § 9 (5) GewAbfV

  ○ Getrennthaltung von anderen Abfällen
  ○ Entsorgung durch ordnungsgemäße, schadlose und hochwertige sonstige Verwertung

- **6. Dokumentation der sonstigen Verwertung**
  § 9 (6) GewAbfV

  ○ Dokumentation
    ▪ nicht erforderlich, wenn Gesamtabfallvolumen ≤ 10 m³
    ▪ Darlegung der technischen Unmöglichkeit / wirtschaftlichen Unzumutbarkeit
    ▪ Beschreibung der Zuführung zu ordnungsgemäßer, schadloser und hochwertiger sonstigen Verwertung anhand von Lageplänen, Lichtbildern, Praxisbelegen (z. B. Liefer- / Wiegescheine), Entsorgungsverträgen oder Nachweisen desjenigen, der die Abfälle übernimmt
    ▪ Vorlage bei Behörde auf Verlangen

2.5.7.4 Pflichten der Betreiber von Vorbehandlungsanlagen

- **1. Anlagenausstattung**
  (§ 6 (1) GewAbfV)

  ○ Technische Mindestanforderungen für Vorbehandlungsanlagen nach der Anlage zur GewAbfV, z. B. Aggregate
    ▪ zum Zerkleinern, z. B. Vorzerkleinerer
    ▪ zur Separierung verschiedener Materialien, Korngrößen, Kornformen, Korndichten, z. B. Siebe und Sichter
    ▪ zur maschinell unterstützten manuellen Sortierung, z. B. Sortierband mit Sortierkabine
    ▪ zur Ausbringung von Eisen und Nichteisenmetallen mit Metallausbringung von ≥ 95 %, wenn Eisen- / Nichteisenmetalle im Abfall enthalten sind
    ▪ zur Ausbringung von Kunststoff mit einer Kunststoffausbringung von ≥ 85 %, von Holz oder von Papier
  ○ möglich ist auch die hintereinander geschaltete Nutzung verschiedener Anlagen durch unterschiedliche Betreiber
  ○ Sicherstellung der Einhaltung der Sortier- / Recyclingquoten durch Verträge

- **2. Vermischungsverbot**
  (§ 6 (2) GewAbfV)

  ○ Gemische zur Vorbehandlung dürfen nicht mit anderen Abfällen vermischt werden

- **3. Sortierquote**
  (§ 6 (3), (4) GewAbfV)

  ○ Vorbehandlungsanlage muss eine jährliche mittlere Sortierquote von 85 Gew.-% erreichen
  ○ Sortierquote
    ▪ ist monatlich festzustellen und zu dokumentieren
    ▪ Unterrichtung der zuständigen Behörde, wenn Sortierquote zwei Monate < 75 Gew.-%

- ◦ bei hintereinander geschalteten Anlagen:
  - Betreiber der ersten Anlage muss die Sortierquote erfüllen
  - nachgeschaltete Betreiber sind dem der ersten Vorbehandlungsanlage berichtspflichtig

- 4. Recyclingquote
  (§ 6 (5), (6) GewAbfV)
  - ◦ Vorbehandlungsanlage muss eine jährliche Recyclingquote von 30 Gew.-% erreichen
  - ◦ Recyclingquote
    - ist jährlich festzustellen und zu dokumentieren
    - Mitteilung an die zuständige Behörde bis zum 31.03. des Folgejahres
  - ◦ bei hintereinander geschalteten Anlagen:
    - Betreiber der ersten Anlage muss die Recyclingquote erfüllen
    - nachgeschaltete Betreiber sind dem der ersten Vorbehandlungsanlage berichtspflichtig

- 5. Sonstige Verwertung
  (§ 6 (7) GewAbfV)
  - ◦ aussortierte und nicht keinem Recycling zugeführte Abfälle sind anderweitig, insbesondere energetisch zu verwerten

- 6. Aussortierung gefährlicher Abfälle
  (§ 6 (8) GewAbfV)
  - ◦ im Gemisch enthaltene gefährliche Abfälle sind auszusortieren und einer ordnungsgemäßen Verwertung oder Beseitigung zuzuführen

- 7. Eigenkontrolle
  (§ 10 GewAbfV)
  - ◦ Annahmekontrolle bei Anlieferung
    - Sichtkontrolle
    - Erfassung von Sammler/Beförderer, Masse und Herkunft des Abfalls, Abfallart
  - ◦ Ausgangskontrolle
    - Feststellung von Sammler/Beförderer, Masse und beabsichtigter Verbleib, Abfallart
  - ◦ Bestätigung der weiteren Entsorgung durch Betreiber der Folgeanlage
    (wenn nicht ausschließlich gelagert wird)

- 8. Fremdkontrolle
  (§ 11 GewAbfV)
  - ◦ jährliche Fremdkontrolle
    - falls nicht zertifiziert als Entsorgungsfachbetrieb oder nach EMAS
    - durch bekannt gegebene Stelle
    - jeweils bis Ende Februar
    - ob Anforderungen nach §§ 6 und 10 erfüllt werden
  - ◦ unverzügliche Übermittlung der Ergebnisse der Fremdkontrolle nach Erhalt

- 9. Betriebstagebuch
  (§ 12 GewAbfV)
  - ○ Verpflichtung zur Führung eines Betriebstagebuchs mit Angabe
    - der Sortierquote und Recyclingquote
    - der Feststellungen zur Eigenkontrolle (Annahme-, Ausgangs- und Verbleibskontrolle)
    - der Fremdkontrolle
  - ○ mögliche Verwendung von
    - Nachweisen und Registern gemäß NachwV
    - Betriebstagebuch gemäß EfbV oder
    - Aufzeichnung nach anderen Bestimmungen
  - ○ elektronische Form oder Schriftform möglich
  - ○ Verpflichtung zur Überprüfung auf Richtigkeit und Vollständigkeit durch Aufsichts- und Leitungspersonal

2.5.8 Ersatzbaustoffverordnung (ErsatzbaustoffV) – Ausblick

Künftig vorgesehen: Verordnung zur Einführung einer **Ersatzbaustoffverordnung**, zur Neufassung der Bundes-Bodenschutz- und Altlastenverordnung und zur Änderung der Deponieverordnung und der Gewerbeabfallverordnung (= „**Mantelverordnung**")

Aktueller Stand: Drucksache Bundesrat 566/17 vom 17.07.2017
Drucksache Bundestag 18/12213 vom 03.05.2017
(keine Befassung = Zustimmung)

2.5.8.1 Gründe für die Neuregelung der Verwertung mineralischer Abfälle

- **Mineralische Abfälle** = größter Abfallstrom in Deutschland: ca. 240 Mio. t pro Jahr (zum Vergleich: Jahresmenge aller Abfälle = ca. 400 Mio. t), davon
  - ○ mineralische Bau- und Abbruchabfälle: 198 Mio. t
  - ○ Boden und Steine: 118 Mio. t
  - ○ Aschen und Schlacken aus thermischen und industriellen Prozessen: 38 Mio. t

- wichtigste Verwertungswege für mineralische Abfälle sind
  - ○ **Recycling**: Aufbereitung und nachfolgender Einbau in technische Bauwerke
  - ○ **sonstige stoffliche Verwertung**: Verfüllung von Abgrabungen und Tagebauen

- aktuelle rechtliche Situation:
  - ○ überwiegend sehr allgemeine Regelungen
  - ○ Rechtsgrundlage für Verwertung mineralischer Abfälle
    - weder bundeseinheitlich noch rechtsverbindlich
    - teilweise auf der Basis eines veralteten Standes der Technik, z. B. beim
      - Grundwasserschutz
        Methode der Geringfügigkeitsschwellen zur Bewertung von Veränderungen der Grundwasserbeschaffenheit bislang noch nicht berücksichtigt

- • Bodenschutz
  mittlerweile umfangreiche Datenlage zu Schadstoffen im Eluat von unbelasteten Referenzböden
- ◦ **BBodSchV**
  - • Aufbringen/Einbringen auf oder in durchwurzelbare Bodenschicht
  - • hinreichend konkret, rechtsverbindlich, bundeseinheitlich
- ◦ **LAGA-Mitteilung 20**
  - ▪ Anforderungen an die stoffliche Verwertung von mineralischen Abfällen –
    Technische Regeln, 1997 und 2003
  - ▪ zwar hinreichend konkret, aber nicht rechtsverbindlich und nicht bundeseinheitlich
  - ▪ Rechtsprechung: LAGA 20 ist keine Rechtsvorschrift, sondern die „Empfehlung eines sachkundigen Gremiums" und daher weder für Behörden noch für Gerichte verbindlich (BVerwG, Urteil vom 14.04.2005 – 7 C 26/03, „Tongruben-Urteil II")
- ◦ „Technische Regel Boden" (**TR Boden**, 2004)
  - ▪ keine LAGA-Mitteilung, aber „zur Anwendung empfohlen"
  - ▪ enthält technische Anforderungen zur Qualifizierung von Bodenmaterial, Untersuchung, Einbaubeschränkung, Qualitätssicherung und Dokumentation
  - ▪ Einbauarten
    - • uneingeschränkt (Einbauklasse 0), z.B. auch Verfüllung von Abgrabungen
    - • eingeschränkt, offen (Einbauklasse 1)
    - • eingeschränkt, mit Sicherungsmaßnahmen (Einbauklasse 2)
- ◦ deshalb **länderspezifischer „Flickenteppich"**, z.B.
  - ▪ BW: VwV für die Verwertung von als Abfall eingestuftem Bodenmaterial vom 14.03.2007
  - ▪ BY: Leitfaden zu den Anforderungen an die Verfüllung von Gruben, Brüchen sowie Tagebauen, eingeführt mit Erlass vom 06.11.2002, danach mehrfach fortgeschrieben
  - ▪ HE: Richtlinie für die Verwertung von Bodenmaterial, Bauschutt und Straßenaufbruch in Tagebauen und im Rahmen sonstiger Abgrabungen vom 17.02.2014)
  - ▪ NW: Erlass zum Auf- und Einbringen von Materialien unterhalb oder außerhalb einer durchwurzelbaren Bodenschicht vom 17.09.2014
  - ▪ RP: Leitfaden Bauabfälle, Mai 2007
    Leitfaden für den Umgang mit Boden und ungebundenen/gebundenen Straßenbaustoffen hinsichtlich Verwertung oder Beseitigung, Mai 2007

2.5.8.2 Wesentliche Inhalte des Verordnungsentwurfes

- Ziele der „**Mantelverordnung**" sind
  - ◦ die nach § 6 KrWG bestmöglichen Verwertung mineralischer Abfälle zu gewährleisten und dabei
  - ◦ die Anforderungen an die nachhaltige Sicherung/Wiederherstellung der Bodenfunktionen nach § 1 BBodSchG näher zu bestimmen und an den aktuellen Wissensstand anzupassen

- Elemente der „Mantelverordnung"

  ○ Artikel 1: Neue Verordnung über Anforderungen an den Einbau von mineralischen Ersatzbaustoffen in technische Bauwerke (Ersatzbaustoffverordnung, ErsatzbaustoffV)

  ○ Artikel 2: Neufassung der Bundes-Bodenschutz- und Altlastenverordnung (BBodSchV)

  ○ Artikel 3: Änderung der Deponieverordnung (DepV)

  ○ Artikel 4: Änderung der Gewerbeabfallverordnung (GewAbfV)

  ○ Artikel 5: Inkrafttreten vorgesehen 1 Jahr nach Verkündung

- ErsatzbaustoffV

  ○ Anforderungen an die Herstellung und den Einbau von mineralischen Ersatzbaustoffen in technische Bauwerke wie Straßen, Gleise, Lärmschutzwälle, insbesondere

  ○ **Herstellen** von mineralischen Ersatzbaustoffen
    - Annahmekontrolle bei den Recyclinganlagen
    - Güteüberwachung und Eignungsnachweis
    - eigene Produktionskontrolle und Fremdüberwachung
    - Probenahme / Probenaufbereitung, Analytik und Bewertung der Untersuchungsergebnisse

  ○ Untersuchung von **nicht aufbereitetem Bodenmaterial / Baggergut**
    - Untersuchungspflicht und Bewertung der Untersuchungsergebnisse
    - Klassifizierung
    - Dokumentation
    - Anforderungen an Zwischenlager
    - Konkretisierung der Anforderungen an Nebenprodukte und das Abfallende

  ○ **Einbau** von mineralischen Ersatzbaustoffen
    - Grundsätze und zusätzliche Einbaubeschränkungen (bestimmte Schlacken / Aschen)
    - Behördliche Entscheidungen, Anzeigepflichten
    - Getrennte Sammlung / Verwertung von mineralischen Abfällen aus technischen Bauwerken

Es sollen folgende **18 geregelte mineralische Ersatzbaustoffe** erfasst werden:

Nr.	Geregelte Ersatzbaustoffe	Materialklasse	Abkürzungen
1	Hochofenstückschlacke	1, 2	HOS-1, HOS-2
2	Hüttensand		HS
3	Stahlwerksschlacke	1, 2, 3	SWS-1, SWS-2, SWS-3
4	Edelstahlschlacke	1, 2, 3	EDS-1, EDS-2, EDS-3
5	Kupferhüttenmaterial	1, 2, 3	CUM-1, CUM-2, CUM-3
6	Gießerei-Kupolofenschlacke		GKOS
7	Gießereirestsand	1, 2	GRS-1, GRS-2
8	Schmelzkammergranulat aus der Schmelzfeuerung von Steinkohle		SKG

Nr.	Geregelte Ersatzbaustoffe	Materialklasse	Abkürzungen
9	Steinkohlenkesselasche		SKA
10	Steinkohlenflugasche		SFA
11	Braunkohlenflugasche		BFA
12	Hausmüllverbrennungsasche	1, 2, 3	HMVA-1, HMVA-2, HMVA-3
13	Sonderabfallverbrennungsasche	1, 2	SAVA-1, SAVA-2
14	Recycling-Baustoff	1, 2, 3	RC-1, RC-2, RC-3
15	Bodenmaterial	0, 0*, F0*, F1, F2, F3	BM-0, BM-0*, BM-F0*, BM-F1, BM-F2, BM-F3
16	Baggergut	0, 0*, F0*, F1, F2, F3	BG-0, BG-0*, BG-F0*, BG-F1, BG-F2, BG-3
17	Gleisschotter	0, 1, 2, 3	GS-0, GS-1, GS-2, GS-3
18	Ziegelmaterial		ZM

Materialklasse: Kategorien eines mineralischen Ersatzbaustoffs derselben Art und Herkunft, die sich in ihrer Materialqualität auf Grund unterschiedlicher Materialwerte unterscheiden.

- **Zielsetzung und Konzeption** der ErsatzbaustoffV

  ○ die ErsatzbaustoffV dient
    - dem vorsorgenden **Boden- und Grundwasserschutz**
    - der **Ressourcenschonung** durch Kreislaufwirtschaft
    beim Einbau von mineralischen Ersatzbaustoffen in technische Bauwerke

  ○ Ziel: Einhaltung
    - **zulässiger Konzentrationen von Schadstoffen**
      (= Salze, Schwermetalle, organische Stoffe) im Sickerwasser
    - anhand festgelegter Grenzwerte zum Schutz des Grundwassers
      (**Geringfügigkeitsschwellenwerte, GFS** nach LAWA, 2016)

  ○ Festlegung von maximalen Schadstoffkonzentrationen des mineralischen Ersatzbaustoffs (Materialwerte), damit nach einer Durchsickerung die GFS im Grundwasser eingehalten werden

  ○ Ergebnis: falls die Anforderungen der ErsatzbaustoffV erfüllt werden
    - keine wasserrechtlichen Genehmigungen
    - keine weiteren behördlichen Prüfungen

- **Anforderungen an Herstellung / Inverkehrbringen** von mineralischen Ersatzbaustoffen

  ○ Grundsatzanforderungen
    - Überprüfung der Materialwerte durch Güteüberwachung
    - Güteüberwachung =
      - Eignungsnachweis für die Anlage anerkannte Prüfstellen[1]

---

[1] Grundlage: „Richtlinien für die Anerkennung von Prüfstellen für Baustoffe und Baustoffgemische im Straßenbau, 2015" (RAP Stra 15) der Forschungsgesellschaft für Straßen- und Verkehrswesen (FGSV)

- werkseigene Produktionskontrolle durch den Hersteller
- Fremdüberwachung durch anerkannte Prüfstellen
  - Dokumentation der Überwachung

– **Regelung von Nicht-Abfällen**
  - ◦ entsprechend § 4 und § 5 KrWG
    - dürfen 6 mineralische Ersatzbaustoffe als Nebenprodukte in Verkehr gebracht werden (Schlacken der jeweils besten Materialklassen, Hüttensand und Schmelzkammergranulat)
    - endet bei 11 mineralischen Ersatzbaustoffen nach ihrer Herstellung die Abfalleigenschaft (z. B. Recycling-Baustoff der Klasse RC-1)
  - ◦ diese Baustoffe
    - weisen keine Umwelt- und Gesundheitsgefahren auf
    - können ohne Einschränkungen in technische Bauwerke eingebaut werden

– **Anforderungen an den Einbau** von mineralischen Ersatzbaustoffen
  - ◦ für jeden mineralischen Ersatzbaustoff gibt es 17 Einbauweisen (Einbautabelle nach Anlage 2 ErsatzbaustoffV), in der die Zulässigkeit des Einbaus festgelegt ist; Kriterien sind:
    - Schadstoffpotential
    - Grundwasserabstand
    - Bodenart
  - ◦ Einbau von Ersatzbaustoffen in technische Bauwerke ist nur zulässig, wenn
    - die **Materialwerte** nach Güteüberwachung **eingehalten** werden und
    - die zulässigen **Einsatzmöglichkeiten nach den „Einbautabellen" beachtet** werden.
  - ◦ außerdem: Regelung für Gemische von mineralischen Ersatzbaustoffen
    - untereinander
    - mit mineralischen Primärbaustoffen

Beispiel einer „Einbautabelle": Einbauweisen für Recycling-Baustoff der Klasse 1 (RC-1)

Einbauweise		Eigenschaft der Grundwasserdeckschicht					
		außerhalb von Wasserschutzbereichen			innerhalb von Wasserschutzbereichen		
		un-günstig	günstig		günstig		
			Sand	Lehm/ Schluff/ Ton	WSG III A HSG III	WSG III B HSG IV	Wasser-vorrang-gebiete
		1	2	3	4	5	6
1	Decke bitumen- oder hydraulisch gebunden, Tragschicht bitumengebunden	+	+	+	A	A	A
2	Unterbau unter Fundament- oder Bodenplatten, Bodenverfestigung unter gebundener Deckschicht	+	+	+	+	+	+
3	Tragschicht mit hydraulischen Bindemitteln unter gebundener Deckschicht	+	+	+	+	+	+

Einbauweise		Eigenschaft der Grundwasserdeckschicht					
		außerhalb von Wasserschutzbereichen			innerhalb von Wasserschutzbereichen		
		un-günstig	günstig		günstig		
			Sand	Lehm/ Schluff/ Ton	WSG III A HSG III	WSG III B HSG IV	Wasser-vorrang-gebiete
		1	2	3	4	5	6
4	Verfüllung von Baugruben und Leitungsgräben unter gebundener Deckschicht	+	+	+	+	+	+
5	Asphalttragschicht (teilwasserdurchläs-sig) unter Pflasterdecken/Plattenbelä-gen, Tragschicht hydraulisch gebunden (Dränbeton) unter Pflaster und Platten	+	+	+	+	+	+
6	Bettung, Frostschutz-/Tragschicht unter Pflaster/Platten jeweils mit wasserun-durchlässiger Fugenabdichtung	+	+	+	+	+	+
7	Schottertragschicht (ToB) unter gebundener Deckschicht	+	+	+	+	+	+
8	Frostschutzschicht (ToB), Bodenverbes-serung und Unterbau bis 1 m ab Planum jeweils unter gebundener Deckschicht	+ [1]	+	+	BU [1]	U [1]	+
9	Dämme oder Wälle gemäß Bauweisen A-D nach MTSE sowie Hinterfüllung von Bauwerken im Böschungsbereich in analoger Bauweise	+	+	+	+	+	+
10	Damm oder Wall gemäß Bauweise E nach MTSE	+	+	+	+	+	+
11	Bettungssand unter Pflaster oder unter Plattenbelägen	+	+	+	+	+	+
12	Deckschicht ohne Bindemittel	+	+	+	+	+	+
13	ToB, Bodenverbesserung, Bodenverfes-tigung, Unterbau bis 1 m Dicke ab Planum, Verfüllung von Baugruben/ Leitungsgräben unter Deckschicht ohne Bindemittel	+ [2]	+ [3]	+	BU [2,3]	U [2,3]	+ [3]
14	Bauweisen 13 unter Plattenbelägen	+ [2]	+ [4]	+	BU [2,4]	U [2,4]	+ [4]
15	Bauweisen 13 unter Pflaster	+ [2]	+	+	BU [2]	U [2]	+
16	Hinterfüllung von Bauwerken oder Böschungsbereich von Dämmen unter durchwurzelbarer Bodenschicht sowie Hinterfüllung analog zu Bauweise E des MTSE	+ [2]	+	+	BU [2]	U [2]	+
17	Dämme und Schutzwälle ohne Maßnahmen nach MTSE unter durchwurzelbarer Bodenschicht	+ [2]	+	+	BU [2]	U [2]	+

Bedeutung der Eintragungen / Bezeichnungen (bei mehreren Buchstaben: Anforderungen gelten kumulativ)	
WSG III A	Wasserschutzgebiet Zone III A
WSG III B	Wasserschutzgebiet Zone III B
HSG III	Heilquellenschutzgebiet der Zone III
HSG IV	Heilquellenschutzgebiet der Zone IV
+	Einbau zulässig
–	Einbau unzulässig
/	nicht relevant
ToB	Tragschicht ohne Bindemittel
A	Einsatz der mineralischen Ersatzbaustoffe in bitumengebundener / hydraulisch gebundener Bauweise in Wasserschutzbereichen auch bei ungünstigen Eigenschaften der Grundwasserdeckschicht zulässig
B	zugelassen im Abstand von mindestens 1 Kilometer von der Fassungsanlage
K	zugelassen bei Ausbildung der Bodenabdeckung als Dränschicht (Kapillarsperreffekt) nach den Richtlinien für die Anlage von Straßen, Teil: Entwässerung (RAS-Ew) oder in analoger Ausführung zur Bauweise E MTSE
M	zugelassen bei Ausbildung der Bodenabdeckung als Dränschicht (Kapillarsperreneffekt)
U	zugelassen in Wasserschutzbereichen ausschließlich auf Lehm / Schluff / Ton
MTSE	Merkblatt über Bauweisen für technische Sicherungsmaßnahmen beim Einsatz von Böden und Baustoffen mit umweltrelevanten Inhaltsstoffen im Erdbau der Forschungsgesellschaft für Straßen- und Verkehrswesen, FGSV
Bedeutung der hier zutreffende Tabellenfußnoten	

Fußnote	Zulässig, wenn	Anforderungen innerhalb von Wasserschutzbereichen	
		erfüllt	nicht erfüllt
1)	Chrom, gesamt ≤ 110 µg/l PAK$_{15}$ ≤ 2,3 µg/l	zulässig ohne Einschränkungen	zulässig mit aufgeführten Einschränkungen
2)	Chrom, gesamt ≤ 15 µg/l, Kupfer ≤ 30 µg/l, Vanadium ≤ 30 µg/l, PAK$_{15}$ ≤ 0,3 µg/l	zulässig ohne Einschränkungen	zulässig mit aufgeführten Einschränkungen
3)	Chrom, gesamt ≤ 15 µg/l, Kupfer ≤ 30 µg/l Vanadium ≤ 30 µg/l, PAK$_{15}$ ≤ 0,3 µg/l	zulässig mit aufgeführten Einschränkungen	in Wasservorranggebieten „U", ansonsten nicht zulässig
4)	Vanadium ≤ 55 µg/l PAK$_{15}$ ≤ 2,7 µg/l	zulässig mit aufgeführten Einschränkungen	in Wasservorranggebieten „U", ansonsten nicht zulässig

2.5.8.3 Neuere bisherige Versionen der „Mantelverordnung" und aktuelle Arbeiten

- **3. Arbeitsentwurf** der Verordnung vom 23.07.2015
  - ○ Grundlage für **„Planspiel"** von Frühjahr bis Herbst 2016, Endbericht Anfang 2017
  - ○ Teilnahme: Betroffene, Bundesressorts, Länder-Arbeitsgruppen
  - ○ Untersuchungsauftrag:
    - ▪ Praxistauglichkeit
    - ▪ Mögliche Verschiebungen der Stoffströme
    - ▪ Erfüllungsaufwand

- **Referentenentwurf vom 06.02.2017** und wesentliche Änderungen nach dem „Planspiel"
  - ○ Annahmekontrolle bei RC-Aufbereitungsanlagen, ggf. getrennte Lagerung/Beprobung
  - ○ Konkretisierung der Probenahme/Probenaufbereitung bei der Güteüberwachung
  - ○ Möglichkeit der Beförderung von Bodenaushub in Zwischenlager ohne Untersuchung
  - ○ Definition „höchster zu erwartender Grundwasserstand"
  - ○ Mindesteinbauvolumen für mineralische Ersatzbaustoffe mit hohen Schwermetallgehalten
    - ▪ 100 m³
    - ▪ gilt nicht für Schlacken als (Neben-)Produkte
  - ○ Wegfall des vormaligen Artikels 1 der bisherigen „Mantelverordnung"
    - ▪ vorgesehen war Änderung der GrwV mit Einführung der Geringfügigkeitsschwellen
  - ○ Harmonisierung der ErsatzbaustoffV und der BBodSchV bei Probenahme und Analytik von Bodenaushub
  - ○ Vereinfachung der Güteüberwachung und der Dokumentation
    - ▪ z. B. Eignungsnachweis bei mobilen Aufbereitungsanlagen nur bei erstmaliger Inbetriebnahme mit Beginn der Fremdüberwachung

- **Kabinettbeschluss vom 03.05.2017**
  - ○ keine Anwendung für hydraulisch gebundene Gemische mit mineralischen Ersatzbaustoffen im Geltungsbereich der Landesbauordnungen
  - ○ bei Vorliegen einer allgemeinen bautechnischen DIBt-Zulassung sind bestimmte Einbauweisen nun zulässig
  - ○ Verknüpfung der Einbauweisen mit dem Begriff „technisches Bauwerk"
  - ○ Erweiterung der Überwachungsstellen
    - ▪ neben den RAP-Stra-Prüfstellen nun auch Stellen, die nach der DIN EN ISO/IEC 17065 akkreditiert sind
  - ○ Überwachung von Feststoffwerten (doppelte Vorsorgewerte) im Rahmen der Fremdüberwachung und ggf. im Rahmen der Annahmekontrolle
  - ○ Wegfall der erweiterten Fremdüberwachung
  - ○ Wegfall der Begrenzung von 500 m³ bei der Anlieferung von Material in ein Zwischenlager
  - ○ Aufnahme von Hochofenstückschlacke der Klasse 1 (HOS-1) als Nebenprodukt
  - ○ umfassende Zulassung von Bodenmaterial der Klasse 0 (BM-0) und Baggergut der Klasse 0 (BG-0) und Wegfall der entsprechenden Einbautabelle
  - ○ Definition „höchster zu erwartender Grundwasserstand"
    - ▪ höchster gemessener Grundwasserstand mit zusätzlichem Sicherheitsabstand von 0,5 m

- ◦ Ergänzung der Untersuchungspflichten auch bei nicht aufbereitetem Baggergut
- ◦ Halbierung des Mindesteinbauvolumens bei Schlacken und Aschen von 100 m³ auf 50 m³
- ◦ Erweiterung der Übergangsvorschrift für bereits erteilter Zulassungen bei Bodenmaterial und Baggergut
- ◦ Länder können die Angaben der Anzeigen nach § 24 ErsatzbaustoffV in Kataster erfassen
- ◦ Bagatellgrenze vom 10 m³ für die Anwendung der Vorschriften zur getrennten Sammlung und Verwertung von mineralischen Abfällen aus technischen Bauwerken
- ◦ Überarbeitung der Ordnungswidrigkeiten
- ◦ Inkrafttreten der „Mantelverordnung": 1 Jahr nach Verkündung
- ◦ Überprüfung der „Mantelverordnung" durch Bundesregierung 4 Jahre nach Inkrafttreten

– **Weitere Änderungen** der Mantelverordnung
  - ◦ Änderung der **BBodSchV**
    - ▪ erstmalige Anforderungen an die Verfüllung von Gruben und Brüchen entsprechend TR Boden (LAGA 2004)
      - • für Bodenmaterial BM-0: Einhaltung der Vorsorgewerte oder
      - • für Bodenmaterial BM-0*: Einhaltung der doppelten Vorsorgewerte und Geringfügigkeitsschwellen und
      - • mineralische Fremdbestandteile im Bodenmaterial: < 10 Vol.-%
    - ▪ Anpassung an neue wissenschaftliche Erkenntnisse und
    - ▪ Erfahrungen aus 15-jähriger Vollzugspraxis
  - ◦ Änderung der **DepV**
    - ▪ bestimmte güteüberwachte mineralische Ersatzbaustoffe werden unmittelbar den Deponieklassen 0 bzw. I zugeordnet
    - ▪ Konsequenz: keine Charakterisierung und Untersuchung nach § 8 DepV
  - ◦ Änderung der **GewAbfV**
    - ▪ bei mineralische Ersatzbaustoffen aus technischen Bauwerken
    - ▪ Vorrang der Anwendung der ErsatzbaustoffV vor der GewAbfV

LERNZIELKONTROLLE ZU I.2.5

Lernzielkontrolle – Aufgabe I.2.5-1

Wie ist Altöl vorrangig zu entsorgen?

☐ durch Beseitigung
☐ durch stoffliche Verwertung
☐ durch energetische Verwertung

Begründung:

_____

_____

_____

_____

Lernzielkontrolle – Aufgabe I.2.5-2

Darf PCB-Abfall verwertet werden?
Begründung:

_____

_____

_____

Lernzielkontrolle – Aufgabe I.2.5-3

Welche besondere Erklärung muss ein Erzeuger von Altöl abgeben?

_____

_____

_____

_____

Lernzielkontrolle – Aufgabe I.2.5-4

Was versteht man unter der grundlegenden Charakterisierung von Abfall, der deponiert werden soll?

_____

_____

_____

_____

Lernzielkontrolle – Lösung Aufgabe I.2.5-1

☐ durch Beseitigung
☒ durch stoffliche Verwertung
☐ durch energetische Verwertung

Begründung

Altöle mit mehr als 20 mg/kg PCB (dies entspricht berechneten 28,5 mg/kg nach Nr. 2.4 der Anlage 2 zu § 5 (3) AltölV) dürfen gemäß § 3 (1) AltölV nicht stofflich, jedoch nach § 3 (2) AltölV energetisch verwertet werden, sofern nicht andere Vorschriften entgegen stehen.
Altöle mit mehr als 50 mg/kg PCB müssen nach § 2 (1) i. V. m.. § 1 (2) Nr. 2 a) der PCB-Abfallverordnung (PCBAbfallV) beseitigt werden.
§ 2 (1) PCBAbfallV (Pflichten zur Entsorgung): Besitzer hat PCB unverzüglich zu beseitigen.

Lernzielkontrolle – Lösung Aufgabe I.2.5-2

Nein.
Beseitigungspflicht nach § 2 (1) PCBAbfallV (Pflichten zur Entsorgung):
Besitzer hat PCB unverzüglich zu beseitigen.
Verwertungsverbot nach Art. 7 (3) der VO (EU) 2019/1021 (POP-VO).

Lernzielkontrolle – Lösung Aufgabe I.2.5-3

Die „ergänzende Erklärungen zur Nachweisführung" nach § 6 (1) und Anlage 3 AltölV.
Die Erklärung lautet: *„Dem Altöl wurden im Betrieb keine Fremdstoffe wie synthetische Öle auf der Basis von PCB oder deren Ersatzprodukte für eine Aufbereitung ungeeigneter Altöle oder Abfälle beigefügt."*

Lernzielkontrolle – Lösung Aufgabe I.2.5-4

Nach „2 Nr. 18 DepV ist die „grundlegende Charakterisierung" die Ermittlung und Bewertung aller für eine langfristig sichere Deponierung eines Abfalls erforderlichen Informationen, insbesondere Angaben über Art, Herkunft, Zusammensetzung, Homogenität, Auslaugbarkeit, sonstige typische Eigenschaften sowie Vorschlag für Festlegung der Schlüsselparameter, der Untersuchungsverfahren und der Untersuchungshäufigkeit.

Grundlegende Charakterisierung = Angaben nach § 8 (1) DepV, u. a. Abfallherkunft, Abfallbeschreibung, Vorbehandlung, Aussehen, Konsistenz, Geruch, Farbe, Masse, Probenahmeprotokoll, usw.

3   Weitere abfallrechtliche Gesetze

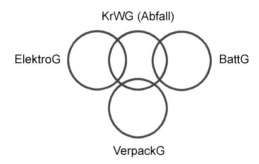

KrWG (Abfall)

ElektroG · BattG

VerpackG

3.1   Elektro- und Elektronikgerätegesetz (ElektroG)

Gilt für

− Elektro- und Elektronik-**Neugeräte** („ENG")

− Elektro- und Elektronik-**Alt**geräte („EAG") = Abfall;

in Frage kommende Abfallschlüssel (* = gefährlich):

16 02 09*	Transformatoren und Kondensatoren, die PCB enthalten
16 02 10*	Gebrauchte Geräte, die PCB enthalten oder damit verunreinigt sind, mit Ausnahme derjenigen, die unter 16 02 09 fallen
16 02 11*	Gebrauchte Geräte, die Fluorchlorkohlenwasserstoffe, HFCKW oder HFKW enthalten
16 02 12*	Gebrauchte Geräte, die freies Asbest enthalten
16 02 13*	Gefährliche Bauteile enthaltende gebrauchte Geräte mit Ausnahme derjenigen, die unter 16 02 09 bis 16 02 12 fallen
16 02 14	Gebrauchte Geräte mit Ausnahme derjenigen, die unter 16 02 09 bis 16 02 13 fallen
20 01 21*	Leuchtstoffröhren und andere quecksilberhaltige Abfälle
20 01 23*	Gebrauchte Geräte, die Fluorchlorkohlenwasserstoffe enthalten
20 01 35*	Gebrauchte elektrische und elektronische Geräte, die gefährliche Bauteile enthalten, mit Ausnahme derjenigen, die unter 20 01 21 und 20 01 23 fallen
20 01 36	Gebrauchte elektrische und elektronische Geräte mit Ausnahme derjenigen, die unter 20 01 21, 20 01 23 und 20 01 35 fallen

Auf EAG sind anzuwenden:

– KrWG, außer
- ◦ § 17 (4) = Andienungs-/Überlassungspflichten für gefährliche Abfälle zur Beseitigung
- ◦ § 50 (1) = Nachweispflichten, falls Überlassung an Einrichtungen zur Erfassung und Erstbehandlung von EAG (stattdessen gilt § 16b NachwV)
- ◦ § 54 = Erlaubnis für Sammeln/Befördern/Handeln/Makeln (aber §§ 53 = Anzeige für Sammeln/Befördern/Handeln/Makeln und 55 = Kennzeichnung von LKW mit „A" gelten!)
– Verordnungen auf Grund des KrWG, z. B. AbfAEV (außer §§ betr. Erlaubnis), NachwV (§ 16b)

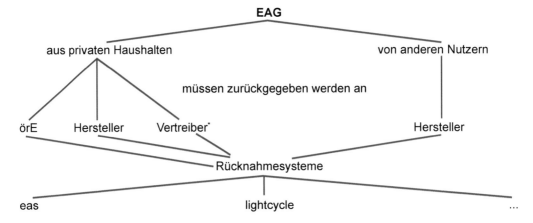

Zuführung zur **Erstbehandlung**
Erstbehandlungsanlagen müssen
– zertifiziert gem. ElektroG
– angezeigt
sein

**Wieder-
verwendung?**

ja → **Second-Hand-
Markt**

nein

Verwertung

Beseitigung

* **Vertreiber von ENG an Endnutzer (= Einzelhandel):**

stationär:
Verkaufsfläche für ENG ≥ 400 m²

online:
Lager-+Versandfläche für ENG ≥ 400 m²

Rücknahme EAG seit 25.07.2016, Anzeige an UBA

3.2 Batteriegesetz (BattG)

Gilt für

– **Neu**batterien

– **Alt**batterien = Abfall;

in Frage kommende Abfallschlüssel (* = gefährlich):

16 06 01*	Bleibatterien
16 06 02*	Ni-Cd-Batterien
16 06 03*	Quecksilber enthaltende Batterien
16 06 04	Alkalibatterien (außer 16 06 03)
16 06 05	Andere Batterien und Akkumulatoren
20 01 33*	Batterien und Akkumulatoren, die unter 16 06 01, 16 06 02 oder 16 06 03 fallen, sowie gemischte Batterien und Akkumulatoren, die solche Batterien enthalten
20 01 34	Batterien und Akkumulatoren mit Ausnahme derjenigen, die unter 20 01 33 fallen

Auf Altbatterien sind anzuwenden:

– KrWG, außer
  - § 17 (4) = Andienungs-/Überlassungspflichten für gefährliche Abfälle zur Beseitigung
  - § 50 (1) = Nachweispflichten, falls Überlassung an Einrichtungen zur Erfassung und Erstbehandlung von EAG (stattdessen gilt § 16b NachwV)
  - § 54 = Erlaubnis für Sammeln/Befördern/Handeln/Makeln (aber §§ 53 = Anzeige für Sammeln/Befördern/Handeln/Makeln und 55 = Kennzeichnung von LKW mit „A" gelten!)
– Verordnungen auf Grund des KrWG, z. B. AbfAEV (außer §§ betr. Erlaubnis), NachwV (§ 16b)

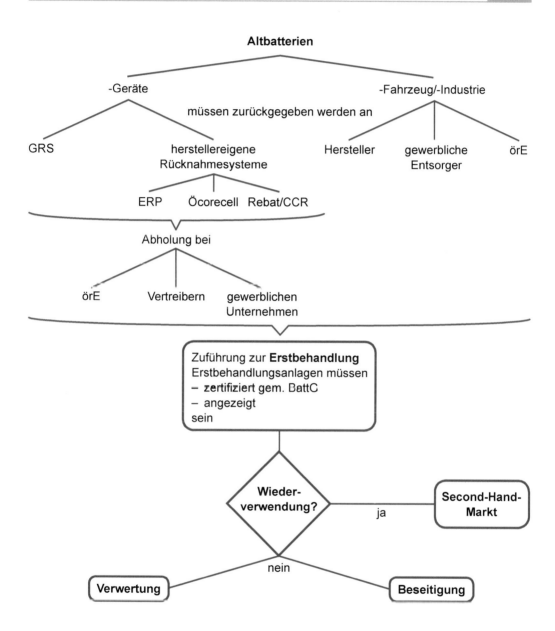

3.3   Verpackungsgesetz (VerpackG)

Ersetzte VerpackV zum 01.01.2019

Gilt für

- Neuverpackungen
- Altverpackungen = Abfall;

in Frage kommende Abfallschlüssel (* = gefährlich):

15 01 01	Verpackungen aus Papier und Pappe
15 01 02	Verpackungen aus Kunststoff
15 01 03	Verpackungen aus Holz
15 01 04	Verpackungen aus Metall
15 01 05	Verbundverpackungen
15 01 06	Gemischte Verpackungen
15 01 07	Verpackungen aus Glas
15 01 09	Verpackungen aus Textilien
15 01 10*	Verpackungen, die Rückstände gefährlicher Stoffe enthalten oder durch gefährliche Stoffe verunreinigt sind
15 01 11*	Verpackungen aus Metall, die eine gefährliche feste poröse Matrix (z. B. Asbest) enthalten, einschließlich geleerter Druckbehältnisse

Auf Verpackungsabfälle sind anzuwenden:

- KrWG, außer
  - § 50 (1) = Nachweispflichten bis zum Abschluss der Rücknahme/Rückgabe, z. B. an einer Annahmestelle des Herstellers/Vertreibers (stattdessen gilt § 16b NachwV)
  - § 54 = Erlaubnis für Sammeln/Befördern/Handeln/Makeln (aber §§ 53 = Anzeige für Sammeln/Befördern/Handeln/Makeln und 55 = Kennzeichnung von LKW mit „A" gelten!)
- Verordnungen auf Grund des KrWG, z. B. AbfAEV (außer §§ betr. Erlaubnis), NachwV (§ 16b)

Hersteller und in der Lieferkette nachfolgende Vertreiber von
  - Transportverpackungen
  - Verkaufs- und Umverpackungen
  - Verkaufsverpackungen schadstoffhaltiger Füllgüter
sind verpflichtet, gebrauchte, **restentleerte** Verpackungen zurückzunehmen
(VerpackG § 15 (1) Satz 1 Nr. 4).

Abgabe von Chemikalienverpackungen – Fragen

- ∘ zur Rekonditionierung und Weiterverwendung?
- ∘ Behältnisse sind **restentleert** und Restanhaftungen weisen kein Gefahrenpotenzial auf, dem nur durch eine ordnungsgemäße und schadlose Verwertung oder gemeinwohlverträgliche Beseitigung als Abfall begegnet werden kann?
- ∘ Verpackungen sind rekonditionierungsfähig?
- ∘ an den Rekonditionierer mit dem Ziel der Weiterverwendung?
- ∘ Besteht zwischen dem abgebenden Unternehmen und dem Rekonditionierer eine bilaterale vertragliche Vereinbarung?
- ∘ Besteht ein wirtschaftlicher Vorteil für das abgebende Unternehmen?

Abgabe von Chemikalienverpackungen – Antworten

Falls
- → Ja = es liegt kein Entledigungswille vor = kein Abfall
- → Nein = es liegt Entledigungswille vor = Abfall Schlüssel 150110* Verpackungen, die Rückstände **gefährlicher Stoffe** enthalten oder durch **gefährliche Stoffe** verunreinigt sind

(LAGA, Ausschuss für Abfallrecht, Schreiben vom 23.02.2012, Az V61-5800.203)

Gefährliche Stoffe:

- – Schadstoffe gem. Anlage 2 VerpackG:

  falls H340, H350, H360, H370, H372   falls H224, H241, H242   falls H271, H272

- ∘ Pflanzenschutzmittel, die nur für die Anwendung durch berufliche Anwender zugelassen sind
- ∘ MDI-haltige PU-Schäume in Druckgaspackungen, falls H334
- ∘ Öle, flüssige Brennstoffe und sonstige ölbürtige Produkte, die als Abfall unter die Abfallschlüssel 120106, 120107, 120110, 160113 oder 160114 oder unter Kapitel 13 der Anlage zur AVV fallen
- – sonstige: alle anderen gem. GefStoffV / CLP

„restentleert"
= wenn Inhalt bestimmungsgemäß ausgeschöpft worden ist

LERNZIELKONTROLLE ZU I.3

Lernzielkontrolle – Aufgabe I.3-1

Es sollen Abfall-Leuchtstoffröhren (Abfallschlüssel 200121* = gefährlicher Abfall) von einer Werkstatt zu einer Erstbehandlungsanlage befördert werden. Braucht der Beförderer dafür eine Abfallbeförderungserlaubnis gemäß § 54 KrWG?

Lernzielkontrolle – Aufgabe I.3-2

Es sollen Abfall-Bleibatterien (Abfallschlüssel 160601* = gefährlicher Abfall) von einem Schrottplatz zu einer Verwertungsanlage befördert werden. Braucht der Beförderer dafür eine Abfallbeförderungserlaubnis gemäß § 54 KrWG?

Lernzielkontrolle – Lösung Aufgabe I.3-1

Nein. Die Anzeige der Beförderung gemäß § 53 KrWG reicht (= § 2 (3) Satz 1 ElektroG).

Lernzielkontrolle – Lösung Aufgabe I.3-2

Nein. Die Anzeige der Beförderung gemäß § 53 KrWG reicht (= § 1 (3) Satz 1 BattG).

4   Recht der Abfallverbringung

Verbringung = Beförderung von Deutschland in das Ausland (Export), aus dem Ausland nach Deutschland (Import) und durch Deutschland (Transit)

4.1   Abfallverbringungsgesetz (AbfverbrG)

In Abhängigkeit von der Art des Abfalls und der Entsorgung werden folgende Dokumente verlangt:

Abfall	gefährlich		nicht gefährlich		
	Beseitigung	Verwertung	Beseitigung	Verwertung	
				Anh. III VO (EG) Nr. 1013/2006?	
				Nein	
Beförderung					Ja

grenzüber-schreitend	*Notifizierungs- + Begleitformular** Der Notifizierende hat
	– das Begleitformular an den entsprechenden Stellen auszufüllen und zu unterzeichnen
	– sicherzustellen, dass
	  – das von ihm an den entsprechenden Stellen soweit wie möglich ausgefüllte und unterzeichnete Begleitformular
	  – Kopien des Notifizierungsformulars, die die von den betroffenen Behörden erteilten schriftlichen Zustimmungen sowie die entsprechenden Auflagen enthalten
	mitgeführt werden
				Versandinformationen** Die Person, die die Verbringung veranlasst, hat sicherzustellen, dass das von ihr an den entsprechenden Stellen soweit wie möglich ausgefüllte und unterzeichnete Dokument mitgeführt wird	

*   Art. 4 Satz 2 Nr. 1 b) i. V. m. Anhang IA+IB VO (EG) Nr. 1013/2006 („EU-AbfVerbrV");
**   Art. 18 i. V. m. Anhang VII VO (EG) Nr. 1013/2006 („EU-AbfVerbrV").

4.2   EU-Abfallverbringungsverordnung (EU-AbfVerbrVo)

4.2.1   Abfalleinordnung

Ein Abfall muss wie folgt identifiziert werden:

Identifizierung	Alle Abfälle außer Abfälle der „grünen Liste" zur Verwertung	Abfälle der „grünen Liste" zur Verwertung
	Notifizierungsformular (= Anhang IA der VO (EG) Nr. 1013/2006) + Begleitformular (= Anhang IB der VO (EG) Nr. 1013/2006) jeweils Feld 14	Versandinformationen (= Anhang VII der VO (EG) Nr. 1013/2006) Feld 10
Basler Übereinkommen-Code	X	X
OECD-Code	X	X
EU-Abfallverzeichnis-Schlüsselnummer	X	X
Nationaler Code im Ausfuhrland	X	X
Nationaler Code im Einfuhrland	X	–
Sonstige Codes	X	–
Y-Code	X	–
H-Code	X	–
UN-Klasse	X	–
UN-Nummer	X	–
UN-Versandname	X	–
Zollnummer	X	–

Basler Übereinkommen über die Kontrolle der grenzüberschreitenden Verbringung gefährlicher Abfälle und ihrer Entsorgung

Anlage VIII Liste:
Der Code besteht aus dem Buchstaben „A" oder „B" und 4 Ziffern:

A =   gefährliche Abfälle;
        Beispiel: A1010 = Metallabfälle mit Antimon

B =   nicht gefährliche Abfälle, ggf. gefährlich;
        Beispiel: B1010 = Abfälle aus Edelmetallen

OECD-Beschluss über die Kontrolle der grenzüberschreitenden Verbringung von zur Verwertung bestimmten Abfällen

Der Code besteht aus 2 Großbuchstaben und 3 Ziffern. Dabei kann es sich nur um die folgenden Codes handeln: AA010, AA060, AA190, AB030, AB070, AB120, AB130, AB150, AC060, AC070, AC080, AC150, AC160, AC170, AC250, AC260, AC270, AD090, AD100, AD120, AD150, GB040, GC010, GC020, GC030, GC050, GE020, GF010, GG030, GG040, GH013, GN010, GN020, GN030, RB020;

Beispiel: GB040 = Schlacken aus der Behandlung von Edelmetallen, zur späteren Wiederverwendung

EU-Abfallverzeichnis-Schlüsselnummer:
Der Code besteht aus 6 Ziffern;

Beispiel: 010101 = Abfälle aus dem Abbau von metallhaltigen Bodenschätzen

Nationaler Code im Ausfuhrland:
Falls vorhanden;

Beispiel: Deutschland: negativ.

Nationaler Code im Einfuhrland:
Falls vorhanden;

Beispiel: Deutschland: negativ.

Sonstige Codes:
Falls vorhanden;

Beispiel: Deutschland: negativ.

Y-Code:
Der Code besteht aus dem Buchstaben „Y" und 1 oder 2 Ziffern: Y1-Y47;

Beispiel: Y1 = Klinischer Abfall, der bei der ärztlichen Versorgung in Krankenhäusern, medizinischen Zentren und Kliniken anfällt.

H-Code:

Der Code besteht aus dem Buchstaben „H" und 1 oder 2 Ziffern wie folgt:

H	Bezeichnung	UN-Gefahrgutklasse
1	Explosivstoffe	1
–	Gase	2
3	Entzündbare Flüssigkeiten	3
4.1	Entzündbare Feststoffe	4.1
4.2	Selbstentzündliche Stoffe	4.2
4.3	Stoffe, die bei Berührung mit Wasser entzündbare Gase entwickeln	4.3
5.1	Oxidierende Stoffe	5.1
5.2	Organische Peroxide	5.2
6.1	Giftige Stoffe (akut)	6.1
6.2	Infektiöse Stoffe	6.2
–	Radioaktive Stoffe	7
8	Ätzende Stoffe	8
–	Verschiedene gefährliche Stoffe und Gegenstände	9
10	Freisetzung toxischer Gase bei Kontakt mit Luft oder Wasser	–
11	Giftige Stoffe (chronisch)	–
12	Ökotoxische Stoffe	(9)
13	Stoffe, die auf irgendeine Weise nach der Entsorgung andere Substanzen erzeugen können, wie etwa Sickerstoffe, die eine der vorstehend aufgeführten Eigenschaften besitzen	–

UN-Gefahrgutklasse:

siehe unter H-Code.

UN-Nummer:

Der Code besteht aus 4 Ziffern;

Beispiel: Aceton = UN 1090

UN-Versandname:

Jedes Gut, das ein Gefahrgut ist, hat einen definierten Versandnamen;

Beispiel: Aceton.

Zollnummer:

Der Code besteht aus 10 Ziffern.

Beispiel: 85481010 = Abfälle von Lithiumbatterien

Notifizierungsverfahren

	Zwischen EU-Staaten	Import in die EU	Durchfuhr durch die EU	Export aus der EU
Abfälle zur Beseitigung	Zustimmung erforderlich	Zustimmung erforderlich	Zustimmung erforderlich	Verboten[1]
„Grüne Abfälle" zur Verwertung (Anhänge III, IIIA und IIIB), die keine gefährlichen Bestandteile enthalten	Informations- pflicht	Informations- pflicht	Informations- pflicht	Informationspflicht oder Sonderregelungen[2]
Alle anderen Abfälle	Zustimmung erforderlich	Zustimmung erforderlich	Zustimmung erforderlich	Verboten[3]

[1] Die Ausfuhr nach Norwegen, Island, Liechtenstein und in die Schweiz ist mit Zustimmung erlaubt.
[2] Es bestehen teilweise Einschränkungen durch nationales Recht des jeweiligen Nicht-EU-Staates gemäß VO (EG) Nr. 1418/2007
[3] Der Export gefährlicher Abfälle zur Verwertung in Staaten, für die der OECD-Beschluss nicht gilt, ist verboten.

VO (EG) Nr. 1013/2006, Art. 37:

Verfahren bei der Ausfuhr von Abfällen der „grünen Liste" zur Verwertung in bestimmte Staaten, für die der OECD-Beschluss über die Kontrolle der grenzüberschreitenden Verbringung von Ab- fällen nicht gilt

→ **VO (EG) Nr. 1418/2007**: Liste:

Staat	Verbot	Vorherige schriftliche Notifizierung und Zustimmung	Keine Kontrolle im Empfänger- staat	Im Empfängerstaat werden sonstige Kontrollverfahren nach geltendem Recht angewandt
Beispiel: Ägypten	unter B1010: – Chromschrott			Unter B1010: – alle übrigen Abfälle
	...	...	...	...
Es folgen weitere 43 Staaten	...	...	...	...

Alle Abfälle zur Beseitigung + alle Abfälle zur Verwertung außer „Grüne Liste":

Notifizierungsformular = Anhang IA der VO (EG) Nr. 1013/2006:

Notifizierungsformular für grenzüberschreitende Verbringungen von Abfällen

☐
Passer
für EDV

1. Exporteur - Notifizierender Registriernummer	3. Notifizierung Nr.: **DE 0000 / 000000**
Name:	**Notifizierung betreffend:**
Anschrift:	A. (i) Einmalige Verbringung: ☐ (ii) Mehrmalige Verbringungen: ☐
	B. (i) Beseitigung *(1)*: ☐ (ii) Verwertung: ☐
Kontaktperson:	C. Verwertungsanlage mit Vorabzustimmung *(2,3)* Ja ☐ Nei
Tel: Fax:	**4. Vorgesehene Gesamtzahl der Verbringungen:**
E-Mail:	**5. Vorgesehene Gesamtmenge** *(4)*:
2. Importeur - Empfänger Registriernummer	Tonnen (Mg):
Name:	m³:
Anschrift:	**6. Vorgesehener Zeitraum für die Verbringung(en)** *(4)*:
	Erster Beginn: Letzter Beginn:
Kontaktperson:	**7. Verpackungsart(en)** *(5)*:
Tel: Fax:	**Besondere Handhabungsvorschriften** *(6)*: Ja ☐ Nei
E-Mail:	**11. Beseitigungs-/Verwertungsverfahren** *(2)*
8. Vorgesehene(s) Transportunternehmen Registriernummer:	D-Code / R-Code *(5)*:
Name *(7)*:	Angewandte Technologie *(6)*:
Anschrift:	
	Grund für die Ausfuhr *(1;6)*:
Kontaktperson:	
Tel: Fax:	**12. Bezeichnung und Zusammensetzung des Abfalls** *(6)*:
E-Mail:	
Transportart *(5)*:	
9. Abfallerzeuger *(1;7,8)* Registriernummer	
Name:	
Anschrift:	**13. Physikalische Eigenschaften** *(5)*:
Kontaktperson:	
Tel: Fax:	**14. Abfallidentifizierung** *(einschlägige Codes angeben)*
E-Mail:	i) Basel Anlage VIII (oder IX, falls anwendbar):
Ort und Art der Abfallerzeugung *(6)*:	ii) OECD-Code (falls abweichend von i):
	iii) EU-Abfallverzeichnis:
10. Beseitigungsanlage *(2)* ☐ **oder Verwertungsanlage** *(2)*: ☐	iv) Nationaler Code im Ausfuhrland:
Registriernummer:	v) Nationaler Code im Einfuhrland:
Name:	vi) Sonstige (bitte angeben):
Anschrift:	vii) Y-Code:
	viii) H-Code *(5)*:
Kontaktperson:	ix) UN-Klasse *(5)*:
Tel: Fax:	x) UN-Kennnummer:
E-Mail:	xi) UN-Versandname:
Ort der tatsächlichen Beseitigung/Verwertung:	xii) Zollnummer(n) (HS):

15. a) Betroffene Staaten, b) Codenummern der zuständigen Behörden, sofern zutreffend, c) Ein- und Ausfuhrorte (Grenzübergang oder Hafen)

Ausfuhrstaat/Versandstaat	Durchfuhrstaat(en) (Ein- und Ausgang)	Einfuhrstaat/Empfängerstaat
a)		
b)		
c)		

16. Eingangs- und/oder Ausgangs- und/oder Ausfuhrzollstellen (Europäische Gemeinschaft):

Eingang: Ausgang: Ausfuhr:

17. Erklärung des Exporteurs – Notifizierenden/Erzeugers *(1)*:
Ich erkläre hiermit, dass die obigen Informationen nach meinem besten Wissen vollständig sind und der Wahrheit entsprechen.
Ich erkläre ferner, dass rechtlich durchsetzbare vertragliche Verpflichtungen schriftlich eingegangen wurden und alle für die grenzüberschreitende
Verbringung erforderlichen Versicherungen oder sonstigen Sicherheitsleistungen abgeschlossen bzw. hinterlegt wurden oder werden.

Name des Exporteurs/Notifizierenden: Datum: Unterschrift:
Name des Erzeugers: Datum: Unterschrift:

18. Anzahl der beigefügten Anhänge

VON DEN ZUSTÄNDIGEN BEHÖRDEN AUSZUFÜLLEN

19. Bestätigung der zuständigen Behörde des Einfuhrstaats – **Empfängerstaats/Durchfuhrstaats** *(1)* **/ Ausfuhrstaats – Versandstaats** *(9)*:	**20. Schriftliche Zustimmung** *(1,8)* **der Verbringung durch die zuständige Behörde von** (Land):
Land:	Zustimmung erteilt am:
Eingang der Notifizierung am:	Zustimmung gültig vom: bis:
Eingang bestätigt am:	Besondere Auflagen: Nein: ☐ Falls ja, siehe Nr. 21 *(6)*: ☐
Name der zuständigen Behörde:	Name der zuständigen Behörde:
Stempel und/oder Unterschrift:	Stempel und/oder Unterschrift:

21. Besondere Auflagen für die Zustimmung zu der Verbringung oder Gründe für die Erhebung von Einwänden:

WILHELM KÖHLER VERLAG
Bestell-Nr. 298

(1) Gemäß dem Basler Übereinkommen erforderlich.
(2) Bei R12/R13- oder D13-D15-Verfahren auch einschlägige Informationen zu den evtl. nachfolgenden R12/R13 oder D13 D15 Anlagen und den nachfolgenden R1 R11 oder D1-D12-Anlagen beifügen, sofern erforderlich.
(3) Bei Verbringungen innerhalb der OECD auszufüllen, falls B4) anwendbar
(4) Bei mehrmaligen Verbringungen detaillierte Liste beifügen.
(5) Siehe Liste der Abkürzungen und Codes auf der folgenden Seite.
(6) erforderlichenfalls Einzelheiten angeben.
(7) Liste beifügen, falls mehr als ein Transportunternehmen Frsouen.
(8) Wenn aufgrund notopnaler Rechtsvorschriften erfo
(9) Falls gemäß dem OECD-Beschluss erforderlich.

Alle Abfälle zur Beseitigung + alle Abfälle zur Verwertung außer „Grüne Liste":

Begleitformular = Anhang IB der VO (EG) Nr. 1013/2006:

Begleitformular für grenzüberschreitende Verbringungen von Abfällen — **EU**

☐ Passen für EDV

1. Entspricht der Notifizierung Nr. **DE 0000 / 000000**	2. Fortlaufende Nummer/Gesamtzahl der Verbringungen: /

3. Exporteur - Notifizierender Registriernummer:
Name:
Anschrift:

Kontaktperson:
Tel.: Fax:
E-Mail:

4. Importeur - Empfänger Registriernummer:
Name:
Anschrift:

Kontaktperson:
Tel.: Fax:
E-Mail:

5. Tatsächliche Menge: Tonnen (Mg): m³:

6. Tatsächliches Datum der Verbringung:

7. Verpackung Art(en) (1): Anzahl der Frachtstücke:
Besondere Handhabungsvorschriften (2): Ja ☐ Nein ☐

8. a) 1. Transportunternehmen (3):
Registriernummer:
Name:
Anschrift:

Tel.: Fax:
E-Mail:

8. b) 2. Transportunternehmen:
Registriernummer:
Name:
Anschrift:

Tel.: Fax:
E-Mail:

8. c) Letztes Transportunternehmen:
Registriernummer:
Name:
Anschrift:

Tel.: Fax:
E-Mail:

-------- *Vom Beauftragten des Transportunternehmens auszufüllen* -------- *Mehr als drei Transportunternehmen (2)* ☐

Transporteur (1):
Übergabedatum:
Unterschrift:

Transporteur (1):
Übergabedatum:
Unterschrift:

Transporteur (1):
Übergabedatum:
Unterschrift:

9. Abfallerzeuger (4;5;6): Registriernummer
Name:
Anschrift:
Kontaktperson:
Tel.: Fax:
E-Mail:
Ort der Abfallerzeugung (2):

10. Beseitigungsanlage ☐ oder Verwertungsanlage ☐
Registriernummer:
Name:
Anschrift:

Kontaktperson:
Tel.: Fax:
E-Mail:
Ort der tatsächlichen Beseitigung/Verwertung (2):

11. Beseitigungs-/Verwertungsverfahren
D-Code / R-Code (1):

12. Bezeichnung und Zusammensetzung des Abfalls (2):

13. Physikalische Eigenschaften (1):

14. Abfallidentifizierung (einschlägige Codes angeben)
i)   Basel Anlage VIII (oder IX, falls anwendbar):
ii) OECD-Code (falls abweichend von i):
iii) EU-Abfallverzeichnis:
iv) Nationaler Code im Ausfuhrland:
v)   Nationaler Code im Einfuhrland:
vi) Sonstige (bitte angeben):
vii) Y-Code:
viii) H-Code (1):
ix) UN-Klasse (1):
x)   UN-Kennnummer:
xi) UN-Versandname:
xii) Zollnummer(n) (HS):

15. Erklärung des Exporteurs – Notifizierenden/Erzeugers (4):
Ich erkläre hiermit, dass die obigen Informationen nach meinem besten Wissen vollständig sind und der Wahrheit entsprechen.
Ich erkläre ferner, dass rechtlich durchsetzbare vertragliche Verpflichtungen schriftlich eingegangen wurden, alle für die grenzüberschreitende Verbringung erforderlichen Versicherungen oder sonstigen Sicherheitsleistungen abgeschlossen bzw. hinterlegt wurden und alle erforderlichen Zustimmungen der zuständigen Behörden der betreffenden Staaten vorliegen.
Name: Datum: Unterschrift:

16. Von sonstigen an der grenzüberschreitenden Verbringung beteiligten Personen auszufüllen, falls zusätzliche Informationen verlangt werden:

17. Eingang beim Importeur – Empfänger (falls keine Anlage):
Datum: Name: Unterschrift:

VON DER BESEITIGUNGS-/VERWERTUNGSANLAGE AUSZUFÜLLEN

18. Eingang bei der Beseitigungsanlage ☐ oder Verwertungsanlage ☐
Eingangsdatum: in Empfang genommen ☐ Empfang verweigert* ☐
In Empfang genommene Menge: Tonnen (Mg): m³: * zuständige Behörden
Ungefähres Datum der Beseitigung/Verwertung: unverzüglich informieren
Beseitigungs-/Verwertungsverfahren (1):
Name:
Datum:
Unterschrift:

19. Ich bescheinige hiermit, dass die oben beschriebenen Abfälle beseitigt/ verwertet worden sind.
Name:
Datum:
Unterschrift und Stempel:

(1) Siehe Liste der Abkürzungen und Codes auf der folgenden Seite.
(2) Erforderlichenfalls Einzelheiten angeben.
(3) Bei mehr als drei Transportunternehmen sind die unter Nr. 8 a), b), c) verlangten Informationen beizufügen.

(4) Gemäß dem Basler Übereinkommen erforderlich.
(5) Liste beifügen, falls mehr als ein Abfallerzeuger.
(6) Wenn aufgrund nationaler Rechtsvorschriften erforderlich.

WILHELM KÖHLER VERLAG Bestell-Nr. 299

Alle Abfälle zur Verwertung gemäß „Grüner Liste" > 20 kg:

Versandinformationen = Anhang VII der VO (EG) Nr. 1013/2006:

1. Person, die die Verbringung veranlasst:	**2. Importeur / Empfänger:**
Name: Anschrift: Kontaktperson: Tel.: Fax: E-Mail:	Name: Anschrift: Kontaktperson: Tel.: Fax: E-Mail:

3. Tatsächliche Menge: Tonnen (Mg): m³:	**4. Tatsächliches Datum der Verbringung:**

5.(a) 1. Transportunternehmen (²):	**5.(b): 2. Transportunternehmen:**	**5.(c): 3. Transportunternehmen:**
Name: Anschrift: Kontaktperson: Tel.: Fax: E-Mail: Transportart: Übergabedatum: Unterschrift:	Name: Anschrift: Kontaktperson: Tel.: Fax: E-Mail: Transportart: Übergabedatum: Unterschrift:	Name: Anschrift: Kontaktperson: Tel.: Fax: E-Mail: Transportart: Übergabedatum: Unterschrift:

6. Abfallerzeuger (³) **Ersterzeuger, Neuerzeuger oder Einsammler:** Name: Anschrift: Kontaktperson: Tel.: Fax: E-Mail:	**8. Verwertungsverfahren (oder gegebenenfalls Beseitigungs-verfahren bei in Artikel 3 Absatz 4 genannten Abfällen):** R-Code / D-Code : **9. Übliche Bezeichnung der Abfälle:**

7. Verwertungsanlage ☐ Labor ☐ Name: Anschrift: Kontaktperson: Tel.: Fax: E-Mail:	**10. Abfallidentifizierung** *(einschlägige Codes angeben)*: i) Basel Anlage IX : ii) OECD (falls abweichend von i)): iii) Anhang IIIA (⁴): iv) Anhang IIIB (⁵): v) EU-Abfallverzeichnis: vi) Nationaler Code:

11. Betroffene Staaten:

Ausfuhrstaat / Versandstaat	Durchfuhrstaat(en)	Einfuhrstaat / Empfängerstaat

12. Erklärung der die Verbringung veranlassenden Person: Ich erkläre hiermit, dass die obigen Informationen nach meinem besten Wissen vollständig sind und der Wahrheit entsprechen. Ich erkläre ferner, dass mit dem Empfänger wirksame vertragliche Verpflichtungen schriftlich eingegangen wurden *(ist bei den in Artikel 3 Absatz 4 genannten Abfällen nicht erforderlich)*:

Name: Datum: Unterschrift:

13. Unterschrift des Empfängers bei Entgegennahme der Abfälle:

Name: Datum: Unterschrift:

VON DER VERWERTUNGSANLAGE ODER VOM LABOR AUSZUFÜLLEN:

14. Eingang   bei der Verwertungsanlage: ☐   In Empfang genommene Menge: Tonnen (Mg):
            oder beim Labor: ☐   m³:

Name: Datum: Unterschrift:

(¹) Mitzuführende Informationen bei der Verbringung der in der grünen Liste aufgeführten Abfälle, die zur Verwertung bestimmt sind, oder von Abfällen, die für eine Laboranalyse bestimmt sind, gemäß der Verordnung (EG) Nr. 1013/2006. Beim Ausfüllen dieses Formulars sind auch die spezifischen Anweisungen im Anhang IC der Verordnung (EG) Nr. 1013/2006 zu berücksichtigen.

(²) Bei mehr als 3 Transportunternehmen sind die unter Nummer 5 a), b), c) verlangten Informationen beizufügen.

(³) Wenn es sich bei der Person, die die Verbringung veranlasst, nicht um den Erzeuger oder Einsammler handelt, sind auch Informationen zum Erzeuger oder Einsammler anzugeben.

(⁴) Der/die entsprechende(n) Code(s) gemäß Anhang IIIA der Verordnung (EG) Nr. 1013/2006 ist/sind – gegebenenfalls hintereinander – anzugeben. Bestimmte Einträge des Basler Übereinkommens wie B1100, B3010 oder B3020 sind, wie im Anhang IIIA angegeben, auf bestimmte Abfallströme beschränkt.

(⁵) Es sind die im Anhang IIIB der Verordnung (EG) Nr. 1013/2006 aufgeführten BEU-Codes zu verwenden.

4.2.2   Durchführung der Beförderung

Abfall / Beförderung	gefährlich*		nicht gefährlich*	
	Beseitigung	Verwertung	Beseitigung	Verwertung
				Anh. III VO (EG) Nr. 1013/2006?
				Nein / Ja ○
grenzüberschreitend	Erlaubnis**		Anzeige***	

*   gemäß AVV

**   gemäß § 54 KrWG

***   gemäß § 53 KrWG

Deutschland verlangt für die Durchführung der Beförderung eine Anzeige oder Erlaubnis; andere Länder in Europa verlangen z. T. Vergleichbares (Mitgliedstaaten der EU in Umsetzung der Art. 26 f. der RL 2008/98/EG) wie folgt:

Transport von Abfällen auf der Straße in Europa (ohne radioaktive Abfälle)									
Land	Anzeige-/Erlaubnispflicht Transportunternehmen								Kennzeichnung LKW
	Nationaler Transport				Internationaler Transport[1]				
	Gefährlicher Abfall[2]		Nicht gefährlicher Abfall[2]		Gefährlicher Abfall[2]		Nicht gefährlicher Abfall[2]		
	Beseitigung	Verwertung	Beseitigung	Verwertung	Beseitigung	Verwertung	Beseitigung	Verwertung	
(1)	(2)	(3)	(4)	(5)	(6)	(7)	(8)	(9)	(10)
AT	–	–	–	–	–	–	–	–	–
BE	x	x	x	x	x	x	x	x	–
BG	x	x	x	x	–	–	–	–	–
CH	–	–	–	–	–	–	–	–	–
CZ	x	x	x	x	x	x	x	x	–
DK	x	x	x	x	x	x	x	x	–
ES	x	x	x	x	x	x	x	x	–
EE	x	x	–	–	x	x	x	x	–
FI	x	x	x	x	x	x	x	x	–
FR	x > 100 kg/ Sendung	x > 100 kg/ Sendung	x > 500 kg/ Sendung	x > 500 kg/ Sendung	x > 100 kg/ Sendung	x > 100 kg/ Sendung	x > 500 kg/ Sendung	x > 500 kg/ Sendung	–
GB	x	x	x	x	x	x	x	x	–
IT	x	x	x	x	x	x	x	x	R – 40 x 40 cm – falls gefährlich – hinten rechts
LU	x	x	x	x	x	x	x	x	–
NL	x	x	x	x	x	x	x	x	–
PL	x	x	x	x	–	–	–	–	–
SE	x	x	x	x	x	x	x	x	-
SI	x	x	x	x	x	x	x	x	-

[1] Das Transportunternehmen muss im „Notifizierungsformular für grenzüberschreitende Verbringungen von Abfällen" (Feld 8 gemäß Anhang IA und im „Begleitformular für grenzüberschreitende Verbringungen von Abfällen" (Feld 8) gemäß Anhang IB bzw. in den „Versandinformationen" (Feld 5) gemäß Anhang VII der VO (EG) Nr. 1013/2006 (EG-AbfVerbrV) eingetragen sein. Die Angabe der „Registriernummer" ist nur in den Fällen notwendig, in denen ein Land eine Registrierung des Transportunternehmers vorschreibt.

[2] Gemäß Beschluss 2014/955/EU.

LERNZIELKONTROLLE ZU I.4

Lernzielkontrolle – Aufgabe I.4-1

Es soll ein nicht gefährlicher Abfall gemäß Anhang III der VO (EG) Nr. 1013/2006 („grüne Liste") von Italien nach Deutschland zur Verwertung befördert werden. Welches Dokument gemäß VO (EG) Nr. 1013/2006 muss die Beförderung begleiten?

Lernzielkontrolle – Aufgabe I.4-2

Es soll ein nicht gefährlicher Abfall gemäß Anhang III der VO (EG) Nr. 1013/2006 („grüne Liste") von Belgien nach Deutschland zur Verwertung befördert werden. Der Beförderer hat die Beförderung in Deutschland angezeigt; ist das auch für die Beförderung in Belgien ausreichend?

Lernzielkontrolle – Lösung Aufgabe I.4-1

Die Versandinformationen gemäß Anhang VII.

Lernzielkontrolle – Lösung Aufgabe I.4-2

Nein. Der Beförderer muss sich auch in Belgien registrieren.

5 Für die Abfallwirtschaft einschlägige EU-rechtliche Grundlagen

Das europäische Abfallrecht wird im Wesentlichen bestimmt durch
- EU-Verordnungen
- EU-Richtlinien
- Durchführungsbeschlüsse und Entscheidungen der EU-Kommission

EU-Verordnungen
- sind allgemein gültig, verbindlich und unmittelbar wirksam
- richten sich direkt an die betroffenen Personen, Institutionen, Mitgliedstaaten oder die EU selbst
- benötigen keine Umsetzung in das nationale Recht
- dürfen grundsätzlich nicht durch die Mitgliedstaaten individuell ausgestaltet werden

EU-Richtlinien
- sind nicht allgemein gültig und nur mittelbar wirksam
- sind im Hinblick auf das Ziel verbindlich
- gestatten den Mitgliedsstaaten Spielräume bei der Umsetzung
- richten sich an die Mitgliedstaaten mit der Maßgabe der fristgerechten Umsetzung
- benötigen Umsetzung in nationales Recht; in Deutschland: Gesetz und Verordnung
- entfalten auch ohne formelle Umsetzung eine Rechtswirkung (z. B. bei behördlichen Entscheidungen)

Beschlüsse und Entscheidungen der EU-Kommission
- richten sich als Einzelfallentscheidungen meist an bestimmte Adressaten
- sind allgemein gültig, verbindlich und unmittelbar wirksam
- dienen zur Konkretisierung bzw. zur Rechtsanpassung von EU-Vorschriften
- haben häufig einen Bezug zu einer EU-Verordnung oder -Richtlinie

Darüber hinaus kennt das EU-Recht nicht verbindliche Empfehlungen und Stellungnahmen.

5.1   Grundsätzliche europäische Regelungen zur Abfallwirtschaft

5.1.1   Abfallrahmenrichtlinie und Abfallstatistik

- RL 2008/98/EG: „Abfallrahmenrichtlinie" über Abfälle und zur Aufhebung bestimmter Richtlinien mit Kommissionsbeschluss/-entscheidung und EU-Verordnungen dazu:
  - 2 Änderungsverordnungen, 2 Änderungsrichtlinien
  - Beschluss 2014/955/EU zur Änderung der Entscheidung 2000/532/EG über ein Abfallverzeichnis
  - Entscheidung 2000/532/EG: Entscheidung über ein Verzeichnis gefährlicher Abfälle
  - VO (EU) 715/2013: Kriterien zur Festlegung, wann bestimmte Arten von Kupferschrott nicht mehr als Abfall anzusehen sind
  - VO (EU) 1179/2012: Kriterien zur Festlegung, wann bestimmte Arten von Bruchglas nicht mehr als Abfall anzusehen sind
  - VO (EU) 333/2011: Kriterien zur Festlegung, wann bestimmte Arten von Schrott nicht mehr als Abfall anzusehen sind
- VO (EG) 2150/2002: Abfallstatistik Verordnung

5.1.2   Abfallverbringung

- VO (EG) 1013/2006: VO über die Verbringung von Abfällen
  - 13 Änderungsverordnungen
- VO (EG) 1418/2007: Ausfuhr von bestimmten in Anhang III oder IIIA der Verordnung (EG) 1013/2006 aufgeführten Abfällen, die zur Verwertung bestimmt sind, in bestimmte Staaten, für die der OECD-Beschluss über die Kontrolle der grenzüberschreitenden Verbringung von Abfällen nicht gilt
  - 8 Änderungsverordnungen
- VO (EG) 1420/1999: Abfall-Verbringung in Nicht-OECD-Länder
  - 7 Änderungsverordnungen

5.2   Europäische Regelungen zu bestimmten Stoffen, Erzeugnissen, und Abfallarten

5.2.1   Quecksilber

- VO (EG) 1102/2008: VO über das Verbot der Ausfuhr von metallischem Quecksilber und bestimmten Quecksilberverbindungen und -gemischen und die sichere Lagerung von metallischem Quecksilber
- RL 2009/39/EG: Empfehlung zur sicheren Lagerung von metallischem Quecksilber, das von der Chloralkaliindustrie nicht länger verwendet wird

5.2.2 Polychlorierte Biphenyle / Terphenyle (PCB / PCT)

– RL 96/59/EG: Beseitigung polychlorierter Biphenyle und polychlorierter Terphenyle (PCB/PCT)
  ◦ 1 Änderungsverordnung

5.2.3 Verpackungen

– RL 94/62/EG: Verpackungen und Verpackungsabfälle, dazu:
  ◦ 2 Änderungsverordnungen, 5 Änderungsrichtlinien
  ◦ Entscheidung 2009/292/EG: Festlegung der Bedingungen, unter denen die festgelegten Schwermetallgrenzwerte nicht für Kunststoffkästen und -paletten gelten
  ◦ Entscheidung 2005/270/EG zur Festlegung der Tabellenformate für die Datenbank über Verpackungen und Verpackungsabfälle
  ◦ Entscheidung 2001/171/EG: Bedingungen, unter denen die festgelegten Schwermetallgrenzwerte nicht für Glasverpackungen gelten
  ◦ Entscheidung 97/138/EG: Festlegung der Tabellenformate für die Datenbank
  ◦ Entscheidung 97/129/EG: Kennzeichnungssystems für Verpackungsmaterialien

5.2.4 Elektro-/Elektronikgeräte

– RL 2012/19/EU: RL über Elektro- und Elektronik-Altgeräte (ersetzt RL 2002/96/EG)
  ◦ Entscheidung 2005/369/EG: Festlegung von Datenformaten
  ◦ Entscheidung 2004/249/EG: Fragebogen für Berichte über die Umsetzung
– RL 2011/65/EU: RL zur Beschränkung der Verwendung bestimmter gefährlicher Stoffe in Elektro- und Elektronikgeräten (ersetzt RL 2002/95/EG)
  ◦ 54 Änderungsrichtlinien

5.2.5 Batterien

– RL 2006/66/EG: „Batterie-Richtlinie" über Batterien und Akkumulatoren sowie Altbatterien und Altakkumulatoren, dazu:
  ◦ 4 Änderungsrichtlinien
  ◦ Entscheidung 2008/763/EG: Gemeinsame Methodik für die Berechnung des Jahresabsatzes von Gerätebatterien und -akkumulatoren an Endnutzer

5.2.6 Fahrzeuge

– RL 2009/1/EG: Anpassung der RL 2005/64/EG über die Typgenehmigung für Kraftfahrzeuge hinsichtlich ihrer Wiederverwendbarkeit, Recyclingfähigkeit und Verwertbarkeit an den technischen Fortschritt
– RL 2000/53/EG: Richtlinie über Altfahrzeuge („Altfahrzeugrichtlinie"), dazu:
  ◦ 7 Änderungsrichtlinien, 6 Änderungsbeschlüsse/-entscheidungen
  ◦ Entscheidung 2003/138/EG: Festlegung von Kennzeichnungsnormen für Bauteile und Werkstoffe
  ◦ Entscheidung 2002/151/EG: Mindestanforderungen für den über Altfahrzeuge ausgestellten Verwertungsnachweis

5.2.7   Schiffe

- VO (EU) 1257/2013: VO über das Recycling von Schiffen und zur Änderung der VO (EG) 1013/2006 und der RL 2009/16/EG, mit zahlreichen Durchführungsbeschlüssen (EU) dazu:
  - ∘ Nr. 2016/2325: Muster der ausgestellten Bescheinigung des Gefahrstoffinventars
  - ∘ Nr. 2016/2324: Muster der Meldung des geplanten Beginns des Schiffsrecyclings
  - ∘ Nr. 2016/2323: Aufstellung der europäischen Liste von Abwrackeinrichtungen
  - ∘ Nr. 2016/2322: Muster der Erklärung über den Abschluss des Schiffsrecyclings
  - ∘ Nr. 2016/2321: Muster der ausgestellten Recyclingfähigkeitsbescheinigung
  - ∘ Nr. 2015/2398: Informationen und Unterlagen im Zusammenhang mit dem Antrag einer in einem Drittstaat ansässigen Abwrackeinrichtung auf Aufnahme in die europäische Liste der Abwrackeinrichtungen
- RL (EU) 2019/883: RL über Hafenauffangeinrichtungen für die Entladung von Abfällen von Schiffen, dazu:
  - ∘ RL 2002/84/EG: Änderung der RL über die Sicherheit im Seeverkehr und die Vermeidung von Umweltverschmutzung durch Schiffe
  - ∘ RL 2007/71/EG: Änderung von Anhang II über Hafenauffangeinrichtungen für Schiffsabfälle und Ladungsrückstände

5.3   Europäische Regelungen zu Industrie- und Entsorgungsanlagen

5.3.1   Deponien

- RL 1999/31/EG: Deponierichtlinie, dazu:
  - ∘ 2 Änderungsverordnungen, 2 Änderungsrichtlinien
  - ∘ Entscheidung 2003/33/EG: Festlegung von Kriterien und Verfahren für die Annahme von Abfällen auf Abfalldeponien
  - ∘ Entscheidung 2000/738/EG: Berichte der Mitgliedstaaten über die Durchführung der Richtlinie

5.3.2   Industrieanlagen

- RL 2010/75/EU: RL über Industrieemissionen (integrierte Vermeidung und Verminderung der Umweltverschmutzung)
- RL 2006/21/EG: RL über die Bewirtschaftung von Abfällen aus der mineralgewinnenden Industrie, dazu:
  - ∘ 1 Änderungsverordnung
  - ∘ Entscheidung 2009/360/EG: Ergänzung der technischen Anforderungen für die Charakterisierung der Abfälle
  - ∘ Entscheidung 2009/359/EG: Ergänzung der Begriffsbestimmung von „Inertabfälle"
  - ∘ Entscheidung 2009/337/EG: Festlegung der Kriterien für die Einstufung von Abfallentsorgungseinrichtungen
  - ∘ Entscheidung 2009/335/EG: Technische Leitlinien für die Festsetzung der finanziellen Sicherheitsleistung

LERNZIELKONTROLLE ZU I.5

Lernzielkontrolle – Aufgabe I.5-1

Durch welche europäische Vorschriften wurde das Abfallverzeichnis geändert?

Lernzielkontrolle – Aufgabe I.5-2

Welche Rechtswirkung entfalten EU-Verordnungen?

Lernzielkontrolle – Aufgabe I.5-3

Nennen Sie 3 Produkt-/Abfallarten, die durch europäische Vorschriften geregelt sind.

Lernzielkontrolle – Lösung Aufgabe I.5-1

Durch die Entscheidung 2000/532/EG und durch Beschluss 2014/955/EU.

Lernzielkontrolle – Lösung Aufgabe I.5-2

EU-Verordnungen gelten allgemein, verbindlich und unmittelbar.

Lernzielkontrolle – Lösung Aufgabe I.5-3

Verpackungen, Elektro-/Elektronikgeräte, Batterien.

6   Für die Abfallwirtschaft einschlägige inter- und supranationale Übereinkommen

6.1   Übersicht

Unter supranationalen (völkerrechtlichen) Übereinkommen versteht man vertragliche Beziehungen zwischen verschiedenen Staaten, in denen diese Staaten bestimmte Verpflichtungen eingehen. Im Umweltbereich gibt es zahlreiche multilaterale Übereinkommen, insbesondere in den Themengebieten

– Gewässerschutz und Meeresschutz

– Luftreinhaltung

– Abfall

– Chemikaliensicherheit

– Biologische und gentechnische Sicherheit

– Schutz von Klima und der Erdatmosphäre

– Schutz von Biodiversität, Biotopen und Arten

– Schutz von Landschaft und Gebirgsräumen

Die wichtigsten internationalen Übereinkommen für die Abfallwirtschaft sind

– das Basler Übereinkommen über die Kontrolle der grenzüberschreitenden Verbringung gefährlicher Abfälle und ihrer Entsorgung (seit 22.03.1989, „Basler Konvention")
  ◦ 187 Vertragsstaaten: Deutschland (seit 20.07.1995)

– das Übereinkommen über die Sammlung, Abgabe und Annahme von Abfällen in der Rhein- und Binnenschifffahrt (seit 09.09.1996, CDNI, „Straßburg-Konvention")
  ◦ 6 Vertragsstaaten: Deutschland (seit 10.03.2004), Belgien, Frankreich, Luxemburg, Niederlande, Schweiz

– das Cotonou-Abkommen (seit 23.06.2000, ersetzt Lomé IV Abkommen)
  ◦ Vertragsstaaten: EU und 79 Staaten der AKP-Gruppe (Afrika, Karibik, Pazifik)
  ◦ Exportverbot gefährlicher Abfälle aus EU in AKP-Staaten
  ◦ Importverbot in AKP-Staaten aus Nicht-EU-Staaten

– die Bamako Konvention über das Verbot des Imports gefährlicher Abfälle nach Afrika und die Kontrolle der grenzüberschreitenden Verbringung und Behandlung gefährlicher Abfälle innerhalb Afrikas (seit 22.04.1998)
  ◦ 55 Vertragsstaaten, 35 unterzeichnet, 28 ratifiziert
  ◦ Importverbot gefährlicher (und radioaktiver) Abfälle
  ◦ weite Definition gefährlicher Abfälle (auch radioaktive Abfälle und gesundheits-/ umweltkritische nicht marktgängige Produkte)

– das Zentralamerikanische Abkommen über die grenzüberschreitende Verbringung gefährlicher Abfälle (seit 17.11.1995)
  ◦ 6 Vertragsstaaten: Costa Rica, El Salvador, Guatemala, Honduras, Nicaragua, Panama
  ◦ weite Definition gefährlicher Abfälle
  ◦ Importverbot für gefährliche Abfälle in die Region

– die Waigani Konvention zum Verbot des Imports gefährlicher und radioaktiver Abfälle in die Region der Inselstaaten des Südpazifik-Forums und zur Kontrolle der grenzüberschreitenden Verbringung gefährlicher Abfälle innerhalb der Südpazifik-Region (seit 16.09.1995)

  ◦ 14 Vertragsstaaten: Australien, Cook-Inseln, Vereinigte Staaten von Mikronesien, Fiji, Kiribati, Neuseeland, Niue, Papua Neuguinea, Samoa, Salomonen, Tonga, Tuvalu und Vanuatu, Nauru, Palau

  ◦ Import gefährlicher Abfälle in „Entwicklungsländer" aus Staaten außerhalb des Konventionsgebiets

  ◦ Exportverbot aus Australien und Neuseeland in Vertragsstaaten

– das Izmir Protokoll zur Vorbeugung der Verschmutzung des Mittelmeeres durch den grenzüberschreitenden Transport gefährlicher Abfälle und deren Entsorgung (zur Barcelona Konvention zum Schutz des Mittelmeeres gegen Verschmutzung, „Barcelona Konvention") (seit 01.10.1996)

  ◦ Exportverbot gefährlicher und radioaktiver Abfälle in Entwicklungsländer und andere Staaten, die den Import solcher Abfälle verboten haben

  ◦ Import-/Durchfuhrverbot gefährlicher Abfälle der Nicht-EU-Vertragsparteien

Darüber hinaus sind folgende Übereinkommen mittelbar auch für die Abfallwirtschaft relevant:

– Stockholmer Übereinkommen über persistente organische Schadstoffe (seit 17.05.2004, „Stockholm-Konvention" oder „POP-Konvention")

  ◦ 182 Vertragsstaaten, Deutschland seit 17.05.2004

  ◦ in der EU umgesetzt durch VO (EG) Nr. 850/2004 („POP-VO")

  ◦ 29 Stoffe/Stoffgruppen, deren Herstellung und Verwendung verboten bzw. eingeschränkt ist

– Minamata-Übereinkommen über Quecksilber (seit 10.10.2013, „Quecksilber-Konvention")

  ◦ 128 Vertragsstaaten, Deutschland seit 10.10.2013

  ◦ in der EU umgesetzt durch VO (EU) 2017/852 vom 17.05.2017: u. a. Ausfuhr- und Einfuhrverbote/-beschränkungen von Quecksilber und -verbindungen, Verwendungsverbote/-beschränkungen und Gebot der sicheren Lagerung

6.2   Das Basler Übereinkommen

– Basler Übereinkommen („Basel Konvention") vom 22.03.1989 über die Kontrolle der grenzüberschreitenden Verbringung gefährlicher Abfälle und ihrer Entsorgung vom 30.09.1994
  ○ 5 Änderungen, weitere Änderung 2019 nach 14. Tagung der Vertragsparteienkonferenz
  ○ Umgesetzt in Deutschland durch „Gesetz zur Ausführung der Verordnung (EG) Nr.
    1013/2006 über die Verbringung von Abfällen und des Basler Übereinkommens über die
    Kontrolle der grenzüberschreitenden Verbringung gefährlicher Abfälle und ihrer Entsor-
    gung" (Abfallverbringungsgesetz – AbfVerbrG) vom 19.07.2007
– Vorrang der Inlandsentsorgung bei Abfällen zur Beseitigung
  ○ Grundsätzlich in allen den Mitgliedstaaten der EU
  ○ Ausnahmen: keine geeigneten Beseitigungsanlagen im Inland verfügbar oder Nutzung
    grenznaher ausländischer Anlagen
– Abfälle zur Verwertung sind verbringungsfähig wie Wirtschaftsgüter
  ○ Abfallverwertung grundsätzlich auch im Ausland zulässig, allerdings Beschränkungen bei
    bestimmten Inhaltsstoffen und Zielländern

  Export /Importverbot von Abfällen in/aus Nichtvertragsstaaten

– Export von Abfällen nur nach vorheriger ausdrücklicher schriftlicher Einwilligung des Einfuhr-
  staates
– Informationsübermittlung anhand eines Notifizierungsformulars über die geplante grenzüberschreitende Verbringung an alle betroffenen Staaten
– Genehmigung einer grenzüberschreitenden Verbringung
  ○ durch zuständige Behörden des Ausfuhrstaates, sämtlicher Durchfuhrstaaten und des Ein-
    fuhrstaates
  ○ nur zulässig, wenn Abfallbeförderung und -entsorgung unkritisch
– Verbringungsabfälle müssen mit internationalen Regeln übereinstimmend verpackt, gekennzeichnet und befördert werden
– Begleitdokument vom Ausgangspunkt der grenzüberschreitenden Verbringung bis zum Ort der
  Entsorgung
– zusätzliche Anforderungen durch Vertragsstaaten möglich

6.3   Das Straßburger Übereinkommen (CDNI)

- Übereinkommen („Straßburger Konvention") vom 9. September 1996 über die Sammlung, Abgabe und Annahme von Abfällen in der Rhein- und Binnenschifffahrt (CDNI) vom 13. Dezember 2003

- Umgesetzt in Deutschland durch
  ○ „Gesetz zu dem Übereinkommen über die Sammlung, Abgabe und Annahme von Abfällen in der Rhein- und Binnenschifffahrt" vom 13.12.2003
  ○ „Ausführungsgesetz zu dem Übereinkommen über die Sammlung, Abgabe und Annahme von Abfällen in der Rhein- und Binnenschifffahrt (Binnenschifffahrt-Abfallübereinkommen-Ausführungsgesetz – BinSchAbfÜbkAG) vom 13.12.2003

- bisherige Änderungen
  ○ 1. CDNI-Verordnung vom 16.12.2010: Neufassung der Anhänge III, IV und V
  ○ 2. CDNI-Verordnung vom 16.12.2010: Einführung des elektronischen Bezahlsystem SPE-CDNI, Neufassung der Bestimmungen zum internationalen Finanzausgleich
  ○ 3. CDNI-Verordnung vom 09.02.2015: Änderung und Neufassung von technischen und gewässerschutzspezifischen Einzelheiten sowie des räumliche Anwendungsbereiches
  ○ 4. CDNI-Verordnung vom 22.11.2016: Änderung und Neufassung der Entladebescheinigungen, Verfahrensfragen und Verwaltungsgebühren
  ○ 5. CDNI-Verordnung vom 15.11.2017: Änderungen für Beförderungen mit gleichem Ladegut (Einheitstransporte), Konkretisierung der Anforderungen für das Laden und Löschen von Seeschiffen
  ○ 6. CDNI-Verordnung vom 17.07.2018: Handhabung und Korrekturen der Entladebescheinigung

- Wesentliche Inhalte
  ○ Artikelteil: Umsetzung von Grundsätzen aus dem Kreislaufwirtschaftsgesetz (KrWG) für die internationale Binnenschifffahrt; das KrWG wird bei internationalen/supranationalen Übereinkommen und Regelungen nicht angewendet (§ 2 Abs. 2 Nr. 13 KrWG)
  ○ Anlage 1:   geografischer Anwendungsbereich
  ○ Anlage 2:   Anwendungsbestimmungen zu Sammlung, Abgabe und Annahme der relevanten Abfallarten
    ▪ Teil A: öl- und fetthaltige Schiffsbetriebsabfälle
    ▪ Teil B: Abfälle aus dem Ladungsbereich
    ▪ Teil C: sonstige Schiffsbetriebsabfälle
  ○ Anhang I: Muster für ein Ölkontrollbuch
  ○ Anhang II: Anforderungen an das Nachlenzsystem
  ○ Anhang III: Entladungsstandards und Abgabe-/Annahmevorschriften für die Zulässigkeit der Einleitung von Wasch-, Niederschlags- und Ballastwasser mit Ladungsrückständen
  ○ Anhang IV: Muster für eine Entladebescheinigung Trocken-/Tankschifffahrt
  ○ Anhang V: Grenz- und Überwachungswerte für Bordkläranlagen von Fahrgastschiffen

LERNZIELKONTROLLE ZU I.6

Lernzielkontrolle – Aufgabe I.6-1

Nennen Sie zwei supranationale Übereinkommen zur Abfallwirtschaft, bei denen Deutschland Vertragsstaat ist.

Lernzielkontrolle – Aufgabe I.6-2

Wie erfolgt die rechtliche Umsetzung eines supranationalen Übereinkommens zur Abfallwirtschaft in Deutschland und nennen Sie ein Beispiel.

Lernzielkontrolle – Aufgabe I.6-3

Was sind AKP-Staaten?

Lernzielkontrolle – Lösung Aufgabe I.6-1

Basler Übereinkommen (Basel Konvention), Straßburger Konvention (CDNI)

Lernzielkontrolle – Lösung Aufgabe I.6-2

Durch ein Gesetz oder Ausführungsgesetz. Beispiel: Umsetzung des Basler Übereinkommens durch das Abfallverbringungsgesetz (AbfVerbrG).

Lernzielkontrolle – Lösung Aufgabe I.6-3

AKP-Staaten sind afrikanische, karibische und pazifische Staaten.

7 Für die Abfallwirtschaft einschlägige landesrechtliche Grundlagen

7.1 Voraussetzung für die Ländergesetzgebung

Nach Art. 72 (1) des Grundgesetzes (konkurrierende Gesetzgebung) haben die Bundesländer die Befugnis zur Gesetzgebung, solange und soweit der Bund von seiner Gesetzgebungszuständigkeit nicht Gebrauch gemacht hat. Darüber hinaus ordnet Art. 74 (1) Nr. 24 GG u. a. die Abfallwirtschaft dieser konkurrierenden Gesetzgebung zu.

Das bedeutet, dass die Bundesländer befugt sind, über das Bundesrecht (z. B. KrWG) hinaus, aber keine damit kollidierenden, länderspezifische Regelungen in Form von Landesabfallgesetzen zu erlassen. Die Landesabfallgesetze betreffen daher im Wesentlichen Fragen des Vollzugs.

7.2 Landesabfallgesetze

Insofern gibt es folgende Landes-Abfallgesetze:

Bundesland	Landes-Abfallgesetz
BB	Brandenburgisches Abfall- und Bodenschutzgesetz (BbgAbfBodG)
BE	Gesetz zur Förderung der Kreislaufwirtschaft und Sicherung der umweltverträglichen Beseitigung von Abfällen in Berlin (Kreislaufwirtschafts- und Abfallgesetz Berlin, KrW-/AbfG Berlin)
BW	Landesabfallgesetz Baden-Württemberg (LAbfG)
BY	Gesetz zur Vermeidung, Verwertung und sonstigen Bewirtschaftung von Abfällen in Bayern (Bayerisches Abfallwirtschaftsgesetz, BayAbfG)
HB	Bremisches Ausführungsgesetz zum Kreislaufwirtschafts- und Abfallgesetz Ortsgesetz über die Entsorgung von Abfällen in der Stadtgemeinde Bremen (Abfallortsgesetz)
HE	Hessisches Ausführungsgesetz zum Kreislaufwirtschaftsgesetz (HAKrWG)
HH	Hamburgisches Abfallwirtschaftsgesetz (HmbAbfG)
MV	Abfallwirtschaftsgesetz für Mecklenburg-Vorpommern (AbfWG)
NI	Niedersächsisches Abfallgesetz (NAbfG)
NW	Abfallgesetz für das Land Nordrhein-Westfalen (Landesabfallgesetz, LAbfG)
RP	Landeskreislaufwirtschaftsgesetz (LKrWG)
SH	Abfallwirtschaftsgesetz für das Land Schleswig-Holstein (Landesabfallwirtschaftsgesetz, LAbfWG)
SL	Saarländisches Abfallwirtschaftsgesetz (SAWG)
SN	Gesetz über die Kreislaufwirtschaft und den Bodenschutz im Freistaat Sachsen (Sächsisches Kreislaufwirtschafts- und Bodenschutzgesetz, SächsKrWBodSchG)
ST	Abfallgesetz des Landes Sachsen-Anhalt (AbfG LSA)
TH	Thüringer Ausführungsgesetz zum Kreislaufwirtschaftsgesetz (ThürAGKrWG)

In der Regel enthalten die Landes-Abfallgesetze

- die Bestimmung der öffentlich-rechtlichen Entsorgungsträger (örE) und die Ordnung der öffentlich-rechtlichen Entsorgung
- die Befugnis der örE durch Satzung die Überlassungspflichten und den Anschluss- und Benutzungszwang der öffentlichen Entsorgungseinrichtungen zu bestimmen
- die Vorschriften zur Sonderabfallentsorgung und ggf. die Festlegung von Andienungspflichten einschließlich der dazu erforderlichen zentralen Einrichtungen („Andienungsgesellschaften")
- die Vorschriften zur Abfallwirtschaftsplanung, zu Abfallbilanzen, Abfallwirtschaftskonzepten und Abfallvermeidungsprogrammen
- die grundsätzliche Bestimmung der Abfallrechtsbehörden
- die Regelung der Entsorgung bestimmter Abfälle (z. B. Bau-/Abbruchabfälle, Schiffsabfälle)
- die Vorschriften zu Gefahrenabwehr und zu rechtswidrig entsorgten Abfällen
- die Ordnung von regionalen und lokalen Besonderheiten

7.3   Weitere landesrechtliche Vorschriften zur Abfallwirtschaft

Ergänzt werden die Landesabfallgesetze durch das untergesetzliche Regelwerk, insbesondere durch Landesverordnungen und -verwaltungsvorschriften.

So wird etwa die Sonderabfallentsorgung in folgenden einzelnen Bundesländern durch Sonderabfallverordnungen spezifisch geregelt.

Bundesland	Verordnung zur Sonderabfallentsorgung
BB	Verordnung über die Organisation der Sonderabfallentsorgung im Land Brandenburg (Sonderabfallentsorgungsverordnung, SAbfEV)
BE	Verordnung über die Andienung gefährlicher Abfälle und die Sonderabfallgesellschaft (Sonderabfallentsorgungsverordnung, SoAbfEV) Verordnung über die Entsorgung von Problemabfällen aus Haushaltungen, Handel, Handwerk und Gewerbe (Problemabfallverordnung, ProbAbfV)
BW	Verordnung des Umweltministeriums über die Entsorgung gefährlicher Abfälle zur Beseitigung (Sonderabfallverordnung, SAbfVO)
BY	Keine (geregelt in Art. 10 BayAbfG)
HB	–
HE	–
HH	Verordnung zur Andienung von gefährlichen Abfällen zur Beseitigung
MV	–
NI	Verordnung über die Andienung von Sonderabfällen
NW	–
RP	Landesverordnung über die Zentrale Stelle für Sonderabfälle
SH	Keine (geregelt in § 11 LAbfWG SH)

Bundesland	Verordnung zur Sonderabfallentsorgung
SL	–
SN	–
ST	Keine (Ermächtigung in § 13, 14 AbfG ST)
TH	–

Weitere abfallwirtschaftliche Besonderheiten, die landesspezifisch geregelt sind

– Baustellenabfall (HH)

– Deponieüberwachung (HE, NI, NW, TH)

– Mineralische Abfälle (BB, HE, ST, NW)

– Pflanzenabfall und Bioabfall (BB, BW, BY, HE, HH, MV, NI, RP, SL, SN, TH)

– Schiffsabfälle, Ladungsrückstände, Hafenregelungen (HB, HH, MV, NI, NW, RP, SH)

– Gebühren und Finanzierung der Abfallentsorgung (alle Bundesländer)

– Zuständigkeitsregelungen (alle Bundesländer)

LERNZIELKONTROLLE ZU I.7

Lernzielkontrolle – Aufgabe I.7-1

Was bedeutet „konkurrierende Gesetzgebung"?

Lernzielkontrolle – Aufgabe I.7-2

Nennen Sie drei Punkte, die typischerweise in Landesabfallgesetzen geregelt werden.

Lernzielkontrolle – Aufgabe I.7-3

Durch welche Vorschriften ist die Sonderabfallentsorgung in Baden-Württemberg geregelt?

Lernzielkontrolle – Lösung Aufgabe I.7-1

Die Bundesländer dürfen Gesetze (z. B. zur Abfallwirtschaft) erlassen, solange und soweit der Bund nicht einen Sachverhalt dazu schon geregelt hat.

Lernzielkontrolle – Lösung Aufgabe I.7-2

Ordnung der öffentlich-rechtlichen Entsorgung; Sonderabfallentsorgung; Abfallwirtschaftsplanung.

Lernzielkontrolle – Lösung Aufgabe I.7-3

Landes-Abfallgesetz Baden-Württemberg; Verordnung des Umweltministeriums über die Entsorgung gefährlicher Abfälle zur Beseitigung (Sonderabfallverordnung, SAbfVO).

8 Für die Abfallwirtschaft einschlägiges kommunales Satzungsrecht

8.1 Bedeutung des kommunalen Satzungsrechts

Eine öffentlich-rechtliche Satzung ist eine Rechtsnorm, die von einer mit Satzungsbefugnis, z. B. durch ein Landes-Abfallgesetz, ausgestatteten juristischen Person des öffentlichen Rechts für ihren Bereich, z. B. für einen Landkreis, erlassen wird.

Diese juristischen Personen des öffentlichen Rechts sind insbesondere die Gebietskörperschaften, deren Zuständigkeit und Mitgliedschaft territorial bestimmt sind, also

– der Bund	= oberste Ebene der Staatshierarchie der Bundesrepublik Deutschland
– die Bundesländer	= Territorialstaaten der föderalen Ordnung der Bundesrepublik Deutschland mit grundgesetzlich geregelter Teilsouveränität
– Gemeinden	= unterste Ebene der Verwaltung der Bundesrepublik Deutschland
– Gemeindeverbände	= Zusammenschluss von zwei oder mehr Gemeinden zu einer Körperschaft des öffentlichen Rechts

Grundsätzlich dürfen Gemeinden ihre eigenen Angelegenheiten durch Satzung regeln (autonome Rechtsetzung). Wie Gesetze und Verordnungen sind kommunale Satzungen

- rechtsverbindlich
- außenwirksam
- öffentlich
- durchsetzbar und
- sanktionierbar.

Allerdings muss eine Satzung, wie jede Rechtsvorschrift, hinreichend bestimmt und mit höherrangigem Recht (z. B. mit einem Bundes- oder Landesgesetz) vereinbar sein. Verstöße gegen öffentlich-rechtliche Satzungen sind in der Regel Ordnungswidrigkeiten.

Satzungen dienen zur Ordnung öffentlich-rechtlicher Aufgaben, etwa im Hinblick auf die Erfüllung von kommunalen Leistungen für die Allgemeinheit (z. B. die öffentlich-rechtliche Abfallentsorgung). Insofern enthalten Abfallwirtschaftssatzungen regelmäßig Vorschriften zum Anschluss- und Benutzungszwang kommunaler Entsorgungsleistungen und den damit einhergehenden Anforderungen sowie zu Gebühren, Beiträgen und Abgaben.

8.2   Kommunale Satzungen im Bereich der Abfallwirtschaft

Auf der Grundlage der Abfallgesetze der Bundesländer sind

- die kommunalen Gebietskörperschaften
  = Landkreise, Kreise, kreisfreie Städte, Stadtkreise, Regionalkreise, Städte und Gemeinden und Verbandsgemeinden)

sowie

- weitere kommunale Körperschaften des öffentlichen Rechts
  = z. B. Gemeindeverbände, Zweckverbände

befugt, die öffentlich-rechtliche Entsorgung durch Abfallsatzungen oder Abfallwirtschaftssatzungen zu regeln.

Beispiel Bayerisches Abfallwirtschaftsgesetz (BayAbfG):

- Art. 3: Entsorgungspflichtige Körperschaften
  - Entsorgungspflichtige Körperschaften (örE) = Landkreise und kreisfreie Gemeinden
  - Rechte und Pflichten der örE
    - Ausschluss bestimmter Abfälle von der Entsorgung (ganz oder teilweise)
      - Abfälle, die der Rücknahmepflicht unterliegen
      - Abfälle zur Beseitigung aus nicht-privater Herkunft, wenn diese nicht wie Privatabfälle entsorgt werden können
    - örE wirken darauf hin, dass möglichst wenig Abfall entsteht
    - örE beraten (durch Fachkräfte) Abfallbesitzer über die Möglichkeiten zur Vermeidung und Verwertung
    - örE haben die Pflicht, alle überlassungspflichtigen Abfälle zu entsorgen, ggf. unter Berücksichtigung von Verwertungsquoten (soweit möglich, zumutbar und ökologisch effizient, sollen höhere Verwertungsquoten angestrebt werden)
    - örE errichten, betreiben und überwachen die einschlägigen Entsorgungsanlagen
- Art. 7: Satzungen zur Regelung der kommunalen Abfallentsorgung
  - örE regeln durch Satzung die Überlassungspflicht nach § 17 KrWG und den Anschlusszwang an öffentlich-rechtliche Entsorgung
  - örE legen fest, wie die Abfälle zu überlassen sind
    - Art und Weise, Ort, Zeitpunkt
  - Abfallbesitzer
    - sind zur getrennten Überlassung verpflichtet, soweit erforderlich bzw. vorgeschrieben
    - sind ggf. verpflichtet, dazu zentrale Sammelstellen zu benutzen (Bringsystem), wenn das Einsammeln nur mit erheblichem Aufwand möglich und das Anliefern zur Sammelstelle zumutbar ist

- ○ Abfallentsorgung ist gebühren- und ggf. beitragspflichtig
  - ▪ Bemessung nach Kommunalabgabengesetz
  - ▪ Gebühr: Geldleistung für öffentlich-rechtliche Entsorgungsleistung
    Beitrag: Abgabe für Deckung des Investitionsaufwands für öffentliche
    Entsorgungseinrichtungen
  - ▪ insbesondere für
    - • alle Kosten der Abfallablagerung bzw. -lagerung (Deponiekosten, Sicherungsleistungen, Rückstellungen für Nachsorgefälle, usw.
    - • Aufwendungen für Maßnahmen zur Beseitigung unerlaubter Abfallablagerungen

Die Einzelheiten werden in Satzungen geregelt, z. B. in den Abfallsatzungen der Landeshauptstadt München
- ○ Allgemeine Abfallsatzung
  Satzung zur Regelung der allgemeinen Grundsätze für die Abfallentsorgung im Gebiet der Landeshauptstadt München
- ○ Hausmüllentsorgungssatzung
  Satzung über die Hausmüllentsorgung der Landeshauptstadt München
- ○ Hausmüllentsorgungsgebührensatzung
  Satzung über die Hausmüllentsorgungsgebühren der Landeshauptstadt München
- ○ Hausratsperrmüll-, Wertstoff- und Problemmüllsatzung
  Satzung über die Wiederverwendung, Wiederverwertung und Beseitigung von Hausratsperrmüll, Wertstoffen und Problemmüll in der Landeshauptstadt München
- ○ Hausratsperrmüllgebührensatzung
- ○ Gartenabfallentsorgungssatzung
  Satzung über die Entsorgung von Gartenabfällen in der Landeshauptstadt München
- ○ Gartenabfallgebührensatzung
  Satzung über die Gartenabfallgebühren der Landeshauptstadt München

LERNZIELKONTROLLE ZU I.8

Lernzielkontrolle – Aufgabe I.8-1

Nennen Sie 2 Arten kommunaler Gebietskörperschaften, welche die Belange der öffentlich-rechtlichen Entsorgung durch Abfallwirtschaftssatzungen regeln können.

Lernzielkontrolle – Aufgabe I.8-2

Was wird üblicherweise in kommunalen Abfallsatzungen geregelt? Nennen Sie drei Punkte.

Lernzielkontrolle – Aufgabe I.8-3

In einer Abfallsatzung wird u. a. den Gewerbetreibenden vorgeschrieben, alle auf ihren jeweiligen Grundstücken anfallenden wertstoffhaltigen Abfälle dem öffentlich-rechtlichen Entsorger zu überlassen. Wäre dies zulässig?

Lernzielkontrolle – Lösung Aufgabe I.8-1

Landkreise, kreisfreie Städte.

Lernzielkontrolle – Lösung Aufgabe I.8-2

Anschluss- und Benutzungszwang der öffentlich-rechtlichen Entsorgung
Pflicht der Abfallbesitzer zur Überlassung von (bestimmten) Abfällen an örE
Gebühren und Beiträge

Lernzielkontrolle – Lösung Aufgabe I.8-3

Nein. Eine Abfallsatzung muss mit höherrangigem Recht vereinbar sein. Eine Überlassungspflicht für gewerbliche Abfälle zur Verwertung widerspricht § 17 (1) Satz 2 KrWG.

9 Für die Abfallwirtschaft einschlägige Verwaltungsvorschriften, Vollzugshilfen, technische Anleitungen, Merkblätter und Regeln

9.1 Rechtsstatus verschiedener Regelungsarten und Adressaten

Im Bereich der Abfallwirtschaft gibt es neben den internationalen und europäischen Vorschriften, den nationalen Bundes- und Landesgesetzen und -verordnungen weitere Regelungen, wie Verwaltungsvorschriften, Vollzugshilfen, technische Anleitungen, Merkblätter und Regeln mit unterschiedlichem Adressatenkreis und direkter oder indirekter Bindungswirkung.

Die nachstehende Übersicht zeigt Beispiele unterschiedlicher Regelungsarten mit Angaben zur Rechtsverbindlichkeit und zu ihren Adressaten.

Vorschrift	Beispiel	Rechtsverbindlichkeit	Adressat
Völkerrechtliche Übereinkommen	Basler Übereinkommen Abfallverbringung, Straßburger Übereinkommen Rhein-/Binnenschifffahrtsabfälle (CDNI)	mittelbar über Umsetzung in nationale Vorschrift (in D: AbfVerbrG, BinSchAbfÜbkAG)	Vertragsstaat
EU-Verordnung	Verordnung (EG) Nr. 1013/2006 (EG-AbfVerbrVO)	unmittelbar	EU-Bürger
EU-Richtlinie	RL 2008/98/EG (EG-AbfRRL)	mittelbar über Umsetzung in nationale Vorschrift (in D: KrWG)	Mitgliedstaat
Gesetz	KrWG, AbfVerbrG, LAbfG BW	unmittelbar	jedermann
Verordnung	AVV, NachwV, AbfAEV, AltölV, DepV	unmittelbar	jedermann
Verwaltungsvorschrift, Erlass	VwV BW Verwertung von als Abfall eingestuftem Boden	mittelbar über Verwaltungsakt oder Verfügung	Behörde
Verwaltungsakt, Allgemeinverfügung	Allgemeinverfügung LfU BY Freistellung teerhaltiger Straßenaufbruch von NachwV	unmittelbar	Betroffene
Richtlinie	LAGA-RL M18 (Abfälle aus Einrichtungen des Gesundheitsdienstes)	mittelbar z.B. über § 3 Abs. 28 KrWG (Stand der Technik)	Unternehmer, Betriebsinhaber
Satzung	Abfallwirtschaftssatzung des Landkreises Karlsruhe	mittelbar über § 20 KrWG unmittelbar über § 10 LAbfG BW	Betroffene
Bekanntmachung, Auslegungshinweis Hinweis, Empfehlung	Formatempfehlungen des UBA nach § 15 Abs. 4 BattG (GRS-Batteriebilanz)	nein, mittelbar über Verwaltungsakt bzw. Rechtsprechung	Betroffene
Stellungnahme, Mitteilung, Vollzugshilfe	LAGA-Vollzugshilfe M25 zur EG-AbfVerbrV und zum AbfVerbrG	nein, mittelbar über Rechtsprechung	Betroffene
Norm	PCB-Analyse in Altöl nach DIN EN 12766	nein, sofern nicht in Rechtsvorschrift genannt (z.B. Anlage 2 Nr. 2 AltölV)	Unternehmer, Betriebsinhaber

Abb.: Rechtliche und technische Regelsetzung zur Kreislauf-/Abfallwirtschaft

9.2   Bedeutung von Verwaltungsvorschriften und sonstigen Regelungen und Mitteilungen

- Verwaltungsvorschrift (VwV)

  Eine VwV
  - ist eine behördliche Anordnung innerhalb einer Verwaltungsorganisation
  - ergeht von einer übergeordneten Verwaltungsinstanz (z. B. Ministerium) an nachgeordnete Verwaltungsbehörden (z. B. Bezirksregierungen, Regierungspräsidien, untere Verwaltungsbehörden)
  - wirkt grundsätzlich innerhalb der Verwaltung ohne unmittelbare Außenwirkung
  - kann im Rahmen eines Verwaltungsaktes (z. B. Genehmigung, Erlaubnis, Anordnung) Außenwirkung entfalten

  Man unterscheidet bei VwV
  - norminterpretierende VwV = gesetzesauslegende Verwaltungsvorschrift
    z. B. zur einheitlichen verwaltungsinternen Anwendung unbestimmter Rechtsbegriffe keine Außenwirkung, also keine Rechtsnorm im eigentlichen Sinn
  - normkonkretisierende VwV = nähere Bestimmung des behördlichen Beurteilungsspielraums
    z. B. durch Konkretisierung unbestimmter Rechtsbegriffe bei Ermessensentscheidungen Außenwirkung bei Verwaltungsakten möglich, also nachrangige Rechtsnorm

    Nach Auffassung des Gerichtshofes der Europäischen Union (EuGH)[1] dürfen aber europarechtliche Vorschriften grundsätzlich nicht mit Verwaltungsvorschriften, auch nicht mit normkonkretisierenden in nationales Recht überführt werden. Erforderlich sind dafür immer materielle Rechtsnormen, wie Gesetze oder Verordnungen mit unmittelbarer Außenwirkung.

- VwV können unterschiedliche Bezeichnungen haben, z. B.
  - Erlass (Runderlass)
  - Verfügung (Allgemeinverfügung)
  - Richtlinie
  - Dienstanweisung, Anordnung
  - Technische Anleitung (TA)

- Vollzugshilfen und -hinweise
  - werden von fachtechnischen Gremien (z. B. Bund/Länder-Arbeitsgemeinschaft Abfall LAGA = Arbeitsgremium der Umweltministerkonferenz UMK) erstellt
  - richten sich an Verwaltungen und Behörden ohne bindende, aber oft mit empfehlender Wirkung
  - haben erläuternden Charakter und enthalten konkrete Hinweise für behördliche Handlungen

---

[1]   EuGH, Urteil vom 30.05.1991, Az. C-59/89: Europarechtliche Luftgrenzwerte dürfen nicht nur anhand von Verwaltungsvorschriften (hier: TA Luft) in nationales Recht überführt werden, da VwV im allgemeinen nicht als Rechtsvorschriften anerkannt sind

– Merkblätter und Regeln
  ◦ werden von Fachleuten aus Behörden, Verbänden, Unternehmen, Körperschaften, wissenschaftlichen Einrichtungen, usw. erstellt
  ◦ richten sich an Behörden und Betroffene
  ◦ haben informativen, oft technischen Charakter
  ◦ sind nicht rechtsverbindlich, können aber als technische Dokumente für Verwaltungsvorschriften oder Verwaltungsakte herangezogen werden

Beispiel: Nach § 9 (1) S. 2 Nr. 3 EfbV müssen Fachkundelehrgänge für Betriebsleiter von Entsorgungsfachbetrieben behördlich anerkannt sein. Im Hinblick auf einen bundesweit einheitlichen Vollzug bei der Anerkennung von Efb-Fachkundelehrgängen haben die Anerkennungsbehörden die Vollzugshilfe der LAGA für die Anerkennung von Lehrgängen zum Fachkundenachweis (bisheriger Stand: 01.2018) zu berücksichtigen. Darin finden sich u. a. konkrete Hinweise über Lehrgangsinhalte und deren Schwerpunkte, Dauer der Inhalte sowie formale Aspekte zum Antragsverfahren und zur Qualitätssicherung.

9.3 Beispiele von Verwaltungsvorschriften und sonstigen Regelungen und Mitteilungen für die Abfallwirtschaft

Beispiele von Verwaltungsvorschriften, Erlassen, Verfügungen, Vollzugshilfen und -hinweisen, technischen Anleitungen, Merkblätter und Regeln für die Abfallwirtschaft

– Verwaltungsvorschriften, Erlasse, Verfügungen, Technische Anleitungen (Beispiele)

Herkunft	Bezeichnung	Stand
BW	Verwaltungsvorschrift über Untersuchungsstellen in der Abfallwirtschaft	05.2004
BW	Verwaltungsvorschrift für die Verwertung von als Abfall eingestuftem Bodenmaterial	12.2015
BW	Verwaltungsvorschrift über Anforderungen zur Entsorgung von Elektro- und Elektronik-Altgeräten	04.2010
TH	Allgemeinverfügung zur Untersuchung von Klärschlämmen bei bodenbezogener Verwertung	10.2008
HE	Gemeinsamer Erlass zur Entsorgung von Bodenmaterial aus Straßenbaumaßnahmen unter abfall- und bodenschutzrechtlichen Kriterien	10.2003
BB	Gemeinsamer Erlass zur Regelung der Verwertung mineralischer Abfälle im Bergbau	09.2008
BB	Allgemeinverfügung zur Entsorgung im Fall von Havarien	12.2012
NW	Runderlass über Anforderungen an die Güteüberwachung und den Einsatz von Hausmüllverbrennungsaschen im Straßen- und Erdbau	10.2001
ST	Runderlass zur Sicherheitsleistung für Abfallentsorgungsanlagen	01.2005

– Vollzugshilfen/-hinweise der LAGA (M = Mitteilung)

Abkürzung	Bezeichnung	Stand
LAGA M18	Vollzugshilfe zur Entsorgung von Abfällen aus Einrichtungen des Gesundheitsdienstes	01.2015
LAGA M23	Vollzugshilfe zur Entsorgung asbesthaltiger Abfälle	06.2015
LAGA M25	Vollzugshilfe zur Verordnung (EG) Nr. 1013/2006 über die Verbringung von Abfällen (VVA) und zum Abfallverbringungsgesetz (AbfVerbrG)	05.2017
LAGA M27	Vollzugshilfe zum abfallrechtlichen Nachweisverfahren	09.2009
LAGA M34	Anforderungen an Erzeuger und Besitzer von gewerblichen Siedlungs-abfällen, sowie bestimmten Bau- und Abbruchabfällen, an Betreiber von Vorbehandlungs- und Aufbereitungsanlagen	02.2019
LAGA M36	Vollzugshilfe „Entsorgungsfachbetriebe"	01.2018
LAGA M38	Vollzugshinweise für die Anwendung der R1-Formel für die energeti-sche Verwertung von Abfällen in Siedlungsabfallverbrennungsanlagen gemäß der EU-Abfallrahmenrichtlinie	09.2012

– Sonstige Vollzugshilfen/-hinweise

Herkunft	Bezeichnung	Stand
BMUB	Vollzugshilfe Anzeige- und Erlaubnisverfahren nach §§ 53 und 54 KrWG und AbfAEV	01.2014
BMUB	Vollzugshilfe zum novellierten Nachweisrecht	11.2007
SH	Einführungserlass der Neufassung der LAGA-Mitteilung 34 „Vollzugshinweise zur Gewerbeabfallverordnung" in Schleswig-Holstein	06.2019
HH	Vollzugshilfe Entsorgungsfachbetriebe – Zustimmung zu Überwa-chungsverträgen und die Anerkennung von Entsorgergemeinschaften gemäß § 52 KrW-/AbfG	03.2005
BE BB	Vollzugshinweise zur Zuordnung von Abfällen zu den Abfallarten eines Spiegeleintrages	04.2016

– Merkblätter der LAGA (M = Mitteilung)

Abkürzung	Bezeichnung	Stand
LAGA M19	Merkblatt über die Entsorgung von Abfällen aus Verbrennungsanlagen für Siedlungsabfälle	03.1994
LAGA M31A	Umsetzung des Elektro- und Elektronikgerätegesetzes - Anforderungen an die Entsorgung von Elektro- und Elektronikaltgeräten	01.2017
LAGA M31B	Umsetzung des Elektro- und Elektronikgerätegesetzes – Technische Anforderungen an die Behandlung und Verwertung von Elektro- und Elektronikaltgeräten	04.2018

– Sonstige Richtlinien und Regeln (Beispiele)

Herkunft	Bezeichnung	Stand
BB	Brandenburgische Richtlinie Anforderungen an die Entsorgung von Baggergut	07.2001
BB	Brandenburgische Technische Richtlinien für die Verwertung von Recycling-Baustoffen im Straßenbau	05.2005
HE	Richtlinie für die Verwertung von Bodenmaterial, Bauschutt und Straßenaufbruch in Tagebauen und im Rahmen sonstiger Abgrabungen	02.2014
SA	Richtlinie für die Zulassung und Überwachung der Entsorgung von stabilisierten und verfestigten Abfällen	04.2004

– Richtlinien und Regeln der LAGA (M = Mitteilung)

Abkürzung	Bezeichnung	Stand
LAGA M20	Anforderungen an die stoffliche Verwertung von mineralischen Reststoffen/Abfällen – Allgemeiner Teil I – Technische Regeln[1]	11.2003
LAGA M28	Technische Regeln für die Überwachung von Grund-, Sicker- und Oberflächenwasser sowie oberirdischer Gewässer bei Deponien	01.2014
LAGA M33 = LAGA EW 98	Richtlinie für das Vorgehen bei physikalischen, chemischen Untersuchungen von Abfällen, verunreinigten Böden und Materialien aus dem Altlastenbereich	09.2017
LAGA M32 = LAGA PN 98	Richtlinie für das Vorgehen bei physikalischen, chemischen und biologischen Untersuchungen im Zusammenhang mit der Verwertung/Beseitigung von Abfällen	12.2001
LAGA M35 = LAGA KW/04	Bestimmung des Gehaltes an Kohlenwasserstoffen in Abfällen – Untersuchungs- und Analysenstrategie (Richtlinie)	12.2009

---

[1] Teil II (Technische Regeln für die Verwertung) und Teil III (Probenahme und Analytik) werden in den Ländern unterschiedlich gehandhabt.

– Handlungsanleitungen und Hinweise der LAGA (M = Mitteilung)

Abkürzung	Bezeichnung	Stand
LAGA Handlungsanleitung Abfallverbringung	Handlungsanleitung für die Zusammenarbeit der Zolldienst-stellen und Abfallbehörden im Rahmen der Verbringung von Abfällen	02.2008
LAGA Hinweise Abfalleinstufung	Hinweise zur abfallrechtlichen Einstufung von mit Kühlschmier-stoffen verunreinigten Metallspänen	04.2018
LAGA Hinweise Abfalleinstufung	Technische Hinweise zur Einstufung von Abfällen nach ihrer Gefährlichkeit	12.2018

LERNZIELKONTROLLE ZU I.9

Lernzielkontrolle – Aufgabe I.9-1

Was ist die LAGA?

Lernzielkontrolle – Aufgabe I.9-2

Welche der folgenden Regelungen ist eine Verwaltungsvorschrift? (bitte ankreuzen)
☐ das Kreislaufwirtschaftsgesetz
☐ der POP-Abfall-Erlass des Landes Nordrhein-Westfalen
☐ EU-Abfallverbringungsverordnung
☐ die LAGA Vollzugshilfe Entsorgungsfachbetriebe
☐ die Technische Anleitung Luft (TA Luft)
☐ das Basler Übereinkommen

Lernzielkontrolle – Aufgabe I.9-3

Wer muss u. U. Verwaltungsvorschriften beachten? (bitte ankreuzen)

☐ Abfallerzeuger	☐ EU-Kommission	☐ Kreisverwaltung
☐ Behörden	☐ Gutachter	☐ Rechtsanwälte

Lernzielkontrolle – Aufgabe I.9-4

Ist die M31A der LAGA eine Rechtsvorschrift?

Lernzielkontrolle – Lösung Aufgabe I.9-1

LAGA = Bund/Länder-Arbeitsgemeinschaft Abfall (Arbeitsgremium der Umweltministerkonferenz)

Lernzielkontrolle – Lösung Aufgabe I.9-2

Welche der folgenden Regelungen ist eine Verwaltungsvorschrift? (bitte ankreuzen)
☐ das Kreislaufwirtschaftsgesetz
☒ der POP-Abfall-Erlass des Landes Nordrhein-Westfalen
☐ EU-Abfallverbringungsverordnung
☐ die LAGA Vollzugshilfe Entsorgungsfachbetriebe
☒ die Technische Anleitung Luft (TA Luft)
☐ das Basler Übereinkommen

Lernzielkontrolle – Aufgabe I.9-3

Wer muss u. U. Verwaltungsvorschriften beachten? (bitte ankreuzen)

☐ Abfallerzeuger	☐ EU-Kommission	☒ Kreisverwaltung
☒ Behörden	☐ Gutachter	☐ Rechtsanwälte

Lernzielkontrolle – Aufgabe I.9-4

Nein.

10   Verhältnis des Abfallrechts zu anderen Rechtsbereichen

10.1   Baurecht

Für Anlagen, in denen Abfälle

- behandelt
- verwertet
- beseitigt
- gelagert

werden, ist das **Baurecht** zu beachten.

Baurecht
= Bauordnungen der Bundesländer
= Kunststofflager-Richtlinie (KLR)
= Industriebau-Richtlinie (IndBauRL)
= Löschwasserrückhalte-Richtlinie (LöRüRL) (Aufhebung im Jahr 2019)

Beispiel: Abfallbehandlungsanlagen: NRW: Jahre 2011–2015 (= 5 Jahre):

- 160 Brände, davon 2/3 in den Lagerbereichen
- Eingangslager doppelt so häufig betroffen wie Ausgangslager
- Erkenntnis: KLR, IndBauRL, LöRüRL, VdS 2517 werden nicht konsequent angewendet!

Bauordnungen der Bundesländer

Bauliche Anlagen, deren Nutzung durch – Umgang mit – Lagerung von Stoffen mit – Explosionsgefahr – erhöhter Brandgefahr verbunden ist = „**Sonderbauten**". *Vgl. z. B. BauO NRW, § 68 (1) Satz 3 Nr. 15;* *zum Begriff der Explosions- bzw. erhöhten Brandgefahr vgl. http://www.is-argebau.de/Dokumente/* *MBO-FAQ/§%202%20Abs.%204.%20Nr.%2019%20MBO%20-%20Sonderbauten%20-%20* *Explosions-%20oder%20erhöhte%20Brandgefahr.pdf*
Für **Sonderbauten** können im Einzelfall zur Verwirklichung der allgemeinen Anforderungen **besondere Anforderungen** gestellt werden. Diese besonderen Anforderungen können sich insbesondere auf **Brandschutzeinrichtungen und -vorkehrungen** erstrecken. *Vgl. z. B. BauO NRW, § 54*
Errichtung und **Nutzungsänderung** bedürfen der Baugenehmigung. *Vgl. z. B. BauO NRW, § 63*
Bei **Sonderbauten** prüft die Bauaufsichtsbehörde die Zulässigkeit; mit den Bauvorlagen ist ein **Brandschutzkonzept** *einzureichen.* *Vgl. z. B. BauO NRW, § 69 (1) Satz 2*

LöRüRL (Aufhebung im Jahr 2019)

Die LöRüRL ist anzuwenden bei der Lagerung von Abfällen, die wassergefährdend sind, wie folgt:

Checkliste „Anlagen zum Lagern von wassergefährdenden Stoffen in ortsbeweglichen Behältern oberirdisch in Räumen außerhalb von Schutzgebieten"			
Wassergefährdungsklasse	**1**	**2**	**3**
Anforderungen			
1. Löschwasserrückhalteeinrichtung	> 100 t	> 10 t	> 1 t
2. Abtrennung gegenüber anderen Lagerabschnitten, anderen Räumen oder Gebäuden durch feuerbeständige Wände und Decken aus nicht brennbaren Baustoffen (F 90-A)	> 100 t	> 10 t	> 1 t
3. Automatische Brandmeldeanlage	> 200 t	> 50 t	> 50 t
4. Automatische Feuerlöschanlage	> 800 t	> 400 t	> 200 t
WGK 1 = schwach wassergefährdend, WGK 2 = deutlich wassergefährdend, WGK 3 = stark wassergefährdend.			

10.2 Immissionsschutzrecht

BImSchG

= Gesetz zum Schutz vor schädlichen Umwelteinwirkungen durch Luftverunreinigungen, Geräusche, Erschütterungen und ähnliche Vorgänge

Es gibt einige Berührungspunkte mit dem Abfallrecht.

Beispiel 1:   *Betriebsbeauftragter für Abfall: Betreiber von gemäß 4. BImSchV genehmigungsbedürftigen Anlagen haben u. U. einen Betriebsbeauftragten für Abfall („Abfallbeauftragten") zu bestellen.*

Beispiel 2:   *Anlagen zur Lagerung von Abfällen sind wie folgt gemäß 4. BImSchV genehmigungsbedürftig:*

Dauer	≤ 1 Jahr	> 1 Jahr
	Kapazität	
Abfall gefährlich	> 30 t	> 0 t
Abfall nicht gefährlich	> 100 t	> 0 t

Beispiel 3:   *Anlagen zum Umschlagen von Abfällen sind wie folgt gemäß 4. BImSchV genehmigungsbedürftig:*

	Kapazität
Abfall gefährlich	≥ 1 t je Tag
Abfall nicht gefährlich	≥ 100 t je Tag

Untergesetzliches Regelwerk zum BImSchG:

1. BImSchV	Kleinfeuerungsanlagenverordnung
2. BImSchV	Verordnung zur Emissionsbegrenzung von leichtflüchtigen halogenierten organischen Verbindungen
3. BImSchV	(gibt es nicht mehr)
4. BImSchV	Verordnung über genehmigungsbedürftige Anlagen
5. BImSchV	Verordnung über Immissionsschutz- und Störfallbeauftragte
6. BImSchV	(gibt es nicht mehr)
7. BImSchV	Verordnung zur Auswurfbegrenzung von Holzstaub
8. BImSchV	(gibt es nicht mehr)
9. BImSchV	Verordnung über das Genehmigungsverfahren
10. BImSchV	Verordnung über die Beschaffenheit und die Auszeichnung der Qualitäten von Kraft- und Brennstoffen
11. BImSchV	Verordnung über Emissionserklärungen
12. BImSchV	Störfall-Verordnung
13. BImSchV	Verordnung über Großfeuerungs- und Gasturbinenanlagen
14. BImSchV	Verordnung über Anlagen der Landesverteidigung
15. BImSchV	(gibt es nicht mehr)
16. BImSchV	Verkehrslärmschutzverordnung
17. BImSchV	Verordnung über die Verbrennung und die Mitverbrennung von Abfällen
18. BImSchV	Sportanlagenlärmschutzverordnung
19. BImSchV	(gibt es nicht mehr)
20. BImSchV	Verordnung zur Begrenzung der Emissionen flüchtiger organischer Verbindungen beim Umfüllen und Lagern von Ottokraftstoffen
21. BImSchV	Verordnung zur Begrenzung der Kohlenwasserstoffemissionen bei der Betankung von Kraftfahrzeugen
22. BImSchV	(gibt es nicht mehr)
23. BImSchV	(gibt es nicht mehr)
24. BImSchV	Verkehrswege-Schallschutzmaßnahmenverordnung
25. BImSchV	Verordnung zur Begrenzung von Emissionen aus der Titandioxid-Industrie
26. BImSchV	Verordnung über elektromagnetische Felder
27. BImSchV	Verordnung über Anlagen zur Feuerbestattung
28. BImSchV	Verordnung über Emissionsgrenzwerte für Verbrennungsmotoren
29. BImSchV	Gebührenordnung für Maßnahmen bei Typprüfungen von Verbrennungsmotoren
30. BImSchV	Verordnung über Anlagen zur biologischen Behandlung von Abfällen

31. BImSchV	Verordnung zur Begrenzung der Emissionen flüchtiger organischer Verbindungen bei der Verwendung organischer Lösemittel in bestimmten Anlagen
32. BImSchV	Geräte- und Maschinenlärmschutzverordnung
33. BImSchV	(gibt es nicht mehr)
34. BImSchV	Verordnung über die Lärmkartierung
35. BImSchV	Verordnung zur Kennzeichnung der Kraftfahrzeuge mit geringem Beitrag zur Schadstoffbelastung
36. BImSchV	Verordnung zur Durchführung der Regelungen der Biokraftstoffquote
37. BImSchV	(offen)
38. BImSchV	(gibt es nicht mehr)
39. BImSchV	Verordnung über Luftqualitätsstandards und Emissionshöchstmengen
40. BImSchV	(offen)
41. BImSchV	Bekanntgabeverordnung
42. BImSchV	Verordnung über Verdunstungskühlanlagen, Kühltürme und Nassabscheider
43. BImSchV	Verordnung über nationale Verpflichtungen zur Reduktion der Emissionen bestimmter Luftschadstoffe
44. BImSchV	Verordnung über mittelgroße Feuerungs-, Gasturbinen- und Verbrennungsmotorenanlagen

10.3   Chemikalienrecht

10.3.1 Kennzeichnung von Behältern

– Abfallrechtlich: Es gibt keine spezifischen abfallrechtlichen Kennzeichnungsvorschriften; es ist z. B. nicht vorgeschrieben, den Abfallschlüssel auf der Verpackung anzugeben.

– Gefahrstoffrechtlich: Sofern es sich bei dem Abfall um einen Stoff/ein Gemisch handelt, der/ das „gefährlich" i. S. d. Chemikalienrechts ist, müssen Behälter gekennzeichnet sein. Wenn keine ausreichenden Informationen für eine spezifische Einstufung vorliegen, sind die Verpackungen der Abfälle wie folgt zu kennzeichnen:

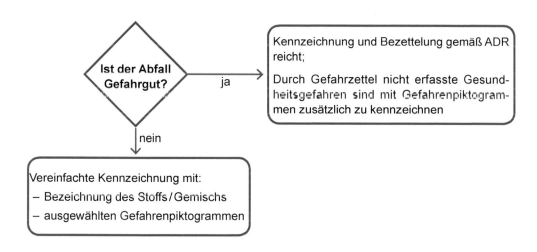

TRGS 201,   Nr. 4.6.3 (1), (9);

TRGS 520,   Nrn. 6.3.1 (5) Satz 3, (6) Satz 3, 6.3.3 (8) Satz 3.

Beispiel: PCB-haltige Dichtungsmassen:

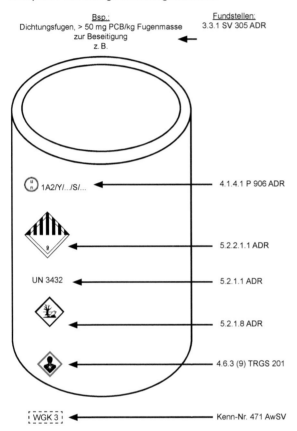

Bsp.:
Dichtungsfugen, > 50 mg PCB/kg Fugenmasse
zur Beseitigung
z. B.

Fundstellen:
3.3.1 SV 305 ADR

1A2/Y/.../S/...   4.1.4.1 P 906 ADR

5.2.2.1.1 ADR

UN 3432   5.2.1.1 ADR

5.2.1.8 ADR

4.6.3 (9) TRGS 201

WGK 3   Kenn-Nr. 471 AwSV

10.3.2 Technische Regeln für Gefahrstoffe (TRGS) für Abfälle

- Einstufung und Kennzeichnung bei Tätigkeiten (wie Erfassung, **Sammlung**, Lagerung, inner-
  betrieblicher Beförderung) mit Gefahrstoffen (**TRGS 201**):
  - Nr. 4.6.3 = Abfälle: Abfälle, die „gefährlich" i. S. d. Chemikalienrechts sind, sind zu kenn-
    zeichnen.
- Errichtung und Betrieb von **Sammelstellen** (mobilen („Schadstoffmobile"), stationären) und
  Zwischenlagern für Kleinmengen gefährlicher Abfälle (**TRGS 520**):
  - Nrn. 6.3.1 (5): Behälter sind gemäß Nr. 4.6.3 TRGS 201 zu kennzeichnen.

10.3.3   Ereignisse mit gefährlichen Abfällen als Gefahrstoffe

Gefahr im Marmeladenglas
09.03.2012 Oberhausen

79-Jährige gab völlig sorglos ein Töpfchen Nitroglycerin beim Schadstoffmobil ab – und löste einen Großeinsatz aus.

Dass sie wenige Minuten später einen Polizeieinsatz samt Sprengstoffexperten auslöst, damit hatte die 79-jährige Oberhausenerin wohl nicht gerechnet, als sie ein Marmeladenglas zum **Schadstoffmobil in der Innenstadt** brachte. Ein Mitarbeiter der Wirtschaftsbetriebe Oberhausen (WBO) wurde aber sofort nervös, als er das handbeschriebene Etikett las: „Nitroglycerin" – eine hochexplosive Flüssigkeit.

Gegen halb drei wurden die Marktstraße zwischen Goeben- und Paul-Reusch-Straße sowie der angrenzende Kinderspielplatz aus Sicherheitsgründen abgesperrt. Ob es sich bei den 20 Millilitern der farblosen bis gelblichen Flüssigkeit um Nitroglycerin handelt, wussten die Feuerwehrmänner zu diesem Zeitpunkt nämlich noch nicht. „Was ist passiert?", „Warum kommen wir hier nicht durch?" Auf ihre Fragen bekamen die Fußgänger von den Polizisten nur eine Antwort: „Hier ist eine Gefahrenstelle."

Zeitbombe im Keller

„Wir haben zwei Tests gemacht", sagte Einsatzleiter Thomas Silberborth. Mit einem Indikator wurde der pH-Wert ermittelt. Zum anderen wurden ein paar Tropfen der Flüssigkeit zu Wasser hinzugefügt. Die Tropfen vermischten sich aber nicht mit dem Wasser, sondern schwammen oben drauf. Die Vermutung, dass es sich vielleicht nur um Pinselreiniger, eine Nitroverdünnung, handelt, wurde damit widerlegt. „Dann hätte sich das vermischt", erklärt Silberborth. „Mit hoher Wahrscheinlichkeit handelt es sich um Nitroglycerin."

Und weil man das nicht einfach so entsorgen kann, informierte die Feuerwehr das Landeskriminalamt, das gegen 17 Uhr zwei Sprengstoffexperten aus Düsseldorf schickte. Die brachten das Marmeladenglas zu einem Brachgelände, wo es vergraben und gesprengt werden sollte. „Für uns ist das das Sicherste", sagte einer der Experten. Die 79-Jährige kann wohl froh sein, dass das Glas nicht früher explodiert ist. Sie hatte es beim Aufräumen des Kellers gefunden, wo es vermutlich mehrere Jahre stand.

10.4   Wasserrecht

Abfälle können wassergefährdend sein; dann gibt es besondere wasserrechtliche Anforderungen an den „Umgang" (= Lagern, Abfüllen, Umschlagen, Behandeln) mit ihnen.

WHG

– WHG =   Gesetz zur Ordnung des Wasserhaushalts des Bundes
  - Enthält auch Vorgaben zum „Umgang" (z. B. Lagern, Abfüllen, Umschlagen) mit wassergefährdenden Stoffen

LWG

– LWG =   Landeswassergesetze der 16 Bundesländer

AwSV/VAwS

– AwSV =   Bundes-Verordnung über Anlagen zum Umgang mit wassergefährdenden Stoffen
  - bis zum 31.07.2017 galten die Verordnungen über Anlagen zum „Umgang" mit wassergefährdenden Stoffen der 16 Bundesländer (VAwS)

TRwS

– TRwS =   Technische Regeln wassergefährdende Stoffe
  - Konkretisieren die Anforderungen aus Gesetzen und Verordnungen
    Beispiel: TRwS 786 „Anforderungen an Dichtflächen"

Beispiel:

Checkliste „Anlagen zum Lagern von wS in ortsbeweglichen Behältern oberirdisch in Räumen außerhalb von Schutzgebieten"						
Wassergefährdungsklasse	1		2		3	
Anforderungen	fest	flüssig	fest	flüssig	fest	flüssig
1. Anzeige bei Wasserbehörde	> 1000 t	> 100 m³	> 1000 t	> 1 m³	> 1000 t	> 0,22 m³
1a. Erneute Anzeige bei Betreiberwechsel	> 1000 t	> 100 m³	> 1000 t	> 1 m³	> 1000 t	> 0,22 m³
1b. Erneute Anzeige bei Kapazitätsänderung	–	> 1000 m³	–	> 10 m³	–	> 1 m³
2. Prüfung vor Inbetriebnahme durch Sachverständigen	> 1000 t	> 100 m³	> 1000 t	> 1 m³	> 1000 t	> 0,22 m³
3. Prüfung alle 5 Jahre durch Sachverständigen	–	> 1000 m³	–	> 10 m³	–	> 1 m³
4a. Merkblatt statt Betriebsanweisung/Unterweisung	0,2–100 t	0,22–100 m³	0,2-1 t	0,22–1 m³	–	–
4b. Betriebsanweisung mit Überwachungs-, Instandhaltungs- und Notfallplan/Unterweisung	> 100 t	> 100 m³	> 1 t	> 1 m³	> 0,2 t	> 0,22 m³
5. Dichtheit der Lagerfläche	–	> 0,22 m³	–	> 0,22 m³	–	> 0,22 m³
6. Fachbetriebspflicht	–	> 1000 m³	–	> 10 m³	–	> 1 m³
7. Rückhaltung wassergefährdender Stoff	–	> 1 m³	–	> 0,22 m³	–	> 0,22 m³
8. Anlagendokumentation	> 0,2 t	> 0,22 m³	> 0,2 t	> 0,22 m³	> 0,2 t	> 0,22 m³
9. Rückhaltung Löschwasser	> 0,2 t	> 0,22 m³	> 0,2 t	> 0,22 m³	> 0,2 t	> 0,22 m³
WGK 1 = schwach wassergefährdend, WGK 2 = deutlich wassergefährdend, WGK 3 = stark wassergefährdend.						

10.5   Bodenschutzrecht

Abfälle können den Boden schädlich verändern.

BBodSchG

– BBodSchG =   Bundes-Gesetz zum Schutz vor schädlichen Bodenveränderungen und zur Sanierung von Altlasten

LBodSchG

– LBodSchG =   Landes-Gesetz zum Schutz vor schädlichen Bodenveränderungen und zur Sanierung von Altlasten, z. B. NRW

BBodSchV

– BBodSchV =   Bundes-Bodenschutz- und Altlastenverordnung

10.6 Seuchen- und Hygienerecht

TierGesG

- TierGesG =   Tiergesundheitsgesetz
                 (ehemals: Tierseuchengesetz)

TierNebG

- TierNebG =   Tierische Nebenprodukte-Beseitigungsgesetz
                 (ehemals: Tierkörperbeseitigungsgesetz)

TierNebV

- TierNebV =   Verordnung zur Durchführung des TierNebG
                 (ehemals: Tierkörperbeseitigungsverordnung)

Tierische Nebenprodukte

- Definition
  - ganze Tierkörper oder Teile von Tieren oder Erzeugnisse tierischen Ursprungs bzw. andere von Tieren gewonnene Erzeugnisse, die nicht für den menschlichen Verzehr bestimmt sind
  - einschließlich Eizellen, Embryonen und Samen
    - § 3 Nr. 1 VO (EG) Nr. 1069/2009
- die Vorschriften des KrWG gelten nicht für tierische Nebenprodukte
  - wenn nach der VO (EG) Nr. 1069/2009, dem TierNebG oder der TierNebV zu … befördern sind
    - § 2 (2) Nr. 2 KrWG
  - gewerbsmäßige Sammler/Beförderer tierischer Nebenprodukte müssen ihre Tätigkeit bei der zuständigen Behörde anzeigen
    - Art. 21 (1) VO (EG) Nr. 1069/2009, § 7 TierNebV
- Verpackungen, Behälter und Fahrzeuge müssen u. U. besonders gekennzeichnet werden
  - „NUR ZUR ENTSORGUNG", „DARF NICHT VERFÜTTERT WERDEN" oder „NICHT FÜR DEN MENSCHLICHEN VERZEHR"
    - Art. 23 (1) VO (EG) Nr. 1069/2009, § 9a TierNebV
- Ausnahme: tierische Nebenprodukte unterliegen aber dem KrWG, wenn sie bestimmt sind zur
  - Verbrennung
  - Lagerung auf einer Deponie
  - Verwendung in einer Biogas- oder Kompostieranlage (Beispiel: Gülle)
    - § 2 (2) Nr. 2 KrWG

Körper von Tieren,

die nicht durch Schlachtung zu Tode gekommen sind
die zur Tilgung von Tierseuchen getötet wurden.

Für diese Tierkörper gelten die Vorschriften des KrWG nicht;
stattdessen gelten die Vorschriften für tierische Nebenprodukte
- § 2 (2) Nr. 3 KrWG

LERNZIELKONTROLLE ZU I.10

Lernzielkontrolle – Aufgabe I.10-1

In einer Abfallbehandlungsanlage werden ständig ca. 2 000 Liter stark wassergefährdende („WGK 3") Flüssigkeiten in ortsbeweglichen Behältern oberirdisch in einem Raum außerhalb eines Schutzgebietes gelagert. Welche bau- und wasserrechtlichen Anforderungen muss dieses Lager erfüllen?

Lernzielkontrolle – Lösung Aufgabe I.10-1

WGK	1		2		3	
Anforderungen	fest	flüssig	fest	flüssig	fest	flüssig
1. Anzeige bei Wasserbehörde	> 1 000 t	> 100 m³	> 1 000 t	> 1 m³	> 1 000 t	> 0,22 m³
1a. Erneute Anzeige bei Betreiberwechsel	> 1 000 t	> 100 m³	> 1 000 t	> 1 m³	> 1 000 t	> 0,22 m³
1b. Erneute Anzeige bei Kapazitätsänderung	–	> 1 000 m³	–	> 10 m³	–	> 1 m³
2 Prüfung vor Inbetriebnahme durch Sachverständigen	> 1 000 t	> 100 m³	> 1 000 t	> 1 m³	> 1 000 t	> 0,22 m³
3. Prüfung alle 5 Jahre durch Sachverständigen	–	> 1 000 m³	–	> 10 m³	–	> 1 m³
4. Betriebsanweisung mit Überwachungs-, Instandhaltungs- und Notfallplan/Unterweisung	> 100 t	> 100 m³	> 1 t	> 1 m³	> 0,2 t	> 0,22 m³
5. Dichtheit der Lagerfläche	–	> 0,22 m³	–	> 0,22 m³	–	> 0,22 m³
6. Fachbetriebspflicht	–	> 1 000 m³	–	> 10 m³	–	> 1 m³
7. Rückhaltung wS (nur falls Gebinde jeweils > 20 l)	–	> 1 m³	–	> 0,22 m³	–	> 0,22 m³
8. Anlagendokumentation	> 0,2 t	> 0,22 m³	> 0,2 t	> 0,22 m³	> 0,2 t	> 0,22 m³
9. Rückhaltung Löschwasser: gemäß						
9a. AwSV (auch falls Gebinde jeweils ≤ 20 l)	> 0,2 t	> 0,22 m³	> 0,2 t	> 0,22 m³	> 0,2 t	> 0,22 m³
9b. LöRüRL (auch falls Gebinde jeweils ≤ 20 l)	> 100 t		> 10 t		> 1 t	
10. Abtrennung gegenüber anderen Lagerabschnitten, anderen Räumen oder Gebäuden durch feuerbeständige Wände und Decken aus nicht brennbaren Baustoffen (F 90-A)	> 100 t		> 10 t		> 1 t	

11 Vorschriften der betrieblichen Haftung

11.1 Straf- und Ordnungsrecht

Vorwerfbare rechtswidrige Handlung → Folge: Ahndung
- nur mit **Geldbuße** („Bußgeld") bei Ordnungswidrigkeit
- mit **Strafe** (Geld oder Freiheit) bei Straftat

Strafrecht:
- Allgemeines Strafrecht: StGB
  Beispiel: *Unerlaubter Umgang mit Abfällen gemäß § 326 StGB*
- Besonderes Strafrecht: gemäß Spezialgesetz
  Beispiel: *Unerlaubte Abfallverbringung gemäß §§ 18a, 18b AbfVerbrG*

Ordnungsrecht:
- OWiG

11.2 Überblick Umweltstraftaten

StGB: **Straftaten gegen die Umwelt = §§ 324 – 330d,**
insbesondere § 326 StGB: Unerlaubter Umgang mit Abfällen

(1) Wer unbefugt **Abfälle**, *die*

1. Gifte oder Erreger von auf Menschen oder Tiere übertragbaren gemeingefährlichen Krankheiten enthalten oder hervorbringen können,

2. für den Menschen krebserzeugend, fortpflanzungsgefährdend oder erbgutverändernd sind,

3. explosionsgefährlich, selbstentzündlich oder nicht nur geringfügig radioaktiv sind oder

4. nach Art, Beschaffenheit oder Menge geeignet sind,
   a) nachhaltig ein Gewässer, die Luft oder den Boden zu verunreinigen oder sonst nachteilig zu verändern oder
   b) einen Bestand von Tieren oder Pflanzen zu gefährden,

- *außerhalb einer dafür zugelassenen Anlage oder*
- *unter wesentlicher Abweichung von einem vorgeschriebenen oder zugelassenen Verfahren*
  - *sammelt, befördert*
  - *behandelt, verwertet*
  - *lagert, ablagert, ablässt, beseitigt*
  - *handelt, makelt*
  - *sonst bewirtschaftet*

wird mit **Freiheitsstrafe bis zu fünf Jahren oder mit Geldstrafe** *bestraft.*

*(2) **Ebenso** wird bestraft, wer **Abfälle** im Sinne des Absatzes 1 entgegen einem Verbot oder **ohne die erforderliche Genehmigung** in den, aus dem oder durch den Geltungsbereich des StGB **verbringt**.*

*(3) Wer radioaktive **Abfälle** unter Verletzung verwaltungsrechtlicher Pflichten nicht abliefert, wird mit Freiheitsstrafe bis zu drei Jahren oder mit Geldstrafe bestraft.*

(4) In den Fällen der Absätze 1 und 2 ist der Versuch strafbar.

*(5) Handelt der Täter **fahrlässig**, so ist die Strafe*

*1. in den Fällen der Absätze 1 und 2 Freiheitsstrafe bis zu **drei Jahren** oder Geldstrafe,*

*2. in den Fällen des Absatzes 3 Freiheitsstrafe bis zu **einem Jahr oder Geldstrafe**.*

*(6) Die Tat ist dann **nicht** strafbar, wenn schädliche Einwirkungen auf die Umwelt, insbesondere auf Menschen, Gewässer, die Luft, den Boden, Nutztiere oder Nutzpflanzen, **wegen der geringen Menge der Abfälle offensichtlich ausgeschlossen** sind.*

Dabei sind

Vorbringung = die grenzüberschreitende Beförderung von Abfällen

- *illegale Verbringung* = jede Verbringung von Abfällen, die
  - ◦ ohne Notifizierung an alle betroffenen zuständigen Behörden erfolgt
  - ◦ ohne die Zustimmung der betroffenen zuständigen Behörden erfolgt
  - ◦ mit einer durch Fälschung, falsche Angaben oder Betrug erlangten Zustimmung der betroffenen zuständigen Behörden erfolgt
  - ◦ in einer Weise erfolgt, die den Notifizierungs- und Begleitformularen sachlich nicht entspricht
  - ◦ in einer Weise erfolgt, die eine Verwertung oder Beseitigung unter Verletzung gemeinschaftsrechtlicher oder internationaler Bestimmungen bewirkt
  - ◦ den Art. 34, 36, 39, 40, 41 und 43 der VO (EG) Nr. 1013/2006 widerspricht
  - ◦ in Bezug auf eine Verbringung von Abfällen i. S. d.. Art. 3 (2) und (4) der VO (EG) Nr. 1013/2006 dadurch gekennzeichnet ist, dass
    - ▪ die Abfälle offensichtlich nicht in den Anhängen III, IIIA oder IIIB aufgeführt sind
    - ▪ Art. 3 (4) der VO (EG) Nr. 1013/2006 verletzt wurde
    - ▪ die Verbringung der Abfälle auf eine Weise geschieht, die dem in Anhang VII aufgeführten Dokument sachlich nicht entspricht.

StGB: Weitere Umweltstraftatbestände

§ 324:   **Gewässerverunreinigung**
§ 324a: **Bodenverunreinigung**
§ 325:   **Luftverunreinigung**
§ 328 (3): **Unerlaubter Umgang mit** radioaktiven Stoffen, anderen **gefährlichen Stoffen und Gemischen und Gütern**:

*Mit **Freiheitsstrafe bis zu fünf Jahren oder mit Geldstrafe** wird bestraft, wer unter Verletzung verwaltungsrechtlicher Pflichten*

*1. beim Betrieb einer Anlage, insbesondere einer Betriebsstätte oder technischen Einrichtung, **radioaktive Stoffe oder gefährliche Stoffe und Gemische** nach Art. 3 der VO (EG) Nr. 1272/ 2008 **lagert**, bearbeitet, verarbeitet oder sonst verwendet oder*

*2. **gefährliche Güter befördert**, versendet, verpackt oder auspackt, verlädt oder entlädt, entgegennimmt oder anderen überlässt*

*und dadurch die Gesundheit eines anderen, Tiere oder Pflanzen, Gewässer, die Luft oder den Boden oder fremde Sachen von bedeutendem Wert **gefährdet**.*

(4) Der Versuch ist strafbar.

(5) Handelt der Täter fahrlässig, so ist die Strafe Freiheitsstrafe bis zu drei Jahren oder Geldstrafe.

AbfVerbrG:

§ 18a (1): *Mit Freiheitsstrafe bis zu fünf Jahren oder mit Geldstrafe wird bestraft, wer eine illegale Verbringung … von **gefährlichen Abfällen** … durchführt.*

§ 18b (1): *Mit Freiheitsstrafe bis zu zwei Jahren oder mit Geldstrafe wird bestraft, wer eine illegale Verbringung … von **Abfällen …, die keine gefährlichen Abfälle … sind**, durchführt.*

Zusammenfassung: **Beförderung**: falls „illegal": Freiheitsstrafen:

Beförderung	Abfall	
	gefährlich	nicht gefährlich
innerdeutsch	Falls – explosionsgefährlich – selbstentzündlich – akut giftig – chronisch giftig – infektiös – nicht nur geringfügig radioaktiv – umweltgefährdend **5 Jahre** StGB, § 326 (1)	–
grenzüberschreitend	**5 Jahre** AbfVerbrG, § 18a (1) StGB, § 326 (2)	**2 Jahre** AbfVerbrG, § 18b (1)

11.3   Verantwortlichkeiten Einzelner / Betrieb

Alle Rechtsvorschriften wenden sich grundsätzlich an den Unternehmer/Inhaber des Betriebes. Der Unternehmer/Inhaber des Betriebes hat aber das Recht, ihm obliegende Pflichten an Mitarbeiter zu delegieren:

§ 9 (2) OWiG / § 14 (2) StGB:

Ist jemand von dem Inhaber eines Betriebes oder einem sonst dazu Befugten

1. *beauftragt, **den Betrieb ganz oder zum Teil zu leiten**, oder.*

2. ***ausdrücklich** beauftragt, **in eigener Verantwortung** Aufgaben wahrzunehmen, die dem Inhaber des Betriebes obliegen,*

und handelt er auf Grund dieses Auftrages, so ist ein Gesetz, nach dem besondere persönliche Merkmale die Möglichkeit der Ahndung/Strafbarkeit begründen, auch auf den Beauftragten anzuwenden, wenn diese Merkmale zwar nicht bei ihm, aber bei dem Inhaber des Betriebes vorliegen. Dem Betrieb im Sinne des Satzes 1 steht das Unternehmen gleich. Handelt jemand auf Grund eines entsprechenden Auftrages für eine Stelle, die Aufgaben der öffentlichen Verwaltung wahrnimmt, so ist Satz 1 sinngemäß anzuwenden.

11.4 Zivilrechtliche Haftung

11.4.1 Überblick Haftungstatbestände

Unerlaubte Handlung nach § 823 BGB:

*(1) Wer vorsätzlich oder fahrlässig das Leben, den Körper, die Gesundheit, die Freiheit, das Eigentum oder ein sonstiges Recht eines anderen **widerrechtlich** verletzt, ist dem anderen zum Ersatz des daraus entstehenden Schadens verpflichtet.*

(2) Die gleiche Verpflichtung trifft denjenigen, welcher gegen ein den Schutz eines anderen bezweckendes Gesetz verstößt. Ist nach dem Inhalt des Gesetzes ein Verstoß gegen dieses auch ohne Verschulden möglich, so tritt die Ersatzpflicht nur im Falle des Verschuldens ein.

Kennzeichen der unerlaubten Handlung:

- Abhängig vom Verschulden des Schädigers
- keine Begrenzung der Haftung der Höhe nach

Gefährdungshaftung: <u>Beispiel</u> Straßenverkehr → StVG

§ 7 StVG:

(1) Wird bei dem Betrieb eines Kraftfahrzeugs oder eines Anhängers, der dazu bestimmt ist, von einem Kraftfahrzeug mitgeführt zu werden, ein Mensch getötet, der Körper oder die Gesundheit eines Menschen verletzt oder eine Sache beschädigt, so ist der Halter verpflichtet, dem Verletzten den daraus entstehenden Schaden zu ersetzen.

(2) Die Ersatzpflicht ist ausgeschlossen, wenn der Unfall durch höhere Gewalt verursacht wird.

§ 12 StVG:

(1) Der Ersatzpflichtige haftet

1. *im Fall der Tötung oder Verletzung eines oder mehrerer Menschen durch dasselbe Ereignis nur bis zu einem Betrag von insgesamt fünf Millionen Euro; im Fall einer entgeltlichen, geschäftsmäßigen Personenbeförderung erhöht sich für den ersatzpflichtigen Halter des befördernden Kraftfahrzeugs oder Anhängers bei der Tötung oder Verletzung von mehr als acht beförderten Personen dieser Betrag um 600 000 Euro für jede weitere getötete oder verletzte beförderte Person;*

2. *im Fall der Sachbeschädigung, auch wenn durch dasselbe Ereignis mehrere Sachen beschädigt werden, nur bis zu einem Betrag von insgesamt einer Million Euro.*

Kennzeichen der Gefährdungshaftung:

- unabhängig vom Verschulden des Schädigers
- Begrenzung der Haftung der Höhe nach

Ausnahme: Gewässerschäden nach § 89 WHG:

(1) Wer in ein Gewässer Stoffe einbringt oder einleitet oder wer in anderer Weise auf ein Gewässer einwirkt und dadurch die Wasserbeschaffenheit nachteilig verändert, ist zum Ersatz des daraus einem anderen entstehenden Schadens verpflichtet. Haben mehrere auf das Gewässer eingewirkt, so haften sie als Gesamtschuldner.

(2) Gelangen aus einer Anlage, die bestimmt ist, Stoffe herzustellen, zu verarbeiten, zu lagern, abzulagern, zu befördern oder wegzuleiten, derartige Stoffe in ein Gewässer, ohne in dieses eingebracht oder eingeleitet zu sein, und wird dadurch die Wasserbeschaffenheit nachteilig verändert, so ist der Betreiber der Anlage zum Ersatz des daraus einem anderen entstehenden Schadens verpflichtet. Absatz 1 Satz 2 gilt entsprechend. Die Ersatzpflicht tritt nicht ein, wenn der Schaden durch höhere Gewalt verursacht wird.

Kennzeichen Haftung Gewässerschäden:

- unabhängig vom Verschulden des Schädigers
- keine Begrenzung der Haftung der Höhe nach

11.4.2 Betriebliche Risiken und Versicherungsschutz

Generell:

- Haftpflicht-Versicherungen:
  - Betrieb
  - Umwelt
- Umweltschaden-Versicherung

Transport:

- StVG: Kfz-Haftpflicht-Versicherung
- WHG: Gewässerschaden-Haftpflicht-Versicherung

Umgang (Lagern, Abfüllen, Umschlagen):

- VVG, AFB: Feuerversicherung, Betriebsunterbrechungsversicherung
- WHG: Gewässerschaden-Haftpflicht-Versicherung

Und nicht vergessen:

**Vorschriften werden mehr oder weniger regelmäßig geändert.
Stellen Sie sicher, dass Sie immer auf dem neuesten Stand sind.**

Unwissenheit schützt vor Strafe nicht!

LERNZIELKONTROLLE ZU I.11

Lernzielkontrolle – Aufgabe I.11-1

Es soll ein nicht gefährlicher Abfall gemäß Anhang III der VO (EG) Nr. 1013/2006 („grüne Liste") von Italien nach Deutschland zur Verwertung befördert werden. Die Versandinformationen gemäß Anhang VII der VO (EG) Nr. 1013/2006 liegen nicht vor. Ist das ein Straftatbestand?

Lernzielkontrolle – Lösung Aufgabe I.11-1

Ja. Gemäß Art. 18b (2) des AbfVerbrG droht eine Freiheitsstrafe von bis zu zwei Jahren oder eine Geldstrafe.

12   Vorschriften des Arbeitsschutzes

12.1   Arbeitsschutz beim Transport

12.1.1   Abfall*unspezifische* Arbeitsschutzvorschriften

ArbSchG

- § 5 (1):
  Der Arbeitgeber hat durch eine Beurteilung der für die Beschäftigten mit ihrer Arbeit verbundenen Gefährdung („**Gefährdungsbeurteilung**") zu ermitteln, welche Maßnahmen des Arbeitsschutzes erforderlich sind.

GefStoffV

- § 1 (3) Satz 3:
  Bei Tätigkeiten (wie z. B. Befüllen oder Entleeren von Tanks, Verpacken oder Auspacken) von
  Beschäftigten (wie z. B. Fahrern), die im Zusammenhang mit der Beförderung von Gefahrstof-
  fen ausgeübt werden, hat der Arbeitgeber Folgendes zu gewährleisten:
- spezifische **Gefahrstoff-Gefährdungsbeurteilung** (§§ 6, 11 GefStoffV i. V. m.. TRGS 400)
- **Verzeichnis** der im Betrieb verwendeten Gefahrstoffe (§ 6 (10) GefStoffV)
- **persönliche Schutzausrüstung** (§ 7 (6) GefStoffV)
- **Reinigung** von durch Gefahrstoffe verunreinigter Arbeitskleidung (§ 9 (5) S. 2 GefStoffV)
- **Betriebsanweisung** (§ 14 (1) GefStoffV)
- **Unterweisung** (§ 14 (2) GefStoffV).

12.1.2   Abfall*spezifische* Arbeitsschutzvorschriften

**Berufsgenossenschaftliche Vorschrift „Müllbeseitigung"
(DGUV Vorschrift 43)**

Beispiel:

- § 15:
  *Werden in Müllbehältern gefährliche Stoffe festgestellt, so dürfen die Behälter nicht entleert
  werden. Wird festgestellt, dass ein Müllbehälter mit derartigem Inhalt bereits in ein Müllsam-
  melfahrzeug entleert ist, muss die Beförderung sofort stillgesetzt werden.*

Berufsgenossenschaftliche Regel „Abfallsammlung"
(DGUV Regel 114-601)

Berufsgenossenschaftliche Information „Sicherer Einsatz von Absetzkippern"
(DGUV Information 214-016)

Berufsgenossenschaftliche Information „Sicherheitstechnische Anforderungen an
Straßen und Fahrwege für die Sammlung von Abfällen"
(DGUV Information 214-033)

Technische Regel für Biologische Arbeitsstoffe „Abfallsammlung: Schutzmaßnahmen"
(TRBA 213)

12.2 Ladungssicherung

Generell gilt: § 22 (1) StVO:

Die Ladung (einschließlich Geräte zur Ladungssicherung sowie Ladeeinrichtungen) sind so zu verstauen und zu sichern, dass sie selbst bei Vollbremsung oder plötzlicher Ausweichbewegung nicht verrutschen, umfallen, hin- und herrollen, herabfallen oder vermeidbaren Lärm erzeugen können. Dabei sind die anerkannten Regeln der Technik (= VDI-Richtlinie 2700) zu beachten.

Verantwortlich sind:

- Fahrer: 50 € + 1 Punkt, bei Gefährdung Dritter   75 € + 3 Punkte
- Verlader: 50 € + 1 Punkt, bei Gefährdung Dritter   75 € + 1 Punkt
- Fahrzeughalter: 270 € + 3 Punkte, bei Gefährdung Dritter 325 € + 3 Punkte

Speziell bei Gefahrgut gilt Unterabschnitt 7.5.7.1 ADR:

Versandstücke, die gefährliche Güter enthalten, … müssen **durch geeignete Mittel** (z. B. Befestigungsgurte) gesichert werden. Diese müssen in der Lage sein, die Güter im Fahrzeug oder Container so zurückzuhalten, dass **eine Bewegung** während der Beförderung **verhindert wird**

- die die Ausrichtung der Versandstücke verändert

  oder

- die zu einer Beschädigung der Versandstücke führt.

Wenn gefährliche Güter zusammen mit anderen Gütern (z. B. schwere Maschinen oder Kisten) befördert werden, müssen **alle** Güter in den Fahrzeugen oder Containern so gesichert oder verpackt werden, dass das Austreten gefährlicher Güter verhindert wird.

Die Bewegung der Versandstücke kann auch durch das **Auffüllen von Hohlräumen** mithilfe von Stauhölzern oder durch Blockieren und Verspannen verhindert werden.

Wenn Verspannungen wie Bänder oder Gurte verwendet werden, dürfen diese nicht überspannt werden, so dass es zu einer Beschädigung oder Verformung des Versandstücks kommt.

Verantwortlich sind:

- Fahrer: 300 €
- Verlader: 500 €
- Beförderer: 800 €

LERNZIELKONTROLLE ZU I.12

Lernzielkontrolle – Aufgabe I.12-1

Der Fahrer eines Saug-Druck-Tankfahrzeugs eines Abfallentsorgers soll bei einem Abfallerzeuger Lösemittelgemische laden, die leicht entzündbar im Sinne des Chemikalienrechtes sind. Muss der Arbeitgeber vorher die für den Fahrer damit verbundenen Gefährdungen beurteilen und falls erforderlich entsprechende Schutzmaßnahmen festlegen?

Lernzielkontrolle – Lösung Aufgabe I.12-1

Ja. Dazu ist der Arbeitgeber gemäß GefStoffV verpflichtet.

13 Betriebliche Risiken und die einschlägigen Versicherungen

Durch die betriebliche Tätigkeit können **geschädigt** werden:

- die **Abfälle**, die gesammelt/befördert/gelagert/behandelt/verwertet/beseitigt werden
- **Menschen**:
  - betriebzugehörige
  - betriebsfremde
- **Sachen**
  - die jemandem gehören
  - die allen gehören (Umwelt).

EfbV und AbfAEV schreiben den Abschluss der folgenden Versicherungen vor:

	Betriebshaftpflicht	Umwelthaftpflicht	Kfz-Haftpflicht	Umweltschaden
Lagern*	x	x		x
Behandeln	x	x		x
Verwerten	x	x		x
Beseitigen	x	x		x
Handeln	x			
Makeln	x			
Sammeln		x	x	x
Befördern		x	x	x
* nur gemeinsam mit Verwerten und/oder Beseitigen.				

LERNZIELKONTROLLE ZU I.13

Lernzielkontrolle – Aufgabe I.13-1

Muss ein Unternehmen, das mit Abfällen makelt, und Efb ist, eine Betriebshaftpflichtversicherung abgeschlossen haben?

Lernzielkontrolle – Lösung Aufgabe I.13-1

Ja. Das ist gemäß EfbV vorgeschrieben.

14 Bezüge zum Güterkraftverkehrs- und Gefahrgutrecht

14.1 Güterkraftverkehrsrecht

GüKG:

- § 3 (1):
  Wer **in Deutschland** gewerblichen Güterkraftverkehr[1] betreiben will, bedarf der **Erlaubnis**.

Verordnung (EG) Nr. 1072/2009:

- Art. 3:
  Wer **in der EU** gewerblichen Güterkraftverkehr[1] betreiben will, bedarf der **Gemeinschaftslizenz** („EU-Lizenz")

- Das Betreiben von grenzüberschreitendem gewerblichem Güterkraftverkehr **ohne** Gemeinschaftslizenz gilt als „schwerster Verstoß" und stellt regelmäßig die Zuverlässigkeit des Betroffenen in Frage.

Ist die Beförderung der Abfälle „gewerblich"/„gewerbsmäßig"?

Falls ja („gewerblicher Güterkraftverkehr"):	Falls nein („Werkverkehr"):
→ Erlaubnis gemäß GüKG, falls LKW > 3,5 t zulässiges Gesamtgewicht → Anzeige oder Erlaubnis/„A"-Tafeln gemäß KrWG	→ keine Erlaubnis gemäß GüKG → nur Anzeige gemäß KrWG/keine „A"-Tafeln gemäß KrWG

Berufszugangsverordnung für den Güterkraftverkehr (GBZugV):

- § 4:
  Fachlich geeignet ist, wer über die **Kenntnisse** verfügt, die zur ordnungsgemäßen Führung eines Güterkraftverkehrsunternehmens erforderlich sind, und zwar auf den jeweiligen Sachgebieten, die im Anhang I Teil I der VO (EG) Nr. 1071/2009 aufgeführt sind.

Verordnung (EG) Nr. 1071/2009:

- Anhang I Teil I, Abschnitt G Nr. 8:
  Verfahren zur Einhaltung der Regeln für **Abfalltransporte** durchführen können, die sich insbesondere aus der VO (EG) Nr. 1013/2006 ergeben.

---

[1] mit Kraftfahrzeugen, die einschließlich Anhänger ein höheres zulässiges Gesamtgewicht als 3,5 Tonnen haben; das gilt auch für Abfalltransporte.

14.2 Gefahrgutrecht (insbesondere ADR, GGVSEB, GGAV)

Abfälle können gefährliche Güter gemäß ADR sein.

ADR	Europäisches Übereinkommen über die internationale Beförderung gefährlicher Güter auf der Straße, gibt es seit 1957, wird alle 2 Jahre geändert
GGVSEB	Gefahrgutverordnung Straße, Eisenbahn und Binnenschifffahrt, gibt es seit 1970, wird alle 2 Jahre geändert
RSEB	Durchführungsrichtlinien Gefahrgut, betroffene Verkehrsträger: Straße, Eisenbahn, Binnenschifffahrt, enthält u. a. den Bußgeldkatalog, wird alle 2 Jahre geändert
GGAV	Gefahrgutausnahmeverordnung, betroffene Verkehrsträger: Straße, Eisenbahn, Binnenschifffahrt, Seeschifffahrt, enthält Ausnahmen, u. a. vom ADR für innerdeutsche Beförderungen
GbV	Gefahrgutbeauftragtenverordnung, betroffene Verkehrsträger: Straße, Eisenbahn, Binnenschifffahrt, Seeschifffahrt, Beförderer von Abfällen, die gefährlich i. S. d.. ADR sind, brauchen regelmäßig einen Gefahrgutbeauftragten (intern oder extern)
ADR	enthält Folgendes:

- Wann ist ein Gut (einschließlich Abfall) überhaupt ein Gefahrgut?
  - Ein Gut, das gemäß ADR gefährliche Eigenschaft(en) hat, wird einer der Gefahrgutklassen 1, 2, 3, 4.1, 4.2, 4.3, 5.1, 5.2, 6.1, 6.2, 7, 8 oder 9 zugeordnet.
    <u>Beispiel:</u> Aceton ist eine Flüssigkeit mit einem Flammpunkt von –20 °C
    → entzündbare Flüssigkeit → Gefahrgutklasse 3.
  - Außerdem wird das Gut einer vierstelligen Nummer zugeordnet, der sogenannten UN-Nummer (UN = United Nations = Vereinte Nationen).
    <u>*Beispiel:*</u> *Aceton → UN 1090.*
- → Dann muss das richtige Umschließungsmittel bestimmt werden. Das kann z. B. sein
  - eine Verpackung, wie ein Fass oder Sack
  - ein austauschbarer Ladungsträger, wie ein Absetz- oder Abrollbehälter
  - ein Tank, wie ein festverbundener Tank oder ein Aufsetztank
- → Dann müssen die richtigen Kennzeichnungselemente für das Umschließungsmittel bestimmt werden. Das sind regelmäßig
  - die UN-Nummer
  - der (die) Gefahrzettel
  - die orangefarbenen Tafeln („Warntafel")

- → Dann müssen die richtigen Begleitpapiere bestimmt werden. Das können z. B. sein
  ◦ das ADR-Beförderungspapier mit den vorgeschriebenen Angaben (diese können auch auf einem Abfallbegleit-/-übernahmeschein eingetragen sein)
  ◦ die schriftlichen Weisungen (Unfallmerkblatt)
  ◦ die ADR-Fahrzeugzulassungsbescheinigung (z. B. für Tankfahrzeuge)
  ◦ der ADR-Führerschein (Bescheinigung über die besondere Schulung des Gefahrgut-Fahrzeugführers)
- → Dann muss die richtige Ausrüstung des Fahrzeugs bestimmt werden. Das kann sein
  ◦ die Feuerlöschausrüstung
  ◦ die persönliche Schutzausrüstung für Fahrer/ggf. Fahrzeugbesatzung

Für Gefahrgut, das Abfall ist, gelten für die Beförderung grundsätzlich die gleichen Bedingungen wie für Gefahrgut, das kein Abfall ist, mit den folgenden **Besonderheiten**:

Vermerk der Abfalleigenschaft im Beförderungspapier:

- Bei Abfall ist hinter der UN-Nummer das Wort „Abfall" einzufügen;
- *Beispiel:* „UN 1090 **Abfall** Aceton 3 II (D/E)" (5.4.1.1.3 ADR).

Großpackmittel („IBC", „ASF", „ASP"):

Alle metallenen IBC, alle starren Kunststoff-IBC und alle Kombinations-IBC müssen wiederkehrenden Inspektionen und Prüfungen unterzogen werden, und zwar wie folgt:

- alle 2,5 Jahre:
  ◦ „kleine Inspektion" gemäß 6.5.4.4.1 Satz 1 b) ADR
  ◦ Dichtheitsprüfung für IBC für flüssige Stoffe und für feste Stoffe, die unter Druck eingefüllt oder entleert werden gemäß 6.5.4.4.2 Satz 1 b) ADR
- alle 5 Jahre:
  ◦ „große Inspektion" gemäß 6.5.4.4.1 Satz 1 a ADR (gilt nicht für starre Kunststoff-IBC und Kombinations-IBC mit einem Kunststoff-Innenbehälter, weil für diese IBC-Typen gemäß 4.1.1.15 ADR die zulässige Verwendungsdauer für gefährliche Güter, vom Datum ihrer Herstellung an gerechnet, nach fünf Jahren endet).

Ein IBC darf nach Ablauf der Frist für die wiederkehrende Inspektion oder Prüfung nicht mehr befüllt oder zur Beförderung aufgegeben werden. **Ausnahme: Abfälle: Überziehung um 6 Monate zulässig** (4.1.2.2 ADR).

Beispiel: *Ein IBC ist wie folgt gekennzeichnet:* ⊕ *31A/Y/**0614/**…/**0614/**…*
              0614 *= Juni 2014 = Monat und Jahr der Herstellung*
              0614 *= Juni 2014 = Monat und Jahr der letzten Inspektion und Dichtheitsprüfung*

*Dieser IBC soll im Mai 2017 mit „UN 1090 **Abfall** Aceton 3 II (D/E)" befüllt und befördert werden. Ist das zulässig?*

Ja, da bei Abfällen ein Überschreiten der zulässigen Verwendungsdauer um max. 6 Monate zulässig ist (Juni 2014 – nächste Inspektion und Dichtheitsprüfung = Dezember 2016 + 6 Monate).

Im Beförderungspapier ist in diesem Fall zusätzlich zu den sonstigen Angaben einzutragen: „**Beförderung nach Unterabschnitt 4.1.2.2 b)**", um die Fristüberschreitung zu erklären.

Saug-Druck-Tanks

Saug-Druck-Tanks, die nicht vollständig den Vorschriften des Kapitels 6.7 oder 6.8 des ADR entsprechen, dürfen trotzdem für die Beförderung von Abfällen verwendet werden, wenn sie den Vorschriften der Kapitel 4.5 und 6.10 des ADR entsprechen. Das muss dann in der ADR-Fahrzeugzulassungsbescheinigung im Feld 6 wie folgt dokumentiert sein: „**Saug-Druck-Tankfahrzeug für Abfälle**" (9.1.3.3 Satz 7 ADR).

Saug-Druck-Tanks für Abfälle, die nach den bis zum 30.06.1999 geltenden Vorschriften des ADR zugelassen worden sind, dürfen unter den Bedingungen der Ausnahme 22 GGAV weiter verwendet werden. Das muss dann in der ADR-Fahrzeugzulassungsbescheinigung im Feld 11 wie folgt dokumentiert sein: „**Ausnahme 22**" (Nr. 3 Satz 1 Ausnahme 22 GGAV).

Beförderung von Abfällen, die gefährliche Güter nach ADR sind

Beispiel: Dichtungsmassen

– enthielten früher häufig polychlorierte Biphenyle (PCB).

– sind Gefahrgut, wenn sie mehr als 50 mg PCB je kg alte Dichtungsfugen enthalten.

– sollen zur Beseitigung in Fässer aus Metall verpackt, gekennzeichnet und befördert werden.

Die Fässer müssen vor der Beförderung wie folgt gekennzeichnet und bezettelt werden:

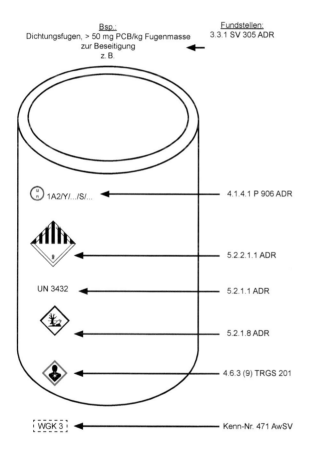

Bsp.:
Dichtungsfugen, > 50 mg PCB/kg Fugenmasse
zur Beseitigung
z. B.

Fundstellen:
3.3.1 SV 305 ADR

1A2/Y/.../S/... ← 4.1.4.1 P 906 ADR

← 5.2.2.1.1 ADR

UN 3432 ← 5.2.1.1 ADR

← 5.2.1.8 ADR

← 4.6.3 (9) TRGS 201

WGK 3 ← Kenn-Nr. 471 AwSV

Unabhängig von der zu befördernden Menge, also ab 0 kg, muss Folgendes vorhanden sein:

- Beförderungspapier mit dem Eintrag u. a. „*UN 3432 Abfall Polychlorierte Biphenyle, fest, 9, II, (D/E), ... Fässer, ... kg*" (= 5.4.1 ADR)

- Abfallbegleit-/-übernahmeschein (elektronisch und/oder Papier) mit dem Eintrag „*170902 Bau- und Abbruchabfälle, die PCB enthalten*" (= §§ 10, 12, 18 NachwV)

- Beförderungserlaubnis[1] (= § 54 KrWG/AbfAEV), alternativ Efb-Zertifikat mit „Befördern" und Anzeige (= § 54 (3) Nr. 2 KrWG)

- Schriftliche Weisungen (= Unfallmerkblatt = 5.4.3 ADR)

- Gefahrgutführerschein (= 8.2 ADR)

- Komplette ADR-Ausrüstung LKW (= 8.1.4 und 8.1.5 ADR)

- Gefahrgut-Warntafeln am LKW vorne und hinten (= 5.3.2 ADR)

- A-Warntafeln am LKW vorne und hinten[2] (= § 55 KrWG / § 10 AbfVerbrG)

- Gefahrgutbeauftragter (= § 3 GbV)

Ausnahme 20 GGAV

Für die Beförderung verpackter gefährlicher Abfälle enthält die Ausnahme 20 einige Erleichterungen.

Beispiel:
Feuerlöscher sind Gefahrgut der UN-Num-mer 1044. Als Abfall dürfen sie auch in fol-genden nicht bauartgeprüften und -zugelas-senen Verpackungen befördert werden:

- *Boxpaletten aus Metall oder Kunststoff*

- Gitterboxpaletten, wobei die Palette auch aus Holz bestehen darf:
  (= Nr. 2.13 Ausnahme 20 GGAV);
  gemäß ADR (= 3.3.1 Sondervorschrift 594) ist das nicht zulässig. An der Gitterbox ist der
  Gefahrzettel Muster Nr. 2.2
  anzubringen; eine Kennzeich-
  nung der Gitterbox mit „UN 1044" ist nicht erforderlich.

- Die Gitterbox darf max. 60 kg Feuerlöscher enthalten.

- Im Beförderungspapier ist u. a. anzugeben:
  „*Abfallgruppe 1.3, Gefahrzettelmusternummer 2.2, Klassifizierungscode 6A, Tunnelbeschrän-kungscode (D), 1 Gitterbox, Ausnahme 20*".

Alle anderen Vorschriften des ADR müssen angewendet werden:
Gefahrgutführerschein, Unfallmerkblatt, Ausrüstung LKW, Warntafel LKW usw.

---

[1] nur falls gewerbsmäßig; falls nicht gewerbsmäßig: Anzeige
[2] nur falls gewerbsmäßig

LERNZIELKONTROLLE ZU I.14

Lernzielkontrolle – Aufgabe I.14-1

In einem Unternehmen fallen regelmäßig Lösemittelabfälle an, die entzündbar im Sinne der Gefahrguttransportvorschriften sind, und in Tankcontainern (3 m³) durch einen Entsorger befördert werden. Der Abfallerzeuger befüllt die Tankcontainer aber nicht selbst, sondern lässt diese Aufgabe gemäß Vertrag durch den Entsorger bzw. dessen Fahrer erledigen. Braucht der Erzeuger trotzdem einen Gefahrgutbeauftragten?

Lernzielkontrolle – Lösung Aufgabe I.14-1

Ja. Nach deutschem Recht ist man Befüller auch dann, wenn man den Tankcontainer nicht selbst befüllt, sondern befüllen lässt. Der Befüller ist zur Bestellung eines Gefahrgutbeauftragten (intern oder extern) verpflichtet.

15　Art und Beschaffenheit von gefährlichen Abfällen

15.1　Gefährliche und nicht gefährliche Abfälle

Unterteilung von Abfällen in

- Abfälle <u>mit</u> gefährlichen Eigenschaften = „gefährliche Abfälle"
- Abfälle <u>ohne</u> gefährlichen Eigenschaften = „nicht gefährliche Abfälle"

Definition in § 3 (5) KrWG:

- *„Gefährlich im Sinne dieses Gesetzes sind die Abfälle, die durch Rechtsverordnung nach § 48 Satz 2 oder auf Grund einer solchen Rechtsverordnung bestimmt worden sind. Nicht gefährlich im Sinne dieses Gesetzes sind alle übrigen Abfälle."*

Definition in Art. 3 Nr. 2 der RL 2008/98/EG (= EG-Abfall-Rahmen-RL)

- *„gefährlicher Abfall': Abfall, der eine oder mehrere der in Anhang III aufgeführten gefährlichen Eigenschaften aufweist"*

Besondere **Rechtsfolgen bei „gefährlichen Abfällen"**:

- Grundsätzliches **Vermischungsverbot** und **Trenngebot** nach § 9 (2) KrWG
  - Verbot der Vermischung (auch Verdünnung) gefährlicher Abfälle verschiedener Art oder mit anderen Abfällen, Stoffen, Materialien
  - Ausnahme: Vermischung in BImSch-Anlage nach dem Stand der Technik ist erlaubt
    - Beispiel: Verfestigung von Asbeststaub in einer Verfestigungsanlage an der Arbeitsstätte nach der TRGS 519 Nr. 18.1 (3)
- **Andienungs**pflichten aufgrund von § 17 (4) KrWG
  - Bundesländer dürfen bestimmen, dass gefährliche Abfälle zur Beseitigung nur in bestimmten Anlagen entsorgt werden dürfen;
    - wird derzeit angewendet in: BW, BY, BE, BB, HH, NI, RP
  - Bundesländer dürfen das auch für gefährliche Abfälle zur Verwertung, wenn es dazu Altregelungen gab („Bestandsschutz")
    - wird derzeit nur angewendet in: RP
- **Anzeige**pflicht der **freiwilligen Rücknahme** nach § 26 (2) KrWG
  - Hersteller/Vertreiber müssen anzeigen, wenn sie gebrauchte Erzeugnisse als gefährliche Abfälle freiwillig zurücknehmen
- Pflicht zur **besonderen behördlichen Überwachung** nach § 47 (2) KrWG
  - Behörde überprüft in regelmäßigen Abständen und in angemessenem Umfang
  - Erzeuger, Entsorger, Sammler, Beförderer, Händler, Makler
- **Nachweis**pflichten nach § 50 (1) KrWG
  - Formalisiertes Nachweisverfahren nach der NachwV
  - Erzeuger, Besitzer, Sammler, Beförderer, Entsorger

- **Register**pflichten nach § 49 (3) KrWG
  - Aufzeichnungen (Register) mit Mindestangaben zur Menge, Art und Ursprung der Abfälle
  - Erzeuger, Besitzer, Sammler, Beförderer, Händler, Makler: nur bei gefährlichen Abfällen
  - Entsorger: bei allen Abfällen
- Notwendigkeit einer **Erlaubnis** nach § 54 (1) KrWG
  - Sammler, Beförderer, Händler, Makler für die Ausübung der jeweiligen Tätigkeit
  - Ausnahmen: örE und zertifizierte Entsorgungsfachbetriebe brauchen keine Erlaubnis
- Kriterium für die Bestellpflicht eines **Betriebsbeauftragten für Abfall** nach § 59 (1) KrWG und § 2 AbfBeauftrV. Einen Abfallbeauftragten brauchen z. B.
  - Betreiber von Anlagen nach Anhang 1, Nr. 1 bis 7, 9 und 10 der 4. BImSchV, wenn > 100 t/ Jahr gefährliche Abfälle anfallen
  - Krankenhäuser/Kliniken, wenn > 2 t/Jahr gefährliche Abfälle anfallen
  - Hersteller/Vertreiber, die mehr als 2 t/Jahr freiwillig zurücknehmen
- Kriterium für Erfordernis und Art einer **Genehmigung der Entsorgungsanlage** nach § 4 (1) BImSchG i. V. m.. Anhang 1 Nr. 8 der 4. BImSchV
  - Beispiel: ortsfeste Anlagen zur chemischen Behandlung von Abfällen brauchen eine BImSch-Genehmigung
    - bei gefährlichen Abfällen: immer (und im förmlichen Verfahren)
    - bei nicht gefährlichen Abfällen: erst bei einem Durchsatz von mehr als 10 t/Tag (vereinfacht, bei mehr als 50 t/Tag förmlich)
- Kriterium für zwingende Notwendigkeit eines **Planfeststellungsverfahrens bei Abfalldeponien** nach § 35 (3) Satz 3 Nr. 1 KrWG
  - Vereinfachte Zulassung einer Deponie durch Plangenehmigung nach § 74 (6) VerwVerfG anstelle einer Planfeststellung ist bei Deponien für gefährliche Abfälle nicht erlaubt
    - Planfeststellung: u. a. Standortbegründung, Erforderlichkeit, Technikalternativen, Standortauswahl, Umweltverträglichkeitsprüfung, kein Rechtsanspruch (behördlicher Abwägungsvorbehalt), Öffentlichkeitsbeteiligung, Anhörung, Erörterung
    - Plangenehmigung: keine Öffentlichkeitsbeteiligung, keine Beteiligung der Umweltverbände, keine Umweltverträglichkeitsprüfung

Zur Beschreibung der Gefährlichkeit eines Abfalls gibt es formale und materielle Kriterien.

15.2   Formale Gefährlichkeitskriterien

Europäisches Abfallverzeichnis (EAV) und Abfallverzeichnisverordnung (AVV)

– wenn **gefährlich**:   Abfallschlüssel **mit** „*" (**Sternchen**)-Markierung

– wenn **nicht gefährlich**: Abfallschlüssel **ohne** „*" (**Sternchen**)-Markierung

Im Abfallverzeichnis gibt es

– 230   Abfallschlüssel für „stets" als gefährlich eingestufte Abfälle (Absolute hazardous, AH)

– 178   weitere Abfallschlüssel für gefährliche Abfälle mit (nahezu) gleichlautenden Einträgen für nicht-gefährliche Abfälle = „**Spiegeleinträge**", gefährlich (Mirror hazardous, MH)

– 188   weitere Abfallschlüssel für nicht gefährliche Abfälle mit (nahezu) gleichlautenden Einträgen für gefährliche Abfälle = „**Spiegeleinträge**", nicht gefährlich (Mirror non-hazardous, MNH)

– 246   weitere Abfallschlüssel für ausschließlich nicht gefährliche Abfälle (Absolute non-hazardous, ANH)

Beispiel: **Altölabfälle** = Kapitel 13 Anhang AVV

– alle Abfallschlüssel im Kapitel 13 = „Ölabfälle und Abfälle aus flüssigen Brennstoffen" haben Sternchen

– → Altölabfälle gelten also regelmäßig („stets") als gefährliche Abfälle

Beispiel: **Farb-/Lackschlämme** = Kapitel 08 Anhang AVV

– Spiegeleintrag (gefährlich):   08 01 13* = Farb- oder Lackschlämme, die organische Lösemittel oder andere gefährliche Stoffe enthalten

– Spiegeleintrag (nicht gefährlich): 08 01 14 =   Farb- oder Lackschlämme mit Ausnahme derjenigen, die unter 08 01 13 fallen

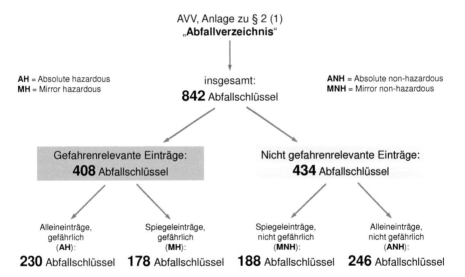

AVV, Anlage zu § 2 (1)
„Abfallverzeichnis"

AH = Absolute hazardous
MH = Mirror hazardous

insgesamt:
842 Abfallschlüssel

ANH = Absolute non-hazardous
MNH = Mirror non-hazardous

Gefahrenrelevante Einträge:
408 Abfallschlüssel

Nicht gefahrenrelevante Einträge:
434 Abfallschlüssel

Alleineinträge,
gefährlich
(**AH**):
230 Abfallschlüssel

Spiegeleinträge,
gefährlich
(**MH**):
178 Abfallschlüssel

Spiegeleinträge,
nicht gefährlich
(**MNH**):
188 Abfallschlüssel

Alleineinträge,
nicht gefährlich
(**ANH**):
246 Abfallschlüssel

Arten und Anzahl der Abfallschlüssel im Abfallverzeichnis

15.3   Materielle Gefährlichkeitskriterien

Die materiellen Gefährlichkeitskriterien des Abfallrechts ergeben sich aus

- § 3 (5) KrWG = Verweis auf § 48 KrWG
  ○ gefährliche Abfälle werden ausdrücklich bestimmt
  ○ alle anderen Abfälle sind nicht gefährlich
- § 48 KrWG = Ermächtigung für Rechtsverordnung (= AVV)
  ○ Regelfall: Bezeichnung und Gefährlichkeit werden allgemein festgelegt
  ○ Einzelfall: zuständige Behörde kann bestimmte Abfälle als gefährlich einstufen
- § 3 (2) AVV = Verweis auf Richtlinie 2008/98/EG (Abfall-Rahmen-RL)
  ○ 14. Erwägungsgrund: Maßstab für die Einstufung eines Abfalls als gefährlich = EU-Chemikalienrecht (auch Konzentrationsgrenzwerte)
  ○ angestrebt wird: harmonisierte Einstufung von Abfällen innerhalb der EU
  ○ Art. 2 und Anhang III: 15 gefahrenrelevante Eigenschaften („HP-Gruppen")

Gefährliche Abfalleigenschaften und die HP-Gruppen nach Anhang III der EU-AbfRRL

Eigen-schaft	Bezeichnung	Erläuterung	CLP-Gefahrenhinweise (H-Hinweise) und Grenzwerte
HP1	Explosiv	Abfall, der durch chemische Reaktion Gase solcher Temperatur, solchen Drucks und solcher Geschwindigkeit erzeugen kann, dass hierdurch Zerstörungen in der Umgebung eintreten (z. B. pyrotechnische Abfälle, explosive organische Peroxide und explosive selbstzer-setzliche Abfälle).	H200, H201, H202, H203, H204, H240, H241
HP2	Brandfördernd	Abfall, der in der Regel durch Zufuhr von Sauerstoff die Verbrennung anderer Materialien verursachen oder begünstigen kann.	H270, H271, H272

HP3	Entzündbar	– entzündbarer flüssiger Abfall:
		  ○ flüssiger Abfall, Flammpunkt < 60 °C oder
		  ○ Abfälle von Gasöl, Diesel, leichte Heizöle, Flammpunkt > 55 °C und ≤ 75 °C
		– entzündbarer pyrophorer flüssiger/fester Abfall: Entzündung, auch in kleinen Mengen, in Berührung mit Luft innerhalb von 5 min;
		– entzündbarer fester Abfall: leicht brennbar, kann durch Reibung Brand verursachen oder fördern;
		– entzündbarer gasförmiger Abfall: bei 20 °C/101,3 kPa entzündbar;
		– mit Wasser reagierender Abfall: bei Berührung mit Wasser Abgabe gefährlicher Mengen entzündbarer Gase
		– sonstiger entzündbarer Abfall: Aerosole, selbsterhit-zungsfähiger Abfall, organische Peroxide und selbstzersetzlicher Abfall
			H220, H221, H222, H223, H224, H225, H226, H228, H242, H250, H251, H252, H260, H261

Eigen-schaft	Bezeichnung	Erläuterung	CLP-Gefahrenhinweise (H-Hinweise) und Grenzwerte
HP4	Reizend – Hautreizung und Augen-schädigung	Abfall, der bei Applikation Hautreizungen oder Augenschädigungen verursachen kann.	H314 ≥ **1 %**, **< 5 %** (≥ 5 % = HP8) H318 ≥ **10 %** H315+H319 ≥ **20 %**
HP5	Spezifische Zielorgan-Toxizität (STOT)/ Aspirations-gefahr	Abfall, der nach einmaliger oder nach wiederholter Exposition Toxizität für ein spezifisches Zielorgan verursachen kann oder akute toxische Wirkungen nach Aspiration verursacht.	H370, H372 ≥ **1 %** H371, H373, H304 ≥ **10 %** H335 ≥ **20 %**
HP6	Akute Toxizität	Abfall, der nach oraler, dermaler oder Inhalationsex-position akute toxische Wirkungen verursachen kann. *) H …/1 bedeutet akuttoxisch, Kategorie 1, H …/2 akuttoxisch, Kategorie 2	H300/1*), H330/1 ≥ **0,1 %** | H300/2, H310/1 ≥ **0,25 %** | H330/2 ≥ **0,5 %** | H310/2 ≥ **2,5 %** | H331 ≥ **3,5 %** | H301 ≥ **5 %** | H311 ≥ **15 %** | H332 ≥ **22,5 %** | H302 ≥ **25 %** | H312 ≥ **55 %**
HP7	Karzinogen	Abfall, der Krebs erzeugen oder die Krebshäufigkeit erhöhen kann.	H350 ≥ **0,1 %** H351 ≥ **1,0 %**
HP8	Ätzend	Abfall, der bei Applikation Hautverätzungen verursa-chen kann.	H314 ≥ **5 %**
HP9	Infektiös	Abfall, mit lebensfähigen Mikroorganismen oder Toxinen, die im Menschen oder anderen Lebewesen erwiesenermaßen oder vermutlich eine Krankheit hervorrufen.	
HP10	Reproduktions-toxisch	Abfall, der Sexualfunktion und Fruchtbarkeit bei Mann und Frau beeinträchtigen und Entwicklungs-toxizität bei den Nachkommen verursachen kann.	H360 ≥ **0,3 %** H361 ≥ **3,0 %**
HP11	Mutagen	Abfall, der eine Mutation, d. h. eine dauerhafte Veränderung von Menge oder Struktur des genetischen Materials in einer Zelle verursachen kann.	H340 ≥ **0,1 %** H341 ≥ **1,0 %**
HP12	Freisetzung toxischer Gase	Abfall, der bei Berührung mit Wasser oder einer Säure akut toxische Gase freisetzt (Akute Toxizität 1, 2 oder 3).	EUH029, EUH031, EUH032
HP13	Sensibilisie-rend	Abfall, der einen oder mehrere Stoffe enthält, die bekanntermaßen sensibilisierend für die Haut oder die Atemwege sind.	H317, H334 ≥ **10 %**
HP14	Ökotoxisch	Abfall, der unmittelbare oder mittelbare Gefahren für einen oder mehrere Umweltbereiche darstellt oder darstellen kann.	H410 ≥ **0,25 %** | H411 ≥ **2,5 %** | H400, H412 ≥ **25 %** | H420 ≥ **0,1 %**
HP15	Abfall, der eine der oben genannten gefahrenrelevanten Eigenschaf-ten entwickeln kann, die der ursprüngliche Abfall nicht unmittelbar aufweist.		H205, EUH001, EUH019, EUH044

Die **HP-Gruppen** nehmen unmittelbar Bezug auf

- die Einstufungskriterien
  - der Verordnung (EG) Nr. 1272/2008 (CLP-VO)
- Ausnahmen:
  - H9 (infektiös)
  - H15 (nicht unmittelbar gefährliche Eigenschaft).

Beispiel: Abfall-Phosphorsäurelösung

- Chemikalienrechtliche Einstufung von Phosphorsäure:
  - SKIN CORR. 1B; H314 → HP8
  - MET. CORR. 1; H290 → keine HP-Gruppe
- Abfall ≥ 5 % Phosphorsäure:
  - ≥ 5 % SKIN CORR. 1B; H314 → HP8 → gefährlich → „*"
  - Abfallschlüssel: z. B. 06 01 04* (Phosphorsäure und phosphorige Säure)
  - aber: nach der CLP-VO gibt es für Phosphorsäure spezifische Konzentrationsgrenzen
    - ≥ 25 % → SKIN CORR. 1B; H314 (ätzend)
    - ≥ 10 % bis 25 % → SKIN IRRIT. 2; H315 (hautreizend)
    - ≥ 10 % bis 25 % → EYE IRRIT. 2, H319 (augenreizend)
    - < 10 %: weder ätzend noch reizend
- Abfall < 5 % Phosphorsäure:
  - keine Einstufung → nicht gefährlich → kein „*"
  - Abfallschlüssel: z. B. 06 02 99 (Abfälle a.n.g.)

15.4 Anforderungen an den Umgang mit Abfällen, die chemikalienrechtlich gefährlich sind

15.4.1 Grundsätzliche chemikalienrechtliche Anforderungen für Abfälle

Abfälle zur Verwertung/zur Beseitigung

– unterliegen zwar grundsätzlich dem Chemikalienrecht (insbesondere der **GefStoffV**)

– unterliegen aber **nicht den EU-Vorschriften für das Inverkehrbringen** gefährlicher Stoffe, Gemische und Erzeugnisse, das bedeutet:
  ◦ **kein Sicherheitsdatenblatt**[1] nach **REACH-VO**
  ◦ **keine Einstufung/Kennzeichnung**[2] nach der **CLP-VO** (= EU-GHS-VO)

aber:

Einstufung und Kennzeichnung bei „Tätigkeiten" (= Umgang) mit Gefahrstoffen in Deutschland nach **TRGS 201**

– gilt auch für Abfälle, wenn diese Gefahrstoffe sind!

→ Beim Umgang mit Abfällen, die Gefahrstoffe sind, müssen insbesondere
  ◦ **Gefährdungsbeurteilungen** durchgeführt
  ◦ **Schutzmaßnahmen** festgelegt
  ◦ **Betriebsanweisungen** erstellt und
  ◦ **Unterweisungen** durchgeführt

werden.

15.4.2 Anforderungen nach 4.6 TRGS 201 für gefährliche Abfälle

15.4.2.1 Allgemeines

– kein Unterschied zwischen Abfälle zur Verwertung oder zur Beseitigung

– Kennzeichnung nach § 8 (2) GefStoffV beim Umgang (= Erfassung, Sammlung, Aufbewahrung, innerbetriebliche Beförderung)

– innerbetrieblich = Betriebsgelände mit Werkszaun oder Zugangskontrolle (auch Industrieparks)

– maßgeblich für Umfang der Kennzeichnung ist Gefährdungsbeurteilung

---

[1] nach VO (EG) Nr. 1907/2006, Art. 2 (2) sind Abfälle von der Anwendung und damit von der Pflicht zur Erstellung/Lieferung von Sicherheitsdatenblättern ausgenommen

[2] nach VO (EG) Nr. 1272/2008, Art. 1 (3) sind Abfälle von der Anwendung und damit von der Pflicht zur Einstufung/Kennzeichnung ausgenommen

15.4.2.2 Gefahrstoffeinstufung von Abfällen

- Rückgriff auf bekannte Daten
- umfangreiche Prüfungen sind normalerweise nicht notwendig
  (außer z. B. Flammpunkt, pH-Wert, Schwermetallgehalt)
- bei Entsorgung ungebrauchter Gefahrstoffe: Verwendung der Originaleinstufung
- vereinfachte Einstufung zulässig (siehe auch Kapitel 10.3 dieses Buches)
- Anteil gefährliche Inhaltsstoffe, bei Unsicherheiten strengere Einstufung
- Informationsquellen zur Abschätzung der Gefährlichkeit eines Abfalls
  - Sicherheitsdatenblätter (Abschnitte 2 und 3): Einstufung der Stoffe/Gemische sowie der Inhaltsstoffe
  - Stoffliste in Anhang VI der CLP-VO: „harmonisierte" Einstufungen
  - Einstufungs-/Kennzeichnungsverzeichnis der Europäischen Chemikalienagentur (ECHA)
  - Kennzeichnung auf den Originalgebinden
  - Gefahrstoffverzeichnis nach § 6 (10) GefStoffV: dort angegebene Einstufung
  - eigene Einstufung: Testergebnisse, betriebliche Erfahrung, Analogieschlüsse
  - abfallrechtliche Deklarationsanalyse
  - gefahrgutrechtliche Klassifizierung

15.4.2.3 Kennzeichnung von Abfällen als Gefahrstoffe

Abfällen als Gefahrstoffe dürfen chemikalienrechtlich nach § 8 (2) GefStoffV und nach Nr. 4.6.3 der TRGS 201 vereinfacht gekennzeichnet werden, wenn dies in der Gefährdungsbeurteilung begründet wird. Ein Umetikettieren von alter Kennzeichnung ist in der Regel nicht erforderlich.

Die Mindestangaben sind:

- Bezeichnung Stoff/Gemisch (evtl. mit „Abfall" ergänzen)
- Gefahrenauslösende Komponenten
  - Gefahrenpiktogramm(e) (oder gleichwertige Gefahrzettel des Gefahrgutrechts)
  - **Physikalisch-chemische Gefahren**:

    Vorrang: ⬦ vor ⬦ und/oder ⬦ vor ⬦

  - **Gesundheitsgefahren**:

    Vorrang: ⬦ und/oder ⬦ vor ⬦ (außer wenn atemwegssensibilisierend) vor ⬦

  - **Umweltgefahren**:

    Vorrang: ⬦ vor ⬦

- **H-Hinweise** (ggf. verkürzt) und **P-Hinweise** (ggf. verkürzt)
- **Abfallerzeuger** (ggf. von Entsorger verlangt)
- **Reaktion** sauer/alkalisch (empfohlen)
- Sonderkennzeichnungen für Asbest, Mineralwolle

LERNZIELKONTROLLE ZU I.15

Lernzielkontrolle – Aufgabe I.15-1

Was ist ein „Spiegeleintrag" im Abfallverzeichnis?

_____

_____

_____

_____

Lernzielkontrolle – Aufgabe I.15-2

Wann ist ein Abfall ein gefährlicher Abfall?

_____

_____

_____

_____

Lernzielkontrolle – Aufgabe I.15-3

Welche der nachstehenden Abfälle sind gefährliche Abfälle?

- ☐ Altreifen zum Einsatz in der Zementindustrie
- ☐ Altöl (Mineralölbasis), bekannte Herkunft
- ☐ gemischte Siedlungsabfälle
- ☐ gebrauchter Strahlsand zur Aufbereitung für mineralische Produkte
- ☐ Trockenbatterien (Alkalimanganbatterien)
- ☐ Autobatterien
- ☐ kommunaler Klärschlamm zur energetischen Verwertung
- ☐ Filterstäube aus Verbrennungsanlagen
- ☐ alte Munitionskisten (leer!)

Lernzielkontrolle – Lösung Aufgabe I.15-1

Spiegeleinträge sind (nahezu) gleichlautende Bezeichnungen in der Abfallverzeichnisverordnung (AVV), die sowohl die gefährliche als auch die nicht gefährliche Variante einer Abfallart darstellen. Beispiele sind

- 04 02 16*   Farbstoffe und Pigmente, die gefährliche Stoffe enthalten (gefährliche Variante)
- 04 02 17   Farbstoffe und Pigmente mit Ausnahme derjenigen, die unter 04 02 16 fallen (nicht gefährliche Variante)

Lernzielkontrolle – Lösung Aufgabe I.15-2

Ein gefährlicher Abfall

- ist in der AVV mit einem „*“-Abfallschlüssel genannt,
  z. B. 16 04 02* Feuerwerkskörperabfälle
- besitzt eine oder mehrere gefahrenrelevante Eigenschaften nach Anhang III der RL 2008/98/EG (HP-Gruppen), z. B. HP 3 („entzündbar“) oder HP 8 („ätzend“)

Lernzielkontrolle – Lösung Aufgabe I.15-3

☐ Altreifen zum Einsatz in der Zementindustrie
☒ Altöl (Mineralölbasis), bekannte Herkunft
☐ gemischte Siedlungsabfälle
☐ gebrauchter Strahlsand zur Aufbereitung für mineralische Produkte
☐ Trockenbatterien (Alkalimanganbatterien)
☒ Autobatterien
☐ kommunaler Klärschlamm zur energetischen Verwertung
☒ Filterstäube aus Verbrennungsanlagen
☒ alte Munitionskisten (leer!)

16 Schädliche Umwelteinwirkungen von Abfällen

16.1 Allgemeine Auswirkungen von Abfällen auf die Umwelt

Abfallerzeugung weltweit:

- derzeit: 3,5 Mio. Tonnen pro Tag!
- Prognose 2025: 7 Mio. Tonnen pro Tag!
- Prognose 2100: 11 Mio. Tonnen pro Tag!

Die wichtigsten Auswirkungen von Abfällen auf die Umwelt sind:

- Landschafts-/Bodenverbrauch bei Deponierung und Ablagerung
- Boden-/Gewässer-/Luftbelastung bei Abfallbehandlung, -verbrennung und -deponierung
- Energieverbrauch bei Abfallbehandlung, -verbrennung, Abfalllagerung
- Schadstofffreisetzung bei defizitärer Überwachung der Abfallströme und bei illegalem Umgang mit Abfällen

Besonders umweltwirksam und umweltbelastend sind *gefährliche Abfälle*

- = ca. 1 % der Abfälle von Privathaushalten
  - z. B. Rückstände von Gartenchemikalien (z. B. Pflanzenschutz-/Schädlingsbekämpfungs-mittel), Farben, Lacken und Lösungsmitteln, Batterien, Altöl
- = 10 bis 15 % der industriellen Abfälle

Die Umweltwirkungen von Schadstoffen lassen sich in sogenannte Wirkkategorien einteilen.

Stoff/ Stoffklasse, z.B.	Gesundheitsschädliche Wirkung auf den Menschen (Humantoxizität)	Unmittelbare schädliche Umweltwirkung (Ökotoxizität)	Mittelbare schädliche Umweltwirkung		
			Versauerung	Bodennahe Ozonbildung	Treibhaus-effekt
Asbest, KMF	X				
Blei, Pb	X	X			
Cadmium, Cd	X	X			
Chlorid, Cl⁻		X			
Chlorwasserstoff, HCl	X		X		
Distickstoffoxid, N_2O					X
Flüchtige organische Stoffe, VOC	X			X	X
Fluorwasserstoff, HF	X	X			
Kohlendioxid, CO_2					X
Kohlenmonoxid, CO	X			X	X
Methan, CH_4				X	X
Quecksilber, Hg	X	X			
Schwefeldioxid, SO_2	X	X	X		
Schwefelwasserstoff, H_2S	X		X		
Staub	X	X			
Stickoxide, NO_x	X	X	X	X	X
Sulfat, SO_4^{2-}		X			
Zink, Zn		X			

Auswirkung kritischer Inhaltsstoffe von Abfällen auf die Umwelt bedeutet früher oder später auch Gefährdung der menschlichen Gesundheit

- durch akute (kurzzeitige) und chronische (längerfristige) Exposition
- durch hohe Persistenz (lange Verweilzeit im menschlichen Körper)
- durch Bioakkumulation (Anreicherung des Stoffes im Körper)

Manchmal werden kritische Umweltchemikalien erst über die Abfallbehandlung oder -entsorgung erzeugt bzw. freigesetzt, z.B.

- Deponierung, Ablagerung: Schwermetalle/Schwermetallverbindungen können bei niedrigem pH-Wert (sauer) der Umgebung und/oder bei Vorhandensein von komplexbildenden Stoffen (z.B. Tenside, EDTA, NTA) mobilisiert und bioverfügbar werden

- Verbrennung: Polychlorierte Dibenzodioxine/-furane können bei unkontrollierter thermischer Behandlung in Gegenwart von Halogenen (z.B. Chlorid) entstehen

16.2 Ausgewählte Abfallstoffe mit schädlichen Umweltwirkungen

16.2.1 Asbest, Künstliche Mineralfasern (KMF)

Chemische Eigenschaften von Asbest:

- mineralische Naturfasern (bläulich, weiß oder grün), meist verarbeitet als Asbestzement und für Produkte zur Wärmedämmung
- man unterscheidet Asbeste
  - ◦ der Serpentingruppe: Chrysotil („Weißasbest", Faserserpentin)
  - ◦ der Amphibolgruppe: Krokydolith („Blauasbest"), Amosit („Braunasbest"), Tremolit, Aktinolith und Anthophyllit

Wirkungen von Asbest auf die Gesundheit:

- seit 1900:   Asbestose als Krankheit bekannt
- seit 1943:   asbestverursachter Lungenkrebs als Berufskrankheit anerkannt
- seit 1970:   faserförmiges Asbest als krebserzeugend eingestuft
- → Rechtsfolgen
  - ◦ seit 1979:   Verbot von Spritzasbest in (West-)Deutschland
  - ◦ seit 1993:   Herstellungs- und Verwendungsverbot in Deutschland
    heute: § 16 (2) i. V. m. Anhang II Nr. 1 GefStoffV, wenige Ausnahmen, z. B. ASI-Arbeiten
  - ◦ seit 2005:   EU-weites Asbestverbot
    heute: VO (EG) Nr. 1907/2006 (REACH-VO), Anhang XVII, Nr. 6, wenige Ausnahmen
- kritische Exposition: Einatmen von Asbestfasern (besonders bei schwach gebundenem Asbest)
- Gesundheitsgefährdende (kanzerogene) Wirkung von Asbest wegen
  - ◦ kritischer Fasergeometrie (WHO-Kriterium)
    - ▪ Faserlänge ≥ 5 µm, Faserdurchmesser < 3 µm, Verhältnis Länge/Durchmesser > 3 : 1
  - ◦ hohe biologische Beständigkeit der Fasern (Chrysotil, Krokydolith: mehr als 100 Jahre)
  - ◦ alveolengängige Staubfraktion
- Staublungenkrankheiten (Asbestose), Lungenfibrose, Lungenkrebs (Latenzzeit: 25 bis 40 Jahre), Lungenfellkrebs (Pleuramesotheliom), auch Kehlkopfkrebs, Krebs der Verdauungsorgane, Harnröhrenkrebs
- Langfristige Konsequenzen
  - ◦ Japan: Kosten durch Asbest verursachte Krankheiten → bis zu 200 Mio. Euro, in den nächsten 40 Jahren: 50 mal mehr Pleuramesotheliom-Todesfälle als in den 90er-Jahren
  - ◦ UK: jedes Jahr 3 500 Todesfälle durch asbestbedingte Krebskrankheiten
  - ◦ USA: 10 000 asbestbedingte Sterbefälle
  - ◦ Pakistan   (Nord/West): 601 asbestbedingte Mesotheliomfälle zwischen 1995 und 2003

- ○ Australien: mehr als 45000 asbestbedingte Todesfälle für 2023 prognostiziert
- ○ Schweden: Asbestverbot bereits vor 30 Jahren, trotzdem noch 2−3 mal mehr asbest-bedingte Todesfälle als tödliche Arbeitsunfälle
- ○ WHO-Schätzung:
  - ▪ weltweit sind 125 Mio. Menschen asbestexponiert
  - ▪ → jährlich 90000 Asbesttote

Wirkungen von Asbest auf die Umwelt:

- − praktisch keine kritischen Wirkungen auf die Umwelt selbst, aber hohe biologische Stabilität
  → deshalb hohe Persistenz (Langlebigkeit) mit latenter Gesundheitsgefahr für den Menschen
- − Hintergrundbelastung in der Umwelt: ca. 100 bis 150 Fasern/m^3
- − Grenzwerte:
  - ○ Zielwert für Innenraumbelastungen bei Sanierungen: max. 500 Fasern/m^3 nach TRGS 519
  - ○ Restfasergehalt in Abluft bei Sanierungen: max. 1000 Fasern/m^3 gemäß TRGS 519
  - ○ Abluft eines Industriebetriebs: max. 10000 Fasern/m^3 gemäß Nr. 5.2.7.1.1 TA Luft
  - ○ Akzeptanzkonzentration (Krebsrisiko 4:10000): max. 100000 Fasern/m^3 nach TRGS 910
  - ○ Toleranzkonzentration (Krebsrisiko 4:1000): max. 100000 Fasern/m^3 nach TRGS 910
  - ○ EU-Arbeitsplatzgrenzwert: max. 100000 Fasern/m^3 gemäß RL 2009/148/EG
  - ○ Atemschutz nach TRGS 519:
    - ▪ 10000 bis 100000 Fasern/m^3:
      Halbmaske FFP2 bzw. P2-Filter, Gebläse und Partikelfilter TM1P (je nach Dauer)
    - ▪ 100000 bis 300000 Fasern/m^3:
      Halbmaske FFP3 bzw. P3-Filter, Gebläse und Partikelfilter TM2P (je nach Dauer)
    - ▪ > 300000 Fasern/m^3: Vollmaske mit Gebläse und Partikelfilter TM3P
    - ▪ > 4000000 Fasern/m^3: Isoliergeräte
- − hohe Beständigkeit (ἄσβεστος, asbestos, altgr.: unvergänglich, unauslöschlich, unverbrenn-bar) gegen Belastungen
  - ○ chemisch: Säuren, Laugen, viele Chemikalien (außer Flusssäure)
  - ○ physikalisch: gutes Absorptions- und Adsorptionsvermögen
  - ○ biologisch: beständig gegen Fäulnis (verrottet nicht)
  - ○ thermisch: Hitze (> 500 °C), geringe Leitfähigkeit für Wärme, nicht brennbar, hohe ther-mische Isolationswirkung
  - ○ mechanisch: große Festigkeit gegen Zug- und Scherkräfte, sehr reißfest, hohe Flexibilität, gute Spinnfähigkeit
  - ○ elektrisch: geringe Leitfähigkeit für Elektrizität, hohe elektrische Isolationswirkung

Kritische Ersatzstoffe (Künstliche Mineralfasern, KMF)

Neben Asbest haben auch andere Mineralfaserabfälle (= Abfälle, die faserförmige Mineralien enthalten), anorganische Synthesefasern (z. B. Glaswollen, Steinwollen) Wirkungen auf die Gesundheit und die Umwelt.

– Künstliche Mineralfasern (KMF) sind
  ◦ mineralische Wollen (Glas-, Stein- und Schlackenwollen sowie keramische Wollen)
  ◦ Textilglasfasern/Endlosfasern, Whisker und polykristalline Fasern

Man unterscheidet bei den KMF
  ◦ Kristalline Fasern
    ▪ Polykristalline Fasern: Kohle, Aluminiumoxid, Siliciumcarbid, Metalle
    ▪ Whisker (Einkristalle): Siliciumcarbid, Siliciumnitrid, Kaliumtitanat, Borcarbid, Bornitrid
  ◦ Glasartige Fasern
    ▪ Textilglasfasern: Glas (verschiedene Zusammensetzung, je nach Einsatzbereich), Quarz
    ▪ Wollen: Glas, Stein, Schlacke, keramische Wollen, Spezialwollen aus Glas

Wie bei Asbest liegen auch bei KMF Fasern mit „kritischer Abmessung" vor, wenn die WHO-Kriterien erfüllt sind:
  ◦ Länge ≥ 5 µm
  ◦ Durchmesser < 3 µm
    heutige Mineralwolle: 3–8 µm, mittlerer Wert von 4–5 µm
  ◦ Verhältnis von Länge zu Durchmesser > 3

Unterschiede der Gesundheitswirkung von KMF gegenüber Asbest:

– KMF-Fasern spalten sich nicht in Längsrichtung („Spliss" wie bei Asbest), sondern brechen quer zur Längsachse

– KMF entwickeln in der Regel weniger Feinstaub

– KMF enthalten geringeren Anteil an lungengängigen Fasern

– KMF weisen geringere biologische Beständigkeit im Organismus auf, insbesondere Glaswollen

– kanzerogene Wirkung ist bei KMF abhängig von der chemischen Zusammensetzung
  ◦ besonders kritisch: Glaswollen aus Borosilicatgläsern, Gesteinswollen, Keramikfasern mit verschiedenen Anteilen an Aluminiumoxid, Glasmikrofasern
  ◦ semiempirische Formel: Kanzerogenitätsindex (KI)
    ▪ KI =   Summe der Oxide von Natrium, Kalium, Bor, Calcium, Magnesium, Barium (Gew.-%) minus $2 \times$ Gew.-% der Aluminiumoxide
    ▪ der KI ist ein Maß für die Biolöslichkeit einer Faser
    ▪ je kleiner der KI, desto größer das krebserzeugende Potential der Faser

KMF-Fasern (für Hochtemperaturglasfasern gibt es Sonderregelungen) sind dann im Hinblick auf krebserzeugende Eigenschaften unbedenklich, wenn entweder

- ein geeigneter Intraperitonealtest (Verabreichung in Bauchfellgewebe z. B. bei Ratten) keine Anzeichen übermäßiger kanzerogener Wirkung ergibt

  oder

- die Halbwertszeit einer definierten kritischen Fasersuspension im Körper kleiner ist als 40 Tage

  oder

- der Kanzerogenitätsindex KI mindestens 40 oder größer ist

Herstellung, Verwendung und Inverkehrbringen biopersistenter Fasern sind in Deutschland verboten (§ 16 (2) i. V. m.. Anhang II Nr. 5 GefStoffV und § 3 (2) i. V. m. Anlage 1 Eintrag 4 ChemVerbotsV). Erlaubt sind Abbruch-, Sanierungs- und Instandhaltungsarbeiten mit „alter Mineralwolle" nach der TRGS 521.

Mineralwollen mit künstlichen Mineralfasern, die diese Kriterien erfüllen und nicht als karzinogen eingestuft sind („neue Mineralwollen") erkennt man an einem Kennzeichen des Deutschen Instituts für Gütesicherung und Kennzeichnung e. V. (RAL-Gütekennzeichen):

Umweltereignisse mit Asbest:

- 2013, Relzow, Landkreis Vorpommern-Greifswald:
  - bei Bauarbeiten für einen Energiepark werden 2011 auf dem Gelände eines ehemaligen Armeeobjektes tonnenweise asbesthaltige Abfälle illegal vergraben
  - Strafanzeige und Anklage wegen unerlaubten Umgangs mit Abfällen gegen den Inhaber des Abbruchunternehmens aus Stendal
- 2009–2014, Turin
  - „Asbest-Prozess des Jahrhunderts": 200 000 Seiten Akten, Zivilklagen von über 6 000 Geschädigten, 5 Jahre Ermittlungsverfahren gegen ehemalige Manager der Eternit AG
  - Vorwurf: Asbest-Tod von mehr als 2 000 Arbeitern und Anwohnern wegen mangelnder Sicherheitsvorkehrungen in mehreren italienischen Eternit-Fabriken, u. a. Casale Monferrato (zwischen 1906 und 1986 die größte Asbestfabrik Europas)
  - zwischen 1966 bis 1986: 2 056 Tote und bisher 833 Erkrankte
  - 1986 Insolvenz der Eternit S.p.A. Italien, 1992 Asbestverbot in Italien
  - Strafurteil:
    - 16 Jahre Haftstrafe (gefordert waren 20 Jahre) für 2 Mitbesitzer der Eternit S.p.A. (Genua) und 89 Mio. Euro Schadensersatz
    - 2013: Berufungsgericht erhöht Haftstrafe auf 18 Jahre
    - 19.11.2014, Kassationsgericht Rom: Freispruch wegen Verjährung

Unsachgemäßer Umgang mit Asbestabfällen der MVG Mineralfaser-Verwertungs-Gesellschaft mbH, Hockenheim

Bildquelle: Die Rheinpfalz, 02.02.2008

- 2001:
  - ○ Genehmigung zur thermischen Behandlung von Asbestzementprodukten in einer Tunnel-ofenanlage (ehemalige Ziegelei aus den 1950er Jahren) zum Brennen von keramischen Erzeugnissen durch das Landratsamt Rhein-Neckar-Kreis
    - · maximal genehmigte Lagermenge im Ein- und Ausgangslager: 1 000 t
  - ○ Zertifizierung der MVG als Entsorgungsfachbetrieb am Standort Hockenheim
- 2005:
  - ○ erste Ortsbesichtigung durch das RP Karlsruhe: Feststellung
    - · einer ungenehmigten Lagermenge: ca. 10 000 t Asbestzement
    - · von Missständen bei der Art der Lagerung
  - ○ Anordnung eines Annahmeverbotes
- 2006: Landtag von Baden-Württemberg: Kleine Anfrage an die Landesregierung
  - ○ Tatsächlich gelagerte Menge an Asbest:
    - · Eingangslager: 5 000 t
    - · Ausgangslager: 5 000 bis 8 000 t
    - · maximal zulässige Lagermenge an Asbestzement ist um ein Vielfaches überschritten
  - ○ erhebliche Mängel bei Art der Lagerung: aufgerissene, verwitterte Großpackmittel (Big Bags), teilweise zertrümmerte Asbestzementabfälle, unzulässig hohe Stapelung
    - · Umweltministerium: *„keine direkten Umweltgefahren, da der abgelagerte* (!) *Asbest im Zement fest gebunden ist“*, keine besondere Gefährdung durch ein Rhein-Hochwasser, *„da aufgrund der Dichte des Materials mit einem Abschwemmen ... nicht zu rechnen ist.“* Abstand zum Rhein: ca. 90 m !
    - · RP Karlsruhe: Betriebsüberprüfung, 3 Anordnungen, Untersagung des Weiterbe-triebs und der Abgabe des behandelten Materials, Sachverständi-genuntersuchungen
  - ○ Klage gegen Anordnungen des RP beim VG Karlsruhe: Vergleich
    - · Betreiber hält trotzdem die genehmigte Menge von 1 000 t Asbestzement nicht ein
  - ○ Feststellung erhöhter Asbestwerte
  - ○ → Dauerhafte Schließung der stillgelegten Anlage
- 2007: Vorläufiges Ergebnis der „Asbestverwertung"
  - ○ zu entsorgen sind 24 500 t asbesthaltige Abfälle, 150 m³ flüssige Abfälle und dioxinhaltige Abfälle
  - ○ Anhörung von 285 Abfallbesitzern im Hinblick auf Abfallrücknahme bzw. Kostenbeteiligung
  - ○ Entsorgungsanordnung gegen MVG, Sofortvollzug, Androhung der Ersatzvornahme
  - ○ aber kein behördliches Vorgehen gegen frühere Abfallerzeuger und -besitzer

- 2008–2009:
  - Entsorgung/Sanierung des Standortes: 21 000 t Asbestzement, 139 kg Dioxinabfälle, 120 t ölhaltige Flüssigkeiten, 1 000 LKW-Transporte nach Billigheim (SAD) und Biebesheim (SAV)
  - Entsorgungskosten: 3,3 Mio. Euro (Land Baden-Württemberg + Stadt Hockenheim = Steuerzahler); Gesamtsanierung (geschätzt): 4 bis 5 Mio. Euro
- 2012: Zwangsversteigerung des ehemaligen Betriebsgeländes

Bemerkenswertes:

- Zwei VGH (Bayern und Hessen) hindern einige Behörden daran, den Abfallerzeugern (auf der Grundlage eines Verwertungsverbotes der ChemVerbotsV) Asbestlieferungen an die Anlage zu untersagen. VGH: *„Die ChemVerbotsV ist in diesem Punkt verfassungswidrig.“*
- Die MVG war als Entsorgungsfachbetrieb für das Verwerten und Lagern von Asbest zertifiziert. Der Betrieb wurde jährlich durch den Zertifizierer überprüft. Sogar nach der behördlichen Feststellung der mangelhaften Lagerung und der Unregelmäßigkeiten wird das Zertifikat weiter ausgestellt: aber nur noch für das „Verwerten“ und nicht mehr für das „Lagern“(!).

Landtag von Baden-Württemberg, Drucksache 14/398 vom 05.10.2006 (Kleine Anfrage, Auszug):

„Das Umweltministerium begrüßt daher dieses innovative Behandlungsverfahren, zumal nach erfolgreicher Behandlung die verbleibenden Reste zur Schonung natürlicher Ressourcen in der Baustoffindustrie einsetzbar sind. Die grundsätzliche Eignung dieses Verfahrens der Hitzebehandlung von asbesthaltigen Abfällen zur Umwandlung von Asbestfasern in ungefährliche Mineralfasern wurde in diversen Versuchen nachgewiesen.“

Umweltereignisse mit KMF:

– 2012, Braunfels-Tiefenbach, Hessen
  ○ seit 2000   Genehmigung zur Annahme und Behandlung von künstlichen Mineralfasern
  ○ Herstellung des patentierten Zuschlagstoffes Woolit aus Abfall-KMF, Ton, Melasse und Gelatine für verschiedene Abnehmer aus der Ziegelindustrie; wissenschaftliche Begleitung durch die Universität Gießen
  ○ 2003:   Förderung des Verfahrens aus dem Umweltinnovationsprogramm des Bundes mit insgesamt 550 000 Euro durch das Umweltbundesamt
  ○ 2006:   behördliche Produktanerkennung für Woolit
  ○ seit 2007:   Unregelmäßigkeiten bei Annahme, Produktrezeptur und Betrieb, Kritik an der Einstufung von Woolit als Produkt, Akzeptanzproblem der Sonderabfallbehandlung in Wohngebiet
  ○ 2012:   Strafrechtliche Ermittlungen der Staatsanwaltschaften Limburg und Gießen wegen Luftverunreinigung, Feststellung von Kontaminationen mit Schwermetallen, PCB, Dioxinen in der Anlage
  ○ 2012:   Widerruf der Produktanerkennung und Bestätigung der Abfalleigenschaft durch den VGH Hessen (Az. 2 B 1860/12 vom 09.10.2012)
  ○ 2012:   Aberkennung des Zertifikats als Entsorgungsfachbetrieb, Betriebsuntersagung gegen Betreiber und Betriebsleiter wegen Unzuverlässigkeit, aber VG Gießen: *„Betriebsschließung ist unverhältnismäßig und mittlerweile unbegründet"*
  ○ 2014:   Betriebseinstellung und Aufgabe des Standortes

16.2.2 Schwermetalle wie Blei, Cadmium, Chrom, Quecksilber

Definition „Schwermetall":

– Schwermetalle sind
  ◦ üblicherweise Metalle mit einer Dichte > 5 g/cm³
  ◦ deshalb die Edelmetalle: Gold, Platin, Iridium, Palladium, Osmium, Silber, Quecksilber, Rhodium, Ruthenium
  ◦ aber auch: Bismut, Eisen, Kupfer, Blei, Zink, Zinn, Nickel, Cadmium, Chrom, Uran
– Kriterien für Definition „Schwermetall" sind u. a.
  ◦ Dichte, Atomgewicht, Ordnungszahl, chemische Eigenschaften oder Toxizität
    ▪ insofern wird auch Arsen (eigentlich ein Halbmetall) zu den Schwermetallen gezählt
– deshalb sind mit Schwermetall meistens die toxischen Metalle gemeint
– essentielle Schwermetalle (Spurenelemente):
  ◦ sind in kleinen Mengen lebenswichtig für Pflanzen, Tiere und Menschen
  ◦ Chrom, Eisen, Cobalt, Kupfer, Mangan, Molybdän, Nickel, Vanadium, Zink, Zinn
  ◦ in Überdosierung sind Schwermetalle gesundheitsschädlich, giftig oder sehr giftig
  ◦ toxische Wirkung hängt stark von der jeweiligen chemischen Verbindung des Schwermetalls ab
    ▪ z. B. Chrom ist als Element ungiftig, als Chrom(III)-Verbindung essentiell (z. B. für Fettstoffwechsel) und als Chrom(VI)-Verbindung sehr giftig und krebserzeugend (auch mutagen und reproduktionstoxisch)

Schwermetalle aus industrieller Herkunft, aus Schadensfällen und aus Abfällen sind und waren verantwortlich für zahlreiche Umweltschäden.

Deshalb sind in deutschen abfallrechtlichen Vorschriften die Gehalte von Schwermetallen für bestimmte Aufbereitungs- oder Entsorgungsverfahren sowie in bestimmten Erzeugnissen begrenzt. Es gibt z. B. Schwermetallgrenzwerte in folgenden Regelungen:

Vorschrift	Grenzwerte für
AbfKlärV	Arsen, Blei, Cadmium, Chrom (gesamt und als Cr-VI), Nickel, Quecksilber, Thallium (Anlage 2 Tabelle 1.4 DüMV) sowie Kupfer und Zink
BioAbfV	Blei, Cadmium, Chrom, Kupfer, Nickel, Quecksilber, Zink
VersatzV	Zink, Blei, Kupfer, Zinn, Chrom, Nickel, Eisen
DepV	Blei, Cadmium, Chrom, Kupfer, Nickel, Quecksilber, Zink im Eluat außerdem für Arsen, Barium, Molybdän, Antimon, Selen
AltholzV	Arsen, Blei, Cadmium, Chrom, Kupfer, Quecksilber
VerpackG	Blei, Cadmium, Quecksilber und Chrom (als Cr-VI)
ElektroStoffV	Blei, Cadmium, Quecksilber, Chrom (als Cr-VI)
BattG	Blei, Quecksilber, Cadmium

Gefährlichkeit der Schwermetalle:

- steigt mit Wasser- und Fettlöslichkeit
- können nicht abgebaut, sondern nur in andere (z.T. gefährlichere) chemische Formen umgewandelt werden (z. B. Quecksilber → Methylquecksilber)
- Aufnahme i. d. R. über die Nahrungskette oder durch Einatmen von Staub
- Pflanzen können Schwermetalle aufnehmen und anreichern (insbesondere bei nicht kontrollierter Klärschlammdüngung)
- Schwermetalle wirken beim Menschen meist spezifisch auf bestimmte Organe und verursachen charakteristische Krankheitsbilder, Anreicherung im Körper (bis zu 30 Jahre Halbwertszeit)
  - Blei: u. a. Herzrhythmusstörungen, Nervenschäden („Fallhand" = Speichennervlähmung), Störung der Blutbildung, Darmkoliken („Bleikolik"), Fruchtschäden, Entwicklungsstörungen
  - Cadmium: u. a. „Itai-Itai-Krankheit", Knochenerweichung und -schädigung, Nierenversagen, Nervenschäden, Störungen der Fortpflanzung, Prostatakarzinom
  - Quecksilber: „Minamata-Krankheit", Stoffwechsel zu Methylquecksilber (starkes Gift), Nervenschäden, Fruchtschäden, Entwicklungsstörungen
  - Chrom (als Chromat): Haut-/Schleimhautgeschwüre, Lungenkrebs (Bronchialkarzinome), Hautallergien
  - Nickel: starke allergische Haut-/Atemwegsreaktionen (Kontaktdermatitis, Hautekzeme), Lungenasthma, bei Einatmen: Schädigungen im Atemtrakt, kanzerogene Wirkungen (Lungen-/Nasenkrebs), lungentoxische, nierentoxische, fruchtschädigende Wirkungen

Beispiel: Umweltwirkungen von Chrom (Cr):

- Cr aus Abwasser: Anreicherung im Klärschlamm; Bodenkontaminationen bei direkter Klärschlammverwertung in der Landwirtschaft und bei der Beimischung in Kompostierwerken
- Verbleib in der Umwelt:
  - gelöstes oder kolloidales Chrom kann ins Meer transportiert werden (jährlich einige hunderttausend t Chrom), wo es ca. 11 000 Jahre bioverfügbar bleiben kann
  - Deponierung von Cr-Abfällen: keine weitere Verbreitung
  - Abfallverbrennung: als Flugasche oder flüchtige Chromverbindung (z. B. Chromylchlorid) in Abluft, Oxidation zu Chromat bewirkt leichtere Elution aus Asche
  - Kompostierung von Abfall: Chrom mit dem Kompost in den Boden
  - in D: Kontrolle der Cr-Gehalte durch AbfKlärV und BioAbfV

Beispiel: Umweltwirkungen von Blei (Pb):

- früher und teilweise auch heute noch hohe Bleibelastung der Umwelt durch
  - Verwendung von Tetraethylblei als Antiklopfmittel in Ottokraftstoff (verboten in D seit 1988, EU-weit seit 2000)
  - unkontrollierte Verbrennung fossiler Brennstoffe und Abfallverbrennung
  - Zersetzung von bleihaltigen Rohrleitungen

- Anwendung verbleiter Farben und Lacke (Verbot löslicher Bleifarben durch VO (EG) Nr. 1907/2006 (REACH-VO), Anhang XVII, Nr. 16 und 17)
  - Verwendung von bleihaltiger Jagdmunition (z. B. Kälbersterben auf ehemaliger Schießanlage und Greifvogelsterben durch Verzehr von entkommenem Schusswild)
  - Bergbaurückstände und unsachgemäßer Umgang mit Abfällen aus der Metallverhüttung
- Blei wird in Wasser-/Bodenlebewesen angereichert → Bleivergiftung
  - Schalentiere reagieren sehr empfindlich auf Bleiexpositionen
  - Blei stört die Sauerstoffproduktion im Meer, reichert sich im Phytoplankton an und gelangt dadurch in die Nahrungskette
  - Störung der Bodenfunktionen durch Vergiftung von Bodenorganismen

Beispiel: Umweltwirkungen von Quecksilber (Hg):
- Ursachen für Quecksilberemissionen
  - Hauptursache weltweit: Kohlekraftwerke (insbesondere Braunkohle)
    = z. B. 70 % der Hg-Emissionen in D
  - Zementherstellung (wegen Hg im Kalkstein)
  - Abfall-/Klärschlammverbrennung
  - Metallerzverhüttung
    (wegen Quecksilber in Erzen, vor allem bei Gold-, Kupfer-, Zink-, Bleigewinnung)
  - Stahlerzeugung (vor allem bei Schrotteinsatz)
  - Chlor-Alkali-Elektrolyse mit Amalgamverfahren zur Herstellung von Chlor, Wasserstoff und Natronlauge
  - Goldgewinnung in Entwicklungsländern (durch „Kleingewerbe" = ca. 20–30 % der weltweiten Förderung): altes und extrem gesundheits-/umweltschädigendes Amalgamverfahren zur Goldgewinnung/-reinigung
- Schädliche Umweltwirkungen
  - Umwandlung von Hg in der Umwelt zu Methylquecksilber → Anreicherung in Organismen und in der (vor allem aquatischen) Nahrungskette
  - Methylquecksilber ist sehr giftig für Organismen und fruchtschädigend
  - Quecksilber verzögert mikrobiologische Vorgänge im Boden
- Quecksilber ist ein globales, weit verbreitetes und chronisches Umweltproblem, deshalb weitgehende Verbotsregelungen/-vorhaben für Quecksilber und quecksilberhaltige Produkte
  - seit 1984, Deutschland: quecksilberhaltige Saatgutbeize verboten
  - seit 2001, UN: auch Quecksilber ist ein weltweit die Umwelt verschmutzender Listenstoff
  - seit 2006, EU: Verwendung von Quecksilber in Batterien eingeschränkt
  - seit 2008, Norwegen: Verwendungsverbot für Quecksilber
  - seit 2008, EU: Ausfuhrverbot durch VO (EG) Nr. 1102/2008
  - seit 2009, Schweden: quecksilberhaltige Produkte verboten
  - seit 2009, EU: neue quecksilberhaltige Geräte dürfen nicht mehr vermarktet werden
  - 2013, UN: Quecksilber-Konvention (Minamata-Übereinkommen), von 128 Staaten gezeichnet, von 112 ratifiziert ab 2020: Verbot der Herstellung quecksilberhaltiger Produkte

Blacksmith Institute, New York: „Schwermetalle immer dabei"
- Initiative zur Bekämpfung besonders gravierender Umweltverschmutzungen weltweit
  - seit 2003: Polluted Places Initiative
  - seit 2006: Listen der 10 weltweit am stärksten verschmutzten Orte
    - für die Umweltmedien Boden, Wasser, Luft
    - mit einer Abschätzung der betroffenen Bevölkerung
    - in 9 von 10 Fällen darunter: Schwermetalle, wie Blei, Cadmium, Quecksilber, Chrom

Umweltereignisse mit Schwermetallen:
- 1985, Hamburg
  - Feststellung von hohen Schwermetallkonzentrationen u. a. fast 1 000 mg/kg Arsen in den Böden im Industrie- und Wohngebiet
  - Ursache: jahrzehntelange Emissionen der Norddeutschen Affinerie (seit 1914 Erzverhüttung)
    - beim Schmelzen von Kupfererzen fällt, neben Cadmium, Blei und Zink, auch Arsen als Flugstaub im Abgas an
  - Der Spiegel 7/1985: *„Die Experten waren so ratlos vor Entsetzen, dass sie ihre Erkenntnisse unter Verschluss hielten. Um Panik zu vermeiden, vereinbarten sie Stillschweigen."*
- 2009, Duisburg
  - Zinkhütte Metallhütte Duisburg (MHD) in Duisburg-Wanheim
  - Sanierung Umweltschäden: mehr als 50 Mio. Euro (Steuerzahler)
  - 1 000 Fässer mit dioxinhaltiger Aktivkohle, 10 000 t Abfall-Schwefelsäure, 23 000 t schwermetallhaltiger Schüttgüter auf offenen Halden
  - Bodenaustausch bis zu 8 m tief, Grundwasserbelastungen, Verwehungen schwermetallhaltiger Stäube, Grenzwertüberschreitungen von Blei, Cadmium in Umgebung
  - 2005: MHD insolvent
  - Strafverfahren gegen 5 leitende Mitarbeiter wegen Insolvenzverschleppung, Betrug, Umweltkriminalität
- 2010, Changqing, Shaanxi, China
  - Erkrankung von ca. 800 Kindern durch Abgase einer Bleischmelze des Metall- und Bergbaukonzerns Dongling
- 2010, Liuyang, Hunan, China
  - Erkrankung von ca. 1 200 Kindern durch Schwermetall-Exposition
  - 5 Tote nach Cadmiumvergiftung

Fa. Dongling in Changqing, Shaanxi, China,
Bildquelle: SZ, 17.05.2010

- 2010, Kolontar, Ungarn
  - Dammbruch eines Sammelbeckens der Aluminiumfabrik Magyar Aluminium AG (MAL) am 04.10.2010 in Ajka mit Freisetzung von ca. 1,1 Mio. m³ Chemieschlamm („Rotschlamm") aus der Bauxitaufbereitung u. a. verunreinigt mit Arsen (50 t), Blei, Cadmium, Chrom (300 t), Vanadium und Quecksilber (550 kg), außerdem stark alkalisch (bis pH 13,5)

- ◦ Eindringen in den Bach Torna, Vermischung mit Hochwasser, Überschwemmung von Kolontar und 5 weiterer Ortschaften
- ◦ 9 Tote, 123 Verletzte (davon 10 schwer mit Verätzungen), Gefährdung von 10 000 Bewohnern der Orte Devecser, Kolontar, Somlovasarhely sowie der Umwelt auf einer Fläche von 40 km², Fischsterben in den Flüssen Marcal, Raab und Donau, Gegend unbewohnbar
- ◦ Verstöße: Überfüllung des Rotschlammbeckens, keine Einteilung in trennbare Becken
- ◦ Aussage MAL: *„Rotschlamm ist laut den Abfallnormen der EU kein gefährlicher Abfall"*
- ◦ 12.10.2010: MAL wird zwangsverstaatlicht
- ◦ 2011: Strafzahlung von 500 Mio. Euro durch MAL
- ◦ 2013: Haftung durch Budapester Tafelgericht betätigt (Umweltschaden ca. 70 Mio. Euro)
- ◦ 18.12.2014: Aufnahme des Abfallschlüssels 01 03 10* (Rotschlamm aus der Aluminiumoxidherstellung, der gefährliche Stoffe enthält, ...) in das europäische Abfallverzeichnis durch KOM-Beschluss 2014/955/EU
- ◦ 2016: Strafverfahren gegen MAL-Direktor und 14 Angestellte mangels Schuld eingestellt

Rotschlamm-Freisetzung nach Dammbruch eines Sammelbeckens
Bildquelle: Ungarisches Innenministerium, Kolontar, 08.12.2010

16.2.3 Polychlorierte Biphenyle (PCB) und polychlorierte Terphenyle (PCT)

PCB: Polychlorierte Biphenyle, $C_{12}H_{10-n}Cl_n$, n = 1 bis 10

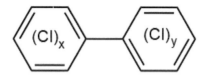

x = 1, 2, 3, 4 oder 5; y = 1, 2, 3, 4 oder 5

Chemische Struktur der PCB:

– Grundgerüst aus zwei Benzolringen („Biphenyl") mit unterschiedlichem Chlorierungsgrad
– es gibt 209 verschiedene PCB
  ○ Bezeichnung entweder mit chemischer Nomenklatur oder nach einer vereinfachten Nomen-klatur von Ballschmiter/Zell (1980) PCB-1 bis PCB-209
    ▪ z. B. 2,4,4'-Trichlorbiphenyl = PCB-28
  ○ als Indikatoren für analytischen Nachweis werden 6 „typische" PCB (sog. „Ballschmiter-Kon-genere") verwendet = PCB-28, -52, -101, -138, -153, -180
  ○ kritisch sind „dioxin-ähnliche" PCB, z. B. PCB-126 = 3,3', 4,4', 5-Pentachlorbiphenyl wegen struktureller Ähnlichkeit zu Tetrachlordibenzodioxin (TCDD, „Seveso-Dioxin")

PCT: Polychlorierte Terphenyle, $C_{18}H_{14-n}Cl_n$, n = 1 bis 14

ortho-Polychlorlerte Terphenyle (o-PCT)	meta-Polychlorlerte Terphenyle (m-PCT)	para-Polychlorierte Terphenyle (p-PCT)

x = 1, 2, 3, 4 oder 5; y = 1, 2, 3 oder 4; z = 1, 2, 3, 4 oder 5

Chemische Struktur der PCT:

– 3 Grundgerüste aus drei Benzolringen („Terphenyl") mit unterschiedlichem Chlorierungsgrad
– es gibt 8 557 verschiedene PCT, nur 13 können routinemäßig standardisiert analysiert werden
– zwar ähnliche Eigenschaften wie PCB, aber wesentlich geringere Bedeutung

Wirkungen von PCB/PCT auf die Gesundheit:

– Aufnahme und Stoffwechsel
  ◦ vorwiegende Exposition: oral (Nahrungsmittel), inhalativ (Staub)
  ◦ PCB-Stoffwechsel im Körper, Abbau in der Leber, Anreicherung im Organismus, Speicherung im Fettgewebe, kritisch: Ausscheidung über Muttermilch

– im Tierversuch nachgewiesen:
  ◦ geringe Akuttoxizität
  ◦ fruchtschädigend (teratogen, embryotoxisch)
  ◦ Hinweise auf kanzerogenes Potential („Promotor-Wirkung" = höhere Tumoranzahl)

– Wirkungen beim Menschen:
  ◦ zwar geringe akute aber chronische Toxizität
    ▪ reproduktionstoxisch: Entwicklungsverzögerung, schädliche hormonelle Wirkung, Unfruchtbarkeit auslösend
  ◦ zwei bekannte Massenvergiftungen
    ▪ Japan (1968), Taiwan (1979): „Yusho-/Yucheng-Krankheit"
    ▪ Auslöser: Verwendung von PCB-verunreinigtem Reisöl als Geflügelfutter
    ▪ Chlorakne, Haut-/Schleimhautläsionen, starker Tränenfluss, Abmagerung, Leber-, Milz-, Nierenschäden, vermehrtes Auftreten von Lebertumoren
  ◦ Symptome: Chlorakne, Haarausfall, Hyperpigmentierungen, Leberschäden, Teratogenität, Schädigung des Immunsystems, Schwächegefühl, Sehschwäche, Taubheit der Extremitäten, Veränderungen der Haut (Verfärbung) und Nägel, Veränderung von Blutparametern.

Wirkungen auf die Umwelt:

– hohe Persistenz: geringe biologische Abbaubarkeit

– Biokonzentration und Bioakkumulation: Anreicherung in hydrophoben bzw. in lipophilen (Fettphasen) Umweltbereichen
  ◦ z. B. Anreicherung im Fettgewebe von Meeressäugetieren bis zu 10 mg/kg
    = 10-millionenfache Anreicherung!
  ◦ → Anreicherung in der Nahrungskette

– Innenraumbelastung in Gebäuden mit PCB:
  ◦ Aufnahme über die Haut (da fettlöslich) möglich
  ◦ erhöhte PCB-Werte im Blut

Umweltereignisse mit PCB:

– 1984, Jugoslawien: Belastung der Flusses Krupa und der umliegenden Böden über Jahrzehnte durch unsachgemäß gelagerte Abfälle mit PCB der Fa. Iskra Kondenzatorji in Semič

– 2003, Anniston, Alabama: Entschädigung der Einwohner für jahrelange PCB-Exposition der Fa. Monsanto; Kosten: 700 Mio. US-Dollar

– 2006 bis 2010, Dortmund: PCB-Kontamination von Beschäftigten und der Umgebung durch unsachgemäßes Zerlegen und Behandeln PCB-kontaminierter Transformatoren und Kondensatoren

Unsachgemäßer Umgang mit PCB-haltigen Transformatoren und Kondensatoren der Envio Recycling GmbH & Co. KG, Dortmund

Bildquelle: WAZ, 24.09.2010

- seit 1985 Vorbehandlung und Zwischenlagerung PCB-haltiger Abfälle auf einem Grundstück im Dortmunder Hafen
- seit November 2004:   Rückholung und Behandlung von Transformatoren mit PCB-haltiger Elektroisolierflüssigkeit aus der Untertagedeponie (UTD) Herfa-Neurode (bis 2010: ca. 14000 Tonnen)

2006: hohe PCB-Werte im Feinstaub der Luft bei Umweltmessungen

- 2008:
  ∘ PCB-Belastungen in Kleingartenanlagen am Dortmunder Hafenrand, Hinweise auf Verursacher
  ∘ Überprüfung der PCB-Anlagen durch die Thüringer Landesumweltverwaltung Ergebnis: mangelhaft
- 2010:
  ∘ Import von PCB-haltigen Kondensatoren aus Kasachstan
    · Fördergelder der Bundesregierung dazu: 8 Mio. Euro
    · einige 100 t Kondensatoren werden dabei unterschlagen
      → Freiheitsstrafen für kasachische Regierungsmitglieder (u. a. Umweltminister)
  ∘ hohe PCB-Belastungen auf Betriebsgelände und in Blutproben von Mitarbeitern; Teilstilllegung der Anlage
  ∘ Beginn strafrechtlicher Ermittlungen wegen Betrug, Steuerhinterziehung, Umweltstraftaten: Betriebsdurchsuchung, Beschlagnahmung, Betriebsuntersagung, Gewerbeverbot
  ∘ PCB-Belastung
    · von Beschäftigten bis zum 25500-fachen des Bevölkerungsdurchschnitts
    · von Mitarbeitern benachbarter Firmen bis zum 440-fachen des Bevölkerungsdurchschnitts
  ∘ Feststellung der illegalen Abgabe von PCB-haltigen Produkten, z. B. PCB-haltige Bleche
  ∘ „Runder Tisch" aus Landesregierung NRW, Behörden

- ◦ Beginn eines langfristigen medizinischen Untersuchungsprogramms für die Betroffenen
- ◦ Prognose Sanierung: 5 bis 7 Mio. Euro (Rückstellungen)
- ◦ Insolvenzantrag, Anzeichen von Kapitalverschiebungen durch Umfirmierung
- ◦ Umweltschäden: von 7 Fischarten im Dortmunder Hafen sind 6 PCB-belastet, teilweise auch mit polychlorierten Dibenzodioxinen/-furanen (TCDD/TCDF)

- – 2011:
  - ◦ Todesfall eines 57-jährigen Monteurs, Feststellung erhöhter Mengen von PCB im Körper, Obduktion, Herzversagen, Kausalität mit PCB-Exposition nicht nachgewiesen
  - ◦ Gutachterliche Aufarbeitung des Umweltskandals
  - ◦ erneuter Anstieg der PCB-Werte im Dortmunder Hafen
  - ◦ Ermittlungen gegen zuständige Behörden eingestellt
  - ◦ Anklage gegen Verantwortliche (Geschäftsführer, Betriebsleiter): Vorwurf: 51-fache Körperverletzung und schwere Umweltdelikte

Bemerkenswert: Auch dieser Betrieb war als Efb zertifiziert, von 2004 bis 2010 für das Einsammeln, Befördern, Lagern, Behandeln, Verwerten und Beseitigen, u. a. für Transformatoren, Kondensatoren und PCB-Öle. Jedes Jahr wurde der Standort durch einen Sachverständigen *„mittels einer Dokumentenprüfung und eines auf Stichproben basierenden Audits (Begutachtung) vor Ort überprüft".* Der Zertifizierer, 2011: *„Wegen einer Rezertifizierung ist Envio seitdem nicht an uns herangetreten."*

- – 2012:   Beginn der Strafverfahren am Landgericht Dortmund gegen 4 Personen
- – 2013:   Keine Haftung des Geschäftsführers für Kosten der Sanierung und Einstellung des Strafverfahrens gegen Betriebsleiter (Auflage: Zahlung von 3 000 Euro)
- – 2014:   Beginn der Sanierung, Gesamtkosten: ca. 7,5 Mio. Euro (Steuerzahler)
- – 04.04.2017: Strafverfahren gegen Geldauflage von 80 000 Euro eingestellt
  (= jeweils 3 810 Euro Abfindung für 21 PCB-belastete ehemalige Arbeiter)
- – Weitere Informationen: www.derwesten.de/themen/envio/

16.2.4 Weitere Abfallstoffe mit schädlichen Umweltwirkungen

16.2.4.1 Polychlorierte Dibenzodioxine und -furane (TCDD/TCDF, „Dioxine")

Polychlorierte Dibenzodioxine, $C_{12}H_{8-n}Cl_nO_2$, n = 1 bis 8

Polychlorierte Dibenzofurane, $C_{12}H_{8-n}Cl_nO$, n = 1 bis 8

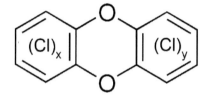 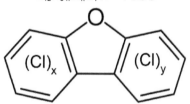

x = 1, 2, 3 oder 4; y = 1, 2, 3 oder 4

Chemische Struktur der TCDD/TCDF:

— Grundgerüst aus einem Sechseck mit 2 Sauerstoffatomen (= p-Dioxin) bzw. einem Fünfeck mit 1 Sauerstoffatom (= Furan) und zwei Benzolringen mit unterschiedlichem Chlorierungsgrad

– es gibt je nach Chlorierungsgrad und Struktur 75 verschiedene TCDD und 135 verschiedene TCDF

  ◦ besonders gefährlich sind die symmetrisch aufgebauten TCDD/TCDF, z. B. 2,3,7,8-Tetrachlordibenzodioxin, das „Seveso-Dioxin"

TCDD/TCDF entstehen

- ○ bei der Metallindustrie
- ○ in (Abfall)-Verbrennungsanlagen
- ○ bei privaten Haushalten (insbesondere illegale Abfallverbrennung im Kamin oder Garten)
  - ▪ Bundesamt für Umwelt, Schweiz: offene Verbrennung von 1 kg Abfall belastet die Umwelt mit Dioxinen so stark wie die Verbrennung von 10 Tonnen in einer modernen Anlage

---

22.04.2014, Kreispolizeibehörde Borken, Nordrhein-Westfalen

Osterfeuer zur Abfallentsorgung missbraucht

Am Sonntagabend wurde eine Funkstreife gegen 20:20 Uhr auf eine große Brandstelle in Borken-Weseke mit auffälliger schwarzer Rauchentwicklung aufmerksam. Die Beamten sahen nach dem Rechten und stellten auf dem Gehöft eine ca. 30 m × 10 m große Feuerstelle mit mehreren aufgeschichteten Haufen fest. Vor dem Abbrennen war offenbar nicht umgeschichtet worden. Zudem befanden sich Reste einer <u>Matratze</u>, Stücke eines <u>getränkten Telegrafenmastes</u> und <u>Teile (auch die Bereifung) eines zerlegten Gabelstaplers</u> in dem Feuer. Die Beamten ordneten das Löschen des Feuers an und leiteten ein Strafverfahren gegen den 61-jährigen Beschuldigten ein.

Bereits um 19:40 Uhr war dieselbe Funkstreifenwagenbesatzung in Velen-Ramsdorf auf ein weiteres Osterfeuer mit <u>schwarzer Rauchsäule</u> aufmerksam geworden. Der 29-jährige Beschuldigte gab zu, in dem Feuer eine <u>alte Couch</u> entsorgt zu haben. Auch er muss mit einem Strafverfahren rechnen.

„Osterfeuer" zur Abfallentsorgung → Strafverfahren

- – Wirkungen von TCDD/TCDF auf die Gesundheit
  - ○ sehr giftig: LD_{50} für Hamster 1000 µg/kg, Maus 100 µg/kg, Meerschweinchen 1 µg/kg
  - ○ Chlorakne, leberschädigend, fruchtschädigend
  - ○ Krebserzeugend: Leukämie, Karzinome in Lunge, Schilddrüse und Nebenniere
- – Wirkung von TCDD/TCDF auf die Umwelt
  - ○ persistente Stoffe (langlebig in der Umwelt)
  - ○ Verteilung in der Umwelt hauptsächlich über die Luft (gebunden an Staubpartikel)
  - ○ Vorkommen überall in Böden, Gewässern, Sedimenten, Pflanzen, Tieren
  - ○ Eintrag in Atmosphäre vorwiegend mit dem Rauch von Verbrennungsprozessen

16.2.4.2 Cyanide, Salze der Blausäure

Cyanide = Salze und Verbindungen der Blausäure (Cyanwasserstoff, HCN)

- Gesundheitsschädliche Wirkung
  - Blausäure und die löslichen Cyanide, z. B. die Alkalisalze Natriumcyanid bzw. Kaliumcyanid sind sehr giftig
  - Freisetzung und Einatmen von sehr giftiger, gasförmiger Blausäure
    - entsteht aus Cyaniden durch Einwirkungen von Säuren (z. B. bei Unfall)
  - Einatmen von cyanidhaltigem Brandrauch
- Umweltschädigende Wirkung
  - Cyanide sind sehr giftig für Wasserorganismen und langzeitgefährlich
- Verwendung von Cyaniden
  - Oberflächenhärtung von Metallen
  - Chemische Oberflächenbearbeitung durch Galvanisieren (cyanidische Kupfer-, Messing-, Bronze-, Zink-, Cadmium-, Goldbäder)
  - auch: Druckfarbenherstellung, Erzaufbereitung, organische Synthese (z. B. Herstellung von Nitrilen)
  - früher auch: ehemalige Gaswerke und Kokereien
  - Gold-, Silbergewinnung: Herauslösen von Edelmetallen aus Gesteinen („Cyanidlaugung")
    - stark umweltschädigendes Verfahren, insbesondere durch Ableitung der Schlämme und unsachgemäße Lagerung
    - 2000, Baia-Mare, Rumänien
      - Dammbruch bei einer Anlage zur Goldaufbereitung
      - Freisetzung von 100 000 bis 300 000 m³ mit Schwermetallen versetzte Natriumcyanid-lauge in den Bach Sasar und die Flüsse Lapus, Samos, Theiß und Donau → 1 400 Tonnen tote Fische, Hydrobiologie und Fischbestand in Sasar, Samos und Theiß abgestorben
    - 2011, Kütahya Türkei
      - Dammbruch bei einer Anlage zur Silberaufbereitung, Gefährdung durch 15 Mio. m³ giftiger Cyanidlauge
  - Nutzung von Cyanid im Bergbau
    - EU-Parlament: EU-weites Verbot angestrebt, von Kommission bisher nicht aufgegriffen (BT-Drucksache 18/268 vom 10.01.2014, Nr. 11)

Gold-Tagebau in Rosia Montana, Rumänien, mit Cyanidlaugung

16.2.4.3 Bromierte Flammschutzmittel

HBCDD: Hexabromcyclododekan
$C_{12}H_{24}Br_6$

Polybromierte Diphenylether (PBDE)
$C_{12}H_{10-n}Br_nO$, n = 1 bis 10

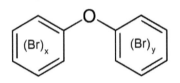

x = 1, 2, 3, 4 oder 5

y = 1, 2, 3, 4 oder 5

PentaBDE = $C_{12}H_5Br_5O$ (5 × Brom)
OctaBDE = $C_{12}H_2Br_8O$ (8 × Brom)
DecaBDE = $C_{12}Br_{10}O$ (10 × Brom)

- Chemische Struktur
  - von HBCDD:
    - Grundgerüst aus einem Ring von 12 Kohlenstoffatomen mit 6 Bromatomen
    - wegen verschiedener Anordnung der Bromatome gibt es 16 verschiedene HBCDD
  - von PBDE:
    - Grundgerüst aus 2 über Sauerstoff verbundene Benzolringe mit bis zu 10 Bromatomen
- Zweck und Verwendung von Flammschutzmitteln
  - Entzündung brennbarer Materialien wie Kunststoffe, Textilien oder Holz zu verzögern
  - Flammenausbreitung zu verlangsamen
  - Verwendung in Kunststoffgehäusen (z. B. Elektronikgeräte), Wohnraumtextilien, Dämm- und Montageschäumen
- Problematisch: Bromierte Flammschutzmittel
  - Beispiele: polybromierte Diphenylether (PBDE), Tetrabrombisphenol A (TBBPA), Hexabromcyclododecan (HBCDD)
  - seit langem im Einsatz, in der Umwelt weit verbreitet, schwer abbaubar, zum Teil bioakkumulierend
  - TBBPA und HBCDD: toxisch für Gewässerorganismen
  - DecaBDE, TBBPA, HBCDD: Vorkommen auch in Muttermilch und im Blut
  - DecaBDE, HBCDD: Verdacht langfristiger toxischer Wirkungen
  - HBCDD: additives Flammschutzmittel für Polystyrolschaum, Polystyrol, Polstermöbel

– Stoffverbote und -beschränkungen
  ◦ seit 2004 EU-weit verboten: Penta- und OctaBDE wegen der Gefährdung der Umwelt und zum vorbeugenden Schutz gestillter Kleinkinder
  ◦ seit 2006 EU-weit: Polybromierte Biphenyle (PBB) und PBDE mit > 0,1 % dürfen nicht mehr in neuen Elektro-/Elektronikgeräten enthalten sein
  ◦ seit 2008 EU-weit: auch DecaBDE darf nicht mehr in neuen Elektro-/Elektronikgeräten enthalten sein
  ◦ seit 2013, International: HBCDD wird in den Anhang A (Herstellungs- und Verwendungsverbot) des Stockholmer Übereinkommens aufgenommen (Ausnahmen: Verwendung von HBCDD in Polystyrol-Dämmmaterialien für Gebäude)
  ◦ seit 2015 EU-weit: HBCDD darf ohne Stoffzulassung nicht mehr vermarktet und verwendet werden VO (EG) Nr. 1907/2006 (REACH-VO), Anhang XIV Nr. 3
  ◦ seit 2016 EU-weit: HBCDD wird in die VO (EG) Nr. 850/2004 (= POP-VO, heute: VO (EU) 2019/1021) aufgenommen, damit gilt ein grundsätzliches Verbot der Herstellung, der Verwendung und des Inverkehrbringens (Bestandsschutz für Dämmmaterialien in Gebäuden)

16.2.4.4 Fluorierte und chlorierte Kohlenwasserstoffe (FCKW)

Fluorchlorkohlenwasserstoffe (FCKW)
- ◦ Kohlenwasserstoffe, bei denen Wasserstoffatome durch die Halogene Chlor und Fluor ersetzt sind
- ◦ Untergruppe der Halogenkohlenwasserstoffe (HKW)
  - ▪ ohne Wasserstoffatome: Fluorkohlenwasserstoff (FKW), Chlorfluorkohlenstoffe (CFK)
  - ▪ mit Wasserstoffatomen: teilhalogenierte FKW/FCKW ((H-FKW/H-FCKW)

Verwendung der FCKW
- ◦ Treibgase für Aerosole, Kältemittel in Kältemaschinen, Reinigungs- und Lösungsmittel, Feuerlöschmittel („Halone")
- ◦ seit 1980 bekannt: Freisetzung von FCKW ist für Zerstörung und Abbau der Ozonschicht in der Stratosphäre („Ozonloch") verantwortlich

Schädliche Wirkungen für die Umwelt:
- – FCKW: hohes Ozonabbaupotenzial, Treibhauspotenzial, da photochemischer Abbau erst in Stratosphäre erfolgt
- – H-FCKW: deutlich geringeres Ozonabbaupotenzial und Treibhauspotenzial als FCKW, da photochemischer Abbau schon in Erdnähe (Troposphäre) erfolgt und die H-FCKW nicht in die Stratosphäre gelangen
- – FCKW sind chemisch sehr stabil und werden in der Atmosphäre nur schwer abgebaut (mittlere Verweildauer: 44 bis 180 Jahre)
- – FCKW absorbieren infrarote Sonnenstrahlung (Wärmestrahlung) stärker als Kohlendioxid: Treibhauspotenzial → Beitrag zur globalen Erwärmung

Verbote und Beschränkungen:
- – 1987, UN: Ausstieg aus Herstellung/Verwendung der FCKW („Montreal-Protokoll"), 197 Länder
- – 1991–2006, D: FCKW-Halon-Verbots-Verordnung (FCKWHalonVerbV) → Verbot von bestimmten, die Ozonschicht abbauenden Halogenkohlenwasserstoffen
- – seit 1995:   FCKW als Kältemittel in Kühlschränken verboten
- – 2006, D: Chemikalien-Ozonschichtverordnung (ChemOzonSchichtV) ersetzt FCKW-HalonVerbV
- – 2000, EU: VO (EG) Nr. 2037/2000 über Stoffe, die zum Abbau der Ozonschicht führen
- – 2009, EU: VO (EG) Nr. 1005/2009 über Stoffe, die zum Abbau der Ozonschicht führen

LERNZIELKONTROLLE ZU I.16

Lernzielkontrolle – Aufgabe I.16-1

Was sind FCKW, HBCDD, TCDD?

Lernzielkontrolle – Aufgabe I.16-2

Warum sind Asbest und asbesthaltige Produkte gefährlich?

Lernzielkontrolle – Aufgabe I.16-3

Was trifft für diese Stoffe / Stoffklassen zu? Bitte die richtigen Aussagen ankreuzen.

Stoff / Stoffklasse	(1)	(2)	(3)	(4)	(5)	(6)	(7)	(8)	(9)	(10)	(11)	(12)
Dioxine												
FCKW												
Chromat												
KMF												
Cyanid												
PCB												

(1) Schwermetallverbindung; (2) ozonschichtschädigend;
(3) giftig für Säugetiere oder Wasserlebewesen; (4) krebserzeugend beim Einatmen;
(5) klimaschädlich; (6) langlebig in der Umwelt; (7) reichert sich in der Umwelt an;
(8) anorganisch; (9) organisch; (10) entsteht bei der (Abfall-)Verbrennung;
(11) wird für die Metallhärtung verwendet;
(12) darf grundsätzlich nicht (mehr) hergestellt und verwendet werden

Lernzielkontrolle – Lösung Aufgabe I.16-1

FCKW = Fluorierte und chlorierte Kohlenwasserstoffe
HBCDD = Hexabromcyclododekan
TCDD = Tetrachlordibenzodioxin

Lernzielkontrolle – Lösung Aufgabe I.16-2

Asbest hat krebserzeugende Eigenschaften und führt aufgrund seiner faserförmigen Struktur beim Einatmen u. a. zu schweren Lungenschäden (Staublungenkrankheiten, Asbestose, Lungenfibrose, Lungenkrebs, Lungenfellkrebs)

Lernzielkontrolle – Lösung Aufgabe I.16-3

Was trifft für diese Stoffe/Stoffklassen zu? Bitte die richtigen Aussagen ankreuzen.

Stoff/ Stoffklasse	(1)	(2)	(3)	(4)	(5)	(6)	(7)	(8)	(9)	(10)	(11)	(12)
Dioxine			X	X		X	X		X	X		X
FCKW		X			X				X			X
Chromat	X		X	X		X		X		X		
KMF				X		X		X				X
Cyanid			X					X			X	
PCB			X			X	X		X			X

(1) Schwermetallverbindung; (2) ozonschichtschädigend;
(3) giftig für Säugetiere oder Wasserlebewesen; (4) krebserzeugend beim Einatmen;
(5) klimaschädlich; (6) langlebig in der Umwelt; (7) reichert sich in der Umwelt an;
(8) anorganisch; (9) organisch; (10) entsteht bei der (Abfall-)Verbrennung;
(11) wird für die Metallhärtung verwendet;
(12) darf grundsätzlich nicht (mehr) hergestellt und verwendet werden

17 Maßnahmen der Vermeidung, Verwertung und Beseitigung von Abfällen

17.1 Zulassungen von Entsorgungsanlagen

Errichtung und Betrieb von Abfallbehandlungs- bzw. **Abfallentsorgungsanlagen** sind **genehmigungspflichtig**.

Seit 01.05.1993:

Genehmigungspflicht für Entsorgungsanlagen
– fast **ausschließlich nach BImSchG** und nicht nach Abfallrecht
– Grund: Verfahrensbeschleunigung
– Ausnahme: **Deponien**, dafür weiterhin **Planfeststellungsverfahren** oder **Plangenehmigung** nach KrWG

17.1.1 Immissionsschutzrechtliche Genehmigung

§ 35 (1) KrWG: *„Errichtung und Betrieb von Anlagen, in denen eine Entsorgung von Abfällen durchgeführt wird, sowie die wesentliche Änderung einer solchen Anlage oder ihres Betriebes bedürfen der Genehmigung nach den Vorschriften des BImSchG; einer weiteren Zulassung nach dem KrWG bedarf es nicht.“*

Solche Anlagen sind:
– **stationäre Entsorgungsanlagen**
  zur Behandlung und Lagerung von Abfällen
– **mobile Entsorgungsanlagen** nach **Nr. 8.1** der **4. BImSchV**, also
  ○ thermische Verfahren (= Entgasung, Plasmaverfahren, Pyrolyse, Vergasung, Verbrennung oder Kombinationen davon)
  ○ Verbrennen von Altöl oder Deponiegas durch Verbrennungsmotoren
  ○ Abfackeln von Deponiegas oder anderen Gasen
    (Ausnahme, wenn nicht Regelbetrieb, z. B. Notfackel)
– **andere** mobile **Entsorgungsanlagen**
  ○ die **länger als 1 Jahr** an demselben Ort betrieben werden

Es gibt 2 Arten von BImSch-Genehmigungen
– Genehmigungsverfahren nach § 10 BImSchG
  ○ = **förmliches Verfahren** <u>mit</u> Öffentlichkeitsbeteiligung
– Genehmigungsverfahren nach § 19 BImSchG
  ○ = **vereinfachtes Verfahren** <u>ohne</u> Öffentlichkeitsbeteiligung

Welche Anlagen <u>förmlich genehmigt werden müssen</u> und welche <u>vereinfacht genehmigt werden können</u> ergibt sich aus
– 4. Verordnung zur Durchführung des Bundes-Immissionsschutzgesetzes
– = Verordnung über genehmigungsbedürftige Anlagen (**4. BImSchV**)
– **Anhang 1** der 4. BImSchV

Anhang 1 der 4. BImSchV besteht aus 4 Spalten a), b), c), d)

– a) = Laufende Nummer
– b) = Anlagen**beschreibung**
– c) = Verfahrensart „G" (= förmlich) oder „V" (= vereinfacht)
– d) = **IED-Anlage** (= Anlage nach Art. 10 der RL 2010/75/EU, IE-RL = „IED")

Richtlinie 2010/75/EU vom 24.11.2010 über Industrieemissionen (**IE-RL, IED**)

– Nachfolgeregelung der RL über integrierte Vermeidung und Verminderung der Umweltverschmutzung (IVU-RL)
– europaweite Umsetzung des **Verursacher-/Vorsorgeprinzips** bei **Industrie-Tätigkeiten**
– Vermeidung, Verminderung bzw. Beseitigung der industriellen Umweltverschmutzung
– allgemeiner Rahmen für die Kontrolle der wichtigsten Industrietätigkeiten
– definiert bestimmte **besonders umweltrelevante Tätigkeiten**
  (= Art. 10, Anhang I, für die Abfallbehandlung Nr. 5)
  ○ Umsetzung in D: für diese Tätigkeiten (Anlagen) gibt es zusätzliche Pflichten im **BImSchG, WHG, KrWG, UVPG, 12. BImSchV,** u. a. wegen Kommission für Anlagensicherheit (KAS-25): „*Einstufung von Abfällen gemäß Anhang I, 12. BImSchV*"
  ○ diese Tätigkeiten sind in der 4. BImSchV durch ein „E" markiert
  § 4 (1) Satz 4 BImSchG / § 3, 4. BImSchV / Anhang 1, 4. BImSchV, Spalte d)

Nahezu alle **Entsorgungsanlagen** sowie **Lager- und Umschlagsanlagen für Abfälle** fallen unter Anhang 1 (Nr. 8) der 4. BImSchV.

Nr.	Anlagenbeschreibung	Verfahrensart	IED-Anlage
8.	Verwertung und Beseitigung von Abfällen und sonstigen Stoffen		
8.1	Beseitigung/Verwertung von **Abfällen mit brennbaren Bestandteilen**		
8.1.1	**thermische Verfahren** (z. B. Entgasung, Plasmaverfahren, Pyrolyse, Vergasung, Verbrennung oder eine Kombinationen davon); Durchsatzkapazität von		
8.1.1.1	≥ 10 t/Tag gefährliche Abfälle	G	E
8.1.1.2	< 10 t/Tag gefährliche Abfälle	G	
8.1.1.3	≥ 3 t/h nicht gefährliche Abfälle	G	E
8.1.1.4	< 3 t/h nicht gefährliche Abfälle, außer Altholz AI und AII	V	
8.1.1.5	< 3 t/h Altholz AI und AII als nicht gefährlicher Abfall und Feuerungswärmeleistung ≥ 1 MW	V	
8.1.2	**Verbrennen von Altöl/Deponiegas** in Verbrennungsmotoranlage; Wärmeleistung		
8.1.2.1	≥ 50 MW	G	E
8.1.2.2	< 50 MW	V	
8.1.3	**Abfackeln** von Deponiegas/andere Gase (ausgenommen Notfackeln)	V	

Nr.	Anlagenbeschreibung	Verfahrensart	IED-Anlage
8.2	*(nicht besetzt)*		
8.3	Anlagen zur		
8.3.1	thermischen Aufbereitung von **Stahlwerksstäuben** für Gewinnung von Metallen/Metallverbindungen im Drehrohr oder Wirbelschicht	G	
8.3.2	Behandlung für **Rückgewinnung von Metallen/Metallverbindungen** durch thermische Verfahren (z. B. Pyrolyse, Verbrennung oder Kombination davon); nicht gefährliche Abfälle!		
8.3.2.1	edelmetallhaltig und ≥ 10 kg/Tag	V	
8.3.2.2	mit organischen Verbindungen verunreinigt	V	
8.4	**Sortieranlagen für Hausmüll**; Durchsatzkapazität ≥ 10 t/Tag	V	
8.5	**Kompostieranlagen**; Durchsatzkapazität		
8.5.1	≥ 75 t/Tag	G	E
8.5.2	10 t/Tag bis < 75 t/Tag	V	
8.6	**Biologische Behandlung** (andere als 8.5 = Kompost oder 8.7 = Boden)		
8.6.1	gefährliche Abfälle; Durchsatzkapazität		
8.6.1.1	≥ 10 t/Tag	G	E
8.6.1.2	1 t/Tag bis < 10 t/Tag	V	
8.6.2	nicht gefährlichen Abfällen (andere als 8.6.3 = Gülle); Durchsatzkapazität		
8.6.2.1	≥ 50 t/Tag	G	E
8.6.2.2	10 t/Tag bis < 50 t/Tag	V	
8.6.3	**Gülleverwertung** (anaerobe Vergärung für Biogas); Durchsatzkapazität		
8.6.3.1	≥ 100 t/Tag	G	E
8.6.3.2	< 100 t/Tag und ≥ 1,2 ≥ 10^6 m³ Biogas/Jahr	V	
8.7	**Behandlung von verunreinigtem Boden** (biologische Verfahren, Entgasen, Strippen, Waschen); Durchsatz		
8.7.1	gefährliche Abfälle		
8.7.1.1	≥ 10 t/Tag	G	E
8.7.1.2	1 t/Tag bis < 10 t/Tag	V	
8.7.2	nicht gefährliche Abfälle		
8.7.2.1	≥ 50 t/Tag	G	E
8.7.2.2	10 t/Tag bis < 50 t/Tag	V	

Nr.	Anlagenbeschreibung	Verfahrensart	IED-Anlage
8.8	**Chemische Behandlung** (z. B. Emulsionsspaltung, Fällung, Flockung, Kalzinierung, Neutralisation, Oxidation)		
8.8.1	gefährliche Abfälle; Durchsatzkapazität		
8.8.1.1	≥ 10 t/Tag	G	E
8.8.1.2	< 10 t/Tag	G	
8.8.2	nicht gefährliche Abfälle; Durchsatzkapazität		
8.8.2.1	≥ 50 t/Tag	G	E
8.8.2.2	10 t/Tag bis < 50 t/Tag	V	
8.9	Behandlung		
8.9.1	nicht gefährliche metallische Abfällen in **Schredderanlagen**; Durchsatzkapazität		
8.9.1.1	≥ 50 t/Tag	G	E
8.9.1.2	10 t/Tag bis < 50 t/Tag	V	
8.9.2	**Altfahrzeuge** (auch Trockenlegung); Durchsatzkapazität/Woche ≥ 5	V	
8.10	**Physikalisch-chemische Behandlung** (z. B. Destillieren, Trocknen, Verdampfen); Durchsatzkapazität		
8.10.1	gefährliche Abfälle		
8.10.1.1	≥ 10 t/Tag	G	E
8.10.1.2	1 t/Tag bis < 10 t/Tag	V	
8.10.2	nicht gefährliche Abfälle		
8.10.2.1	≥ 50 t/Tag	G	E
8.10.2.2	10 t/Tag bis < 50 t/Tag	V	
8.11	**Behandlung**		
8.11.1	gefährliche Abfälle (andere als 8.1 = thermisch und 8.8 = chemisch) Vermengung/Vermischung, Konditionierung für: Hauptverwendung als Brennstoff oder sonstiger Energieerzeugung; Ölraffination bzw. Wiedergewinnung von Öl; Regenerierung von Basen/Säuren; Rückgewinnung organischer Lösungsmittel; Wiedergewinnung von Reinigungsmitteln/Katalysatoren; Durchsatzkapazität		
8.11.1.1	≥ 10 t/Tag	G	E
8.11.1.2	1 t/Tag bis < 10 t/Tag	V	
8.11.2	sonstige Behandlung (andere als 8.1 bis 8.10 = Behandlung, nicht Lagerung, nicht Umschlag)		
8.11.2.1	gefährliche Abfälle; Durchsatzkapazität ≥ 10 t/Tag	G	E
8.11.2.2	gefährliche Abfälle; Durchsatzkapazität 1 t/Tag bis < 10 t/Tag	V	

Nr.	Anlagenbeschreibung	Verfahrensart	IED-Anlage
8.11.2.3	Vorbehandlung nicht gefährlicher Schlacken/Aschen-Abfälle für die Verbrennung/Mitverbrennung; Durchsatzkapazität ≥ 50 t/Tag	G	E
8.11.2.4	andere nicht gefährliche Abfälle; Durchsatzkapazität ≥ 10 t/Tag	V	
8.12	**Zeitweilige Lagerung** von Schlämmen als Abfall; ausgenommen: zeitweilige Lagerung zum Einsammeln auf Gelände der Abfallentstehung; andere als 8.14 = Lagerdauer ≥ 1 Jahr		
8.12.1	gefährliche Abfälle; Lagerkapazität		
8.12.1.1	≥ 50 t	G	E
8.12.1.2	30 t bis < 50 t	V	
8.12.2	nicht gefährliche Abfälle; Lagerkapazität ≥ 100 t	V	
8.12.3	Eisen-/Nichteisenschrotte, einschließlich Autowracks		
8.12.3.1	Lagerfläche ≥ 15000 m² oder Lagerkapazität ≥ 1500 t	G	
8.12.3.2	Lagerfläche 1000 m² bis < 15000 m² oder Lagerkapazität 100 t bis < 1500 t	V	
8.13	**Zeitweilige Lagerung** nicht gefährliche **Gülle/Gärreste**; Lagerkapazität ≥ 6500 m³	V	
8.14	**Lagern von Abfällen** (ausgenommen die vom KrWG freigestellten Sedimente), wenn ≥ 1 Jahr		
8.14.1	Gesamtlagerkapazität > 50 t, wenn untertägig	G	E
8.14.2	Aufnahmekapazität ≥ 10 t/Tag oder Lagerkapazität ≥ 25000 t		
8.14.2.1	andere als Inertabfälle	G	E
8.14.2.2	Inertabfälle	G	
8.14.3	Aufnahmekapazität < 10 t/ Tag und Lagerkapazität		
8.14.3.1	< 25000 t, wenn gefährliche Abfälle	G	
8.14.3.2	150 t bis < 25000 t, wenn nicht gefährliche Abfälle	G	
8.14.3.3	< 150 t, wenn nicht gefährliche Abfälle	V	
8.15	Umschlagen von Abfällen (ausgenommen Erdaushub oder Abraumgestein), andere als 8.12 (= Lagerdauer < 1 Jahr) oder 8.14 (= Lagerdauer ≥ 1 Jahr); Kapazität		
8.15.1	≥ 10 t/Tag gefährliche Abfälle	G	
8.15.2	1 t/Tag bis < 10 t/Tag gefährliche Abfälle	V	
8.15.3	≥ 100 t/Tag nicht gefährliche Abfälle	V	

17.1.2 Durchführung des BImSch-Genehmigungsverfahrens

Rechtsgrundlage: Verordnung über das Genehmigungsverfahren (9. BImSchV)

Wichtigste Elemente des **förmlichen Verfahrens**:

- **Beratungstermin** mit der Behörde
  ◦ Benötigte Unterlagen, voraussichtlicher Zeitrahmen
  ◦ Antragstellung
- Feststellung der **Genehmigungsart** und ggf. zusätzlicher Anforderungen
  ◦ Nur Baugenehmigung (Baubehörde) notwendig?
  ◦ Vereinfachtes BImSch-Verfahren möglich?
  ◦ Förmliches BImSch-Verfahren erforderlich?
  ◦ Zusätzliche Anforderungen nach der EU-Industrieemissions-Richtlinie erforderlich?
  ◦ Umweltverträglichkeitsprüfung erforderlich?
- **Prüfung auf Vollständigkeit** des Antrags durch die Behörde
  ◦ in der Regel 1 Monat
- **Antragsunterlagen** nach §§ 4, 4a, 4b, 4c, 4d, 4e mit Angaben zur Anlage, zum Anlagenbetrieb, zu den Schutzmaßnahmen, zur Behandlung der Abfälle, zur Energieeffizienz, zur Prüfung der Umweltverträglichkeit
- **Bekanntmachung** des Vorhabens
- **öffentliche Auslegung** der Unterlagen
- Frist für Einwände
- **Erörterungstermin**
  ◦ Genehmigungsbehörde (Moderation)
  ◦ Fachbehörden
  ◦ Einwender
  ◦ Antragsteller
- **Prüfung der Einwendungen** durch die Behörde
- **Entscheidung** der Behörde über den Antrag
  ◦ Genehmigungsfähigkeit (falls nein: kein Bescheid)
  ◦ Darstellung der zu erwartenden Auswirkungen des Vorhabens
  ◦ Gesamtbewertung
  ◦ Genehmigung mit oder ohne Auflagen
  ◦ Ablehnung (Versagung der Genehmigung)
- Möglichkeit zum Einlegen von **Rechtsmitteln**

Im **vereinfachten Verfahren** werden nach § 24, 9. BImSchV **nicht** angewendet

- die Belange der Umweltverträglichkeitsprüfung
- die Bekanntmachung des Vorhabens
- die grenzüberschreitende Behörden- und Öffentlichkeitsbeteiligung
- der Erörterungstermin

17.1.3 Genehmigungsverfahren für Deponien

§ 35 (2) KrWG: *„Errichtung und Betrieb von Deponien sowie die wesentliche Änderung (...) bedürfen der Planfeststellung durch die zuständige Behörde. In dem Planfeststellungsverfahren ist eine Umweltverträglichkeitsprüfung (...) durchzuführen."*

Planfeststellungsverfahren:

- Untersuchung/Bewertung aktueller und zukünftiger **Auswirkungen** der Deponie **auf allgemeine Schutzgüter** (Boden, Wasser, Luft, Gesundheit, Tier-/Pflanzenwelt, Kultur-/Sachgüter, usw.)
- Zusammenführung aller **Ansprüche** und **Widersprüche**
- **Interessensprüfung** unter Beteiligung der Öffentlichkeit
- Durchführung nach §§ 72 bis 78 des Verwaltungsverfahrensgesetzes (**VwVfG**)
- **kein Rechtsanspruch auf** Erteilung der **Zulassung**; jedoch Anspruch auf fehlerfreie Ausübung des der Behörde zustehenden Planungsermessens

Planfeststellungsbeschluss nur, wenn:

- **Wohl der Allgemeinheit** wird nicht beeinträchtigt und nach § 15 (2) KrWG
  - keine Beeinträchtigung der menschlichen **Gesundheit**
  - keine Gefährdung von **Tieren** oder **Pflanzen**
  - keine schädliche Beeinflussung von **Gewässern** oder **Böden**
  - keine schädlichen Umwelteinwirkungen durch **Luftverunreinigungen/Lärm**
  - keine Missachtung der Ziele, Grundsätze, Erfordernisse von **Raumordnung**, **Naturschutz**, **Landschaftspflege**, **Städtebau**
  - keine Gefährdung der **öffentlichen Sicherheit und Ordnung**
- Vorsorge gegen die Beeinträchtigung dieser Schutzgüter durch
  - bauliche, betriebliche, organisatorische Maßnahmen
  - Stand der Technik
- keine Bedenken gegen **Zuverlässigkeit** des Personals für Errichtung, Leitung, Beaufsichtigung des Deponiebetriebes
- **Fach- und Sachkunde** des Betriebspersonals
- keine nachteiligen Wirkungen auf **Rechte Dritter**
- **Abfallwirtschaftsplanung** steht dem Vorhaben nicht entgegen

Alternativ: **Plangenehmigung** (= einfacheres Verfahren, keine breite Beteiligung der Öffentlichkeit, nur die unmittelbar Betroffenen) nach § 35 (3) KrWG, wenn

- **unbedeutende Deponie** ohne erhebliche nachteilige Auswirkungen auf UVP-Schutzgüter (= Menschen, Tiere, Pflanzen, biologische Vielfalt, Boden, Wasser, Luft, Klima, Landschaft, Kulturgüter, sonstige Sachgüter)
- **wesentliche Änderung** einer Deponie **ohne erhebliche nachteilige Auswirkungen** auf UVP-Schutzgüter
- **„Forschungsdeponie"** für Entwicklung/Erprobung neuer Verfahren für max. 2 Jahre (bei gefährlichen Abfällen: max. 1 Jahr)

Keine Plangenehmigung möglich bei

– Ablagerung gefährlicher Abfälle („**Sonderabfalldeponien**")
– Ablagerung von
  ○ **nicht gefährlichen Abfällen** mit ≥ 10 t/Tag oder
  ○ nicht gefährlichen Abfällen mit ≥ 25 000 t
  ○ Ausnahme: Mengengrenzen gelten nicht bei Deponien für **Inertabfälle**

17.2   BVT-Merkblätter

Europäische **Industrieemissions-Richtlinie 2010/75/EU**

Grundlage für die Genehmigung besonders umweltrelevanter Industrieanlagen

Ziele:

– Weiterentwicklung des „Leitbildes der nachhaltigen Produktion"
– Insgesamt hohes Schutzniveau für die Umwelt
– Integrativer Ansatz: Berücksichtigung und Minimierung von
  ○ **Schadstoffemissionen** in die Umweltmedien
  ○ **Verbrauch** an Ressourcen und Energie
  ○ **sonstigen Umweltbelastungen**

  bei den Produktionsprozessen während des Betriebs und auch nach einer Anlagenstilllegung

Von zentraler Bedeutung für die Anlagentechnik sind die **BVT**, die „**besten verfügbaren Techniken**" (= BAT, Best Available Techniques)

Schaffung von einheitlichen **BVT-Standards** durch

– europäischen Informationsaustausch
  ○ „Sevilla-Prozess", Sitz des European IPPC Bureau (EIPPCB), http://eippcb.jrc.ec.europa.eu
  ○ Technical Working Group (TWG)
  ○ in D: Koordinierungsstelle Umweltbundesamt (UBA), www.bvt.umweltbundesamt.de
– BVT-Referenzdokumente = **BREF**
– **BVT-Merkblätter** (Erstellung/Überarbeitung durch TWG alle 8 Jahre vorgesehen) und
– „offizielle" **BVT-Schlussfolgerungen**

Die BVT-Schlussfolgerungen

– beschreiben den **europäischen Stand der Technik**
– sind eigenständige **Rechtsdokumente** (veröffentlicht im Amtsblatt der EU)
– sind **verbindliche Standards**
– enthalten u.a. „**Emissionsbandbreiten**" (= BAT-AEL) für Luft und Wasser
  → Maßgabe für die Emissionsgrenzwerte nach Art. 15 (3) IED-RL
– in D in Rechts-/Verwaltungsvorschriften umgesetzt, z.B. TA Luft oder AbwV
– <u>richten sich</u> insofern nicht an Behörden, sondern <u>an Gesetzgeber</u>

Beispiel: § 7 (1a) BImSchG seit 02.05.2013

„Nach jeder Veröffentlichung einer BVT-Schlussfolgerung ist <u>unverzüglich</u> zu gewährleisten, dass für Anlagen nach der Industrieemissions-Richtlinie bei der <u>Festlegung von Emissionsgrenzwerten</u> (…) die Emissionen unter normalen Betriebsbedingungen die in den BVT-Schlussfolgerungen genannten <u>Emissionsbandbreiten nicht überschreiten</u>.“

Umsetzungsfrist bei bestehenden Anlagen
– innerhalb von 1 Jahr: Rechtsvorschrift anpassen
– innerhalb von 4 Jahren: sicherstellen, dass die betreffenden Anlagen die Emissionsgrenzwerte einhalten

Auch **Direktanwendung** möglich nach § 12 (1a) BImSchG:

„Für den Fall, dass Emissionswerte einer VwV (…) nicht mehr dem Stand der Technik entsprechen oder eine VwV (…) keine Anforderungen vorsieht, ist (…) <u>in der Genehmigung sicherzustellen</u>, dass die Emissionen (…) die in den BVT-Schlussfolgerungen genannten <u>Emissionsbandbreiten nicht überschreiten</u>.“

Definition der BVT nach Art. 3 (10) der EU-IED-RL. Es sind
– *„beste verfügbare Techniken“*
  ◦ <u>effizientester/fortschrittlichster Entwicklungsstand</u> der Tätigkeiten/Betriebsmethoden, der bestimmte Techniken als <u>praktisch geeignet</u> erscheinen lässt, als Grundlage für die Emissionsgrenzwerte/sonstige Genehmigungsauflagen zu dienen, um Emissionen in und Auswirkungen auf die gesamte Umwelt zu vermeiden oder zu vermindern
– *„Techniken“*:
  ◦ angewandte Technologie und die Art und Weise, wie die Anlage <u>geplant</u>, <u>gebaut</u>, <u>gewartet</u>, <u>betrieben</u> und <u>stillgelegt</u> wird
– *„verfügbare Techniken“*:
  ◦ die Techniken in einem Maßstab, der unter Berücksichtigung des Kosten/Nutzen-Verhältnisses die Anwendung unter (…) <u>wirtschaftlich</u> und <u>technisch vertretbaren</u> Verhältnissen ermöglicht (…), sofern sie zu vertretbaren Bedingungen für den Betreiber <u>zugänglich</u> sind;
– *„beste“*:
  ◦ Techniken, die <u>am wirksamsten</u> zur Erreichung eines allgemein hohen Schutzniveaus für die Umwelt insgesamt sind

24.11.2015   [DE]   Amtsblatt der Europäischen Union   L 306/31

DURCHFÜHRUNGSBESCHLUSS (EU) 2015/2119 DER KOMMISSION

vom 20. November 2015

über Schlussfolgerungen zu den besten verfügbaren Techniken (BVT) gemäß der Richtlinie 2010/75/EU des Europäischen Parlaments und des Rates in Bezug auf die Holzwerkstofferzeugung

(Bekanntgegeben unter Aktenzeichen C(2015) 8062)

L 306/32   [DE]   Amtsblatt der Europäischen Union   24.11.2015

ANHANG

BVT-SCHLUSSFOLGERUNGEN FÜR DIE HERSTELLUNG VON PLATTEN AUF HOLZBASIS

Amtliche Veröffentlichung von BVT-Dokumenten

Aufbau und **grundsätzliche Inhalte** der BVT:

- Vorwort
- Geltungsbereich
- Allgemeine Informationen über den betreffenden Sektor
- Angewandte Prozesse und Techniken
- Aktuelle Emissions- und Verbrauchswerte
- Bei der Festlegung der BVT zu berücksichtigende Techniken
- Schlussfolgerungen zu den besten verfügbaren Techniken (BVT)
- Zukunftstechniken
- Abschließende Bemerkungen und Empfehlungen für zukünftige Arbeiten
- Referenzen
- Glossar der Begriffe und Abkürzungen
- Anhänge (je nach Bedeutung und Verfügbarkeit der Informationen)

Es gibt derzeit folgende **BVT-Merkblätter** und **BVT-Schlussfolgerungen**:

BVT-Merkblatt	Stand	BVT-Schlussfolgerungen
Abfallbehandlungsanlagen	10/2018	KOM (EU) 2018/1147 ABl. EU 2018, L208/38
Abfallverbrennungsanlagen (Änderungsentwurf 12/2018)	08/2006	
Abwasser- und Abgasbehandlung /-management in der chemischen Industrie	07/2016	KOM (EU) 2016/902 ABl. EU 2016, L 152/23
Chloralkaliindustrie	10/2014	KOM 2013/732/EU ABl. EU 2013, L 332/34
Eisen - und Stahlerzeugung	12/2012	KOM 2012/135/EU ABl. EU 2012, L 70/63 ABl. EU 2012, L 333/48
Energieeffizienz	02/2009	
Gießereiindustrie	05/2005	
Glasherstellung	03/2012	KOM 2012/134/EU ABl. EU 2012, L 70/1
Großfeuerungsanlagen	11/2017	KOM 2017/1442/EU ABl. EUR 2017, L 212/1
Herstellung anorganischer Grundchemikalien – Feststoffe und andere	08/2007	
Herstellung Anorganischer Grundchemikalien: Ammoniak, Säuren und Düngemittel	08/2007	
Herstellung anorganischer Spezialchemikalien	08/2007	
Herstellung organischer Feinchemikalien	08/2006	

BVT-Merkblatt	Stand	BVT-Schlussfolgerungen
Herstellung organischer Grundchemikalien	02/2003	KOM (EU) 2017/2117 ABl. EU 2017, L323/1
Herstellung von Holzwerkstoffen	02/2016	KOM (EU) 2015/2119 ABl. EU 2015, L 306/31
Herstellung von Polymeren	08/2007	
Industrielle Kühlsysteme	12/2001	
Intensivhaltung von Geflügel und Schweinen	07/2017	KOM (EU) 2017/302 ABl. EU 2017, L 43/231
Keramikindustrie (Revision ab 2019)	08/2007	
Lagerung gefährlicher Substanzen und staubender Güter	07/2006	
Lederindustrie	05/2013	KOM 2013/84/EU ABl. EU 2013, L 45/13
Management von Bergbauabfällen und Taubgestein	01/2009	
Nahrungsmittelindustrie (Änderungsentwurf 10/2018)	08/2006	
Nichteisenmetallindustrie	07/2017	KOM (EU) 2016/1032 ABl. EU 2016, L 174/32
Oberflächenbehandlung unter Verwendung von organischen Lösemitteln (Abschlussentwurf 06/2019)	08/2007	
Oberflächenbehandlung von Metallen und Kunststoffen (Galvanik)	08/2006	
Ökonomische und medienübergreifende Effekte (Referenzdokument)	07/2006	
Raffinerien	03/2015	KOM 2014/738/EU ABl. EU 2014, L 307/38[1]
Stahlverarbeitung (Änderungsentwurf 03/2019)	12/2001	
Textilindustrie	07/2003	
Tierschlachtanlagen und Anlagen zur Verarbeitung von tierischen Nebenprodukten	05/2005	
Überwachung von Emissionen von IED-Installationen (Referenzdokument)	07/2003	
Zellstoff- und Papierindustrie	05/2015	KOM 2014/687/EU ABl. EU 2014, L 284/76
Zement-, Kalk- und Magnesiumoxidindustrie	07/2013	KOM 2013/163/EU ABl. EU 2013, L 100/1

---

[1] dazu in D: Allgemeine Verwaltungsvorschrift zur Umsetzung des Durchführungsbeschlusses der Kommission vom 09.10.2014 über Schlussfolgerungen zu den besten verfügbaren Techniken (...) in Bezug auf das Raffinieren von Mineralöl und Gas vom 19.12.2017 (GMBl Nr. 56/57 vom 22.12.2017, S. 1067)

Das BVT-Merkblatt „Abfallbehandlungsanlagen", **Stand 10/2018, 851 Seiten**
- Maßgebliche Entsorgungsverfahren:
    - R 1, R 2, R 5, R 6, R 7, R 8, R 9, R 12, R 13
    - D 8, D 9, D 13, D 14, D 15
- EU-weit: gültig für etwa 14 300 Abfallbehandlungsanlagen, davon
    - Chemisch/physikalische Behandlung: 69,2 %
    - Umladestation: 20,3 %
    - Biologische Behandlung: 4,3 %
    - Aufbereitung von Altöl und Nutzung als Brennstoff: 1,9 %
    - Herstellung von Brennstoffen aus Abfällen: 1,9 %
    - Behandlung anorganischer Abfälle (ohne Metalle):   0,9 %
    - Behandlung von Lösemittelabfällen: 0,7 %
    - Altölraffination: 0,2 %
    - Aktivkohlebehandlung: 0,1 %
    - Verwertung von Rückständen aus Abgas- Abwasserreinigung: 0,1 %
    - Behandlung von Altkatalysatoren: 0,1 %
    - Behandlung von Abfallsäuren/-basen: 0,1 %

Angewandte Techniken, Emissions-/Verbrauchswerte bei der Abfallbehandlung

Es gibt **Detailausführungen** zu:

- häufig angewandte Techniken, z. B. allgemeines Anlagenmanagement, Aufnahme, Annahme, Rückverfolgbarkeit, Qualitätssicherung, Lagerung und Handhabung, Energiesysteme
- biologische Behandlungsverfahren, z. B. anaerober und aerober Abbau und biologische „off-site" Behandlung von Boden
- chemisch/physikalische Behandlung von Abwässern, festen Abfällen und Schlämmen
- Wiedergewinnung von Stoffen und Substanzen aus Abfall, z. B. Regenerierung von Säuren/ Basen, Katalysatoren, Aktivkohle, Lösemitteln, Harzen, Altölraffination
- Herstellung fester/flüssiger Brennstoffe aus nicht gefährlichem und gefährlichem Abfall
- Behandlungstechniken zur Minimierung von Emissionen in Abluft, Abwasser und Rückstände aus der Abfallbehandlung.

Wesentliche Inhalte des BVT-Merkblattes „Abfallbehandlungsanlagen" (10/2018)

1. Standardtechniken für die Abfallbehandlung

– Verfahren zur Annahme, Charakterisierung, Probenahme, Inventarisierung und Rückverfolgbarkeit der Abfälle

– Verfahren zur Sortierung, Lagerung, Handhabung, zum Mischen, Reinigen, Waschen, Zerkleinern der Abfälle

– Rückhaltetechniken und Verfahren zur Emissionskontrolle bei der Abfallbehandlung

2. Beschreibung individueller Abfallbehandlungstechniken

u.a. Neutralisation, Trennverfahren, Öl-/Wasser-Trennung, Koagulation, Sedimentation, Flotation, Filtration (Membranfiltration), Fällung/Flockung, Oxidation, Reduktion, Nanofiltration, Umkehrosmose, Ionenaustauschverfahren, Verdampfung, Adsorption, Destillation, Rektifikation, aerobe/anaerobe Behandlung, Stickstoffelimination

3. BVT Mechanische Abfallbehandlung

Behandlung

– durch Shreddern

– von Elektro-/Elektronik-Altgeräten (mit flüchtigen Fluorkohlenwasserstoffen und/oder Kohlenwasserstoffen)

– heizwerthaltiger Abfälle

4. BVT Biologische Abfallbehandlung

– aerob (einschließlich Kompostierung)

– anaerob (anaerobe Gärung)

– mechanisch-biologisch

5. BVT Physikalisch-chemische Behandlung

– Immobilisierung von festem / pastösem Abfall

– Aufbereitung von

  ∘ Altöl
  ∘ gebrauchten Lösungsmitteln
  ∘ verunreinigten Reinigungs-/Absorptions-/Rückhaltmaterialien (Aktivkohle, Ionenaustauscher, Katalysatoren, Abfälle aus der Rauchgasreinigung)

– Behandlung von

  ∘ heizwerthaltigen Abfällen
  ∘ kontaminierten Böden
  ∘ wässrigen Abfalllösungen
  ∘ Abfällen mit POP, Quecksilber, SF6, Asbest
  ∘ Abfälle aus Gesundheitseinrichtungen
  ∘ ...

6. BVT-Schlussfolgerungen

– Allgemeine Aspekte

Umweltverträglichkeit, Überwachung, Emissionen (Luft, Wasser, nach Störfällen, Unfällen, Ereignissen), Lärm, Vibrationen, Stoffeffizienz, Energieeffizienz, Wiederverwendung von Verpackungen, usw.

– Schlussfolgerungen für die Behandlungsverfahren

  ∘ mechanisch
  ∘ biologisch
  ∘ physikalisch-chemisch
  ∘ Behandlung wässriger Abfälle

– Beschreibung der Techniken und Darstellung von Zukunftstechniken

17.3   Anlagentechnik und Sammelverfahren für Abfälle

17.3.1 Sonderabfall-Behältersysteme

Behälter für Sonderabfälle

- geeignet für Sammlung, Lagerung, Transport
- besondere Anforderungen
  - nach Art der Inhaltsstoffe
  - Konsistenz des Abfalls

Schlämme und **feste Abfälle**:

- geschlossene Verpackungen
- Großbehälter
- offene, bedeckte oder geschlossene Abfallcontainer (Mulden)

Flüssige Abfälle:

- geschlossene, korrosionsbeständige, oft doppelwandige Behälter

Zusätzliche Anforderungen für gefährliche Abfälle, die **gefährliche Güter** sind

- besonders stabile und **zugelassene Behälter**
- zum sicheren und leichteren Umgang mit Hebezeugen und zur Transportsicherung: mit Boden-platten, Sattelfüßen oder Gestellen versehen
- dichtes Verschließen durch Gummidichtungen und Spannverschlüsse

Behältermaterial:

- korrosions- und alterungsbeständig
- Werkstoffe häufig Stahl oder Kunststoff, auch glasfaserverstärkte Polyesterharze
- Korrosionsschutz: Beschichtungen, Gummierungen, Einbrennlackierung, Emaille

Sinnvoll ist eine **Unterscheidung** der Behälter für gefährliche und nicht gefährliche Abfälle durch **Form**, **Farbe** und/oder **Kennzeichnung**.

Behälterstandplätze und **Sammelstationen**:

- bei flüssigen und schlammigen Sonderabfällen besondere Sicherheitsvorrichtungen, z. B. Auf-fangwannen
- Sicherung vor dem Zugang Unbefugter
  - bei großen Sammelbehältern Einzäunung
  - bei kleinen Sammelbehältern: abschließbare Sammelstationen
- organisatorische und technische Anforderungen:
  Technische Regel für Gefahrstoffe (TRGS) 520 = Errichtung und Betrieb von Sammelstellen und Zwischenlagern für Kleinmengen gefährlicher Abfälle

Behälter für feste und pastöse Sonderabfälle

Behältertypen:

- für große Abfallmengen:
  - **Container**, z. B. Abrollsysteme
  - **offene** bzw. mit Plane bedeckte **Absetzmulden**
  - **geschlossene Absetzmulden**, z. B. mit Federklappendeckel
- mittlere Abfallmengen:
  - stapelbare kubische oder zylindrische **Kleincontainer** aus Stahl (Abfall-Sonderbehälter Pastös, **ASP-Behälter**), in die ggf. Säcke aus Polyethylen (PE)-Kunststoff eingehängt werden können. Das Behälterinnere bleibt sauber und der Inhalt kann leichter entleert werden.
  - Flexible Gewebesäcke aus Polypropylen (PP)-Kunststoff mit 1 oder 2 m³ Rauminhalt („**Big-Bag**")

Beispiel: Aufnahme von **asbesthaltigen Abfällen** nach TRGS 519, Nr. 18.1 (2)

Geeignete Behälter sind z. B. für

- körnige, gewebte, stückige Abfälle: ausreichend feste **Kunststoffsäcke**
- grobe, plattenförmige Asbestzementabfälle: **Big-Bags**
- stapelbare Asbestzementprodukte: Big-Bags, Platten-Big-Bags, Stapelung auf Paletten in staubdichter Verpackung
- spritzasbesthaltige Abfälle: das Entsorgungsgerät selbst oder **Fässer**

Beispiel: **Filterstäube, Flugaschen**

- Textil-Big-Bags mit Innensack aus Polyethylen

Behälter für flüssige und schlammige Sonderabfälle

Man unterscheidet bei den Behältersystemen für flüssige und schlammige Abfälle

- Behälter für <u>gefährliche Abfälle</u>
  - **Einwegbehälter**, z. B.
    nach DIN 30739   =   Behälter für ansteckungsgefährlichen Abfall von 30 L bis 60 L
  - **Wechselbehälter**, z. B.
    nach DIN 30741-1 = für feste Sonderabfälle, Volumen: 800 L
    nach DIN 30741-2 = für flüssige Sonderabfälle, Volumen: 1000 L
    nach DIN 30742-1 = für flüssige und feste Sonderabfälle; Volumen: 60 L bis 240 L
                                      aus metallischen Werkstoffen
    nach DIN 30743   = Ladehilfe für Lagerung und Beförderung von Abfallbehältern
                                      für Sonderabfälle
- Behälter für <u>sonstige Abfälle</u>, ebenfalls Einweg oder Mehrweg

Besondere Anforderungen bei Behälter-/Transportsystemen für flüssige und schlammige Abfälle

- **korrosionsbeständige** Materialien
- zuverlässige **Dichtungssysteme**, ggf. doppelwandige Ausführung
- ggf. Leckanzeige
- Aufstellen in **Auffangwannen**
- bei Gefahrgut:
  - besondere **Behälterzulassung** (UN-Bauartzulassung, Spezifikation)
  - stoffliche und zeitliche Verwendungsbeschränkung
  - Mengenbeschränkung
  - wiederkehrende **Inspektionen** und Prüfungen

17.3.2 Auswahl typischer Abfallbehälter und Systeme für Sammlung, Transport und Zwischenlagerung

Mobiler Abfallsammelbehälter, Müllgroßbehälter (MGB)

Beschreibung:

- das meistverwendete Sammelbehältersystem für **Haushaltsabfälle**
- MGB (2 Räder) mit 80 - 390 L
- MGB (4 Räder) mit 500 - 5000 L
- Abfallsammlung im **Holsystem mit Umleerung** eingesetzt
  - Behälter wird am Anfallort befüllt und dort in Sammelfahrzeug entleert
  - Behälter bleibt am Anfallort
- Kamm bzw. Rand zur Aufnahme an den Lifter des Sammelfahrzeugs

Technische Daten:

Behälter	Höhe	Breite	Masse	Max. Inhalt
MGB 120	0,93 m	4,8 m	11 kg	48 kg
MGB 240	1,07 m	5,8 m	15 kg	96 kg
MGB 1100	1,45 m	1,21 m	69 kg	440 kg

Einsatz für:

- Sammlung von kommunalem Abfall und Abfällen aus Kleingewerbe

Abfälle:

- feste Abfälle
- **Siedlungsabfall** und Abfall aus Kleingewerbe
- Anfall an eng begrenztem Ort **kontinuierlich** in geringem Umfang
- **keine gefährlichen Abfälle**

Infrastruktur:

– **befestigte Aufstellplätze**, dass Behälter (auch gefüllt) nicht einsinkt

– ebenerdig, stufenfrei, auf festem Untergrund, möglichst straßennah

– Flächenbedarf:
  ◦ gering für MGB 80-240
  ◦ bei MGB mit 4 Rädern zusätzliche Manövrierfläche

Vorteile	Nachteile
– breite Anwendung für Haushaltsabfälle – leicht handhabbar, manuell bewegbar – farbliche Gestaltung für bestimmte Abfall-fraktionen – hoher Standardisierungsgrad – Austauschbarkeit, relativ günstig durch hohen Standardisierungsgrad – kompatible Sonderformen für verschiedene Abfallarten, z. B. Bioabfall	– relativ geringes Aufnahmevolumen – keine Verpressung im Behälter außer bei speziellen Anwendungen – Brandgefahr bei Kunststoffbehältern (z. B. bei Fehlwürfen) – Anfrieren feuchter Abfälle bei starkem Frost

Hilfsmittel, Personalbedarf:

– **Sammelfahrzeug** mit Aufnahmevorrichtung (Schüttung)

– Heckladerfahrzeug mit 2–5 Personen (**Fahrer** und **Ladepersonal**)

– Seitenlade- oder Frontladerfahrzeug mit 1 Person (Fahrer)

Normen:

– DIN EN 840-1 bis 6: Fahrbare Abfallsammelbehälter: Abmessungen, Prüfverfahren, Sicherheits- und Gesundheitsschutzanforderungen

– DIN 30760: Fahrbare Abfallsammelbehälter – Abfallsammelbehälter mit zwei Rädern und einem Nennvolumen von 60 l bis 360 l für Diamondschüttungen

– RAL-GZ 951/1 bzw. 2 – Abfall-/Wertstoffbehälter aus Kunststoff bzw. Metall

Beispiele:

| 2 Räder-MGB | 4 Räder-MGB | MGB mit Einfüllöffnungen |

Flexibler Abfallbehälter (Big-Bag, flexibles Großpackmittel, IBC)

Beschreibung:
- eigenständige Erfassungssystem oder Ergänzung zu anderen Behältern (z. B. auf **Baustellen**)
- häufig auch zur Anlieferung von industriellen Rohstoffen
- für **kleinformatige Abfälle** in Menge zwischen Sack und Absetzcontainer
- **Einweg- oder Mehrweg**behälter, auch Sonderformen: mit Ein-/Auslauf, mit/ohne Abdichtung, für verschiedene Korngrößen, für verschiedene Höchstmengen

Technische Daten:
- Fassungsvermögen: 0,3 t bis 1,5 t
- Grundfläche: 0,9 m x 0,9 m; Höhe: unterschiedlich
- Behältermasse: je nach Ausführung und Nutzung 0,3 t bis 1,5 t

Einsatz für:
- Sammlung **trockener Abfälle**, z. B. von Bauabfällen

Abfälle:
- alle Arten (auch gefährliche) von **festen Industrie- und Gewerbeabfällen**
- wenn diese an eng begrenztem Ort in **kurzer Zeit** in **größerem Umfang** anfallen
- **auch gefährliche Güter**, wenn
  ◦ die Behälter eine gefahrgutrechtliche Bauartzulassung als **flexible IBC** haben und die Abfälle darin befördert werden dürfen oder
  ◦ die Beförderungsart „lose Schüttung" zulässig ist

Vorbehandlung:
- in der Regel nicht notwendig
- evtl. Trocknung oder Vorzerkleinerung

Infrastruktur:
- geringer Platzbedarf
- nach Befüllung werden technische Hilfsmittel (**Hebezeuge**) benötigt, deshalb sollte Abtransport am Ort der Bereitstellung erfolgen

Vorteile	Nachteile
– geringe Investitionskosten	– nur für trockene, kleinkörnige Güter
– flexible Lagerung/Bereitstellung stark variierender Abfallmengen	– nach Verdichtung Entleerung teilweise problematisch
– geringer Platzbedarf für Lagerung und Nutzung	– Umsetzung gefüllter Behälter nur mit technischen Hilfsmitteln möglich
– keine teure Spezialsammeltechnik erforderlich	

Hilfsmittel, Personalbedarf:

- LKW, Klein-LKW, Pritschenwagen
- Beladen und Entladen durch 1 Person (Fahrer)
- Hebezeuge für Be- und Entladung (z.B. Kran, Gabelstapler) erforderlich

Normen:

- DIN EN ISO 21898: Verpackung – Flexible Großpackmittel (FIBC) für nichtgefährliche Güter
- gefährliche Güter: zusätzlich Zulassung nach Unterabschnitt 6.5.5.2 ADR

Beispiele:

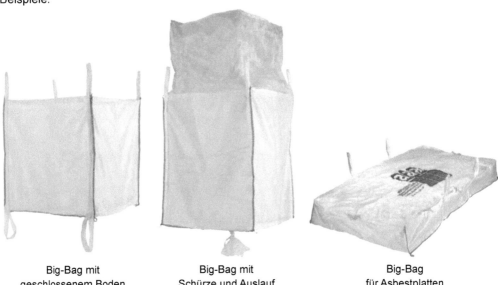

| Big-Bag mit geschlossenem Boden | Big-Bag mit Schürze und Auslauf | Big-Bag für Asbestplatten |

ASP- und ASF-Sicherheitsbehälter (metallische Großpackmittel, IBC)

Beschreibung:

- **Sammelbehälter** (i.d.R. feuerverzinkte Behälter in doppelwandiger Bauweise), ggf. korrosionsgeschützt oder mit Kunststoffinnenauskleidung
- Variante **ASF** = Abfall-Sonder-Behälter **Flüssig**
- Variante **ASP** = Abfall-Sonder-Behälter **Pastös**
- Sammlung/Transport: Flüssigkeiten (ASF); pastöse, feste Stoffe (ASP)
- gefahrgutrechtliche Zulassung als Großpackmittel (**Intermediate Bulk Container, IBC**), regelmäßige Inspektionen durch Fachbetrieb erforderlich

Technische Daten:

– Fassungsvermögen: von 240 L bis 1000 L

– Länge: von 0,9 bis 1,2 m; Breite: 0,72 bis 1,0 m; Höhe: 0,89 bis 1,38 m

– Behältermasse: je nach Ausführung 150 bis 240 kg

Einsatz für:

– Sammlung, zeitweise Lagerung und Transport verschiedener gefährlicher Abfälle („**Sonderabfälle**")

Abfälle:

– gefährliche feste, pastöse (ASP) oder flüssige (ASF) Industrieabfälle

– regelmäßig **entzündbare, oxidierende, giftige, ätzende, umweltgefährdende** Abfälle **mittlerer und geringer Gefährlichkeit** (für sehr gefährliche Güter sind IBC als Behälter regelmäßig nicht zulässig)

– ASP: z. B. Batterien, Fett, Katalysatoren, Ölfilter, Schmierstoffe, Putztücher

– ASF: z. B. flüssige Chemikalien, Farben, Kraftstoffe, Lacke, Säuren, Laugen, Lösungsmittel, Altöl, Pestizide, Reinigungsmittel

Infrastruktur:

– geringer Platzbedarf

– nach Befüllung werden technische Hilfsmittel (**Hebezeuge**) benötigt, deshalb sollte Abtransport am Ort der Bereitstellung erfolgen

Hilfsmittel, Personalbedarf:

– LKW, Klein-LKW, Pritschenwagen

– Beladen und Entladen durch 1 Person (Fahrer) möglich

– Hebezeuge für Be- und Entladung (z. B. Kran, Gabelstapler) erforderlich

Normen:

– DIN 30741-1: Abfallbehälter; Abfallbehälter für Sonderabfälle mit einem Volumen von 800 l für feste Sonderabfälle

– DIN 30741-2: Abfallbehälter; Abfallbehälter für Sonderabfälle mit einem Volumen von 1000 l für flüssige Sonderabfälle

– DIN 30742-1: Entsorgungstechnik – Abfallbehälter für flüssige und feste Sonderabfälle – Teil 1: Behälter mit einem Volumen von 60 l bis 240 l aus metallischen Werkstoffen

– DIN 30743: Entsorgungstechnik – Ladehilfe für Lagerung und Beförderung von Abfallbehältern für Sonderabfälle

ZULASSUNGSSCHEIN

CERTIFICATE OF APPROVAL

2. Neufassung / *Revised version no. 2*

Nr. D/BAM 0183/11A

für die Bauart eines Großpackmittels zur Beförderung gefährlicher Güter

for the design type of an Intermediate Bulk Container (IBC) for the transport of dangerous goods

Aktenzeichen / *Reference no.* III.12/201615

1. Rechtsgrundlagen / *Legal bases*

1.1 Gefahrgutverordnung Straße, Eisenbahn und Binnenschifffahrt – GGVSEB in der Fassung der Bekanntmachung vom 17. Juni 2009 (BGBl. I S. 1389)
(German regulation concerning the transport of dangerous goods by road, rail and inland waterways)

1.2 Gefahrgutverordnung See – GGVSee in der Fassung der Bekanntmachung vom 3. Dezember 2007 (BGBl. I, S. 2815), insbesondere der International Maritime Dangerous Goods Code (IMDG-Code), geändert durch die Entschließung MSC.205(81), in der amtlichen deutschen Übersetzung bekannt gegeben am 15. Dezember 2006 (VkBl. 2006 S. 844).
(German regulation concerning the transport of dangerous goods by sea)

2. Zulassungsinhaber / *Approval holder*

███ ███ GmbH
███ Str. ██
D - █████ ███████

Gefahrgut-Zulassung der Bundesanstalt für Materialforschung und -prüfung (BAM)
für einen ASF-Behälter = Großpackmittel aus Stahl für Flüssigkeiten

Beispiele:

| 1000 L-ASF-Behälter | 445 L-ASF-Behälter | 800 L-ASP-Behälter |

Absetzcontainer

Beschreibung:
- sehr häufig verwendetes Container-Sammel-/Transportsystem (DIN 30720)
- sehr einfach zu nutzende Containerart für Sammlung und Transport
- **Wechselbehältersystem** (Austausch voller Container gegen leere)
- für Fahrzeuge und Anhänger geeignet

Technische Daten:
- Fassungsvermögen: von 1 bis 20 m³
- Länge: von 1,5 bis 4,8 m; Breite: 1,52 m; Höhe: 1,5 m
- Behältermasse: je nach Ausführung und Nutzung 0,3 bis 1,5 t

Einsatz für:
- Sammlung, zeitweise Lagerung, Transport verschiedener fester Abfallarten

Abfälle:
- alle Arten (auch gefährliche) von **festen Industrie- und Gewerbeabfällen**
- fallen an eng begrenztem Ort **in kurzer Zeit** in **hohem Umfang** an
- auch gefährliche Güter, wenn Beförderungsarten „**lose Schüttung**" oder „**Schüttgut-Container**" BK1 (offen) bzw. BK2 (geschlossen) zulässig

Infrastruktur:
- geeigneter, anfahrbarer Platz zum Aufstellen und Transportfahrzeug mit geeigneter Aufnahmeeinrichtung (Absetzkipper) für den Container
- Flächenbedarf: mind. 3 m x 1,9 m, außerdem Manövrierflächen für Abholfahrzeug und ggf. für einen Wechselcontainer

Vorteile	Nachteile
– für Abfallsammlung, Transport und zeitweilige Lagerung geeignet	– keine Verpressung im Container außer bei Presscontainer möglich
– breite Anwendung für verschiedene Transportgüter	– bei größeren Transportentfernungen geeignetere Technik verfügbar
– viele kompatible Sonderformen, Austauschbarkeit der Container	
– relativ günstiger Beschaffungspreis durch hohen Standardisierungsgrad	

Hilfsmittel, Personalbedarf:
- Fahrzeug mit Absetzkipper
- falls mit Verpressung: Elektro-Starkstromanschluss
- Aufnehmen, Absetzen, Transport durch 1 Person (Fahrer)

Normen:

– DIN 30720: Behälter für Absetzkipperfahrzeuge
– DIN 30723: Absetzkipperfahrzeuge, Absetzkippeinrichtung
– DIN 30735: Behälter mit einer maximalen Breite von 1,52 m für Absetzkipperfahrzeuge

Beispiele:

Absetzmulde beim Absetzen   Absetzmulde beim Abkippen

Absetzcontainer mit Deckel

Abrollcontainer

Beschreibung:
- sehr häufig verwendetes Container-Sammel-/Transportsystem (DIN 30722)
- **Wechselbehältersystem** (Austausch voller Container gegen leere)
- für Fahrzeuge und Anhänger geeignet
- auch für die Erfassung von Abfällen aus **Haushalten** im **Bringsystem**
  (z. B. für Abfälle mit hoher Dichte oder geringer Verdichtbarkeit, wie Glas, Papier)
- auch **Mehrkammervarianten** mit flexiblen Zwischenwänden für getrennte Erfassung verschiedener Fraktionen

Technische Daten:
- Fassungsvermögen: von 5 bis 40 m³
- Länge: von 4 bis 6,5 m;
- Breite: 2,32 m;
- Höhe: 0,5 bis 2,5 m
- Behältermasse: je nach Ausführung (leicht, stabil, schwer) 1,3 bis 3,3 t
- Höhe des Aufnahmebügels: 1,57 m nach DIN 30722

Einsatz für:
- Sammlung, zeitweise Lagerung, Transport verschiedener fester Abfallarten

Abfälle:
- alle Arten von **festen Industrie- und Gewerbeabfällen**
- fallen an eng begrenztem Ort in **kurzer Zeit** in **hohem Umfang** an
- normalerweise **keine gefährlichen Abfälle**
- **ggf. auch gefährliche Güter, wenn Beförderungsart „lose Schüttung"** zulässig

Infrastruktur:
- nur an Stellen mit ausreichend verfügbarem Platz und Anfahrtsmöglichkeit
- fester, ebener Untergrund, max. Neigung: 5 %
- Flächenbedarf: je nach Bauform 4,4 m bis 6,9 m x 2,32 m, außerdem Manövrierflächen für Abholfahrzeug und ggf. für einen Wechselcontainer
- gut geeignet zur Erfassung/Lagerung von Abfällen aus Haushalten an **zentralen Standplätzen**
  - z. B. Haushaltsgroßgeräte an Wertstoffhöfen
  - **Standplatz** sollte **befestigt** sein, so dass der Absetzcontainer nicht einsinkt

Vorteile	Nachteile
- für Abfallsammlung, Transport und zeitweilige Lagerung geeignet - breite Anwendung für verschiedene Transportgüter - viele kompatible Sonderformen, Austauschbarkeit der Container - relativ günstiger Beschaffungspreis durch hohen Standardisierungsgrad	- keine Verpressung im Container möglich, außer bei speziellem Presscontainer - bei größeren Transportentfernungen geeignetere Technik verfügbar

Hilfsmittel, Personalbedarf:

– Fahrzeug mit Abrollkipper

– falls mit Verpressung: Elektro-Starkstromanschluss

– Aufnehmen, Absetzen, Transport durch 1 Person (Fahrer)

Normen:

– DIN 30722-1 bis 3: Abrollkipperfahrzeuge, Abrollkippeinrichtung

– DIN 30730: Mobile Behälterpressen – Absetzkipperfahrzeuge und Abrollkipperfahrzeuge

Beispiele:

Abrollcontainer

Abrollcontainer mit Verdichtung

Abrollcontainer mit Einwurföffnungen

LERNZIELKONTROLLE ZU I.17

Lernzielkontrolle – Aufgabe I.17-1

Nach welchen Rechtsvorschriften werden Entsorgungsanlagen genehmigt?

Bitte die richtigen Antworten ankreuzen.

☐ Nur nach Baurecht.

☐ Deponien nach Immissionsschutzrecht.

☐ Immer nach Immissionsschutzrecht und Abfallrecht.

☐ Nach Baurecht und Abfallrecht.

☐ Deponien nach Abfallrecht.

☐ Alle Anlagen außer Deponien nach Immissionsschutzrecht.

Lernzielkontrolle – Aufgabe I.17-2

Was versteht man unter einem förmlichen Genehmigungsverfahren?

_____

_____

_____

_____

Lernzielkontrolle – Aufgabe I.17-3

Darf eine mobile Entsorgungsanlage zur Behandlung ölverunreinigter Abwässer aus Ölabscheideanlagen ohne immissionsschutzrechtliche Genehmigung betrieben werden?

_____

_____

_____

_____

Lernzielkontrolle – Aufgabe I.17-4

Was bedeuten die Buchstaben „G", „V" und „E" im Anhang der Verordnung über genehmigungsbedürftige Anlagen?

_____

_____

_____

_____

Lernzielkontrolle – Aufgabe I.17-5

Welche Genehmigungen werden für folgende Anlagen benötigt?

a) Eine Sonderabfalldeponie?

b) Eine Pyrolyseanlage zur Behandlung von Klärschlamm mit einem Durchsatz von 50 Tonnen pro Tag?

c) Eine Bodenwaschanlage mit einem Durchsatz von 50 Tonnen mineralölverunreinigtem Boden (Abfallschlüssel 170503) pro Tag?

d) Ein Containerstellplatz für die zeitweilige Lagerung zum Einsammeln von Farb- und Lackschlämmen auf Gelände der Abfallentstehung?

e) Ein Schrottplatz mit einer Lagerfläche von 7 500 m² für die Lagerung von 2 000 t Autowracks?

Lernzielkontrolle – Aufgabe I.17-6

Was bedeutet BVT? Bitte die richtigen Antworten ankreuzen.
- ☐ Biologische Verfahrenstechnologie
- ☐ Bundesverordnung Thermische Entsorgung
- ☐ Billige Verwertungstechnik
- ☐ Beste verfügbare Techniken
- ☐ Besonders vorsichtig transportieren

Lernzielkontrolle – Aufgabe I.17-7

Welche Behörde ist für die Umsetzung und Koordinierung des europäischen Sevilla-Prozesses in Deutschland zuständig?

_____

_____

_____

_____

Lernzielkontrolle – Aufgabe I.17-8

Was sind BVT-Schlussfolgerungen?

_____

_____

_____

_____

Lernzielkontrolle – Aufgabe I.17-9

Für welche Industrieanlagen wurden bereits BVT-Schlussfolgerungen durch die EU-Kommission veröffentlicht?

_____

_____

_____

_____

Lernzielkontrolle – Aufgabe I.17-10

Welche Abfallbehandlungsanlagen sind in der Praxis überwiegend durch das BVT-Merkblatt „Abfallbehandlungsanlagen" betroffen? Bitte die drei wichtigsten ankreuzen.

☐ Abfallsäureaufbereitungsanlagen
☐ Altölraffination
☐ Biologische Behandlungsanlagen
☐ CP-Anlagen
☐ Destillation von Lösungsmittelabfällen
☐ Ersatzbrennstoffherstellung
☐ Sonderabfallverbrennungsanlagen
☐ Umschlagseinrichtungen

Lernzielkontrolle – Aufgabe I.17-11

Nennen Sie drei typische Sonderabfall-Behältersysteme.

_____

_____

_____

_____

Lernzielkontrolle – Aufgabe I.17-12

Welche Anforderungen werden an Umschließungen für gefährliche Abfälle regelmäßig gestellt? Bitte die richtigen Antworten ankreuzen.

☐ sie müssen korrosionsgeschützt sein
☐ sie müssen alterungsbeständig sein
☐ sie dürfen nicht zu schwer zum Tragen sein
☐ sie brauchen eine Gefahrgutzulassung
☐ sie müssen eine bestimmte Form und Farbe haben
☐ sie müssen verschließbar sein
☐ sie müssen immer doppelwandig sein

Lernzielkontrolle – Aufgabe I.17-13

Wie müssen Asbestzementplatten als Abfall nach der TRGS 519 verpackt werden?

_____

_____

_____

_____

Lernzielkontrolle – Aufgabe I.17-14

Was sind MGB und wofür werden sie verwendet?

_____

_____

_____

_____

Lernzielkontrolle – Aufgabe I.17-15

Unter welchen Voraussetzungen dürfen PCB-haltige Bauabfälle als gefährliche Güter in einem flexiblen Textil-IBC befördert werden?

_____

_____

_____

_____

Lernzielkontrolle – Aufgabe I.17-16

Was sind ASF- und ASP-Behälter?

_____

_____

_____

_____

Lernzielkontrolle – Aufgabe I.17-17

Welche Großcontainer werden regelmäßig für größere Abfallmengen als Wechselsysteme eingesetzt?

_____

_____

_____

_____

Lernzielkontrolle – Lösung Aufgabe I.17-1

☐ Nur nach Baurecht.
☐ Deponien nach Immissionsschutzrecht.
☐ Immer nach Immissionsschutzrecht und Abfallrecht.
☐ Nach Baurecht und Abfallrecht.
☒ Deponien nach Abfallrecht.
☒ Alle Anlagen außer Deponien nach Immissionsschutzrecht.

Lernzielkontrolle – Lösung Aufgabe I.17-2

Ein immissionsschutzrechtliches Genehmigungsverfahren mit Öffentlichkeitsbeteiligung.

Lernzielkontrolle – Lösung Aufgabe I.17-3

Ja, sofern es sich nicht um eine Anlage nach Nr. 8.1 der 4. BImSchV (thermische Entsorgung) handelt und die Anlage nicht länger als 1 Jahr am selben Ort betrieben wird.

Lernzielkontrolle – Lösung Aufgabe I.17-4

G: im förmlichen Verfahren zu genehmigen

V: im vereinfachten Verfahren zu genehmigen

E: Anlage nach der europäischen Industrieemissions-Richtlinie

Lernzielkontrolle – Lösung Aufgabe I.17-5

Welche Genehmigungen werden für folgende Anlagen benötigt?

a) Planfeststellungsbeschluss nach § 35 (2) KrWG

b) Nicht gefährlicher Abfall. 50 t/Tag = 2,1 t/h < 3 t/h.
   Vereinfachtes Verfahren nach 8.1.1.4, 4. BImSchV

c) Gefährlicher Abfall. 50 t/Tag > 10 t/Tag. Förmliches Verfahren nach 8.7.1.1, 4. BImSchV

d) Keine Genehmigung nach BImSchG.

e) Lagerkapazität 2000 t > 1500 t. Förmliches Verfahren nach 8.12.3.1, 4. BImSchV.

Lernzielkontrolle – Lösung Aufgabe I.17-6

☐ Biologische Verfahrenstechnologie
☐ Bundesverordnung Thermische Entsorgung
☐ Billige Verwertungstechnik
☒ Beste verfügbare Techniken
☐ Besonders vorsichtig transportieren

Lernzielkontrolle – Lösung Aufgabe I.17-7

Das Umweltbundesamt, UBA.

Lernzielkontrolle – Lösung Aufgabe I.17-8

Verbindliche Standards zur Beschreibung des europäischen Standes der Technik von Industrieanlagen.

Lernzielkontrolle – Lösung Aufgabe I.17-9

Abfallbehandlungsanlagen, Anlagen der Abwasser-/Abgasbehandlung in der Chemiebranche, Chloralkaliindustrie, Eisen-/Stahlerzeugung, Glasherstellung, Großfeuerungsanlagen, Herstellung organischer Grundchemikalien, Herstellung von Holzwerkstoffen, Intensivhaltung von Geflügel und Schweinen, Lederindustrie, Nichteisenmetallindustrie, Raffinerien von Mineralöl und Gas, Zellstoff- und Papierindustrie, Zement-, Kalk- und Magnesiumoxidindustrie

Lernzielkontrolle – Lösung Aufgabe I.17-10

☐ Abfallsäureaufbereitungsanlagen
☐ Altölraffination
☒ Biologische Behandlungsanlagen
☒ CP-Anlagen
☐ Destillation von Lösungsmittelabfällen
☐ Ersatzbrennstoffherstellung
☐ Sonderabfallverbrennungsanlagen
☒ Umschlagseinrichtungen

Lernzielkontrolle – Lösung Aufgabe I.17-11

Geschlossene Verpackungen, Großbehälter, Abfallcontainer

Lernzielkontrolle – Lösung Aufgabe I.17-12

Welche Anforderungen werden an Umschließungen für gefährliche Abfälle regelmäßig gestellt?

☒ sie müssen korrosionsgeschützt sein
☒ sie müssen alterungsbeständig sein
☐ sie dürfen nicht zu schwer zum Tragen sein
☒ sie brauchen eine Gefahrgutzulassung
☐ sie müssen eine bestimmte Form und Farbe haben
☒ sie müssen verschließbar sein
☐ sie müssen immer doppelwandig sein

Lernzielkontrolle – Lösung Aufgabe I.17-13

Staubdichte Big-Bags oder spezielle Platten-Big-Bags mit Stapelung auf Paletten

Lernzielkontrolle – Lösung Aufgabe I.17-14

Rollbare Müllgroßbehälter. Verwendung für Siedlungsabfälle, Wertstoffe, kommunale Abfälle, Kleingewerbeabfälle

Lernzielkontrolle – Lösung Aufgabe I.17-15

Wenn die flexiblen IBC eine gefahrgutrechtliche Bauartzulassung (UN-Codierung) haben und die Abfälle darin befördert werden dürfen oder wenn eine „lose Schüttung" zulässig ist.

Lernzielkontrolle – Lösung Aufgabe I.17-16

– ASF = Abfall-Sonder-Behälter Flüssig
– ASP = Abfall-Sonder-Behälter Pastös
– ASF und ASP sind gefahrgutrechtliche Großpackmittel (Intermediate Bulk Container, IBC).

Lernzielkontrolle – Lösung Aufgabe I.17-17

Absetzcontainer, Abrollcontainer

II.   PFLICHTEN UND RECHTE DES ABFALLBEAUFTRAGTEN

1   Pflichten des Abfallbeauftragten

1.1   Kontrolle der Einhaltung abfallrechtlicher Vorschriften

Der Abfallbeauftragte ist berechtigt und verpflichtet zu überwachen:

– Den Weg der Abfälle von ihrer Entstehung oder Anlieferung bis zu ihrer Verwertung oder Beseitigung

– Die Einhaltung der Vorschriften des KrWG und der auf Grund des KrWG erlassenen Rechtsverordnungen sowie die Erfüllung erteilter Bedingungen und Auflagen, insbesondere durch:
   ◦ Kontrolle der
      ▪ Betriebsstätte
      ▪ Art und Beschaffenheit der bewirtschafteten Abfälle
   in regelmäßigen Abständen
   ◦ Mitteilung festgestellter Mängel
   ◦ Vorschläge zur Mängelbeseitigung

1.2   Information der Betriebsangehörigen über Belange der Vermeidung und Bewirtschaftung von Abfällen

Der Abfallbeauftragte ist berechtigt und verpflichtet, die Betriebsangehörigen aufzuklären über

– Beeinträchtigungen des Wohls der Allgemeinheit, welche von den Abfällen oder der abfallwirtschaftlichen Tätigkeit ausgehen können

– Einrichtungen und Maßnahmen zur Verhinderung von Beeinträchtigungen des Wohls der Allgemeinheit unter Berücksichtigung der für die Vermeidung, Verwertung und Beseitigung von Abfällen geltenden Gesetze und Rechtsverordnungen

1.3   Stellungnahmen und Vorschläge des Abfallbeauftragten

– Der zur Bestellung Verpflichtete hat vor Entscheidungen über die Einführung von Verfahren und Erzeugnissen sowie vor Investitionsentscheidungen eine Stellungnahme des Abfallbeauftragten einzuholen, wenn die Entscheidungen abfallrechtlich bedeutsam sein können.

– Die Stellungnahme ist so rechtzeitig einzuholen, dass sie bei den Entscheidungen angemessen berücksichtigt werden kann. Sie ist derjenigen Stelle vorzulegen, die über die Einführung von Verfahren und Erzeugnissen sowie über die Investition entscheidet.

1.4   Der Jahresbericht des Abfallbeauftragten

– Der Abfallbeauftragte erstattet dem zur Bestellung Verpflichteten (= Unternehmer, Arbeit- oder Auftraggeber) jährlich einen schriftlichen Bericht über die von ihm getroffenen und beabsichtigten Maßnahmen.

Für Umfang und Struktur des Abfallbeauftragten-Jahresberichtes gibt es keine speziellen Vorschriften. Die Gliederung könnte folgendermaßen aussehen:

1	**FORMALES**
1.1	Bestellung des Betriebsbeauftragten für Abfall
1.2	Organisation der Abfallbewirtschaftung im Unternehmen
1.3	Anlagen und Einrichtungen, die abfallwirtschaftliche bedeutsam sind
2	**ÜBERWACHUNG UND KONTROLLE**
3	**INFORMATION, SCHULUNG UND FORTBILDUNG**
3.1	Neuerungen und Änderungen bei abfallrechtlichen Vorschriften
3.2	Aufklärung der Mitarbeiter
3.3	Fortbildung des Betriebsbeauftragten für Abfall
4	**MITWIRKUNG UND HINWIRKUNG**
4.1	Interne Angelegenheiten und Vorhaben
4.2	Maßnahmen zur Vermeidung von Abfällen
4.3	Maßnahmen zur Abfallentsorgung
5	**MÄNGEL, EREIGNISSE UND ZWISCHENFÄLLE**
6	**TENDENZEN UND ARBEITSPROGRAMM FÜR DAS NÄCHSTE GESCHÄFTSJAHR**

Beispiel für eine Gliederung des Jahresberichts des Abfallbeauftragten

1.5 Optimierungspotenziale bei Abfällen und Reduzierung von Entsorgungskosten

Der Abfallbeauftragte ist berechtigt und verpflichtet,

– hinzuwirken auf die **Entwicklung und Einführung**
   ◦ umweltfreundlicher und abfallarmer Verfahren, einschließlich Verfahren zur Vermeidung, ordnungsgemäßen und schadlosen Verwertung oder umweltverträglichen Beseitigung von Abfällen
   ◦ umweltfreundlicher und abfallarmer Erzeugnisse, einschließlich Verfahren zur Wiederverwendung, Verwertung oder umweltverträglichen Beseitigung nach Wegfall der Nutzung

– mitzuwirken bei der **Entwicklung und Einführung** der genannten Verfahren, insbesondere durch Begutachtung der Verfahren und Erzeugnisse und den Gesichtspunkten der Abfallbewirtschaftung

– bei Anlagen, in denen Abfälle anfallen, verwertet oder beseitigt werden, hinzuwirken auf **Verbesserungen des Verfahrens**

LERNZIELKONTROLLE ZU II.1

Lernzielkontrolle – Aufgabe II.1-1

Nennen Sie drei gesetzliche Aufgaben des Betriebsbeauftragten für Abfall.

_____

_____

_____

_____

Lernzielkontrolle – Aufgabe II.1-2

Wer ist Adressat des jährlichen Berichtes des Abfallbeauftragten?

☐ die Abfallbehörde des Erzeugers

☐ die Abfallbehörde des Entsorgers

☐ der bestellpflichtige Unternehmer

☐ der Umweltauditor

☐ alle Beschäftigten des bestellpflichtigen Unternehmens

Lernzielkontrolle – Aufgabe II.1-3

Welche Angaben muss der Jahresbericht des Abfallbeauftragten enthalten?

Lernzielkontrolle – Lösung Aufgabe II.1-1

1. Überwachung des Weges der Abfälle von der Entstehung/Anlieferung bis zur Entsorgung

2. Überwachung der Einhaltung der abfallrechtlichen Vorschriften

3. Aufklärung der Betriebsangehörigen über negative Auswirkungen von Abfällen und wie diese verhindert werden können

Lernzielkontrolle – Lösung Aufgabe II.1-2

Wer ist Adressat des jährlichen Berichtes des Abfallbeauftragten?

☐ die Abfallbehörde des Erzeugers

☐ die Abfallbehörde des Entsorgers

☒ der bestellpflichtige Unternehmer

☐ der Umweltauditor

☐ alle Beschäftigten des bestellpflichtigen Unternehmens

Lernzielkontrolle – Lösung Aufgabe II.1-3

Die vom Abfallbeauftragten getroffenen und beabsichtigten Maßnahmen.

2   Rechte des Abfallbeauftragten

2.1   Vortragsrecht

– Der zur Bestellung Verpflichtete hat durch innerbetriebliche Organisationsmaßnahmen sicherzustellen,
  ◦ dass der Abfallbeauftragte seine Vorschläge und Bedenken unmittelbar der Geschäftsleitung **vortragen** kann, wenn er
    ▪ sich mit dem zuständigen Betriebsleiter nicht einigen konnte und
    ▪ wegen der besonderen Bedeutung der Sache eine Entscheidung der Geschäftsleitung für erforderlich hält.
– Kann der Abfallbeauftragte sich über eine von ihm vorgeschlagene Maßnahme im Rahmen seines Aufgabenbereichs mit der Geschäftsleitung **nicht einigen**, so hat die Geschäftsleitung den Abfallbeauftragten **umfassend** über die Gründe der Ablehnung **zu unterrichten**.

2.2   Benachteiligungsverbot und Kündigungsschutz

– Der Abfallbeauftragte darf wegen der Erfüllung der ihm übertragenen Aufgaben **nicht benachteiligt** werden.
– Ist der Abfallbeauftragte Arbeitnehmer des Bestellpflichtigen, so ist
  ◦ die (ordentliche) **Kündigung des Arbeitsverhältnisses unzulässig**,
  ◦ es sei denn, dass Tatsachen vorliegen, die den Bestellpflichtigen zur **Kündigung aus wichtigem Grund** ohne Einhaltung einer Kündigungsfrist berechtigen (außerordentliche Kündigung).

Das betrifft sowohl eine Beendigungs- als auch eine Änderungskündigung (siehe auch Bundesarbeitsgericht: Urteil vom 26.03.2009, 2 AZR 633/07, Rn. 18)

– Nach der Abberufung als Abfallbeauftragter ist
  ◦ die **Kündigung innerhalb eines Jahres**, vom Zeitpunkt der Beendigung der Bestellung an gerechnet, **unzulässig**,
  ◦ es sei denn, dass Tatsachen vorliegen, die den Bestellpflichtigen zur **Kündigung aus wichtigem Grund** ohne Einhaltung einer Kündigungsfrist berechtigen.

LERNZIELKONTROLLE ZU II.2

Lernzielkontrolle – Aufgabe II.2-1

Was versteht man unter dem Vortragsrecht des Abfallbeauftragten?

_____

_____

_____

_____

Lernzielkontrolle – Aufgabe II.2-2

Aufgrund von Umstrukturierungsmaßnahmen eines zur Bestellung eines Abfallbeauftragten verpflichteten Unternehmens beschließt dessen Geschäftsleitung, dass dem ordentlich bestellten, internen Abfallbeauftragten betriebsbedingt gekündigt werden soll.

Ist das zulässig?

Lernzielkontrolle – Lösung Aufgabe II.2-1

Dem Abfallbeauftragte muss ermöglicht werden, Vorschläge und Bedenken unmittelbar der Geschäftsleitung vorzutragen, wenn er dies für erforderlich hält.

Lernzielkontrolle – Lösung Aufgabe II.2-2

Nein, das ist nicht zulässig.

3   Verfahren zur Bestellung von Abfallbeauftragten

Folgende Betreiber bzw. Hersteller/Vertreiber sind zur Bestellung eines Abfallbeauftragten **verpflichtet**:

1 Betreiber von folgenden Anlagen:

1.1 Anlagen nach 4. BImSchV, Anhang 1 Nummer ...

1	2	3	4	5	6	7	9	10	8 (= „Abfallanlagen")
falls > 100 t gefährliche Abfälle pro Jahr bzw. falls > 2 000 t nicht gefährliche Abfälle pro Jahr									falls Verfahrensart „G" (= förmliches Verfahren = große Anlagen)

1.2 Deponien

1.3 Krankenhäuser/Kliniken, falls > 2 t gefährliche Abfälle pro Jahr

1.4 Abwasserbehandlungsanlagen der Größenklasse 5 (Einwohnerwert > 100 000), **falls darin auch Abfälle entsorgt werden**

2 Hersteller/Vertreiber, die Abfälle zurücknehmen bzw. Betreiber von Rücknahmesystemen:

Rücknahme	Abfallart	Rücknehmer: Hersteller	Vertreiber	Rücknahme-systeme
Gesetzlich vorgeschrieben	Transportverpackungen nach § 4 (1) VerpackV	falls > 100 t/Jahr		–
	Verkaufsverpackungen nach § 6 (2) VerpackV	– *)		X
	Verkaufsverpackungen nach § 7 (1), (2) VerpackV	falls > 100 t/Jahr		–
	Verkaufsverpackungen nach § 8 (1) VerpackV	falls > 2 t/Jahr		–
	EAG nach §§ 19 bzw. 17 ElektroG	– *)	X	X
	Gerätebatterien nach § 6 f. BattG	–		X
	Fahrzeug-/Industriebatterien nach § 8 BattG	– *)		X
Freiwillig	Gefährliche Abfälle	falls > 2 t/Jahr		–
	Nicht gefährliche Abfälle (z. B. Textilien, Schuhe)	falls > 100 t/Jahr		–
	*) wenn an Rücknahmesystem angeschlossen, ansonsten sonst „Ja"			

Anzahl der Abfallbeauftragten: gemäß AbfBeauftrV
- 1977: 28 000
- 2016: Mit dem Inkrafttreten zum 01.06.2017 müssen
  mehr als 10 000 Unternehmen erstmals einen Abfallbeauftragten bestellen

Quelle: BMUB, Begründung zur 2. Verordnung zur Fortentwicklung der abfallrechtlichen Überwachung

Der zur Bestellung Verpflichtete hat

- den Abfallbeauftragten
  - **schriftlich** zu bestellen
    - Der Bestellpflichtige kann weder sich selbst noch den allein verantwortlichen Betriebsleiter zum Abfallbeauftragten bestellen.
      siehe auch: Bundesarbeitsgericht, Urteil vom 26.03.2009, 2 AZR 633/07, Rn. 59
    - Die Bestellung kann nicht gegen den Willen des Beauftragten erfolgen; sie bedarf seiner Zustimmung.
      siehe auch: Bundesarbeitsgericht, Urteil vom 26.03.2009, 2 AZR 633/07, Rn. 48
    - Ist das Grundverhältnis zwischen dem Bestellpflichtigen und dem Abfallbeauftragten ein Arbeitsverhältnis, bedarf die Bestellung zur wirksamen Aufgabenwahrnehmung einer entsprechenden arbeitsvertraglichen Verpflichtung des Abfallbeauftragten. Es ist eine einverständliche Regelung im Arbeitsvertrag erforderlich.
      siehe auch: Bundesarbeitsgericht, Urteil vom 26.03.2009, 2 AZR 633/07, Rn. 48
  - die ihm obliegenden Aufgaben genau zu bezeichnen
- der zuständigen **Behörde** unverzüglich **anzuzeigen**
  - die Bestellung des Abfallbeauftragten
  - die Bezeichnung seiner Aufgaben
  - Veränderungen in seinem Aufgabenbereich
  - die Abberufung des Abfallbeauftragten
- dem Abfallbeauftragten eine **Abschrift der Anzeige auszuhändigen**
- den **Betriebs-/Personalrat** vor der Bestellung des Abfallbeauftragten unter Bezeichnung der ihm obliegenden Aufgaben zu **unterrichten** (auch bei Veränderungen im Aufgabenbereich des Abfallbeauftragten und bei dessen Abberufung)

Der Bestellpflichtige darf zum Abfallbeauftragten nur bestellen, wer

- **zuverlässig**
- **fachkundig**

ist.

Zuverlässigkeit

- Die Zuverlässigkeit ist i. d. R. **nicht gegeben**, wenn der zur Bestellung vorgesehene Abfallbeauftragte innerhalb der letzten 5 Jahre gegen bestimmte Vorschriften verstoßen hat.
- Ein **Nachweis** der Zuverlässigkeit gegenüber dem zur Bestellung Verpflichteten ist **nicht gefordert**.

Fachkunde

- Qualifizierte Aus- oder Weiterbildung
- Berufliche Praxis, mindestens 1 Jahr
- Besuch eines anerkannten **Lehrgangs**, alle 2 Jahre zu wiederholen

Der zu bestellende Abfallbeauftragte hat dem Bestellpflichtigen seine Fachkunde durch Unterlagen (Zeugnisse, Teilnahmebescheinigungen) nachzuweisen.

Es gelten folgende Übergangsvorschriften:

Anforderung		Abfallbeauftragter war vor dem 31.05.2017 bestellt („alter Hase")	Abfallbeauftragter wird nach dem 01.06.2017 bestellt („Newcomer")
Zuverlässigkeit		X	X
Fachkunde	Qualifizierte Aus- oder Weiterbildung	–	X
	Berufliche Erfahrung		X
	Besuch eines anerkannten Abfallbeauftragten-Lehrgangs	Fortbildungslehrgang **bis spätestens 01.06.2019**	Grundlehrgang **bis spätestens 01.06.2019**

Werden der zuständigen Behörde Tatsachen bekannt, aus denen sich ergibt, dass der Abfallbeauftragte **nicht** die zur Erfüllung seiner Aufgaben erforderliche

– Zuverlässigkeit

– Fachkunde

besitzt, kann sie verlangen, dass der Betreiber einen **anderen Abfallbeauftragten** bestellt.

Betreibt ein zur Bestellung Verpflichteter mehrere

– Anlagen

– Betriebe als Besitzer

– Rücknahmesysteme oder -stellen

kann ein **gemeinsamer** betriebsangehöriger Abfallbeauftragter bestellt werden, wenn hierdurch die sachgemäße Erfüllung der Aufgaben nicht beeinträchtigt wird.

Der Abfallbeauftragte kann

– **betriebsangehörig** (intern) sein

– **nicht betriebsangehörig** (extern) sein

Die Bestellung eines nicht betriebsangehörigen Abfallbeauftragten bedarf der behördlichen Zustimmung. Nach Angaben der Länder stellen ca. 10 % der Bestellpflichtigen einen Antrag auf Zulassung eines nicht betriebsangehörigen Abfallbeauftragten.

Die Bestellung eines Abfallbeauftragten für einen **Konzern** ist zulässig, wenn die zuständige Behörde es gestattet.

Eine **Befreiung** von der Pflicht zur Bestellung eines Abfallbeauftragten ist möglich, wenn die Bestellung im Einzelfall im Hinblick auf die

– Größe der Anlage/des Rücknahmesystems/der Rücknahmestelle

– Art der entstehenden, angelieferten oder zurückgenommenen Abfälle

– Menge der entstehenden, angelieferten oder zurückgenommenen Abfälle

nicht erforderlich ist.

Die zuständige **Behörde kann anordnen**, dass

— Betreiber von Anlagen

— Abfallbesitzer

— Betreiber von Rücknahmesystemen und -stellen

für die die **Bestellung** eines Abfallbeauftragten **nicht vorgeschrieben** ist, einen oder mehrere Abfallbeauftragte zu bestellen haben, soweit sich im Einzelfall die Notwendigkeit der Bestellung ergibt.

Wenn der Bestellpflichtige

— **mehrere Abfallbeauftragte** bestellt

— neben dem Abfallbeauftragte auch noch **andere Betriebsbeauftragte für Umwelt** bestellt,
  ◦ z. B. Immissionsschutz- oder Störfall- oder Gewässerschutzbeauftragte

so hat er

— für die erforderliche **Koordinierung** in der Wahrnehmung der Aufgaben,

— insbesondere durch Bildung eines **Ausschusses für Umweltschutz**, zu sorgen.

Der Bestellpflichtige hat

— für die **Zusammenarbeit** der Betriebsbeauftragten mit den im Bereich des **Arbeitsschutzes** beauftragten Personen (Betriebsarzt, Fachkraft für Arbeitssicherheit)

zu sorgen.

Auch

— **Immissionsschutzbeauftragte**

— **Gewässerschutzbeauftragte**

können auch die Aufgaben und Pflichten eines Abfallbeauftragten wahrnehmen. Voraussetzung ist die Teilnahme an einem Abfallbeauftragten-Lehrgang.

Der Bestellpflichtige hat schließlich

— den Abfallbeauftragten bei der Erfüllung seiner Aufgaben **zu unterstützen**

— dem Abfallbeauftragten insbesondere, soweit dies zur Erfüllung seiner Aufgaben erforderlich ist,
  ◦ Hilfspersonal
  ◦ Räume
  ◦ Einrichtungen
  ◦ Geräte
  ◦ Mittel
  zur Verfügung zu stellen

— die **Teilnahme an Schulungen zu ermöglichen**.

LERNZIELKONTROLLE ZU II.3

Lernzielkontrolle – Aufgabe II.3-1

Ist die Bestellung eines nicht betriebsangehörigen Abfallbeauftragten zulässig?

Lernzielkontrolle – Aufgabe II.3-2

Welche persönlichen Voraussetzungen muss ein Abfallbeauftragter erfüllen?

Lernzielkontrolle – Aufgabe II.3-3

Wann gilt ein Betriebsbeauftragter für Abfall als fachkundig?

Lernzielkontrolle – Aufgabe II.3-4

Ein Abfallbeauftragter war bereits vor dem 01.06.2017 bestellt; welche Anforderung im Hinblick auf die Teilnahme an einem anerkannten Lehrgang wird an ihn gestellt?

Lernzielkontrolle – Lösung Aufgabe II.3-1

Ja, mit Zustimmung der zuständigen Abfallbehörde.

Lernzielkontrolle – Lösung Aufgabe II.3-2

Der Abfallbeauftragte muss fachkundig und zuverlässig sein.

Lernzielkontrolle – Lösung Aufgabe II.3-3

Wenn der Abfallbeauftragte 1. eine entsprechende Ausbildung hat, 2. mindestens 1 Jahr einschlägige Berufserfahrung hat und 3. spätestens am 01.06.2019 und danach mindestens alle 2 Jahre an einem anerkannten Lehrgang teilgenommen hat.

Lernzielkontrolle – Lösung Aufgabe II.3-4

Er muss bis spätestens 01.06.2019 an einem Fortbildungslehrgang teilgenommen haben.

III.   TRGS 520 SAMMELSTELLEN UND ZWISCHENLAGER FÜR KLEINMENGEN GEFÄHRLICHER ABFÄLLE

1   Sammelverfahren für gefährliche Abfälle in Kleinmengen

1.1   Allgemeine Anforderungen

Maßgebliche Vorschrift: **TRGS 520** (Errichtung und Betrieb von **Sammelstellen und Zwischenlagern für Kleinmengen** gefährlicher Abfälle)

– gilt für Errichtung und Betrieb von stationären und mobilen Sammelstellen/Zwischenlagern für gefährliche Abfälle
– Herkunft der Abfälle:
  ◦ Privathaushalte, Privatpersonen
  ◦ Gewerbe oder sonstige wirtschaftliche Unternehmen
  ◦ öffentliche Einrichtungen
– Menge der Abfälle:
  ◦ Kleinmengen = begrenzte / haushaltsübliche Mengen

„private" **Anlieferungsgefäße**:

– Kanister, Dosen, Flaschen, Fässer, Eimer, Beutel, Kartonagen
– müssen qualifiziert verpackt werden

1.1.1   Zuordnung der gefährlichen Abfälle zu Abfallgruppen/Sortiergruppen

Zweck: Einordnung in **Lagerabschnitte**

Abfälle für Lagerabschnitt I	Abfälle für Lagerabschnitt II	Abfälle für Lagerabschnitt III
Toxische Abfälle (Gifte), Chemikalien (soweit nicht in Lagerabschnitt II/III)	Druckgefäße und Lithiumbatterien	Brennbare Abfälle (lösemittelhaltige Abfälle u. ä.)
– Altbatteriengemisch (getrennt gesammelte Lithiumbatterien in Lagerabschnitt II) – PCB-haltige Kondensatoren – sonstige PCB-haltige Abfälle – Wasch- und Reinigungsmittelabfälle – Altmedikamente – Entwicklerbäder – Fixierbäder	– Druckgaspackungen (Spraydosen) – Gaskartuschen – Handfeuerlöscher – Lithiumbatterien (wenn getrennt gesammelt) – Druckgasflaschen	– Altlacke, Altfarben (nicht ausgehärtet) – Lösemittel, Lösemittelgemische, Verdünner, halogenfrei – Lösemittel, Lösemittelgemische, Verdünner, halogenhaltig – Fette, Wachse – Leim, Klebemittel – nicht ausgehärtete Kitt-/Spachtelabfälle – Öle, Emulsionen

Abfälle für Lagerabschnitt I	Abfälle für Lagerabschnitt II	Abfälle für Lagerabschnitt III
Toxische Abfälle (Gifte), Chemikalien (soweit nicht in Lagerabschnitt II/III)	Druckgefäße und Lithiumbatterien	Brennbare Abfälle (lösemittelhaltige Abfälle u. ä.)
– Pflanzenschutz-, Schädlingsbekämpfungs-/Holzschutzmittel + Packmittel – Phosphide/phosphidhaltige Schädlingsbekämpfungsmittel + Packmittel – Säuren und saure, ätzende Abfälle (fest/flüssig) – Säuren, oxidierend – Laugen – ammoniakhaltige flüssige Abfälle – Härter, sonstige Abfälle mit Peroxiden – Härter, sonstige Abfälle mit Isocyanaten – Laborchemikalienreste – hypochlorithaltige Abfälle (Chlorbleiche) – Quecksilber/ quecksilberhaltige Abfälle – nicht identifizierte Abfälle		– feste fett- und ölverschmutzte Betriebsmittel – Ölfilter – ölhaltige Metallverpackungen

1.1.2 Formale Anforderungen für die Sammlung gefährlicher Abfälle

– **Einstufung** nach TRGS 201

– **Gefährdungsbeurteilung** mit Dokumentation, hinsichtlich
  ◦ physikalisch-chemische Gefährdung (z. B. Brand-/Explosionsgefährdung)
  ◦ Gesundheitsgefährdung
  ◦ spezielle Gefährdung durch Abfalleigenschaft und unbekannte Herkunft
    (z. B. exotherme Reaktion, Zersetzung, Gefahren durch Stoffalterung)

– Abfallverzeichnis (= **Gefahrstoffverzeichnis** nach § 6 (12) GefStoffV)

– **Betriebsanweisung**
  ◦ schriftlich nach § 14 (1) GefStoffV, TRGS 555
  ◦ stoffbezogen, arbeitsplatzbezogen

– **Unterweisung**
  ◦ mündlich nach § 14 (2) GefStoffV, TRGS 555
  ◦ vor Aufnahme der Tätigkeit und mindestens einmal jährlich
  ◦ stoffbezogen, arbeitsplatzbezogen

- Vorhalten von **Alarmplänen** und Arbeitsanweisungen (**Sortiervorschriften**)
- Beachtung der **Annahmebedingungen** der Entsorgungsanlagen
- **Explosionsschutzdokument**

1.1.3   Technische Arbeitsmittel/Ausstattung für die Sammlung gefährlicher Abfälle

Grundsätzliche Ausstattung

- Mittel für **Voranalysen**, z. B. pH-Papier, Öltestpapier, Teststäbchen
- **Chemikalienbinder** (anorganisch, nicht brennbar, staubarm)
- **Verpackungsmaterial**, z. B. Außenverpackungen, Kunststoffbeutel/-säcke

Material zur Permanent-**Kennzeichnung/Beschriftung** von Verpackungen

- Verpackungen für unsichere Anlieferungsgefäße
- **Gefahrensymbole** (Gefahrstoff), **Gefahrzettel** (Gefahrgut)
  Kunststoffwannen/-fässer für Bruchgefäß
- funkenfreies **Werkzeug** zum Öffnen von Anlieferungsgefäßen, z. B. Zange
- Besen, Schaufel
- Material zur **Notfallsicherung**, z. B. Absperrbänder, Verkehrskegel
- bei Gasflaschen: zusätzlich Ventilschutzkappen

Zusätzliche Einrichtungen und Hilfsmittel·

- Erste-Hilfe-Kasten
- ex-geschütztes Mobiltelefon
- Waschgelegenheit, Augennotdusche, Körpernotdusche (200 L Vorrat)

1.1.4   Anforderungen an den Betrieb einer Sammelstelle

- **Rauchverbot**, Verbot von Feuer und offenem Licht (Verbotszeichen P002 nach ASR A1.3)
- **ex-geschützte elektrische Geräte**, kein Mobilfunk (Verbotszeichen P013 nach ASR A1.3)
- **Löschmittel, Feuerlöscher**: abhängig von Grundfläche
  ○ ≤ 50 m²: mindestens 18 Einheiten ABC-Löschpulver
  ○ > 50 m²: jeweils 9 Einheiten pro weitere 100 m²
  ○ zusätzlich gefahrgutrechtliche Feuerlöscher: 2 × 6 kg
  ○ zusätzlich Löschdecken und trockener Löschsand
- keine Feuer-, Heiß- und Reparaturarbeiten bei Brand-/Explosionsgefahr
  (schriftliche Erlaubnis des Verantwortlichen der Sammelstelle erforderlich)

1.2 Organisatorische Maßnahmen und Arbeitsverfahren

1.2.1 Annahme von Abfällen

- Entsorgungsweg vereinbart und sichergestellt, zugelassene und zulässige Verpackungen vorhanden
- Annahme und Sortierung durch **fachkundiges Personal**
  (nach Gefahrstoff- und Gefahrgutrecht!)
- **Plausibilitätsprüfung**: Kriterien sind Angaben des Anlieferers, Angaben auf Anlieferungsgefäß, vorhandene Gefahrensymbole/Gefahrenpiktogramme/Gefahrzettel, Material, Form, Verschluss, Korrosion, Konsistenz, Aussehen
- Öffnen von Anlieferungsgefäße **nur unter Abzug**
- Durchführung **orientierender Prüfungen** (pH-Papier, Öltestpapier)
- **Kein Zusammenpacken** nicht identifizierter Abfälle mit anderen Abfällen
- **Dichtheitskontrolle** bzw. **Verschluss** der Anlieferungsgefäße
- undichte, beschädigte, ungeeignete Anlieferungsgefäße in **Überverpackungen** mit Absorptionsmaterial (bei Frostgefahr: ebenso für gefrierbare Flüssigabfälle!)
- **Vermischungsverbot** angelieferter gefährlicher Abfälle
- **Umfüllen nur im Ausnahmefall**: zur akuten Gefahrenabwehr und Sicherstellung, z. B. bei beschädigten Verpackungen
- **Behandlungsverbot** von gefährlichen Abfällen (z. B. Neutralisation)
- **Nicht annahmefähige Abfälle** in Betriebsanweisung regeln (z. B. Notwendigkeit von Polizei, Kampfmittelräumdienst)

1.2.2 Sortierung der Abfälle

- Einteilung in **Sortiergruppen**, Kriterien dafür sind:
  ○ Abfallgruppen / Sortiergruppen nach **Anlage 1, TRGS 520**
  ○ **Ausnahme Nr. 20** der Gefahrgutausnahmeverordnung **GGAV**
    (Beförderung verpackter gefährlicher Abfälle)
  ○ **Annahmebedingungen** der Entsorgungsanlage

1.2.3   Befüllen der Verpackungen

– Anlieferungsgefäße **aufrecht** einstellen
– Befüllung von standsicherem Ort aus, Innenraum der Verpackung muss einsehbar sein
– **Laborchemikalien**: schichtweise mit Absorptionsmittel verfüllen
– **Spraydosen** (Druckgaspackungen):
  ◦ Lüftungseinrichtung zum Druckabbau
  ◦ Spraydosen ohne Schutzkappe zusätzlich mit Absorptionsmittel auffüllen
  ◦ Zusätzlich Sondervorschrift 325, Verpackungsanweisung P 207 und Sondervorschrift PP 87 ADR beachten!
– Abfälle, die Gase freisetzen können (**Überdruck**): Lüftungseinrichtung und Absorptionsmittel
– **Verpackungen geschlossen** halten, Öffnen nur für den Befüllvorgang
– Wetterfeste **Beschriftung** der Verpackungen
  ◦ Abfallbezeichnung, Fülldatum, Namen der verantwortlichen Fachkraft
  ◦ **gefahrgutrechtliche Kennzeichnung** (reicht normalerweise als Außenkennzeichnung, weitere vorrangige Gesundheitsgefahren müssen ggf. zusätzlich gekennzeichnet werden)

1.3   Aufbewahrung und Lagerung

– **Aufbewahrung am Arbeitsplatz**
  ◦ verpackte Abfälle bis zum nachfolgenden Arbeitstag
  ◦ eine nicht vollständig gefüllte Verpackung je Abfallgruppe auch länger
– Aufbewahrung, Lagerung, Transport nur in **verschlossenen** und **gekennzeichneten Verpackungen**
– gefüllte Verpackungen **übersichtlich geordnet** aufbewahren, lagern und gegen Stoßen, Fallen, Rollen sichern
– keine Abfälle, keine Gegenstände auf Gängen, Flucht-/Rettungswegen
– **direkte Erwärmung** der Abfälle **vermeiden** (z. B. Beleuchtung, Heizkörper)
– **Trennung** der Abfälle in Zwischenlagern nach den Lagerabschnitten I, II, III
– **TRGS 510** (Lagerung von Gefahrstoffen in ortsbeweglichen Behältern) muss ebenfalls beachtet werden
– bei leicht gefrierbaren Abfällen: **Frostbruch** vermeiden
– Lagerabschnitte II und III nicht nebeneinander

Mobile Sammelstellen für gefährliche Abfälle

Typische Anlieferungsgefäße

Sortierte Abfälle

Sammelfahrzeug

LERNZIELKONTROLLE ZU III.1

Lernzielkontrolle – Aufgabe III.1-1

Was regelt die TRGS 520?

Lernzielkontrolle – Aufgabe III.1-2

In welche Sortiergruppe (Lagerabschnitt) nach der TRGS 520 gehören getrennt gesammelte Lithiumbatterien und Spraydosen?

Lernzielkontrolle – Aufgabe III.1-3

Nach welcher technischen Regel für Gefahrstoffe werden gefährliche Abfälle eingestuft?

Lernzielkontrolle – Aufgabe III.1-4

Bei der Sammlung gefährlicher Abfälle sind technische Arbeitsmittel erforderlich.
Bitte drei nennen.

Lernzielkontrolle – Aufgabe III.1-5

Nach welcher Ausnahmevorschrift können auch nicht identifizierte gefährliche Abfälle befördert werden?

Lernzielkontrolle – Aufgabe III.1-6

Dürfen Lösungsmittelabfälle im selben Lagerabschnitt wie Chlorbleiche gelagert werden?

Lernzielkontrolle – Lösung Aufgabe III.1-1

Errichtung und Betrieb von Sammelstellen und Zwischenlagern für Kleinmengen gefährlicher Abfälle

Lernzielkontrolle – Lösung Aufgabe III.1-2

Abfälle für Lagerabschnitt II

Lernzielkontrolle – Lösung Aufgabe III.1-3

TRGS 201

Lernzielkontrolle – Lösung Aufgabe III.1-4

Chemikalienbinder, funkenfreies Werkzeug, Besen, Schaufel, Absperrbänder, Gefahrensymbole/ Gefahrenpiktogramme, Gefahrzettel

Lernzielkontrolle – Lösung Aufgabe III.1-5

Ausnahme Nr. 20 GGAV (Beförderung verpackter gefährlicher Abfälle)

Lernzielkontrolle – Lösung Aufgabe III.1-6

Nein. Lösungsmittelabfälle sind Lagerabschnitt III, Chlorbleiche gehört in den Lagerabschnitt I.

2   Arbeitsplatzüberwachung, Gasprüfmethoden

2.1   Vorschriften und Regeln zur Arbeitsplatzüberwachung bei Tätigkeiten mit Gefahrstoffen

2.1.1   Rechtsvorschriften und technische Regeln für Gefahrstoffe

– § 7 (8, 10, 11) GefStoffV
  Der Arbeitgeber
  ◦ stellt sicher, dass die **Arbeitsplatzgrenzwerte eingehalten** werden
    ▪ durch fachkundig durchgeführte **Arbeitsplatzmessungen** oder
    ▪ durch andere **geeignete Methoden** zur Ermittlung der Exposition
  ◦ lässt Ermittlungen auch durchführen, wenn sich die Expositionsbedingungen ändern
  ◦ hat bei allen Ermittlungen und Messungen die einschlägigen **TRGS** zu Verfahren, Messvorschriften und Grenzwerte zu berücksichtigen
  ◦ hat dafür zu sorgen, dass die **Ermittlungsergebnisse**
    ▪ aufgezeichnet werden
    ▪ aufbewahrt werden
    ▪ den Beschäftigten (und ihrer Vertretung) zugänglich gemacht werden

– § 10 (3) GefStoffV
  Der Arbeitgeber hat
  ◦ bei Tätigkeiten mit **CMR-Gefahrstoffen** der Kategorie **1A oder 1B**
  ◦ die Exposition der Beschäftigten durch Arbeitsplatzmessungen oder durch andere geeignete Ermittlungsmethoden zu bestimmen

– § 6 (1) Nr. 3 GefStoffV
  Der Arbeitgeber hat
  ◦ alle von Gefahrstoffen ausgehenden Gefährdungen der Gesundheit und Sicherheit der Beschäftigten zu beurteilen, insbesondere nach
  ◦ **Art und Ausmaß der Exposition** unter Berücksichtigung aller Expositionswege
  ◦ dabei sind die **Ergebnisse der Messungen und Ermittlungen** der Exposition zu berücksichtigen

– TRGS 400
  Gefährdungsbeurteilung für Tätigkeiten mit Gefahrstoffen
  ◦ für **Arbeitsplatzmessungen**, insbesondere für die Beurteilung der inhalativen Exposition können **besondere Anforderungen** an die **Fachkunde** und die dazu notwendigen **Einrichtungen** gelten → TRGS 402
  ◦ für die Gefährdungsbeurteilung sind auch Informationen und Erkenntnisse aus der **Wirksamkeitsüberprüfung** vorhandener Schutzmaßnahmen zu berücksichtigen, die u. a. aus Arbeitsplatzmessungen gewonnen werden können
  ◦ Verweis auf **TRGS 402** über Methoden und Vorgehensweisen zur Beurteilung der inhalativen Gefährdung und zur Überprüfung der Wirksamkeit von Schutzmaßnahmen durch messtechnische („Arbeitsplatzmessungen") oder nichtmesstechnische Ermittlungsmethoden

– TRGS 402
Ermitteln und Beurteilen der Gefährdungen bei Tätigkeiten mit Gefahrstoffen:
Inhalative Exposition
  ◦ **Arbeitsplatzmessung** = messtechnische Ermittlung der inhalativen Exposition
  ◦ Beurteilungsmaßstäbe =
    ▪ verbindliche **Grenzwerte** (Arbeitsplatzgrenzwerte AGW nach TRGS 900 oder EU-Grenz-
      werte)
    ▪ in einer TRGS genannte **Konzentrationswerte** zur Auslösung von Maßnahmen oder
      Begrenzungen der Exposition (z.B. Stand der Technik)
      • Beispiel: Arbeitsplatzgrenzwerte einiger Isocyanate nach Anlage 1 TRGS 430
    ▪ andere Maßstäbe zur Beurteilung der Exposition, z.B.
      • nach **TRGS 910** (für krebserzeugende Gefahrstoffe, Kategorie 1A oder 1B)
      • **Grenzwertvorschläge** der DFG-Senatskommission zur Prüfung gesundheitsschäd-
        licher Arbeitsstoffe (= „MAK-Kommission")
      • **EU-Arbeitsplatz-Richtgrenzwerte** (soweit noch nicht in TRGS 900 umgesetzt)
      • Grenzwertvorschläge für chemische Belastungen am Arbeitsplatz anderer wissen-
        schaftlicher Expertenkommissionen (z.B. ausländische Grenzwerte)[1]
      • „Derived no-effect-levels" (**DNEL**) nach der REACH-VO[2]
      • Vorläufige **Zielwerte**, die im Rahmen der Gefährdungsbeurteilung festlegt werden
        (z.B. nach dem Konzept zur Ableitung von **Arbeitsplatzrichtwerten** nach BekGS
        901)
  ◦ Anlage 1: Anforderungen an Messstellen, die Ermittlungen und Beurteilungen der Exposi-
             tion durchführen, einschließlich Anforderungen an die Berichterstattung
  ◦ Anlage 2: **Nichtmesstechnische Ermittlungsmethoden** der Exposition
  ◦ Anlage 3: **Messtechnische Ermittlungsmethoden**
  ◦ Anlage 4: Verfahren zur Wirksamkeitsüberprüfung mithilfe kontinuierlich messender Mess-
             einrichtungen (Dauerüberwachung und Alarmvorrichtungen)
  ◦ Anlage 5: Arbeitsplatzbeispiele

---

[1] Zusammenstellung internationaler Grenzwerte in: „GESTIS - Internationale Grenzwerte für chemische Substanzen" des IFA
[2] Zusammenstellung von DNEL-Grenzwerten in: „GESTIS-DNEL-Liste" des IFA

2.1.2   Weitere Regeln und Normen

Darüber hinaus sind folgende Regeln, Richtlinien, Bekanntmachungen, Normen und Veröffentlichungen für die Arbeitsplatzüberwachung von Bedeutung.

2.1.2.1   TRGS und Bekanntmachungen des AGS zu Gefahrstoffen

TRGS / AGS	Titel / Inhalt
TRGS 900	Arbeitsplatzgrenzwerte
BekGS 901	Kriterien zur Ableitung von Arbeitsplatzgrenzwerten
TRGS 903	Biologische Grenzwerte
TRGS 910	Risikobezogenes Maßnahmenkonzept für Tätigkeiten mit krebserzeugenden Gefahrstoffen, insbesondere Anlage 1: Stoffspezifische Werte zu krebserzeugenden Stoffen der Kategorie 1A oder 1B nach CLP-VO oder nach TRGS 905
AGS, AK „Messtechnik"	AGS (Unterausschuss I, AK „Messtechnik"): Bewertung von Verfahren zur messtechnischen Ermittlung von Gefahrstoffen in der Luft am Arbeitsplatz (Messverfahren zu 37 Stoffen/Stoffklassen von Acrylamid bis Trichlorethen)
BArbBl. (2000) Nr. 1, S. 14–16	M. Alker et al.: Aufbereitung von Arbeitsplatzdaten

2.1.2.2   Informationen der Unfallversicherungsträger (DGUV, IFA)

DGUV / IFA	Titel / Inhalt
DGUV-I 213-500	Von den Berufsgenossenschaften anerkannte Analysenverfahren zur Feststellung der Konzentrationen krebserzeugender Arbeitsstoffe in der Luft in Arbeitsbereichen (derzeit für 84 Stoffe/Stoffklassen)
DGUV-I 213-501 DGUV-I 213-502 ... DGUV-I 213-584	Verfahren zur Bestimmung von Acrylnitril Verfahren zur Bestimmung von 4-Aminodiphenyl ... Verfahren zur Bestimmung von Kohlenstoffmonoxid
DGUV-I 213-599	Übersicht über die Analysenverfahren der DGUV Information 213-5xx-Reihe
IFA GESTIS (Datenbank)	Analysenverfahren für chemische Substanzen derzeit für 123 Stoffe, z. B. Aceton, mit Zugang zu IFA-Arbeitsmappe „Messung von Gefahrstoffen"
IFA MEGA (Datenbank)	Expositionsdatenbank MEGA = „Messdaten zur Exposition gegenüber Gefahrstoffen am Arbeitsplatz": 3,4 Mio. Datensätze zu 891 Gefahrstoffen und 724 Biostoffen bei ca. 72.400 Betrieben
IFA Report 1/2018	Sicherheit und Gesundheitsschutz am Arbeitsplatz, Gefahrstoffliste 2018
IFA Messstellen	Messstellen für Gefahrstoffe, Liste der Messstellen

2.1.2.3   Normen und Richtlinien (DIN, VDI)

DIN / VDI	Titel / Inhalt
DIN EN 689	Arbeitsplatzatmosphäre – Anleitung zur Ermittlung der inhalativen Exposition gegenüber chemischen Stoffen zum Vergleich mit Grenzwerten und Messstrategie
DIN EN 482	Arbeitsplatzatmosphäre – Allgemeine Anforderungen an die Leistungsfähigkeit von Verfahren zur Messung chemischer Arbeitsstoffe
VDI 2262	Luftbeschaffenheit am Arbeitsplatz; Minderung der Exposition durch luftfremde Stoffe
VDI 3490	Messen von Gasen; Prüfgase
VDI 4300	Messen von Innenraumluftverunreinigungen
VDI 2066	Messen von Partikeln

2.1.2.4   Sonstige Informationen (Hersteller)

Hersteller / Quelle	Titel / Inhalt
Drägerwerk AG & Co. KGaA, Lübeck	Dräger-Röhrchen & CMS-Handbuch, 18. Auflage, 2018 Boden-, Wasser- und Luftuntersuchungen sowie technische Gasanalyse
	Handbuch zur Einführung in die Gasmesstechnik, 2015
MSA Deutschland GmbH, Berlin	MSA AUER Prüfröhrchen für Feuerwehren

2.2   Grundsatzanforderungen an die Messverfahren

Die Messverfahren für die Arbeitsplatzüberwachung sollten insbesondere folgende Kriterien erfüllen:

- **Sensibel** (empfindlich, präzise)
  - Fähigkeit, einen Messwert möglichst genau zu bestimmen

- **Richtig**
  - Fähigkeit, den tatsächlichen Wert durch Messung zu ermitteln

- **Robust**
  - Messstabil gegen äußere Einwirkungen (z. B. Temperatur, Fehlbedienung)

- **Spezifisch**
  - Fähigkeit, nur den gesuchten Analyten zu erfassen
  - andere Probenbestandteile sollen das Analysenergebnis nicht beeinflussen
  - wichtige Eigenschaft, da Grenzwerte häufig stoffspezifisch angegeben sind

- **Selektiv**
  - Verfahren ist geeignet für Messung
    - verschiedener Stoffe oder
    - verschiedener chemischer oder physikalischer Zustände eines Stoffes
  - ohne gegenseitige Störung

- **Wirtschaftlich**
  - angemessene Kosten, insbesondere bei Routinemessungen
  - schnelle Verfügbarkeit der Ergebnisse

- **Zeitaufgelöst**
  - für Mittelwertbildung oder Kurzzeitspitzen
  - kurze Ansprechzeiten (bei Spitzenerfassung)

- **Personenbezogen** und / oder **ortsbezogen**

- **Repräsentativ**

- Sinnvoller **Messbereich** (im Bereich der Arbeitsplatzgrenzwerte)

2.3   Gasprüfmethoden – Allgemeine Aspekte

Welche Stoffe müssen gemessen werden und wie liegen sie vor?

Stoffe, die beim Einatmen gesundheitsschädlich sind oder die mit Luft gefährliche explosionsfähige Atmosphären bilden (Gefahrstoffe).

Luftgetragene Gefahrstoffe können in verschiedenen Aggregatzuständen vorliegen:
- einphasig (homogen)
- mehrphasig (inhomogen)

Beispiele:

- Gase
  - homogen: füllen Raum gleichmäßig aus
  - Beispiel: Propan

- Dämpfe
  - homogen: Stoff liegt gleichzeitig in flüssiger und gasförmiger Form vor
  - Beispiel: Lösungsmitteldampf

- Rauche
  - inhomogen: Aerosole mit festen Schwebstoffen in Gasphase
  - Beispiel: Schweißrauche

- Stäube
  - inhomogen: disperse Verteilung von festen Stoffen in Gasen
  - Beispiel: Metallstäube

- Nebel
  - inhomogen: Aerosole mit flüssigen Schwebstoffen
  - Beispiel: Mineralölnebel

- Fasern
  - inhomogen: disperse Verteilung von faserförmigen Feststoffen in Gasen
  - Beispiel: Asbest

Bei Nebeln, Rauchen und Fasern liegt der aerodynamische Durchmesser < 1 µm → diese Partikel sind lungengängig.

Einteilung der Messverfahren

Kriterien	Messverfahren	
	direktanzeigend	**nicht direktanzeigend**
Analysenschritte	– unmittelbar aufeinanderfolgend	– zeitlich (und ggf. örtlich) getrennt
Probenahme	– aktiv – passiv – parallel zur analytischen Bestimmung	– aktiv – passiv
Probenvorbereitung	–	Desorption, z. B. – Thermodesorption – Flüssigdesorption – Überkritische Extraktion
Messung	– diskontinuierlich – kontinuierlich	– diskontinuierlich
Ergebnis	wird während oder nach der Probenahme unmittelbar angezeigt	analytische Bestimmung

2.4 Chemische Verfahren (Prüfröhrchenverfahren)

– Prinzip:
unterschiedliche chemische Eigenschaften der Stoffe werden zum Aufbau eines Messsystems ausgenutzt (z. B. chemische Reaktionen)

– Ca. 500 verschiedene Stoffe, z. B. Ammoniak, Chlor, Cyanwasserstoff, Kohlendioxid, Kohlenmonoxid, Ozon, Phosphorwasserstoff, Quecksilber, Schwefeldioxid, Schwefelwasserstoff, Stickoxide, Vinylchlorid

– Grundlage sind ausgewählte chemische Reaktionssysteme → **Querempfindlichkeiten**

Reaktion	Beispiel Analyt	Nachweisreagenz	Reaktion	Nachweis
Redox-Reaktion	Kohlenmonoxid CO	Diiodpentoxid, I_2O_5	$5\,CO + I_2O_5 \rightarrow$ $5\,CO_2 + I_2$	rote Farbe des entstehenden Iods
Fällungs-Reaktion	Schwefelwasserstoff	Kupfer(II)-Ionen	$H_2S + Cu^{2+} \rightarrow$ $2\,H+ + CuS$	schwarze Farbe des entstehenden Kupfersulfids
Säure-Base-Reaktion	Ammoniak	pH-Indikator	$NH_3 + \text{Indikator} \rightarrow$ $\text{Indikator}^- + NH_4^+$	Farbumschlag des Indikators
Organische Farbreaktion	Aldehyde, Ketone (= Carbonylverbindung)	2,4-Dinitrophenyl-Hydrazin (= 2,4-DNPH)	Carbonyl + 2,4-DNPH → Carbonyl-2,4-DNP-Hydrazon	Farbreaktion

- **Kurzzeit**messungen (aktive Probenahme) und **Langzeit**messungen (passive Probenahme)
- vergleichsweise **kostengünstig**, leicht zu handhaben
- Haltbarkeitsdatum der Prüfröhrchen beachten!
- Mehrfachmessungen empfohlen (z. B. 15 Kurzzeit-Prüfröhrchen/Arbeitsschicht)
- Falls Messwerte in der Nähe eines Grenzwertes → qualifizierte Gefahrstoffmessung mit anerkanntem Messverfahren

2.4.1   Prüfröhrchen für Kurzzeitmessungen

- ○ Probenahme
  - **Probenahme** muss **aktiv mit Pumpe** (meist Balg- oder Kolbenpumpe) erfolgen, da nur so kurze Messzeiten erreicht werden (5 s – 15 min)
  - Pumpe und Prüfröhrchen bilden zusammen das Messsystem, daher ist das wechselseitige Verwenden von Röhrchen und Pumpen verschiedener Hersteller unzulässig (z. B. wegen unterschiedliche Saugcharakteristik der Pumpen verschiedener Hersteller)
  - Für jede Messung muss ein **definiertes Volumen an Luft** angesaugt werden individuelle Hubzahl für verschiedene Prüfröhrchen (50–500 ml/min)
  - vorgegebene **Messbedingungen** („Beipackzettel") müssen eingehalten werden
- ○ Anzeige
  - Prüfröhrchen trägt eine Skala, die in der entsprechenden Einheit (z. B. ppm) kalibriert ist
  - Das Ablesen erfolgt über Farblängenanzeige (**Farbabgleich**) oder Farbvergleichsskala (**Kolorimetrie**), neu: opto-elektronische Analyser (Dräger CMS)
  - Anzeige sofort nach Messung ablesen!
  - Ggf. **Druckkorrektur** der Anzeige, wenn Messdruck stark von Umgebungsdruck abweicht
- ○ Pumpen
  - manuelle Handpumpen, z. B. 1 Hub = 100 ml
  - automatische Pumpen
- ○ Kommerzielle Kurzzeitröhrchen
  - mehr als 220 Prüfröhrchen für ca. 500 Stoffe erhältlich
  - z. B. Nachweis von Aceton in Luft
    - aktive Probenahme
    - Messbereich: 100 bis 12 000 ppm
- ○ Aufbau der Prüfröhrchen:
  - mit einer **Anzeigeschicht**, ggf. mit einer oder mehreren **Vorschichten** (z. B. zur Rückhaltung von Feuchtigkeit/Störstoffen oder zur Umwandlung in messbare Stoffe)
  - Kombination von zwei Röhrchen
  - Röhrchen mit Reagenzampulle
  - Röhrchen mit **Simultananzeige** (mehrere Röhrchen parallel)

2.4.2   Prüfröhrchen für Langzeitmessungen

- Probenahme
  - **Probenahme** kann **aktiv oder passiv** erfolgen:
    - aktiv: mit Pumpe (Konstant-Fluss-Schlauchpumpe) Durchfluss < 50 ml/min
      Messzeiten: 1 bis 10 h
    - passiv: keine Pumpe, Stoffaufnahme durch Diffusion (Konzentrationsunterschied)
      zur personenbezogenen Messung geeignet (Tragekomfort)
      Messzeiten: 0,5 bis 8 Stunden, ggf. bis zu 1 Woche
- Anzeige
  - Prüfröhrchen trägt eine Skala, die in der Einheit „Konzentration mal Zeit" kalibriert ist
  - Das Ablesen erfolgt über Farblängenanzeige (**Farbabgleich**) oder über Farbvergleichsskala (**Kolorimetrie**).
  - Anzeige sofort nach Messung ablesen!
  - Abgelesener Wert wird durch Messzeit dividiert → Konzentration
- Kommerzielle Langzeitröhrchen
  - Prüfröhrchen für über 50 Stoffe kommerziell erhältlich
  - Aufbau der Langzeitröhrchen für aktive Probenahme wie bei Kurzzeitröhrchen
  - z. B. Nachweis von Ammoniak
    - passive Probenahme
    - Messbereich: 20 bis 1500 ppm
    - Messzeit: 1 Stunde

Diffusionsröhrchen mit
Tragehalter

2.5   Elektrochemische Verfahren (Elektrochemische Sensoren)

– Prinzip:
  Unterschiedliche elektrochemische Eigenschaften
  (**Redoxpotential**) der Stoffe werden zur Quantifizie-
  rung genutzt.

– Es wird ein der Gefahrstoffkonzentration proportionales **elektrisches Spannungssignal** erzeugt, das
  an einem Zeigerinstrument oder digital abgelesen
  werden kann.

– Einsatz i. d. R. für **kleine anorganische Moleküle**
  wie Kohlenmonoxid (CO), Schwefeldioxid (SO_2),
  Sauerstoff (O_2), Schwefelwasserstoff (H_2S), Stickoxide (NO, NO_2)

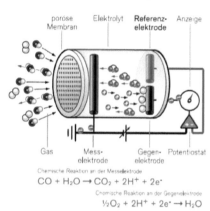

Chemische Reaktion an der Messelektrode
$$CO + H_2O \rightarrow CO_2 + 2H^+ + 2e^-$$
Chemische Reaktion an der Gegenelektrode
$$\tfrac{1}{2}O_2 + 2H^+ + 2e^- \rightarrow H_2O$$

Elektrochemischer Sensor zum Nachweis
von Kohlenmonoxid

– Vorteile:
  ○ **kontinuierliche Messungen** möglich
  ○ relativ **empfindlich** (stoffabhängig)
  ○ personenbezogene und ortsfeste Messungen möglich
  ○ kleine Zeitkonstante
  ○ kostengünstig

– Nachteile:
  ○ **Querempfindlichkeiten** vorhanden
  ○ Kalibrierung mit Prüfgasen erforderlich

2.6 Physikalische Verfahren

2.6.1 Allgemeines

- Prinzip:
  Erzeugung eines **zur Gefahrstoffkonzentration proportionales Spannungssignal**, das an einem Zeigerinstrument oder digital abgelesen werden kann

- Vorteile:
  - kontinuierliche Messungen möglich
  - relativ empfindlich (stoffabhängig)
  - meist nur ortsfeste Messungen möglich
  - kleine Zeitkonstante
  - meist teure Geräte

- Nachteile:
  - Querempfindlichkeiten vorhanden (Summenparameter!)
  - Kalibrierung mit Prüfgasen erforderlich

2.6.2 Flammenionisationsdetektor (FID)

- ermittelt **Summe aller organischen Stoffe** (Gase und Dämpfe)
- Beispiel: Benzol oder Methan werden durch Messung des Gesamt-Kohlenstoffs bestimmt
- keine stoffspezifische Messung möglich → **Summenparameter**
- kurze Ansprechzeiten
- nur ortsfeste Messungen möglich
- hohe Gerätekosten

2.6.3 Photoionisationsdetektor (PID)

- ermittelt **Summe aller organischen und anorganischen Stoffe** (Gase und Dämpfe) deren **Ionisierungspotential** kleiner als ein eingestellter Wert ist (z. B. 10 eV)
- Beispiele: Benzol, Methan, Chlorkohlenwasserstoffe, Wasserstoff
- keine stoffspezifische Messung möglich → **Summenparameter**
- ortsfeste und personenbezogene Messung möglich
- hohe Gerätekosten

2.6.4 Gaschromatograph (GC)

- Messung vieler unterschiedlicher Stoffe **spezifisch** möglich, da vor der Detektion eine **Auftrennung** des Stoffgemisches mit einer chromatographischen Säule in einzelne Komponenten erfolgt

- zusätzlich kann durch **Kombination mit verschiedenen Detektoren** (universell, selektiv, spezifisch), z. B. FID, ECD, PID, MSD die Spezifität der Bestimmung erhöht werden
- nur ortsfeste Messungen möglich
- relativ teuer

2.6.5   IR-Spektrometer

- nutzt die spezifische **Absorption** von Stoffen im **infraroten** Spektrum
- qualitative und quantitative Bestimmung anorganischer und organischer Stoffe (Gase, Dämpfe, Flüssigkeiten, Festkörper) möglich (z. B. Kohlenmonoxid, Wasser, Benzol, Formaldehyd)
- **stoffspezifische** Messung bei Beachtung von Querempfindlichkeiten **möglich**
- teuer
- Methode wird auch in **Monitoren** angewandt, z. B. für Kohlenmonoxid, Kohlendioxid

2.6.6   UV-Spektrometer

- kann für **verschiedene anorganische Stoffe** angewendet werden, organische Stoffe zeigen zu unspezifische Eigenschaften → Querempfindlichkeiten
- nutzt die spezifische **Absorption** von Stoffen im **ultravioletten** (UV) Spektrum
- angewandt vor allem in **Monitoren**, z. B. für Ozon oder Quecksilber

2.6.7   Chemilumineszenz-Messgeräte

- nutzt die **spezifische Emission** von Stoffen im sichtbaren (Vis) und ultravioletten (UV) Spektrum, die bei manchen **chemischen Reaktionen** auftritt
- angewandt vor allem in **Monitoren**, z. B. für Ozon oder Stickoxiden (NO/NO_2)

2.6.8   Fluoreszenz-Messgeräte

- nutzt die **spezifische Emission** von Stoffen im sichtbaren (Vis) und ultravioletten (UV) Spektrum, **nach Anregung** durch eingestrahltes Licht
- angewandt vor allem in **Monitoren**, z. B. für Schwefeldioxid

2.6.9   Streulichtphotometer

- nutzen die durch Partikel hervorgerufene **Streuintensität von Lichtstrahlung** als Messsignal
- werden zur Messung von **Staub** und **Fasern** verwendet (z. B. Feinstaub < 10 µm)
- müssen allerdings für jeden Einsatzort (Art des Staubes) gravimetrisch kalibriert werden
- ermöglichen nur eine **Abschätzung** der Konzentration über die Messung der Abschwächung der Lichtstrahlung (Extinktion) in der Luft

2.7   Nicht direktanzeigende Messverfahren

2.7.1   Allgemeines

Bei nicht direktanzeigenden (diskontinuierlichen) Messverfahren besteht der analytische Prozess aus mehreren Einzelschritten.

Typische Phasen eines nicht direktanzeigenden Analyseverfahrens:
- Messvorbereitungen (Kalibrierung)
- Probenahme
- Probentransport und -lagerung
- Probenvorbereitung/-aufarbeitung
- Analytische Bestimmung (Messung)
- Ergebnisberechnung

Vorteile:
- hohe Messgenauigkeit und Spezifität
- deshalb häufig bei amtlichen Messungen als „anerkannte Messverfahren" gegenüber direktanzeigenden Verfahren bevorzugt

Nachteile:
- viele Fehlermöglichkeiten, z. B.
  - Probenahme nicht repräsentativ
  - Probenveränderung bei Transport und Lagerung
  - Messfehler bei der analytischen Bestimmung
- Ergebnis steht nicht unmittelbar zur Verfügung

2.7.2   Probenahme

Bei Arbeitsplatzmessungen liegen Gefahrstoffe meist luftgetragen (Gas, Dampf, Aerosol, Nebel, Rauch, Staub, Fasern) vor.

Problem:
- Gasproben sind schwierig bzw. umständlich zu transportieren bzw. stabil zu lagern
- deshalb selten direkte Gasprobenahme, z. B. für Bestimmung von Kohlendioxid in der Atemluft
  - Gassammelsack
  - Gassammelrohr

Lösung:

– Am Arbeitsplatz (Messort) wird der vorhandene **Gefahrstoff** aus der Umgebungsluft **abgetrennt** (Probenahme) und später in einem Labor analytisch bestimmt.

– Das Probenahmemedium (Umgebungsluft + Gefahrstoff) durch ein Aufnahmemittel (**Sorptionsmittel**) geleitet oder damit in Kontakt gebracht.

– Der Gefahrstoff **reichert sich** mehr oder weniger quantitativ auf dem/in dem Sorptionsmittel **an**.

Man unterscheidet:

– **passive** Probenahme (ohne Pumpe)

  ◦ Transport der Umgebungsluft zum Sorptionsmittel erfolgt durch **Diffusion** (Diffusionssammler)

  ◦ Ursache ist die (spontane) Wärmebewegung der Teilchen und der Konzentrationsunterschied von Gefahrstoff/Umgebungsluft gegenüber Gefahrstoff/Sorptionsmittel

  ◦ Geeignet für:

    ▪ Gase

    ▪ Dämpfe

    ▪ z. B. Kohlenwasserstoffverbindungen, Formaldehyd

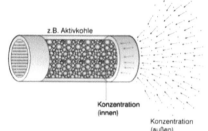

Passive Probennahme mit Diffusionssammler

– **aktive** Probenahme (mit Pumpe)

  ◦ Transport der Umgebungsluft zum Sorptionsmittel erfolgt durch Pumpe (**Ansaugen** einer definierten Luftmenge)

  ◦ Aggregatzustand muss bei Probenahme berücksichtigt werden

  ◦ Geeignet für:

    ▪ Stäube (Gesamtstaub, Feinstaub), Aerosole, Nebel, Rauche, Fasern

    ▪ Stoffe, die partikel- und dampfförmig auftreten

    ▪ Gase, Dämpfe

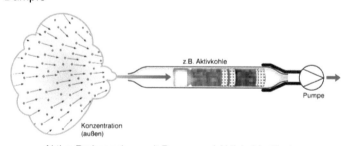

Aktive Probennahme mit Pumpe und Aktivkohleröhrchen

Typische **Sorptionsmittel** für die aktive und passive **Probenahme** sind

– Festkörper:

  ◦ Aktivkohle, Silicagel, Polymere, Molekularsiebe

  ◦ mit Reagens beschichtete Feststoffe

– Flüssigkeiten:
  ◦ Absorber-Lösungen, spezielle Waschlösungen

– Evtl. Sorptionsmittel mit zugesetztem Farbreagens, das mit dem zu analysierenden Stoff reagiert → direktanzeigendes Messsystem

Sorptionsmittel für luftgetragene **Feststoffe / Aerosole** (Stäube, Fasern, Rauche):

– **Filter** aus diversen Materialien
  ◦ imprägniert bzw. beschichtet
  ◦ z. B. Metallmembranen, Cellulose, Glasfasern

auch möglich: **Kombinierte Probenahme** durch Hintereinanderschalten der Probenahmevorrichtungen von
  ◦ Festkörpern über Filter und
  ◦ Gasen / Dämpfen über Sorptionsmittel

2.7.3   Probenvorbereitung

Typische Verfahren der Probenvorbereitung sind:

– **Desorption** (Ablösung) der Gefahrstoffe vom Probenahmematerial durch z. B.
  ◦ Thermodesorption
    ▪ durch Erwärmen / Erhitzen
    ▪ bei leichtflüchtigen Stoffen
  ◦ Flüssigdesorption
    ▪ mit Lösungsmitteln
    ▪ bei schwerflüchtigen oder temperaturempfindlichen Stoffen
  ◦ Flüssigextraktion mit überkritischen Lösungsmitteln (SFE = Supercritical fluid extraction)
    ▪ z. B. mit überkritischem Kohlendioxid (> 31 °C; > 74 bar)
    ▪ bei empfindlichen oder labilen Stoffen

– **Derivatisierung** (= chemische Umwandlung, z. B. zur Erhöhung der Flüchtigkeit für eine anschließende gaschromatographische Messung)

– **Verdünnung, Konzentrierung**

– **Reinigung** (z. B. Filtration)

– Bei der Faserbestimmung: eventuell Bedampfung mit einem **Kontrastierungsmittel** (Gold, Kohlenstoff) und/oder Plasmaveraschung

2.7.4   Analytische Bestimmung

Grundsätzlich können alle Bestimmungsmethoden der analytischen Chemie eingesetzt werden.

– **Klassische Analysenverfahren** (z. B. bei Emissions-/Arbeitsplatzüberwachung)
  ◦ Volumetrie (Säuren, Basen)
  ◦ Gravimetrie (Stäube, Fasern)

- ◦ Photometrie
- ◦ Kolorimetrie
- ◦ Polarographie
- ◦ Potentiometrie
- **Chromatographische Analysenverfahren** (z. B. Immissions-/Arbeitsplatzüberwachung)
  - ◦ Prinzip: Unterschiedliche Verteilung von Stoffen zwischen zwei Phasen
  - ◦ Gaschromatographie (GC)
    - ▪ Verteilung des Analyten zwischen Gas/Flüssigkeit und/oder Gas/Feststoff
    - ▪ Detektoren (Beispiele):
      - • Wärmeleitfähigkeitsdetektor (WLD)
      - • Flammenionisationsdetektor (FID)
      - • Photoionisationsdetektor (PID)
      - • Stickstoff-Phosphor-Detektor (NPD oder FID-NP)
      - • Infrarotdetektor (IRD)
      - • Massenselektiver Detektor (MSD)
      - • Elektroneneinfang-Detektor (ECD = Electron Capture Detector)
    - ▪ geeignet für Messung von: z. B. Lösungsmittel, Pestizide
  - ◦ Flüssigkeitschromatographie (LC), Hochdruck-Flüssigkeitschromatographie (HPLC)
    - ▪ Verteilung des Analyten zwischen Flüssigkeit/Flüssigkeit und/oder Flüssigkeit/Feststoff
    - ▪ Detektoren (Beispiele):
      - • UV/Vis-Spektrometer
      - • Fluoreszenz-Spektrometer
      - • Leitfähigkeitsdetektoren
      - • Massenspektrometer
  - ◦ geeignet für Messung von: z. B. polyaromatische Kohlenwasserstoffe (PAK), Carbonylverbindungen (= Aldehyde, Ketone)
- **Spektrometrische Analysenverfahren** (z. B. Emissions-/Immissions-/Arbeitsplatzüberwachung)
  - ◦ Atomabsorptionsspektrometrie (AAS)
  - ◦ UV/Vis-Spektrometrie
  - ◦ IR-Spektrometrie
  - ◦ Massenspektrometrie
  - ◦ Fluoreszenz-Spektrometrie
  - ◦ Photoionisationsdetektion
- **Mikroskopische Analyseverfahren** (z. B. Immissions-/Arbeitsplatzüberwachung)
  - ◦ Lichtmikroskop
    - ▪ geeignet für Messung von: z. B. Stäuben, Fasern
  - ◦ Rasterelektronenmikroskop
    - ▪ geeignet für Messung von: z. B. Fasern, Stäuben

Vergleich wichtiger Eigenschaften von direktanzeigenden und nicht direktanzeigenden Messverfahren

Kriterien	Messverfahren	
	direktanzeigend	**nicht direktanzeigend**
Fehleranfälligkeit	gering	hoch
Aussage Messergebnis	oft nur orientierend (Summenparameter)	amtlich, justiziabel (Einzelparameter)
Selektivität, Spezifität	gering	hoch
Kontinuierliche Messung	möglich	kaum möglich
Genauigkeit	meist gering	hoch
Spezielle Fachkenntnisse Personal	nicht erforderlich	erforderlich
Kosten	meist gering	meist hoch
Verfügbarkeit Messergebnis	sofort	nicht sofort

2.8   Explosimeter

Explosimeter (Ex-Messgeräte, Exmeter)

– zeigen **explosionsfähige Gas-Luftgemische** an

– dadurch können ex-gefährdete Bereiche erkannt werden

– werden mitgeführt, wenn die Gefahr besteht, dass am Arbeitsplatz oder durch Betriebsstörungen explosionsfähige Gemische entstehen

– zeigen i. d. R. die **Konzentration eines zündfähigen Gases** in Prozent der unteren Explosionsgrenze (UEG) an (bei 100 % UEG ist Zündung des Gas/Luft-Gemischs möglich)

– geben optischen und akustischen Alarm, wenn **Warnschwellen** deutlich unterhalb der UEG (meist 10–40 % UEG) erreicht werden

– sind ggf. mit Pumpe ausgestattet, mit der über eine Sonde und einen Schlauch das Messgas in den Detektor gepumpt wird

Grundsatz:
Entzündbare Gase sind umso gefährlicher, je niedriger ihre untere Explosionsgrenze (UEG) ist.

Beispiele:

Gas	UEG [Vol-%]	UEG [g/m³]	Zündtemperatur [°C]
Acetylen	2,3	24,9	305
Ammoniak	15,4	109,1	630
1.3-Butadien	1,4	31,6	415
iso-Butan	1,5	36,3	460
n-Butan	1,4	33,9	365
n-Buten (Butylen)	1,2	28,1	360
Dimethylether	2,7	51,9	240
Ethen (Ethylen)	2,4	28,1	440
Ethylenoxid	2,6	47,8	435
Methan	4,4	29,3	595
Methylchlorid	7,6	159,9	625
Propan	1,7	31,2	470
Propen (Propylen)	1,8	31,6	485
Wasserstoff	4,0	3,3	560

Grundsatz:
Entzündbare Dämpfe sind umso gefährlicher, je niedriger der **Flammpunkt** der Flüssigkeit ist.

Beispiele:

Dampf	UEG [Vol-%]	UEG [g/m³]	Flammpunkt [°C]	Dampfdruck [mbar, 20 °C]	Zündtemperatur [°C]
Aceton	2,5	60,5	< –20	246	535
Acrylnitril	2,8	61,9	–5	117	480
Benzol	1,2	39,1	–11	100	555
n-Butanol	1,7	52,5	35	7	325
n-Butylacetat	1,2	58,1	27	11	390
n-Butylacrylat	1,2	64,1	37	5	275
Chlorbenzol	1,3	61,0	28	12	590
Cyclohexan	1,0	35,1	–18	104	260
Cyclopentan	1,4	40,9	–51	346	320
1.2-Dichlorethan	6,2	255,7	13	87	440
Diethylether	1,7	52,5	–40	586	175
1.4-Dioxan	1,9	69,7	11	38	375
Epichlorhydrin	2,3	88,6	28	16	385
Ethanol	3,1	59,5	12	58	400
Ethylacetat	2,0	73,4	–4	98	470
Ethylbenzol	1,0	44,3	23	10	430
n-Hexan	1,0	35,9	–22	160	240
Methanol	6,0	80,0	9	129	440
1-Methoxy-2-propanol	1,8	67,6	32	12	270
Methylethylketon (MEK)	1,5	45,1	–10	105	475
Methylmethacrylat	1,7	70,9	10	40	430
n-Nonan	0,7	37,4	31	5	205
n-Octan	0,8	38,1	12	14	205
n-Pentan	1,4	42,1	–40	562	260
iso-Propanol	2,0	50,1	12	43	425
Propylenoxid	1,9	46,0	–37	588	430
Styrol	1,0	43,4	32	7	490
Tetrahydrofuran (THF)	1,5	45,1	–20	200	230
Toluol	1,1	42,2	6	29	535
Xylol (Isomerengemisch)	1,0	44,3	25	7	465

Kalibrierung von Explosimetern

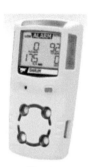

- Grundsätzlich nur Gase/Dämpfe, die der Sensor detektieren kann
- Standard-Kalibriergase
  - Tabellen mit Korrekturfaktoren
  - häufig verwendet: Nonan, Toluol
  - Kalibration auch mit Methan (dann meist sehr niedrig eingestellte Warnschwellen, da andere Gase schlechter detektiert werden)

Messverfahren

Typische Sensoren für Explosimeter sind

Mobiles
Explosimeter

- **katalytische Wärmetönungssensoren**
  - Sensorkammer mit zwei Heizelementen (ca. 500–600 °C)
  - ein Heizelement (Pellistor) ist mit **Katalysator** beschichtet, das andere (Kompensator) ist inertisiert
  - das brennbare Gas wird an Katalysator verbrannt (oxidiert), dabei wird Wärme frei
  - Folge: geringer Temperaturunterschied zwischen Pellistor und Kompensator → unterschiedlicher elektrischer Widerstand → Messsignal
  - Stabiles Messsystem (weitgehend unabhängig von Außentemperatur, Luftfeuchtigkeit)
  - **Störung** durch: Schwermetalle (Blei), Schwefelverbindungen, Halogenkohlenwasserstoffe können Katalysator „vergiften"

- **Infrarotsensoren**
  - Messkammer mit Infrarotlichtquelle (Refexion an Innenwänden)
  - Detektoreinheit mit 2 IR-Detektoren (Messdetektor und Referenzdetektor)
  - IR-Filter vor Messdetektor, durchlässig für IR-Licht, das z. B. die entzündbaren Dämpfe von Kohlenwasserstoffen absorbieren
  - Kein IR-Filter vor Referenzdetektor
  - falls Kohlenwasserstoffe in die Messkammer gelangen: hohe Signalabnahme am Messdetektor, geringe Signalabnahme am Referenzdetektor
  - unempfindlich gegen andere Inhaltsstoffe (z. B. Katalysatorgifte)
  - Nachteil: Wasserstoff kann nicht gut bestimmt werden

LERNZIELKONTROLLE ZU III.2

Lernzielkontrolle – Aufgabe III.2-1

Nach welcher technischen Regel wird bestimmt, wie das Ausmaß einer Gefährdung durch das Einatmen von Gefahrstoffen am Arbeitsplatz, z. B. durch Arbeitsplatzmessung ermittelt und beurteilt wird?

Lernzielkontrolle – Aufgabe III.2-2

Wo kann man sich über Analysenverfahren für Gefahrstoffe informieren? Nennen Sie zwei Quellen.

Lernzielkontrolle – Aufgabe III.2-3

Wann bezeichnet man ein Messverfahren als „spezifisch"?

Lernzielkontrolle – Aufgabe III.2-4

Welche Vorteile bieten Gas-Prüfröhrchen als Überwachungsmethode für Gefahrstoffe?

Lernzielkontrolle – Aufgabe III.2-5

Was bedeutet die Angabe „100 % UEG" auf der Anzeige eines Explosimeters?

Lernzielkontrolle – Aufgabe III.2-6

Welcher der folgenden Stoffe ist im Hinblick die Entzündbarkeit seiner Dämpfe am gefährlichsten? Bitte ankreuzen.

☐ Methanol
☐ iso-Propanol
☐ n-Butanol
☐ Styrol
☐ Diethylether
☐ Toluol

Lernzielkontrolle – Lösung Aufgabe III.2-1

Nach der TRGS 402.

Lernzielkontrolle – Lösung Aufgabe III.2-2

IFA GESTIS-Datenbank Analysenverfahren und IFA-Arbeitsmappe „Messung von Gefahrstoffen" DGUV-I 213-500 (Anerkannte Analysenverfahren der DGUV für krebserzeugender Gefahrstoffe)

Lernzielkontrolle – Lösung Aufgabe III.2-3

Wenn es in der Lage ist, einen bestimmten Stoff eindeutig zu erfassen, unabhängig von anderen Bestandteilen in einer Probe.

Lernzielkontrolle – Lösung Aufgabe III.2-4

Für viele Gefahrstoffe erhältlich, kostengünstig, einfach zu bedienen, Ergebnisse sofort verfügbar, bei richtiger Bedienung hinreichend robust, wenig fehleranfällig.

Lernzielkontrolle – Lösung Aufgabe III.2-5

Die Konzentration eines zündfähigen Gases in der Umgebungsluft hat die untere Explosionsgrenze erreicht. Es besteht die Gefahr der Zündung/Explosion des Gas/Luft-Gemischs durch eine Zündquelle.

Lernzielkontrolle – Lösung Aufgabe III.2-6

☐ Methanol
☐ iso-Propanol
☐ n-Butanol
☐ Styrol
☒ Diethylether
☐ Toluol

3 Persönliche Schutzausrüstung

3.1 Persönliche Schutzausrüstung bei der Sammlung gefährlicher Abfälle nach Nr. 6.4 TRGS 520

3.1.1 Grundvoraussetzungen

- Bereitstellung durch Arbeitgeber
- gebrauchsfähig, hygienisch einwandfrei
- Tragegebot der Beschäftigten
- Atemschutz ist keine ständige Maßnahme
  ◦ Tragezeitbegrenzung nach Nr. 3.2.2 und Anhang 2 DGUV-R 112–190

3.1.2 Persönliche Schutzausrüstung für den ständigen Gebrauch im Annahme- und Arbeitsbereich

- körperbedeckende Schutzkleidung
  ◦ z.B. Schutzmantel oder Chemikalienschutzanzug für leichte Beanspruchungen nach DGUV-R 112-189
- Chemikalienschutzhandschuhe nach DIN EN 374
  ◦ gekennzeichnet mit Erlenmeyerkolben und drei Kennbuchstaben für Prüfchemikalien
  ◦ z.B. „JLK" (J = n-Heptan für aliphatische Kohlenwasserstoffe; L = 96 %-ige Schwefelsäure für anorganische Säuren; K = 40 %-ige Natriumhydroxidlösung für anorganische Basen)
- Schutzbrille
- Sicherheitsschuhe

3.1.3 Persönliche Schutzausrüstung für Bedarfsfälle

- Gesichtsschutz
- Schutzschürzen
- Wetterschutzkleidung, Winterschutzanzüge
- Warnkleidung
- Gummistiefel

3.1.4 Persönliche Schutzausrüstung zusätzlich für Notfälle

- Atemschutz
  ◦ für Gase/Dämpfe (Mehrbereichsfilter A, B, E, K, Hg der höchsten Filterklasse; Filter AX für leichtflüchtige organische Lösemittel)
  ◦ für Partikel (Filterklasse P3)
  ◦ Filter für Gase/Dämpfe werden nur einmal verwendet

3.2   Persönliche Schutzausrüstung (PSA) – Grundsätzliche Aspekte

3.2.1   Vorschriften und Regeln zu PSA

- **Europäische Vorschriften**
  - Verordnung (EU) 2016/425 über persönliche Schutzausrüstungen (EU-PSA-VO[1])
  - Richtlinie 89/686/EWG zur Angleichung der Rechtsvorschriften der Mitgliedstaaten für persönliche Schutzausrüstungen (PSA-RL, seit 21.04.2018 aufgehoben)
- **Deutsche Vorschriften**
  - Verordnung über Sicherheit und Gesundheitsschutz bei der Benutzung persönlicher Schutzausrüstungen bei der Arbeit (PSA-Benutzungsverordnung – PSA-BV)
  - Gesetz zur Durchführung der Verordnung (EU) 2016/425 über persönliche Schutzausrüstungen (PSA) und zur Aufhebung der Richtlinie 89/686/EWG (PSA-Durchführungsgesetz – PSA-DG)
- Vorschriften der **Unfallversicherungsträger** (Beispiele)
  - DGUV-R 112-189: Benutzung von Schutzkleidung
  - DGUV-R 112-190: Benutzung von Atemschutzgeräten
  - DGUV-R 112-191: Benutzung von Fuß- und Knieschutz
  - DGUV-R 112-192: Benutzung von Augen- und Gesichtsschutz
  - DGUV-R 112-193: Benutzung von Kopfschutz
  - DGUV-R 112-194: Benutzung von Schutzhandschuhen
- **Normen** (Beispiele)
  - DIN EN (bzw. DIN EN ISO) 374:
    Schutzhandschuhe gegen gefährliche Chemikalien und Mikroorganismen
    - Teil 1. Terminologie und Leistungsanforderungen für chemische Risiken
    - Teil 2. Bestimmung des Widerstandes gegen Penetration
    - Teil 3. Bestimmung des Widerstandes gegen Permeation von Chemikalien
      zurückgezogen, neu: DIN EN 16523-1
    - Teil 4. Bestimmung des Widerstandes gegen Degradation durch Chemikalien
    - Teil 5. Terminologie und Leistungsanforderungen für Risiken durch Mikroorganismen
  - DIN EN 405:
    Atemschutzgeräte – Filtrierende Halbmasken mit Ventilen zum Schutz gegen Gase oder Gase und Partikeln – Anforderungen, Prüfung, Kennzeichnung
  - DIN EN 420:
    Schutzhandschuhe – Allgemeine Anforderungen und Prüfverfahren
  - DIN EN 464:
    Schutzkleidung; Schutz gegen flüssige und gasförmige Chemikalien; Prüfverfahren: Bestimmung der Leckdichtigkeit von gasdichten Anzügen (Innendruckprüfverfahren)
  - DIN EN 943:
    Schutzkleidung gegen gefährliche feste, flüssige und gasförmige Chemikalien, einschließlich Flüssigkeitsaerosole und feste Partikel
    - Teil 1. Leistungsanforderungen für Typ 1 (gasdichte) Chemikalienschutzkleidung
    - Teil 2. Leistungsanforderungen für gasdichte (Typ 1) Chemikalienschutzanzüge für Notfallteams (ET)

---

[1]   Die VO (EU) 2016/425 ersetzt die bisherige PSA-RL 89/686/EWG seit 21.04.2018.

3.2.2 Definition und Einteilung der PSA

- nach Art. 3 Nr. 1 VO (EU) 2016/425 (EU-PSA-VO)
  - ◦ Ausrüstung (und deren austauschbare Bestandteile und Verbindungssysteme)
    - entworfen und hergestellt, um **von einer Person** getragen oder gehalten zu werden
    - als **Schutz** gegen eines oder mehrere **Risiken für Gesundheit/Sicherheit**
- nach § 1 (2) PSA-Benutzungsverordnung (PSA-BV)
  - ◦ jede Ausrüstung, die dazu bestimmt ist, von den **Beschäftigten benutzt oder getragen** zu werden, um sich **gegen eine Gefährdung** für ihre Sicherheit und Gesundheit zu **schützen**
  - ◦ jede mit demselben Ziel verwendete und damit verbundene **Zusatzausrüstung**
- Kategorien der PSA
  - ◦ **Kategorie I**: Einfache PSA
    - CE-Prüfung
    - z. B. Gartenhandschuhe
  - ◦ **Kategorie II**: PSA, die nicht unter Kategorie I oder III fällt
    - Baumusterprüfung
    - z. B. Schutzbrillen, Helme
  - ◦ **Kategorie III**: Komplexe PSA gegen tödliche Gefahren
    - Baumusterprüfung
    - z. B. Atemschutz, Chemikalienhandschuhe

3.2.2 Grundsätze

- PSA sind nur als **nachrangige Schutzmaßnahme** zulässig.
- PSA sind grundsätzlich nur für den Gebrauch durch eine einzige Person bestimmt (außer es ist sichergestellt, dass Gesundheitsgefahren oder hygienische Probleme nicht auftreten können).
  - ◦ PSA müssen dazu in Form und Größe **individuell** angepasst sein
- Mehrere PSA, die gleichzeitig benutzt werden, müssen aufeinander abgestimmt sein. Die Schutzwirkung jeder einzelnen PSA darf durch eine Kombination nicht beeinträchtigt werden.
- Sind Verletzungen oder gesundheitliche Schäden der Beschäftigten nicht auszuschließen (Gefährdungsbeurteilung!), so stellt der Arbeitgeber je nach Fall zur Verfügung:
  - ◦ Kopfschutz
  - ◦ Handschutz
  - ◦ Fußschutz
  - ◦ Augenschutz
  - ◦ Gesichtsschutz
  - ◦ Körperschutz
  - ◦ Atemschutz
- Die PSA muss während der gesamten Benutzungsdauer
  - ◦ gut funktionieren
  - ◦ sich stets in hygienisch einwandfreiem Zustand befinden

- Beschäftigte müssen die zur Verfügung gestellte PSA benutzen.
- Anweisungen und Informationen zur Benutzung der PSA
  ○ in einer für die Beschäftigten verständlichen Form und Sprache (Betriebsanweisung)
  ○ zusätzlich Unterweisung (ggf. besondere Schulungen) der Beschäftigten über die sicherheitsgerechte Benutzung der PSA
- Arbeitsmedizinische Vorsorgeuntersuchungen sind unabhängig von PSA-Benutzung

3.2.3   PSA im Gefahrstoffrecht

- Rangfolge:
  PSA ist nur als nachrangige Schutzmaßnahme zulässig (§ 7 (4) Satz 3 Nr. 3 GefStoffV)
- Tragegebot:
  Beschäftigte müssen die bereitgestellte PSA verwenden
- Tragezeitbegrenzung:
  Die Verwendung von belastender PSA darf keine Dauermaßnahme sein.
- Minimierungsgebot:
  Belastende PSA ist für jeden Beschäftigten auf das unbedingt erforderliche Minimum zu beschränken.
- Bereithaltepflicht:
  Arbeitgeber stellt sicher, dass
  ○ die PSA an einem dafür vorgesehenen Ort sachgerecht aufbewahrt wird
  ○ die PSA vor Gebrauch geprüft und nach Gebrauch gereinigt wird
  ○ schadhafte PSA vor erneutem Gebrauch ausgebessert oder ausgetauscht wird
- Auslöser für PSA-Pflicht
  Arbeitgeber stellt unverzüglich PSA bereit bei
  ○ AGW-Überschreitung
    (§ 9 (3) GefStoffV)
  ○ verbleibender Gefährdung durch Haut-/Augenkontakt
    (§ 9 (4) GefStoffV)
  ○ Expositionserhöhung durch CMR-Gefahrstoffe der Kategorie 1A oder 1B (= CMR 1A/1B)
    (§ 10 (4) GefStoffV)
  ○ nicht bestimmungsgemäßem Betriebsablauf, wie z. B. Betriebsstörung, Unfall, Notfall
    (§ 13 (3) GefStoffV)
  ○ Tätigkeiten mit Exposition gegenüber einatembaren Stäuben, insbesondere bei Asbestexposition als ergänzende Schutzmaßnahme
    (Anhang I Nr. 2 GefStoffV)
- Betriebsanweisung und Unterweisung, Unterrichtung der Beschäftigten u. a. Informationen
  ○ zum Tragen und Verwenden von persönlicher Schutzausrüstung und Schutzkleidung
  ○ über Auswahl und Verwendung der PSA und die damit verbundenen Belastungen der Beschäftigten bei Tätigkeiten mit CMR 1A/1B
- Unterrichtung der Behörde
  ○ über die Art der zu verwendenden Schutzausrüstung, bei Tätigkeiten mit CMR 1A/1B

- **Ordnungswidrigkeiten** (§ 22 GefStoffV)
  - Keine Bereitstellung
    - von angemessener und wirksamer PSA
    - von Schutzkleidung oder Atemschutzgerät bei Tätigkeiten mit CMR 1A/1B
  - Keine getrennte Aufbewahrung von Schutzkleidung und Privatkleidung
  - Anwendung von belastender PSA als Dauermaßnahme

3.3   Augen- und Gesichtsschutz

3.3.1   Grundsätzliches

- Der Arbeitgeber hat
  - Augen-/Gesichtsschutz zur Verfügung zu stellen, wenn mit **Augen-/Gesichtsverletzungen** zu rechnen ist
  - den Augen-/Gesichtsschutz zu bewerten und festzustellen, ob eine
    - Beeinträchtigung
    - Belastung oder
    - Behinderung

    des Trägers bei der Arbeit vorliegt
  - eine benutzerfreundliche Ausführung auszuwählen
  - Sehstörungen oder Fehlsichtigkeiten der Benutzer zu berücksichtigen
  - dafür zu sorgen, dass
    - für den Einsatz von Augen-/Gesichtsschutz **Betriebsanweisungen** über deren Benutzung, Reinigung, Pflege und Lagerung vorhanden sind
    - die Beschäftigten mindestens einmal **jährlich** über Augen-/Gesichtsschutz durch Information und praktische Übung **unterwiesen** werden
- Jeder Augen- oder Gesichtsschutz muss mit dem CE-Kennzeichen versehen sein.

3.3.2   Mögliche Einwirkungen auf das Auge/Gesicht durch Gefahrstoffe

- **Mechanische** Einwirkungen
  - durch Stäube
    - Wirkung: Reizung oder Entzündung des Augapfels oder des Augenlides
  - durch Festkörper
    - Wirkung: Zerstörung der Hornhaut in Abhängigkeit vom Gewicht sowie der Bewegungsenergie (Geschwindigkeit) der einwirkenden Teilchen
- **Chemische** Einwirkungen
  - durch Stäube, Gase, Rauche
  - durch ätzende, augenschädigende oder -reizende Stoffe (z. B. Säuren, Laugen)
  - Wirkungen:
    - Verätzung der Augen (irreversibel)
    - Trübung der Hornhaut = schwere Augenschädigung (irreversibel)
    - Augenreizung (reversibel)

3.3.3   Technische Ausführung

DIN EN 166
- Schutzbrille mit Seitenschutz (Gestellbrille)
  Standard-Schutzbrille für den üblichen Umgang mit Gefahrstoffen
- Korbbrille
  Verwendung bei ätzenden und augenschädigenden Stoffen
- Gesichtsschutzschirm
  Verwendung bei ätzenden Stoffen

Schutz vor **mechanischen Einwirkungen**

Einwirkung	Augenschutz	Beispiel
Schwache Belastung bei leichter Arbeit	Einfache Gestellbrille	
Grobstaub (Korngröße > 5 µm)	Anliegende Schutzbrille	
Feinstaub (Korngröße < 5 µm)	Gasdichte Schutzbrille	
Starke Belastung (spanabhebende oder spanlose Arbeiten)	Gestellbrille mit Seitenschutz, Gesichtsschutz	

Schutz vor **chemischer Einwirkung**

Einwirkung	Augenschutz	Beispiel
Gefährliche Gase, Dämpfe, Nebel oder Rauche	Gasdichte Schutzbrille	
Tropfende und spritzende Flüssigkeiten	Anliegende Schutzbrille Großflächiger Schutzschirm (über Korrekturbrillen tragbar)	

3.4   Handschutz und Körperschutz

3.4.1   Grundsätzliches

– Der Arbeitgeber hat
- Hand-/Körperschutz zur Verfügung zu stellen, wenn mit **Hautverletzungen** oder mit dem **Eindringen von Stoffen** durch die Haut in die Hand/den menschlichen Körper zu rechnen ist
- vor der Auswahl und dem Einsatz von Schutzhandschuhen ist eine Beurteilung des Arbeitsplatzes durchzuführen
- dafür zu sorgen, dass
  - für den Einsatz von Schutzhandschuhen/Körperschutz **Betriebsanweisungen** vorhanden sind, insbesondere mit Angaben
    - zur Art der Schutzhandschuhe
    - zu den Einsatzmöglichkeiten, weiteren Verwendungen und Einschränkungen
    - zur Tragedauer
    - zur Kennzeichnung
    - zu den Prüfungen vor Gebrauch
    - zu An- und Ablegen
    - zur Pflege und Reinigung
  - die Beschäftigten mindestens einmal **jährlich** über Schutzhandschuhe/Körperschutz durch Information und praktische Übung **unterwiesen** werden
– Bei Tätigkeiten an **rotierenden** Teilen (z. B. Bohrmaschinen, Drehbänke, Kreissägen) dürfen **keine Schutzhandschuhe** benutzt werden!

3.4.2   Mögliche Einwirkungen und Anforderungen an Schutzhandschuhe

– Hände und Finger sollen geschützt werden vor
- mechanischen Risiken: Schäden durch Stöße, Stiche, Schnitte, Quetschungen, usw.
- chemischen Risiken: Schäden insbesondere durch toxische, ätzende, reizende, hautresorbierbare Stoffe
- biologischen Risiken: Schäden durch infektiöse Bakterien, Pilze, Viren, usw.
- thermischen Risiken: Schäden durch Verbrennen, Verbrühen, Funken, Spritzer heißer Medien, Strahlungswärme, Kälteschutz (z. B. Trockeneis, Flüssigstickstoff)
- elektrischen Risiken: Schäden durch elektrische Ströme
– Anforderungen an **Chemikalienschutzhandschuhe**
- Undurchlässigkeit/Beständigkeit
  - Keine Penetration (Durchdringung durch Risse, Löcher)   DIN EN 374-2
  - Keine Degradation (Schädigung durch Chemikalien, Quellung, Abbau)   DIN EN 16523-1
  - Keine Permeation (Diffusion)   DIN EN 388
- Mechanische Belastbarkeit
- Tragekomfort
- Tastgefühl
- Griffvermögen

– **Werkstoffe und Materialien** (Elastomere) für Chemikalienschutzhandschuhe

Handschuh-material	Alternativ-bezeichnung	Abkürzung	Bemerkung
Naturkautschuk	Naturgummilatex, „Gummi"	NR	sehr elastisch, hohes Fingertast-gefühl, Allergien möglich, geringe Chemikalienbeständigkeit
Chloropren-kautschuk	Neopren, Polychloropren	CR	bessere Chemikalienbeständigkeit und die Alterungsresistenz als Naturkautschuk
Nitrilkautschuk	Nitril, Acrylnitril-Butadien Kautschuk	NBR	öl- und kohlenwasserstoffbeständig, ggf. Latex-Anteile, grifffest
Butylkautschuk	Butyl, Isobutyl-Isopren-Kautschuk	IIR	alterungsbeständig, sehr beständig gegen reaktionsfähige Chemikalien
Fluorkautschuk	Fluorelastomer, Viton, Teflon	FKM	sehr hohe Dichtigkeit, Chemikalien-, Temperatur- und Altersbeständigkeit
Polyvinylchlorid	PVC	PVC	öl- und kohlenwasserstoffbeständig, enthalten ggf. Weichmacher (höhere Permeation)
Polyethylen-Laminat	Folienhandschuh Low Level Density Polyethylen	LLDPE	gegenüber vielen Chemikalien resistent und undurchlässig, aber nicht schnittfest
Polyvinylalkohol	PVA	PVA	gegenüber chlorierten und aromati-schen Kohlenwasserstoffe resistent, aber wasserlöslich!

– **Schutzindex**-Skala für Schutzhandschuhe nach DIN EN 374-1

Durchbruchszeit	Schutzindex
> 10 min	1
> 30 min	2
> 60 min	3
> 120 min	4
> 240 min	5
> 480 min	6

– **Prüfchemikalien** für Schutzhandschuhe nach DIN EN 374-1

Kennbuchstabe	Prüfchemikalie	Stoffklasse
A	Methanol	Primärer Alkohol
B	Aceton	Keton
C	Acetonitril	Nitril
D	Dichlormethan	Chloriertes Paraffin (= Kohlenwasserstoff)
E	Kohlenstoffdisulfid	Schwefelhaltige organische Verbindungen
F	Toluol	Aromatischer Kohlenwasserstoff
G	Diethylamin	Amin
H	Tetrahydrofuran	Heterocyclische Ether
I	Ethylacetat	Ester
J	Heptan	Aliphatischer Kohlenwasserstoff
K	Natriumhydroxid (40 %)	Anorganische Basen
L	Schwefelsäure (96 %)	Anorganische Säuren
M	Salpetersäure (65 %)	Anorganische Säure, oxidierend
N	Essigsäure (99 %)	Organische Säure
O	Ammoniakwasser (25 %)	Organische Base
P	Wasserstoffperoxid (30 %)	Peroxid
S	Flusssäure (40 %)	Anorganische Säure
T	Formaldehyd (37 %)	Aldehyd

– Einteilung der Schutzhandschuhe entsprechend der Prüfergebnisse:
  ○ **Chemikalienbeständiger Schutzhandschuh**
    ▪ Anforderungen nach DIN EN 16523-1 (ex DIN EN 374-3) sind erfüllt
    ▪ → bei drei Prüfchemikalien aus der Tabelle wird mindestens Schutzindex 2 erreicht (= Durchbruchszeit > 30 min)
  ○ **Wasserfester Schutzhandschuh** mit geringem Schutz gegen chemische Gefahren
    ▪ Anforderungen nach DIN EN 16523-1 (ex DIN EN 374-3) sind nicht erfüllt
    ▪ aber: Anforderungen nach DIN EN 374-1 bzw. 2 sind erfüllt
    ▪ → Penetrationsprüfung (Dichtigkeit) erfolgreich
– Beispiele von Beständigkeitsprofilen verschiedener Elastomere für Schutzhandschuhe

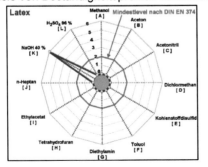
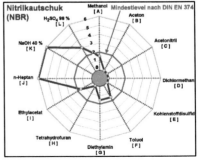

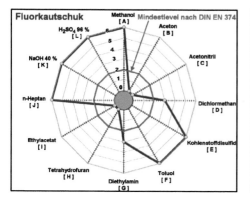

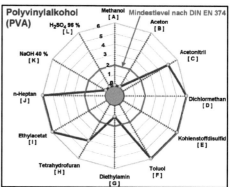

3.4.3   Körperschutz

– **Chemikalienschutzanzüge** nach DGUV-R 112-189 und technischen Normen

Typ	Schutzanzug	Norm
Typ 1	Chemikalienschutzkleidung gegen feste, flüssige und gasförmige Chemikalien = Gasdichte Schutzanzüge	DIN EN 943-1
Typ 1a	– mit umgebungsluftunabhängigem Atemschutzgerät (z. B. Pressluftatmer) im Anzug	
Typ 1b	– mit außerhalb des Anzugs getragener Atemluftversorgung (z. B. Pressluftatmer)	
Typ 1c	– mit Atemluftversorgung durch Überdruck z. B. aus externen Leitungen	
Typ 2	Nicht gasdichte Schutzanzüge (mit Belüftung)	
Typ 3	Chemikalienschutzanzüge gegen Flüssigkeiten (flüssigkeitsdicht)	DIN EN 14605
Typ 4	Chemikalienschutzanzüge gegen Flüssigkeiten (sprühdicht)	
Typ 5	Chemikalienschutzkleidung gegen feste Partikel (schwebstaubdicht)	DIN EN ISO 13982-1
Typ 6	Chemikalienschutzkleidung (= einfache Einmalschutzanzüge) mit eingeschränkter Schutzleistung gegen Staub/Spritzer	DIN EN 13034

– Weitere mögliche Anforderungen an Chemikalienschutzanzüge
  ◦ Antistatische Eigenschaften nach DIN EN 1149-1 (bei Einwirkung entzündbarer Stoffe)
  ◦ Chemische Beständigkeit: Permeationsprüfung (DIN EN ISO 6530 oder DIN EN 16523-1)
  ◦ Materialien: z. B. Neopren, PVC, Butyl, Viton, Laminate (z. B. Tyvek, Tychem, Microgard)

– **Weitere Körperschutzmittel:**
  ◦ Schürzen (PVC, Neopren), z. B. Säureschürze
  ◦ Schutzschuhe, Gummistiefel, z. B. Säurestiefel
  ◦ Ärmelschoner

3.5   Atemschutz

3.5.1   Grundsätzliches

- Der Arbeitgeber hat
  - Atemschutz zur Verfügung zu stellen, wenn Beschäftigte gesundheitsschädlichen **Gasen, Dämpfen, Nebeln oder Stäuben ausgesetzt** sein können oder wenn mit **Sauerstoffmangel** zu rechnen ist
  - zu prüfen, ob der Atemschutz den gesundheitlichen, ergonomischen und technischen Anforderungen genügt
    - Betriebsarzt entscheidet, ob eine arbeitsmedizinische **Vorsorgeuntersuchung** nach den DGUV-Grundsätzen **G 26** (Atemschutzgeräte) erforderlich ist
  - vor der Auswahl und dem Einsatz von Atemschutz ist eine Beurteilung des Arbeitsplatzes durchzuführen
  - dafür zu sorgen, dass
    - für den Einsatz von Atemschutz **Betriebsanweisungen** vorhanden sind, insbesondere mit Angaben
      - zur Art des Atemschutzes
      - zur Benutzung, den Einsatzmöglichkeiten und Einschränkungen
      - zur Tragedauer
      - zu den Prüfungen vor Gebrauch
      - zu An- und Ablegen
      - zur Pflege, Reinigung und Wartung
    - die Beschäftigten mindestens einmal **jährlich** über Atemschutz durch Information und praktische Übung **unterwiesen** werden
- Atemschutz ist in der Praxis regelmäßig erforderlich
  - bei dauerhafter **Überschreitung von Arbeitsplatzgrenzwerten**
  - bei **Sauerstoffmangel**
  - als kurzzeitige präventive Maßnahme gegen **unvorhergesehene Produktfreisetzung**
- Maßnahmen und Geräte zum Atemschutz
  - Unterscheidung der Atemschutzgeräte:
    - **Filtergeräte** (von Umgebungsluft abhängig)
      - gegen Partikel
      - gegen Gase/Dämpfe
      - gegen Gase/Dämpfe und Partikel
    - **Isoliergeräte** (von Umgebungsluft unabhängig)
      - Frischluft-/Druckluft-Schlauchgeräte
      - Behältergeräte, Regenerationsgeräte
    - Sonderfall: **Fremdbelüftete Haube** mit Schutzschirm
      - z. B. Schweißerhaube (höherer Tragekomfort, längere Tragezeit)

- ◦ **Gruppeneinteilung** nach AMR 14.2
  - ▪ Keine Gruppe:
    - • Gerätegewicht ≤ 3 kg ohne Atemwiderstand
    - • Gerätegewicht ≤ 3 kg und Atemwiderstand ≤ 5 mbar (Tragedauer max. 30 min/Tag)
    - • Flucht-/Selbstrettungsgeräte mit Gerätegewicht ≤ 5 kg
  - ▪ Gruppe 1: Gerätegewicht ≤ 3 kg oder Atemwiderstand ≤ 5 mbar
  - ▪ Gruppe 2: Gerätegewicht 3 – 5 kg oder Atemwiderstand > 5 mbar
  - ▪ Gruppe 3: Gerätegewicht > 5 kg
- ◦ Schutzziele
  - ▪ Schutz gegen Gase und Dämpfe
  - ▪ Schutz gegen Stäube oder Aerosole

3.5.2 Mögliche Einwirkungen luftgetragener Gefahrstoffe

- – **Toxische Wirkung**
  - ◦ Dosisabhängige Vergiftungen oder Vergiftungserscheinungen
  - ◦ Langzeitwirkungen auch bei niedrigen Konzentrationen
  - ◦ z. B. Blutgifte, Nervengifte, Atemgifte, wie einatembares Chromat, Cyanide, Schwefelwasserstoff, Kohlenmonoxid, metallorganische Verbindungen
- – **Krebserzeugende** (kanzerogene, karzinogene) **Wirkung**
  - ◦ Eindeutig nachgewiesene Wirkung (z. B. Benzoldampf, Kohlenteerdampf, Hartholzholzstäube, Asbest, Nickelstaub)
  - ◦ Begründete Annahme (z. B. Formaldehyd)
  - ◦ Verdacht (z. B. MDI = Methylendiphenyldiisocyanat)
- – Fibrogene Wirkung
  - ◦ Bindegewebserkrankungen durch Einlagerung von Staub
  - ◦ z. B. Silikose durch Quarzstaub, Asbestose durch Asbeststaub in der Lunge
- – **Allergische Wirkung** auf Atemwege
  - ◦ Individuelle krankhafte Abwehrreaktion des Immunsystems
  - ◦ z. B. Isocyanate, Nickelstaub, Staubmilben, Latex, Getreidestaub
- – **Belästigende, behindernde Wirkung**
  - ◦ intensiver Geruch
  - ◦ Reizung oder Verschmutzung der Atemwege

3.5.3   Filtergeräte und Filtertypen

Grundsätzliches

- **Filtergeräte** dürfen nur eingesetzt werden, wenn
  - der **Sauerstoffgehalt** in der Umgebungsluft ≥ 17 Vol.-% (bei CO-Filter: ≥ 19 Vol.-%)
  - bekannte Umgebungsverhältnisse vorhanden sind
  - diese ausreichenden Schutz bieten; im Zweifelsfall: → Isoliergeräte
- bei der Auswahl von Filtergeräten sind die zu erwartenden Einwirkungen und einatembaren Stoffe maßgebend, also
  - nur **Feststoffpartikel** (Schutz gegen Stäube, Flüssigkeitströpfchen)
    - Partikelfilter; Typen P1, P2, P3
    - Partikelfiltrierende Halbmasken; Typen FFP1, FFP2, FFP3
  - nur **Gase/Dämpfe** (Schutz gegen Gase/Dämpfe)
    - Gasfilter; Typen A, B, E, K, AX, SX, NO, CO, Hg, Reaktor
  - **sowohl Partikel, als auch Gase/Dämpfe** (Schutz gegen verschiedene Gase/Dämpfe bzw. Gase/Dämpfe und Stäube/Aerosole)
    - Kombinationsfilter/Mehrbereichsfilter, z. B. ABEK, A2P3, ABEK-P2
- **Partikelfilter** müssen gewechselt werden,
  - nach jeder Arbeitsschicht bei NR-Filter (= „non-reusable", keine Mehrfachverwendung) oder
  - bei Verwendung durch mehrere Personen (Hygiene!)
  - wenn Fremdgeruch oder -geschmack festgestellt wird oder
  - wenn durch Staubeinlagerung oder Feuchtigkeit der Atemwiderstand belastend hoch geworden ist
- **Gasfilter** müssen gewechselt werden, wenn
  - die maximale Lagerfrist (Herstellerangabe) abgelaufen ist
  - die maximalen Benutzungszeiten (Herstellerangabe) erreicht sind oder
  - der Geräteträger einen Stoffdurchbruch (Geruch, Geschmack) feststellt oder
- spezielle **Verwendungsbeschränkungen**, z. B. bei Filtern gegen
  - Quecksilber
  - nitrose Gase
  - niedrigsiedende Stoffe
- **Gebrauchte Gasfilter** dürfen nicht gegen einen anderen Stoff benutzt werden!

Filtertypen und Filterklassen

– **Filtertypen gegen Gase/Dämpfe** = Einteilung von Gasfiltern nach Stoffklassen
– **Filterklassen** = Klassifizierung von Gasfiltern nach Rückhaltevermögen (Klassen 1 bis 3)

Typ	Anwendungsbereich	Klasse	max. Konzentration	Kennfarbe
A	Organische Gase und Dämpfe mit Siedepunkt > 65 °C	1	1 000 ml/m³ = 0,1 Vol.-%	braun
		2	5 000 ml/m³ = 0,5 Vol.-%	
		3	10 000 ml/m³ = 1,0 Vol.-%	
B	Anorganische Gase und Dämpfe z. B. Chlor, Schwefelwasserstoff, Blausäure	1	1 000 ml/m³ = 0,1 Vol.-%	grau
		2	5 000 ml/m³ = 0,5 Vol.-%	
		3	10 000 ml/m³ = 1,0 Vol.-%	
E	Schwefeldioxid, Chlorwasserstoff und andere saure Gase	1	1 000 ml/m³ = 0,1 Vol.-%	gelb
		2	5 000 ml/m³ = 0,5 Vol.-%	
		3	10 000 ml/m³ = 1,0 Vol.-%	
K	Ammoniak und organische Ammoniak-derivate	1	1 000 ml/m³ = 0,1 Vol.-%	grün
		2	5 000 ml/m³ = 0,5 Vol.-%	
		3	10 000 ml/m³ = 1,0 Vol.-%	
AX	Niedrigsiedende organische Verbindungen (Siedepunkt ≤ 65 °C), Gruppe 1[1]		100 ml/m³, max. 40 min 500 ml/m³, max. 20 min	braun
	Niedrigsiedende organische Verbindungen (Siedepunkt ≤ 65 °C), Gruppe 2[2]		1 000 ml/m³, max. 60 min 5 000 ml/m³, max. 20 min	
SX	Gase und Dämpfe nach Angaben des Herstellers		5 000 ml/m³ = 0,5 Vol.-%	violett
NO-P3	Nitrose Gase (Stickoxide) z. B. Stickstoffmonoxid, Stickstoffdioxid		2 500 ml/m³, max. 20 min Herstellerangaben beachten	blau-weiß
CO	Kohlenstoffmonoxid	20	max. 20 min	schwarz
		60, 60W	max. 60 min	
	W = innerhalb einer Woche wiederbenutzbar	180, 180W	max. 180 min	
Hg-P3	Quecksilber		Herstellerangaben beachten	rot
Reaktor	Radioaktives Iod und radioaktives Iodmethan (auch gegen radioaktiv kontaminierte Partikel)		Herstellerangaben beachten	orange

---

[1] Niedrigsieder, gegen die ein Schutz durch AX-Filter erreichbar ist. Gruppe 1 sind z. B. Acetaldehyd, 1,3-Butadien, Dichlormethan, Diethylamin, Dimethylether, Ethanthiol, Ethylenoxid, Methanol, Trichlormethan, Vinylchlorid

[2] Niedrigsieder, gegen die ein Schutz durch AX-Filter erreichbar ist. Gruppe 2 sind z. B. Aceton, Butan, Chlorethan, 1,1-Dichlorethan, Diethylether, Dimethoxymethan, Glyoxal, Methylacetat, Methylformiat, Methylpropan, n-Pentan

– **Filtertypen gegen Stäube/Aerosole** (Schraubfilter) (nach DIN EN 143)

Typ	Anwendungs-bereich	Klasse	Rückhaltevermögen	Einsatz bei Vollmaske	Kennfarbe
P	Partikel	1	gering (einfacher Staubfilter)	bis zum 4-fachen Luftgrenzwert nicht gegen Aerosole	weiß
		2	mittel	bis zum 15-fachen Luftgrenzwert	
		3	hoch	bis zum 400-fachen Luftgrenzwert	

– Häufige verwendete **Kombinationsfilter** (nach DIN EN 14387)

Typ	Anwendung	Rückhaltevermögen Staub/Aerosol
A-P2	Kombinationsfilter gegen organische Gase/Dämpfe und Stäube/Aerosole	mittel
B-P2	Kombinationsfilter gegen anorganische Gase/Dämpfe und Stäube/Aerosole	mittel
ABEK	Kombinationsfilter gegen organische, anorganische, saure Gase/Dämpfe und Amine	–
ABEK-P3	Kombinationsfilter gegen organische, anorganische, saure Gase/Dämpfe und Amine und Stäube/Aerosole	hoch

– Einsatz von Filtern in Kombination mit verschiedenen **Masken**:
  ◦ **Vollmaske** (nach DIN EN 136): umschließt das ganze Gesicht
  ◦ **Halbmaske** (nach DIN EN 140): umschließt Mund, Nase und Kinn
  ◦ **Viertelmaske** (nach DIN EN 140): umschließt Mund und Nase
– **Partikelfiltrierende Halbmasken** (nach DIN EN 149)
  ◦ FFP 1: Halbmaske mit P1-Filter (Einsatz bis zum 4-fachen Luftgrenzwert)
  ◦ FFP 2: Halbmaske mit P2-Filter (Einsatz bis zum 10-fachen Luftgrenzwert)
  ◦ FFP 3: Halbmaske mit P3-Filter (Einsatz bis zum 30-fachen Luftgrenzwert)
– **Umgebungsluftunabhängige** Atemschutzgeräte, z. B.
  ◦ Helme/Hauben mit Frischluftgebläse
  ◦ Pressluftatmer

LERNZIELKONTROLLE ZU III.3

Lernzielkontrolle – Aufgabe III.3-1

Welche persönliche Schutzausrüstung für den ständigen Gebrauch ist im Annahme- und Arbeitsbereich einer Abfallsammelstelle nach TRGS 520 vorzuhalten?

Lernzielkontrolle – Aufgabe III.3-2

Welche der folgenden Aussagen sind richtig? Bitte ankreuzen.

- ☐ Die Benutzung der PSA liegt im Ermessen der Beschäftigten.
- ☐ Der richtige Gebrauch von PSA muss anhand von Betriebsanweisungen und Unterweisungen vermittelt werden.
- ☐ Atemschutz wird grundsätzlich als ständige präventive Maßnahme empfohlen.
- ☐ Das Tragen von PSA ersetzt die arbeitsmedizinische Vorsorgeuntersuchung.
- ☐ Bei Arbeiten an einer Drehbank dürfen keine Schutzhandschuhe getragen werden.

Lernzielkontrolle – Aufgabe III.3-3

Wie können Gefahrstoffe schädigend auf das Auge wirken?

Lernzielkontrolle – Aufgabe III.3-4

Was bedeuten folgende Codierungen im Zusammenhang mit der PSA?

a) NR

b) FFP2

c) IIR

d) ABEK-P2

e) G26

Lernzielkontrolle – Aufgabe III.3-5

Welche Elastomere sind aufgrund ihrer Chemikalienbeständigkeit als Schutzhandschuhmaterial gegen die Einwirkung von Chlorkohlenwasserstoffen geeignet? Bitte ankreuzen.

- ☐ NR
- ☐ FKM
- ☐ PVA
- ☐ NBR

Lernzielkontrolle – Lösung Aufgabe III.3-1

Schutzkleidung, Chemikalienschutzhandschuhe, Schutzbrille und Sicherheitsschuhe

Lernzielkontrolle – Lösung Aufgabe III.3-2

☐ Die Benutzung der PSA liegt im Ermessen der Beschäftigten.
☒ Der richtige Gebrauch von PSA muss anhand von Betriebsanweisungen und Unterweisungen vermittelt werden.
☐ Atemschutz wird grundsätzlich als ständige präventive Maßnahme empfohlen.
☐ Das Tragen von PSA ersetzt die arbeitsmedizinische Vorsorgeuntersuchung.
☒ Bei Arbeiten an einer Drehbank dürfen keine Schutzhandschuhe getragen werden.

Lernzielkontrolle – Lösung Aufgabe III.3-3

Verätzungen, schwere irreversible Augenschädigung (z. B. Hornhauttrübung), Augenreizung

Lernzielkontrolle – Lösung Aufgabe III.3-4

a) NR	Naturkautschuk oder „not reusable"	
b) FFP2	Partikelfiltrierende Halbmaske mit mittlerem Rückhaltevermögen	
c) IIR	Butylkautschuk (Isobutyl-Isopren-Kautschuk)	
d) ABEK-P2	Kombinationsfilter gegen organische, anorganische, saure Gase/Dämpfe und	
	Amine und Stäube/Aerosole mit hohem Rückhaltevermögen für Stäube/Aerosole	
e) G26	Arbeitsmedizinische Vorsorgeuntersuchung für Träger von belastendem	
	Atemschutz nach den DGUV-Grundsätzen	

Lernzielkontrolle – Lösung Aufgabe III.3-5

☐ NR
☒ FKM
☒ PVA
☐ NBR

4   Sofortmaßnahmen bei Unfällen mit gefährlichen und nicht identifizierten Abfällen

4.1   Rechtsvorschriften zur Unfallvorsorge beim Umgang mit Abfällen als Gefahrstoffe

4.1.1   Notfallmaßnahmen und Erste Hilfe im Arbeitsschutz

§ 10 ArbSchG: Erste Hilfe und sonstige Notfallmaßnahmen

- Der Arbeitgeber hat
  - Maßnahmen zu treffen
    - zur Ersten Hilfe
    - zur Brandbekämpfung
    - zur Evakuierung der Beschäftigten
  - dafür zu sorgen, dass im Notfall die erforderlichen Verbindungen zu externen Stellen (Erste Hilfe, medizinische Notversorgung, Bergung, Brandbekämpfung) eingerichtet sind
  - Beschäftigte zu benennen, die Aufgaben der Ersten Hilfe, Brandbekämpfung und Evakuierung der Beschäftigten übernehmen

DGUV-V1 (Grundsätze der Prävention)

- § 2 (1) **Grundpflichten des Unternehmers**
  - Der Unternehmer hat die erforderlichen Maßnahmen zu treffen
    - zur Verhütung von
      - Arbeitsunfällen
      - Berufskrankheiten
      - arbeitsbedingten Gesundheitsgefahren
    - für eine wirksame Erste Hilfe
- 2. Abschnitt: Maßnahmen bei **besonderen Gefahren**
  - § 21 Allgemeine Pflichten des Unternehmers
    - Beschäftigte, die einer unmittelbaren erheblichen Gefahr ausgesetzt sind oder sein können, möglichst frühzeitig über diese Gefahr und die getroffenen oder zu treffenden Schutzmaßnahmen zu unterrichten
    - Beschäftigte in die Lage zu versetzen, bestimmte Maßnahmen zur Gefahrenabwehr und Schadensbegrenzung selbst zu treffen
    - Beschäftigten im Extremfall aus Sicherheitsgründen ein sofortiges Verlassen der Arbeitsplätze zu ermöglichen

- ○ § 22 **Notfallmaßnahmen**
  der Unternehmer hat
  - • alle Notfallmaßnahmen zu planen, zu treffen und zu überwachen, insbesondere für
  - • Brandfälle
  - • Explosionen
  - • unkontrolliertes Austreten von Stoffen
  - • sonstige gefährliche Störungen des Betriebsablaufs
  - ▪ eine ausreichende Anzahl von Beschäftigten durch Unterweisung und Übung im Umgang mit Feuerlöscheinrichtungen zur Bekämpfung von Entstehungsbränden vertraut zu machen
- − 3. Abschnitt: **Erste Hilfe**
  - ○ § 24 Allgemeine Pflichten
  - ○ der Unternehmer hat dafür zu sorgen, dass
    - ▪ zur Ersten Hilfe und zur Rettung aus Gefahr zur Verfügung stehen:
      - • Einrichtungen und Sachmittel
      - • Personal
    - ▪ nach einem Unfall
      - • unverzüglich Erste Hilfe geleistet wird
      - • eine angemessene ärztliche Versorgung veranlasst und sichergestellt wird
      - • Verletzte sachkundig transportiert werden
    - ▪ die Beschäftigten durch Aushänge oder in anderer schriftlicher und aktueller Form hingewiesen werden auf
      - • Maßnahmen der Ersten Hilfe
      - • Angaben zu Notruf, Erste-Hilfe- und Rettungs-Einrichtungen
      - • Angaben zu Erste-Hilfe-Personal, herbeizuziehende Ärzte und anzufahrende Krankenhäuser
    - ▪ jede Erste-Hilfe-Leistung dokumentiert und diese (vertrauliche) Dokumentation 5 Jahre lang verfügbar gehalten wird

DGUV-I 204-022 (Erste Hilfe im Betrieb) – wichtige Inhalte
(früher: BGI-I 509 und BGV A5, aufgehoben)
- ○ Einrichtungen und Sachmittel, insbesondere
  - ▪ Alarm- und Meldeeinrichtungen
  - ▪ Alarm- und Meldeplan
  - ▪ Mittel zur Ersten Hilfe
  - ▪ Rettungsgeräte und -transportmittel
  - ▪ Erste-Hilfe-Räume und vergleichbare Einrichtungen
- ○ **Ersthelfer** (Aufgaben, Anzahl, Aus-, und Fortbildung)
- ○ **Betriebssanitäter** (Aufgaben, Aus- und Fortbildung)
- ○ Weiteres Personal im Rettungs-/Sanitätsdienst
- ○ **Betriebsarzt**

- ∘ Unternehmerpflichten
  - Verantwortliche Personen, Pflichtenübertragung
  - Ärztliche Versorgung
  - Information der Beschäftigten
  - Dokumentation
- ∘ Pflichten der Beschäftigten
  - Aus- und Fortbildung (insbesondere als Ersthelfer)
  - Unterstützung (z. B. der Ersthelfer, Verbandkastenkontrolle, Dokumentation der Ersthilfe)
  - Meldepflicht
- ∘ Grundaufgabe der **Ersthelfer**
  - lebensrettende Sofortmaßnahmen durchführen
  - Schutzmaßnahmen, gegen Schadensausweitung einleiten bzw. durchführen
  - je nach Situation Arzt hinzuziehen oder das Unfallopfer ärztlicher Behandlung zuführen

4.1.2   Notfallmaßnahmen und Erste Hilfe im Gefahrstoffrecht

4.1.2.1 Betriebsstörungen, Unfälle, Notfälle (§ 13 GefStoffV)

- − Der Arbeitgeber hat
  - ∘ rechtzeitig die entsprechenden **Notfallmaßnahmen** festzulegen
    - angemessene Erste-Hilfe-Einrichtungen
    - Sicherheitsübungen in regelmäßigen Abständen
  - ∘ im **Ereignisfall** unverzüglich diese Maßnahmen zu ergreifen um
    - Betroffene über hervorgerufene Gefahrensituation zu informieren
    - Auswirkungen zu verringern
    - Normalbetrieb herbeizuführen
  - ∘ im Gefahrenbereich Beschäftigten vor Aufnahme der Tätigkeit zur Verfügung zu stellen
    - geeignete **Schutzkleidung**
    - **PSA**
    - ggf. spezielle Sicherheitseinrichtungen und besondere Arbeitsmittel
  - ∘ **Warn-/Kommunikationssysteme**, die auf die besondere Gefährdung hinweisen, zur Verfügung zu stellen, damit
    - angemessene Reaktionen
    - unverzüglich Abhilfe-, Hilfs-, Evakuierungs-, Rettungsmaßnahmen
    - möglich sind
- − Im (festzulegenden) **Gefahrenbereich**
  - ∘ dürfen nur tätig sein
    - Rettungskräfte
    - die für die Notfallmaßnahmen eingesetzten Beschäftigten
  - ∘ müssen die Beschäftigten Schutzkleidung und PSA verwenden (zeitliche Begrenzung!)
  - ∘ dürfen sich keine ungeschützten und unbefugten Personen aufhalten

– Der Arbeitgeber hat sicherzustellen, dass
  ◦ **Informationen** über Maßnahmen bei Gefahrstoff-Notfällen **zur Verfügung stehen**
  ◦ alle benötigten **Unfall-/Notfalldienste Zugang zu diesen Informationen** erhalten
– **Notfallinformationen** sind insbesondere:
  ◦ Vorabmitteilung über einschlägige Gefahren bei der Arbeit
  ◦ verfügbare Informationen über spezifische Gefahren bei einem Unfall/Notfall
  ◦ Maßnahmen zur Feststellung der Gefahren
  ◦ Vorsichtsmaßregeln
  ◦ Verfahren, damit Notfalldienste ihre eigenen Maßnahmen vorbereiten können

4.1.2.2 Betriebsanweisung, Unterweisung, Unterrichtung (§ 14 GefStoffV)

In der Betriebsanweisung und Unterweisung/Unterrichtung nach § 14 GefStoffV und TRGS 555 müssen auch Informationen vermitteln werden über
– das **Verhalten im Gefahrfall**
  ◦ z. B. ungewöhnlicher Druck-/Temperaturanstieg, Leckage, Brand, Explosion
– **Maßnahmen** bei (und zur Verhütung von) Betriebsstörungen, Unfällen und Notfällen, z. B.
  ◦ geeignete und ungeeignete Löschmittel
  ◦ Aufsaug-, Binde- Neutralisationsmittel
  ◦ besondere technische Schutzmaßnahmen (z. B. Not-Aus)
  ◦ zusätzliche PSA
  ◦ Maßnahmen gegen Umweltgefährdungen
  ◦ Art und Weise der Durchführung von den Beschäftigten und von Rettungsdiensten
– Maßnahmen zur **Ersthilfe**
  ◦ untergliedert nach Einatmen, Haut-/Augenkontakt, Verschlucken, Verbrennungen/Erfrierungen
  ◦ vor-Ort-Maßnahmen und verbotene Handlungen
  ◦ Notwendigkeit von ärztlicher Hilfe
  ◦ Hinweise zur innerbetrieblichen Ersthilfe: Ersthilfe-Einrichtungen, Ersthelfer, Notrufnummern, besondere Ersthilfe-Maßnahmen (z. B. spezielle Antidots)

4.2   Informationsquellen für die Planung von Sofortmaßnahmen bei Unfällen / Notfällen

4.2.1   Sicherheitsdatenblatt

In **Sicherheitsdatenblättern** (SDB) nach der REACH-VO müssen auch **Notfallinformationen** enthalten sein

– In **Unterabschnitt 1.4** SDB: „**Notrufnummer**"
  ○ Angaben zu **Notfallinformationsdiensten** („*unverzügliche kompetente medizinische Notfallberatung in deutscher Sprache*") durch **Notrufnummer** und **Notfallauskunft**
    ▪ des SDB-Lieferanten
    ▪ von privaten sachkundigen Dienstleistern
    ▪ von öffentliche Beratungsstellen = regionale **Giftinformationszentren** (GIZ) in D; es gibt derzeit 8 GIZ in Berlin, Bonn, Erfurt, Freiburg, Göttingen, Homburg, Mainz, München
  ○ ggf. auf bestimmte Betriebszeiten begrenzt
  ○ Notrufnummer muss **24 Stunden** sowie **am Wochenende erreichbar** sein; falls nicht: Hinweis auf begrenzte Erreichbarkeit
  ○ Weitere Notauskünfte und Notrufnummern
    ▪ EU: in der Liste der nationalen Helpdesks der Europäischen Chemikalienagentur ECHA www.echa.europa.eu/de/support/helpdesks
    ▪ Europa: European Association of Poisons Centres and Clinical Toxicologists EAPCCT, www.eapcct.org
    ▪ Weltweit: World directory of poison centres (47 % aller WHO-Staaten, Stand: 02.2019) www.who.int/gho/phe/chemical_safety/poisons_centres
– In **Abschnitt 4** SDB: „**Erste-Hilfe-Maßnahmen**"
  ○ Beschreibung aller notwendigen Maßnahmen zur **Ersthilfe und Erstversorgung**, die Ersthelfer und ungeschulte Hilfeleistende ausführen können
    ▪ kurz und verständlich formuliert für Betroffene, Anwesende und Erste-Hilfe-Leistende
    ▪ **Sofortmaßnahmen** bei Unfällen
    ▪ **Symptome** und **Wirkungen** (auch verzögerte)
    ▪ Angabe, ob **ärztliche Betreuung** erforderlich (Dringlichkeit) oder ratsam ist
    ▪ ggf. besondere Ausstattung für gezielte und sofortige Behandlung erforderlich (z. B. PSA für Ersthelfer)
  ○ Allgemeine Hinweise
    ▪ allgemeingültige Hinweise oder grundsätzliche Vorgehensweisen
    ▪ z. B. „*Arzt hinzuziehen*", „*Wunden keimfrei bedecken*" oder „*Bei jeder Maßnahme auf Selbstschutz achten*"
  ○ Hinweise über Maßnahmen „**Nach Einatmen**"
    ▪ entsprechend der Schwere der zu erwartenden Symptome
    ▪ auch lebensrettende situationsbedingte Sofortmaßnahmen, wie „*Stabile Seitenlage*", „*Herz-Lungen-Wiederbelebung*", „*Schockbekämpfung*"

- ○ Hinweise über Maßnahmen „**Nach Hautkontakt**"
  - ▪ Dekontaminationsmaßnahmen, z. B. schnelle Hautreinigung, Spülung mit PEG 400
  - ▪ bei Verätzungen und Verbrennungen: z. B. mindestens 10-minütige Spülung mit viel Wasser
- ○ Hinweise über Maßnahmen „**Nach Augenkontakt**"
  - ▪ grundsätzlich Augenspülung mit viel Flüssigkeit (Leitungswasser oder Augenspülflüssigkeit)
  - ▪ Notwendigkeit Augenarzt (da Schädigungen zum Teil nur mit Spezialgeräten sichtbar)
- ○ Hinweise über Maßnahmen „**Nach Verschlucken**"
  - ▪ Empfehlung an Ersthelfer: *„Mund ausspülen lassen"* und *„In kleinen Schlucken Wasser trinken lassen"*
  - ▪ normalerweise kein Erbrechen herbeiführen, vor allem nicht bei ätzenden Stoffen, Lösungsmitteln, bei eingeschränkten Vitalfunktionen, bei unklaren Situationen
- ○ **Hinweise für den Arzt**
  - ▪ spezielle Hinweise, z. B. Antidotbehandlung, Überdruckbehandlung, Interaktionen mit Medikamenten
  - ▪ Notwendigkeit sofortiger ärztliche Hilfe/Betreuung
  - ▪ Symptome und Wirkungen, auch verzögerte Wirkungen
- – In **Abschnitt 5** SDB: „**Maßnahmen zur Brandbekämpfung**"
  - ○ **Löschmittel**
    - ▪ geeignete Löschmittel
    - ▪ ungeeignete Löschmittel
    - ▪ kein Wasser bei Stoffen, die bei Kontakt damit entzündbare oder giftige Gase entwickeln (z. B. Calciumcarbid, Alkalimetalle, metallorganische Verbindungen, Phosphide)
  - ○ **Besondere** vom Stoff/Gemisch ausgehende **Gefahren**
    - ▪ Angaben über Gefahren, die von Stoff/Gemisch ausgehen können
    - ▪ gefährliche Verbrennungsprodukte oder entstehende Gase, z. B.
      „Erzeugt bei der Verbrennung giftiges Kohlenmonoxid"
      „Erzeugt bei der Verbrennung Schwefel- und Stickoxide"
    - ▪ z. B. bei halogen-, schwefel-, stickstoff-, phosphorhaltigen Substanzen
  - ○ Hinweise für die **Brandbekämpfung**
    - ▪ besondere Schutzmaßnahmen, die während der Brandbekämpfung zu ergreifen sind, z. B. *„Behälter durch Besprühen mit Wasser kühl halten"*
    - ▪ besondere Schutzausrüstungen z. B. Stiefel, Schutzanzug, Handschuhe, Augen-/Gesichtsschutz und Atemschutzgeräte
    - ▪ besondere Kleidung, z. B. Feuerwehrkleidung
    - ▪ Angabe der Brandklasse des Produktes: A (feste Stoffe), B (flüssige oder flüssig werdende Stoffe), C (Gase), D (Metalle), F (Speiseöle/-fette)
  - ○ Weitere **Empfehlungen**
    - ▪ Maßnahmen zur Umgebungssicherung
    - ▪ Schadensbegrenzung im Brandfall/bei der Beseitigung von Löschmittel-Rückständen
    - ▪ Kontaminationsgefahr durch Löschwasser
    - ▪ Entsorgung von Löschrückständen (auch ggf. in Abschnitt 13 SDB)

– Im **Abschnitt 6** SDB: „**Maßnahmen bei unbeabsichtigter Freisetzung**"
  ○ **Personenbezogene** Vorsichtsmaßnahmen, Schutzausrüstungen und in Notfällen anzu-wendende Verfahren
    ▪ Hinweis auf das Entfernen von Zündquellen
      wichtig bei Stoffen/Gemischen, die explosionsfähige Dämpfe/Stäube bilden können
    ▪ falls Gesundheitsgefährdung durch Einatmen/Hautkontakt besteht:
      Hinweis auf ausreichende Belüftung und Atemschutz bzw. PSA (auch in Abschnitt 8 SDB)
    ▪ falls Gefahrgut: Hinweise auf ERI-Cards
    ▪ Vermeiden von Staubentwicklung, Haut-/Augenkontakt
    ▪ bei hoher Gefährdung durch Einatmen: Evakuieren von Personen in der Umgebung
  ○ **Umweltschutzmaßnahmen**
    ▪ Eindringen in Kanalisation, Oberflächengewässer/Grundwasser/Boden vermeiden
    ▪ ggf. Information von Betroffenen
      (z. B. Nachbarschaft, Umweltbehörde, Feuerwehr, Kläranlagen)
    ▪ Reinigungsverfahren, Neutralisierungsmittel; auch: ungeeignete Mittel
  ○ Methoden und Material für **Rückhaltung/Reinigung**
    ▪ Maßnahmen zur Verhinderung der Ausbreitung: Sperren, Kanalisationsabdeckung, Ab-dichtungsverfahren
    ▪ Maßnahmen zur Reinigung: Neutralisationsverfahren (z. B. bei reaktiven Substanzen), Dekontaminationsverfahren, Einsatz von Aufsaugmaterialien, Säuberungs-/Absaugver-fahren, Ausrüstung für Rückhaltung/Reinigung (evtl. funkenfreie Werkzeuge/Geräte)
    ▪ Absorbierende Mittel: ggf. Hinweis auf gefährliche Reaktion mit Sand, Sägemehl, Uni-versalbindemittel (Unverträglichkeiten auch in Abschnitt 10)
    ▪ DWA-A 716-1: Öl- und Chemikalienbindemittel – Anforderungen/Prüfkriterien/Zulassung
    ▪ Hinweis auf Entsorgung (auch in Abschnitt 13 SDB)

4.2.2   Allgemein zugängliche Informationsquellen

– **GESTIS**-Stoffdatenbank
  ○ Anbieter: Deutschen Gesetzlichen Unfallversicherung (DGUV), Institut für Arbeitsschutz (IFA)
  ○ Adresse: http://dguv.de/ifa/gestis/gestis-stoffdatenbank
  ○ Sprachen: Deutsch, Englisch
  ○ Inhalt: Informationen zu **fast 10 000 Chemikalien**
  ○ praxisgerechte Aufbereitung der Informationen
  ○ Stoffinformationen zu:
    ▪ Identifikation, Charakterisierung, Formel
    ▪ Toxikologie/Ökotoxikologie
    ▪ Physikalisch-chemische Eigenschaften
    ▪ Arbeitsmedizin und **Erste Hilfe**
      Aufnahmewege, **Wirkungsweisen**, Erste Hilfe, Arbeitsmedizinische Vorsorge
    ▪ Sicherer Umgang
    ▪ Vorschriften
    ▪ Verweise, Literaturverzeichnis

- IGS Informationssystem für gefährliche Stoffe, IGS public (öffentlich)
  - ○ Informationssystem für gefährliche Stoffe vorwiegend zur Information der Behörden
  - ○ Anbieter: LANUV Landesamt für Natur, Umwelt und Verbraucherschutz in NRW
  - ○ Adresse: http://igsvtu.lanuv.nrw.de
  - ○ Sprachen: Deutsch, Englisch
  - ○ strukturierte Informationen, Zusammenfassung anderer Daten
  - ○ Inhalt: Informationen zu **ca. 30 000 Stoffen / Produkte** mit bis zu 800 Informationen
  - ○ Stoffinformationen zu:
    - Identifikation, Verwendung/Charakterisierung, Einstufung/Kennzeichnung
    - Physikalisch-chemische Daten, Sicherheitskennzahlen
    - Rechtliche Regelungen, AGW, Verbote/Beschränkungen, Anwendung/Inverkehrbringen
    - Medizinische Überwachung, Toxikologische Daten, **Erste Hilfe**, **Medizinische Hinweise**
    - Schutzmaßnahmen, **Brandschutz**, Unfälle / Freisetzung
    - Lebens-/Genussmittel, Import/Export/Handel, Transport, Abfälle, Archiv, Merkblätter
  - ○ auch für:
    - Ersteinsatzkräfte: Polizei (IGS-Polizei, IGS-Mobile), Feuerwehr (IGS-Fire)
    - Behörden (IGS-Stoffliste)
- **GSBL** Gemeinsamer Stoffdatenpool Bund/Länder, GSBL public (öffentlich)
  - ○ Anbieter: Umweltbundesamt
  - ○ Adresse: www.gsbl.de
  - ○ umfangreiche Suchmöglichkeiten
  - ○ stark strukturierte Datenbank mit Einzelinformationen
  - ○ Inhalt: über **63 000 Einzelinhaltsstoffe**, 320 000 Gemische
  - ○ vollständiger Zugang für Behörden
  - ○ Stoffinformationen zu:
    - Identifikationsmerkmale, Rechtseigenschaften
    - Stoffeigenschaften: Umgang/Verwendung
    - Ersteinsatz: Gefahren
      Brand- und technische Gefahren, Hinweise bei **Brand / Freisetzung**
    - **Ersteinsatz**: Maßnahmen
      Brand-/Explosionsbekämpfung, Einsatzhinweise bei Brand, Löschmittel, Einsatzhinweise bei Freisetzung, Freisetzung Empfehlung/Maßnahmen, Persönliche Schutzausrüstung
    - Physikalisch-chemische Daten
    - Ökotoxikologie
- **ICSC** International Chemical Safety Cards
  - ○ Anbieter: Internationale Arbeitsorganisation ILO mit UNEP, WHO, EU-Kommission
  - ○ Adresse: http://www.ilo.org/dyn/icsc
  - ○ praxisnahe Angaben
  - ○ fast **1 800 Karten**
  - ○ nicht in deutscher Sprache (Englisch und 14 weitere Sprachen)
  - ○ Stoffinformationen auch zu **Sofortmaßnahmen** (Ersthilfe, Brandbekämpfung, Freisetzung)

– Weitere Datenbanken

Datenbank	Anbieter	Adresse
GDL Gefahrstoffdatenbank der Länder	GDL-Fachgruppe; Koordinierungsstelle: BAuA	www.gefahrstoff-info.de
GISBAU	BG BAU	www.wingis-online.de
GisChem	BG RCI und BGHM	www.gischem.de
ISI Informationsportal für Sicherheitsdatenblätter	IFA und VCI	http://isiweb.dguv.de

4.2.3   Stoffspezifische Merkblätter

Bei den gesetzlichen Unfallversicherungsträgern, insbesondere der Berufsgenossenschaft Rohstoffe und chemische Industrie (BG RCI) gibt es eine Vielzahl von stoffspezifischen Merkblättern, die überwiegend als berufsgenossenschaftlichen Informationen (BGI) und teilweise als DGUV-Informationen (DGUV-I) veröffentlicht sind. Sie enthalten auch Hinweise und Empfehlungen zur Notfallplanung, zu Notfallmaßnahmen und zur Ersten Hilfe.

Wichtige Stoffmerkblätter sind:

Titel	Merkblatt BG RCI	BGI	DGUV-I
Organische Peroxide	M 001	BGI 752	213-069
Cyanwasserstoff/Cyanide	M 002	BGI 569	
Brom	M 003	BGI 625	
Reizende Stoffe/Ätzende Stoffe	M 004	BGI 595	213-070
Fluorwasserstoff, Flusssäure und anorganische Fluoride	M 005	BGI 576	213-071
Wasserstoffperoxid	M 009	BGI 782	
Lösemittel	M 017	BGI 621	213-072
Phenol, Kresole und Xylenole	M 018	BGI 878	213-095
Chlor	M 020	BGI 596	
Quecksilber und seine Verbindungen	M 024		
Sauerstoff	M 034	BGI 617	213-073
Fruchtschädigende Stoffe	M 039		
Chlorkohlenwasserstoffe	M 040	BGI 767	
Schwefelwasserstoff	M 041	BGI 565	
Kaltreiniger	M 043	BGI 880	
Polyurethane/Isocyanate	M 044	BGI 524	213-078
Ethylenoxid/Propylenoxid	M 045	BGI 882	
1,3-Butadien	M 049	BGI 558	
Tätigkeiten mit Gefahrstoffen	M 050	BGI 564	213-079
Ozon	M 052	BGI 745	
Arbeitsschutzmaßnahmen bei Tätigkeiten mit Gefahrstoffen	M 053	BGI 660	213-080
Styrol, Polyesterharze und andere styrolhaltige Gemische	M 054	BGI 613	213-081
Wasserstoff	M 055	BGI 612	
Organische Peroxide, Antworten auf häufig gestellte Fragen	M 058	BGI 8619	213-096
Spraydosen und Gaskartuschen	BGHW 20	BGI 646	213-005
Polyreaktionen und polymerisationsfähige Systeme			213-097

LERNZIELKONTROLLE ZU III.4

Lernzielkontrolle – Aufgabe III.4-1

Welche Unfallarten können beim Umgang mit gefährlichen Abfällen auftreten? Bitte drei Möglichkeiten nennen.

\
\

Lernzielkontrolle – Aufgabe III.4-2

Welche Aufgaben hat ein Ersthelfer?
- ☐ Lebensrettende Sofortmaßnahmen durchführen.
- ☐ Medikamente verabreichen.
- ☐ Arzt rufen.
- ☐ Notfalltransporte durchführen.
- ☐ Arbeitsmedizinische Vorsorge organisieren.

Lernzielkontrolle – Aufgabe III.4-3

Welche Notfallanweisungen müssen in einer Betriebsanweisung nach Gefahrstoffverordnung stehen?

\
\

Lernzielkontrolle – Aufgabe III.4-4

In welchen Abschnitten eines Sicherheitsdatenblattes sind Angaben zu Sofortmaßnahmen bei Notfällen und Unfällen zu finden?

\
\

Lernzielkontrolle – Lösung Aufgabe III.4-1

Brandfälle, Explosionen, unkontrolliertes Austreten von Stoffen (z. B. Leckagen)

Lernzielkontrolle – Lösung Aufgabe III.4-2

Welche Aufgaben hat ein Ersthelfer?

☒ Lebensrettende Sofortmaßnahmen durchführen.
☐ Medikamente verabreichen.
☒ Arzt rufen.
☐ Notfalltransporte durchführen.
☐ Arbeitsmedizinische Vorsorge organisieren.

Lernzielkontrolle – Lösung Aufgabe III.4-3

Anweisungen zum Verhalten im Gefahrfall
Anweisungen zu Maßnahmen bei (und zur Verhütung von) Betriebsstörungen, Unfällen und Notfällen
Anweisungen zur Ersten Hilfe

Lernzielkontrolle – Lösung Aufgabe III.4-4

Abschnitt 1.4 (Notrufnummer), Abschnitt 4 (Erste-Hilfe-Maßnahmen), Abschnitt 5 (Maßnahmen zur Brandbekämpfung) und Abschnitt 6 (Maßnahmen bei unbeabsichtigter Freisetzung)

5   Darstellung und Erörterung der Sammelpraxis sowie aufgetretener Unfälle

5.1   Ablauf der Sammlung/Entsorgung gefährlicher Abfälle

Die Übernahme und Entsorgung gefährlicher Abfälle in Kleinmengen erfolgt üblicherweise in folgenden Schritten:

- Annahme, Plausibilitätsprüfung, Deklaration
  - Anlieferungsgefäße werden besichtigt und begutachtet
  - Prüfung, ob
    - Kennzeichnung (auch veraltete) vorhanden und lesbar ist
    - Verpackung unbeschädigt ist (z. B. Korrosion, Bruch, Risse, starke Verformung)
    - Verschlüsse intakt sind
    - äußere Verunreinigungen vorhanden sind
  - Bestimmung der Herkunft
    - typische Haushaltschemikalien in üblicher Verpackung
      - z. B. Reinigungsmittel, Farben/Lacke, Pflanzenschutzmittel, Holzschutzmittel
    - Laborchemikalien
      - Säuren, Laugen, Lösungsmittel, Oxidationsmittel, Reduktionsmittel
      - Giftige, ätzende, korrosive, entzündbare, luft-/wasserreaktive Stoffe
      - Organische Peroxide, selbstzersetzliche Stoffe
      - Gase und Spezialgase
    - gefährliche Betriebsmittel
      - z. B. Kraftstoffe, Spraydosen, Ölfilter, chemisch oder mit Öl verunreinigte Aufsaugmassen und Betriebsmittel
    - Sonderfälle
      - z. B. Fundsachen, Asservate, amtlich sichergestellte Stoffe, Stoffe mit hohem Missbrauchspotential
  - Feststellung (auch Verdacht) von kritischen Stoffen/Eigenschaften, die gesondert behandelt, transportiert, entsorgt werden müssen
    - explosive Stoffe
      - z. B. Airbags, Feuerwerkskörper, Sprengstoffe, Mischungen oxidierender und reduzierender Stoffe, wie etwa Magnesium/Perchlorat, organische Nitroverbindungen)
    - radioaktive Stoffe
      - Radionuklidquellen, bestimmte Messgeräte/Sensoren, wie z. B. GC-ECD-Detektoren, Füllstandsmesser, Feuchtesonden, Ionisationsrauchmelder, thoriumhaltige Schweißelektroden, uran-/thoriumhaltige analytische Reagenzien)
    - infektiöse (ansteckungsgefährliche) Stoffe
      - z. B. klinische Abfälle, Abfälle aus biologischen Laboren, Kadaver, tierische Ausscheidungen
    - reaktive und instabile Stoffe
      - z. B. konzentrierte Perchlorsäure (> 72 %), Königswasser (= Mischung aus Salzsäure und Salpetersäure)

- Sortieren
  - ◦ nach Nr. 6.3.2 und Anlage 1 TRGS 520
  - ◦ nach Nr. 2.1 Ausnahme 20 GGAV
  - ◦ ggf. nach ADR, z. B. SV 663 für UN 3509 ALTVERPACKUNGEN, LEER, UNGEREINIGT
  - ◦ nach den Sortier-/Annahmekriterien der Entsorgungsanlage
    - ▪ z. B. getrennte Erfassung von Hydriden, Carbiden, Phosphiden, Quecksilbersalze

- Verpacken
  - ◦ nach Nr. 6.3.3 TRGS 520
  - ◦ nach Ausnahme 20 GGAV
  - ◦ ggf. nach ADR
  - ◦ nach den Annahmekriterien der Entsorgungsanlage, insbesondere
    - ▪ Maximalgewicht/-volumen Versandstück (z. B. nur 30 L oder 60 L)
    - ▪ Einschränkung des Verpackungstyps (z. B. nur Fässer)
    - ▪ Einschränkung des Verpackungswerkstoffs (z. B. nur Kunststoff oder Stahl)

- Kennzeichnen
  - ◦ bei ortsfesten Sammelstellen/Zwischenlagern
    - ▪ nach Nr. 4.6.3 TRGS 201
    - ▪ nach Ausnahme 20 GGAV
    - ▪ ggf. nach ADR
  - ◦ bei Sammlung mit nachfolgender Beförderung
    - ▪ nach Ausnahme 20 GGAV
    - ▪ ggf. nach ADR
    - ▪ nach den Annahmekriterien der Entsorgungsanlage, z. B.
      - • mit Fassinhaltsliste
      - • mit spezieller Fassbeschriftung/-nummerierung (z. B. bei UTD: zugeteilter Code, Beschriftung mit Schablone/Farbe, Mindestschriftgröße, Position auf Verpackung)

- Dokumentation
  - ◦ Beförderungspapier
  - ◦ weitere Begleitdokumente nach Gefahrgutrecht, z. B.
    - ▪ schriftliche Weisungen
    - ▪ ggf. Genehmigungen bzw. Ausnahmegenehmigungen, z. B. nach § 5 GGVSEB
  - ◦ weitere Begleitdokumente nach Abfallrecht, z. B.
    - ▪ Begleitschein(e), Übernahmeschein(e)
    - ▪ Efb-Zertifikat, Beförderungserlaubnis bzw. Beförderungsanzeige
  - ◦ ggf. separate Übermittlung der Sortierlisten / Fassinhaltslisten

- Beförderung, ggf. **Umschlag** oder **Zwischenlagerung**

- Entsorgung, z. B.
  - ◦ Chemisch-physikalische Behandlung (z. B. Oxidation, Reduktion, Neutralisation, Fällung)
  - ◦ Thermische Behandlung (z. B. Sonderabfallverbrennung)
  - ◦ Deponierung (z. B. Sonderabfalldeponie, UTD)

5.2 Besondere Gefahrenaspekte bei der Sammelpraxis

Bei Sammlungen gefährlicher Abfälle in Anlieferungsgefäßen muss grundsätzlich gerechnet werden mit

- unvollständiger, falscher, widersprüchlicher oder veralteter Deklaration/Kennzeichnung
- beschädigten, unzulässigen oder ungeeigneten Verpackungen
- nicht wirksam verschlossenen Verpackungen
- äußeren gefährlichen Verunreinigungen oder freigesetztem Inhalt

Kennzeichnung nicht lesbar	Kennzeichnung veraltet; „Mindergiftig"	Kennzeichnung widersprüchlich; „entzündbar" ist nicht „entzündend"
		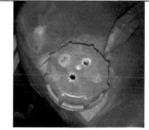
Unvollständige Kennzeichnung „handgemalt"	Verpackung nicht verschlossen „Streugut"	Verpackung nicht verschlossen selbst gebautes „Entlüftungsventil"
	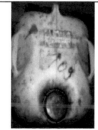	
Verpackung korrodiert, Inhalt ausgetreten	Verpackung außen mit Inhalt verunreinigt	Unzulässige Lebensmittelverpackung für Gefahrstoffe

Impressionen aus der Sammelpraxis

Darüber hinaus muss mit **gefährlichen Alterungseffekten** gerechnet werden.

Besondere Gefahren bei „alten" Chemikalien:

- **Gefährliche chemische Umwandlung**
  - ◦ oxidations-/luftempfindliche Stoffe
    - ▪ z. B. wird metallisches Kalium an der Luft an der Oberfläche zu Kaliumperoxid (K_2O_2), Kaliumhyperoxid (KO_2) oder Kaliumtrioxid (K_2O_3) umgewandelt, allesamt sehr reaktive Oxidationsmittel, die mit Kaliummetall explosionsartig reagieren können
  - ◦ feuchtigkeitsempfindliche, hygroskopische Stoffe
  - ◦ wärmeempfindliche Stoffe

- **Gefährliche Licht-/UV-Empfindlichkeit** und Reaktion mit (Luft-)Sauerstoff
  - ◦ Zersetzung von Chloroform durch Licht → Phosgen, Chlor, Chlorwasserstoff
  - ◦ Bildung von Peroxiden bei Ethern (z. B. Diethylether, Tetrahydrofuran = THF) und bestimmten Aldehyden, Ketonen und ungesättigten Kohlenwasserstoffen

- **Zersetzung/Verlust** von **Stabilisatoren, Antioxidationsmittel, Phlegmatisierungsmittel, Schutzgas, Schutzflüssigkeit**
  - ◦ Gefährliche Polymerisation (z. B. Styrol, Divinylbenzol = DVB): Polymerisation von DVB war Auslöser für Schiffsunglück der MSC Flaminia am 14.07.2012
  - ◦ Gefährliches Austrocknen, z. B. Pikrinsäure, Nitrocellulose (NC): Verlust von Isopropanol als Stabilisator von NC war Auslöser der Explosionskatastrophe in Tianjin, China am 12.08.2015

- **Gefährliches Entmischen** von Lösungsmittel-Emulsionen
  - ◦ z. B. bei Farben, Lacken → aufschwimmende entzündbare Lösungsmittelschicht

- **Versprödung** der Umschließung/Verpackung aus Kunststoff
  - ◦ durch UV-Licht, Wärme, Sauerstoff, bestimmte Chemikalien (z. B. Salpetersäure)
  - ◦ deshalb Verwendungsbeschränkungen beim Gefahrguttransport (i. d. R. max. 5 Jahre nach Herstellung; Fluorwasserstoffsäure > 60 %, Salpetersäure > 55 %: max. 2 Jahre)

- Korrodierte **rostige Metallverpackungen**
  - ◦ Entzündung mit Aluminium- oder Magnesiumpulver → „Thermit-Reaktion"

5.3   Anwendung der Ausnahme Nr. 20 GGAV

5.3.1   Grundsätze und Grenzen der Anwendung

– Warum **Ausnahme 20 GGAV**?
  ◦ Bei der Sammlung/Beförderung von Abfällen als gefährliche Güter, können die Vorschriften des ADR über die
    ▪ **Klassifizierung** und **Deklaration**
    ▪ **Verpackung** und **Zusammenpackung**
    ▪ **Kennzeichnung** und **Bezettelung** der Versandstücke oft nicht oder jedenfalls nicht mit zumutbarem Aufwand eingehalten werden.
  ◦ Deshalb darf aufgrund der Ausnahme Nr. 20 der Gefahrgut-Ausnahmeverordnung (Ausnahme 20 GGAV) bei der „Beförderung verpackter gefährlicher Abfälle" von bestimmten Vorschriften des ADR abgewichen werden.
    ▪ Aktuell gilt: Neufassung der GGAV vom 11.03.2019

– Formale Anforderungen
  ◦ Die Ausnahme 20 GGAV gilt
    ▪ nur **innerhalb von Deutschland**
    ▪ für die Verkehrsträger Straße (**S**), Eisenbahn (**E**) und Binnenschifffahrt (**B**)
    ▪ zunächst bis 30.06.2021
  ◦ Ausnahme 20 GGAV und GGVSEB:
    ▪ **Abweichungen** gegenüber
      • § 18 GGVSEB (= **Absender**pflichten)
      • § 21 GGVSEB (= **Verlader**pflichten)
      • § 22 GGVSEB (= **Verpacker**pflichten)
      • für diese Pflichten ist die „fachkundige Aufsichtsperson" verantwortlich
    ▪ alle übrigen Vorschriften der GGVSEB gelten aber in vollem Umfang, insbesondere **keine Abweichung** bei
      • § 19 GGVSEB (= **Beförderer**pflichten), z. B. Ausrüstung des Fahrzeugs mit orangefarbenen Tafeln, Feuerlöschern und persönlicher Schutzausrüstung
      • § 28 GGVSEB (= **Fahrzeugführer**pflichten), z. B. Fahrzeugkennzeichnung, Mitführen der Begleitpapiere und der ADR-Schulungsbescheinigung

– Materielle Anforderungen
  ◦ Einteilung der gefährlichen Abfälle in 15 **Abfallgruppen** und 52 **Untergruppen**
  ◦ **Sortiergebot** nach Unverträglichkeiten
    ▪ *„keine gefährlichen Reaktionen"* innerhalb einer Sortierfraktion
    ▪ **gefährliche Reaktionen** nach Nr. 2.15 Ausnahme 20 GGAV sind
      • Verbrennung und/oder Entwicklung beträchtlicher Wärme
      • Entwicklung von entzündbaren und/oder giftigen Gasen
      • Bildung von ätzenden flüssigen Stoffen
      • Bildung instabiler Stoffe
  ◦ **Vermischungsverbot** der Abfallgruppen
  ◦ die Ausnahme 20 GGAV darf <u>nicht angewendet</u> werden

- wenn **keine Abfall-/Untergruppe zutreffend** ist, z. B. bei
  - Lithiumbatterien UN 3090, UN 3091, UN 3480, UN 3481
  - Stoffen, die nicht zugeordnet werden können, wie UN 1428 NATRIUM, 4.3, I
- wenn **Beförderung verboten** ist, z. B.
  - Königswasser = UN 1798 GEMISCHE AUS SALPETERSÄURE UND SALZSÄURE
- wenn Beförderung nach **ADR-Sondervorschriften** möglich ist oder vorrangig danach erfolgen muss, z. B.
  - Abfall-Druckgaspackungen als UN 1950 nach SV 327 ADR
  - Abfall-Gasfeuerzeuge als UN 1057 nach SV 654 ADR
- wenn die Anforderungen an das Verpacken (**zusammengesetzte Verpackung**) nicht **eingehalten** sind, z. B. die Abfälle
  - sind in Einzelverpackungen, IBC oder Großverpackungen verpackt
  - liegen in loser Schüttung (unverpackt) vor
  - befinden sich in Tanks oder Tankcontainern
- ○ Sonderfall: (kommunale) **Sammlungen** (Schadstoffmobil, „Problemstoffsammlung")
  - Verpacken von Anlieferungsgefäßen unter Aufsicht einer fachkundigen Person
  - Versandstücke: max. 60 L (kg)
- ○ Verwendung von **IBC** ist **eingeschränkt**
- ○ teilweise **Saug-/Füllstoffe** vorgeschrieben
- ○ Festlegung der zulässigen Umschließungen
- ○ ungereinigte, leere Versandstücke sind wie volle zu befördern
- ○ Beförderung muss nach **6 Monaten** abgeschlossen sein
- ○ **Gefahrzettel**, wie für die Untergruppen vorgeschrieben
- ○ vom ADR **abweichende Dokumentation**

5.3.2 Grundregeln für die Sortierung nach Ausnahme 20 GGAV

- − Es gibt 15 Abfallgruppen, 1 bis 15
- − die **Abfallgruppen** gliedern sich in **Untergruppen**

○ Abfallgruppe 1:	3 Untergruppen	1.1, 1.2, 1.3
○ Abfallgruppe 2:	2 Untergruppen	2.1, 2.2
○ Abfallgruppe 3:	5 Untergruppen	3.1, 3.2, 3.3, 3.4, 3.5
○ Abfallgruppe 4:	2 Untergruppen	4.1, 4.2
○ Abfallgruppe 5:	1 Untergruppe	5.1
○ Abfallgruppe 6:	10 Untergruppen	6.1, 6.2, 6.3, 6.4, 6.5, 6.6, 6.7, 6.8, 6.9, 6.10
○ Abfallgruppe 7:	3 Untergruppen	7.1, 7.2, 7.3
○ Abfallgruppe 8:	4 Untergruppen	8.1, 8.2, 8.3, 8.4
○ Abfallgruppe 9:	7 Untergruppen	9.1, 9.2, 9.3, 9.4, 9.5, 9.6, 9.7
○ Abfallgruppe 10:	1 Untergruppe	10.1
○ Abfallgruppe 11:	4 Untergruppen	11.1, 11.2, 11.3, 11.4
○ Abfallgruppe 12:	2 Untergruppen	12.1, 12.2
○ Abfallgruppe 13:	3 Untergruppen	13.1, 13.2, 13.3
○ Abfallgruppe 14:	4 Untergruppen	14.1, 14.2, 14.3, 14.4
○ Abfallgruppe 15:	1 Untergruppe	15.1

– Das Zusammenpacken von Abfällen
   ◦ **verschiedener Abfallgruppen** ist **nicht zulässig**
      ▪ Zusammenpacken von z. B. 3.1 mit 9.3: Verboten
   ◦ **verschiedener Untergruppen** innerhalb **einer Abfallgruppe** ist **zulässig**
      ▪ Voraussetzung: **Keine gefährlichen Reaktionen!**
      ▪ Zusammenpacken von z. B. 3.1 mit 3.2: Zulässig
      ▪ Zusammenpacken von z. B. 9.3 (Cyanide) mit 9.5 (flüssig, ätzend): Nicht zulässig, falls Blausäure (Cyanwasserstoff = extrem entzündbares, sehr giftiges Gas) entstehen kann.

Beispiel: Abfallgruppe 9 (überwiegend giftige Stoffe)

Abfall-gruppe/ -unter-gruppe	Benennung	Kennzeich-nung: Gefahrzettel-muster-Nr.	Beförderungs-papier	
			VG	TBC[1]
9.1	Quecksilberverbindungen, fest, flüssig	6.1	I	(C/E)
9.2	Metallisches Quecksilber (auch Gegenstände mit Quecksilber)	8[2]	III	(E)
9.3	Cyanide (z. B. Gold-/Silberputzmittel)	6.1	I	(C/E)
9.4	Giftige Stoffe, fest, flüssig, nicht ätzend, nicht entzündbar	6.1	I	(C/E)
9.5	Giftige Stoffe, fest, flüssig, ätzend	6.1 + 8	I	(C/E)
9.6	Giftige Stoffe, organisch, fest, flüssig, entzundbar	6.1 + 3	I	(C/D)
9.7	Pflanzenschutzmittel/Schädlingsbekämpfungsmittel	6.1	I	(C/E)

5.3.3   Abfallgruppen und Abfalluntergruppen

– Nr. 2.4 der Ausnahme 20 GGAV beschreibt tabellarisch die gefährlichen Abfälle, sortiert nach Abfallgruppen
– **Praxisgerechter** ist aber die Darstellung **sortiert nach Gefahrgutklassen** (III.5.3.3.2)
– Anwendung durch
   ◦ die fachkundige Aufsichtsperson nach Nr. 3.1 der Ausnahme 20 GGAV
   ◦ die Fachkraft nach Nr. 5.2 der TRGS 520 der Sammelstelle

---

[1]   Der Tunnelbeschränkungscode (TBC) muss als Kombination angegeben werden, obwohl eine Beschränkung z. B. beim TBC (C/E) für die Tunnelkategorie C (lose Schüttung, Tank) bei der Ausnahme 20 GGAV irrelevant ist.
[2]   Nach ADR ist metallisches Quecksilber = UN 2809, 8 (6.1), III, also auch mit Gefahrzettel Nr. 6.1 zu bezetteln.

5.3.3.1   Vorgehensweise zur Bestimmung der Abfall(unter)gruppen

Quelle: Nr. 2.2 der Ausnahme 20 GGAV

- 1. Bestimmung **Gefahrgutklasse**
  - ◦ der Abfall wird einer Gefahrgutklasse nach <u>Spalte 1</u> der Tabelle zugeordnet
  - ◦ falls die zutreffende Klasse dort nicht genannt ist (Klassen 1, 6.2 oder 7)
    - ▪ der Abfall darf nicht nach Ausnahme 20 GGAV befördert werden
    - ▪ Maßnahmen
      - • nach Nr. 6.3.1 (13) TRGS 520
      - • sind in Betriebsanweisung festzulegen und zu unterweisen
      - • ggf. Sicherheitsdienste (z. B. Polizei, Feuerwehr, Kampfmittelräumdienst)

- 2. Bestimmung Verpackungsgruppe / Klassifizierungscode / Benennung
  - ◦ der Abfall wird
    - ▪ einer Verpackungsgruppe nach <u>Spalte 2</u> der Tabelle zugeordnet (außer Klasse 2)
    - ▪ bei der Klasse 2 einem Klassifizierungscode nach <u>Spalte 2</u> der Tabelle zugeordnet
    - ▪ einer Benennung nach <u>Spalte 3</u> der Tabelle zugeordnet
  - ◦ falls die zutreffende Verpackungsgruppe/der zutreffende Klassifizierungscode dort nicht genannt ist
    - ▪ Abfall darf nicht nach Ausnahme 20 GGAV befördert werden
    - ▪ Abfall darf u.U. nach nicht nach Nr. 1 (3) der TRGS 520 angenommen werden
    - ▪ Maßnahmen
      - • sind in Betriebsanweisung festzulegen und zu unterweisen
      - • ggf. Sicherheitsdienste (z. B. Polizei, Feuerwehr, Kampfmittelräumdienst)
  - ◦ Beispiel: leere Ballongasflasche mit Restdruck Helium
    - • ungereinigte leere Verpackungen: sind nach Nr. 4.6 Ausnahme 20 GGAV wie die darin enthaltenen Stoffe zu behandeln
    - • Ballongasflasche = Helium = Gas = Klasse 2 = UN 1046 = Klassifizierungscode 1A: nicht in Spalte 2 der Tabelle genannt

- 3. Bestimmung der **Abfall(unter)gruppe**
  - ◦ der Abfall kann mit den Feststellungen nach Nr. 1 und 2. einer Abfall(unter)gruppe nach <u>Spalte 4</u> der Tabelle zugeordnet werden, wenn die eindeutige Bestimmung
    - ▪ einer Klasse nach Spalte 1
    - ▪ einer Verpackungsgruppe bzw. einem Klassifizierungscode nach Spalte 2 und
    - ▪ einer Benennung nach Spalte 3 der Tabelle

    möglich ist

- 4. **Verpacken** der Abfälle
  - ◦ der Abfall wird in Verpackungen nach den <u>Spalten 8 bis 10</u> der Tabelle verpackt
  - ◦ andere Verpackungen als die genannten dürfen nicht verwendet werden
  - ◦ wenn Abfälle verschiedener Abfall(unter)gruppen zusammengepackt werden sollen, sind die Zusammenpackverbote der Ausnahme 20 GGAV (nicht des ADR!) zu beachten

- 5. **Kennzeichnen / Bezetteln** der Versandstücke
  - ○ die Versandstücke sind nach <u>Spalte 5</u> der Tabelle zu kennzeichnen und zu bezetteln

- 6. **Beförderungsdokument**
  - ○ das Beförderungspapier muss die Angaben nach den <u>Spalten 4 bis 7</u> der Tabelle enthalten
  - ○ diese Angaben sind
    - die Abfalluntergruppe (die Abfallgruppe alleine ist nicht spezifisch genug)
    - die Nummer der Gefahrzettelmuster
    - die Verpackungsgruppe (außer bei Klasse 2)
    - der Tunnelbeschränkungscode (TBC), wie vorschrieben mit Großbuchstaben in Klammern in der Form „(X)" oder „(X/Y)"

5.3.3.2 Tabelle der Abfall(unter)gruppen, nach Gefahrgutklassen sortiert

Gefahr-gut-klasse	VG[1] oder KC[2]	Benennung	Abfall-gruppe/ -unter-gruppe	Gefahr-zettel-muster Nr.	VG	TBC[3]	Zulässige Verpackungen		
							allgemein	speziell	
(1)	(2)	(3)	(4)	(5)	(6)	(7)	(8)	(9)	(10)
2		Gefäße, klein, mit Gas (Gaspatronen, UN 2037) mit folgenden Eigen-schaften:	1.1 [4,5]		—		1H2/X/S 3H2/X/S 1A2/X/S 3A2/X/S 4A/X/S 4H2/X/S 4B/X/S	4GW/X/S 11A/Y/S 11HA1/Y/S	Mit Lüftungs-einrich-tung
	5A	erstickend,		2.2		(E)			
	5F	entzündbar,		2.1					
	5FC	entzündbar, ätzend oder		2.1 + 8					
	5O	oxidierend		2.2 + 5.1					
		Gefäße, klein, mit Gas (Gaspatronen, UN 2037) mit folgenden Eigen-schaften:	1.2						
	5T	giftig,		2.3		(D)			
	5TF	giftig, entzündbar,		2.3 + 2.1					
	5TC	giftig, ätzend,		2.3 + 8					
	5TO	giftig, oxidierend,		2.3 + 5.1					
	5TFC	giftig, entzündbar, ätzend oder		2.3 + 2.1 + 8					
	5TOC	giftig, oxidierend, ätzend		2.3 + 5.1 + 8					
	6A	Abfallfeuerlöscher	1.3	2.2		(D)		Boxpalette aus Metall oder Kunst-stoff, oder Gitterbox-palette	

[1] VG = Verpackungsgruppe
[2] KC = Klassifizierungscode
[3] TBC = Tunnelbeschränkungscode
[4] Dieser Gruppe dürfen auch nach Kapitel 3.4 ADR freigestellte Gegenstände der Klasse 2 beigegeben werden (z. B. Kohlendioxidpatronen).
[5] Feuerzeuge und deren Nachfüllpatronen der UN 1057 sind Gegenstände des Klassifizierungscodes 6F und dür-fen daher nicht im Rahmen dieser Ausnahme befördert werden (Beförderung nach Sondervorschrift 654 ADR).

Gefahr-gut-klasse	VG oder KC	Benennung	Abfall-gruppe/-unter-gruppe	Gefahr-zettel-muster Nr.	VG	TBC	Zulässige Verpackungen		
							allgemein	speziell	
(1)	(2)	(3)	(4)	(5)	(6)	(7)	(8)	(9)	(10)
3	II und III	Flüssige entzündbare, nicht giftige, nicht ätzende Abfälle 1. Flammpunkt < 23 °C; Dampfdruck (50 °C) ≤ 110 kPa (1,1 bar), z. B. Benzin, Spiritus, Petroleum, Alkohole (außer Methanol) und 2. Flammpunkt ≥ 23 °C und ≤ 60 °C, z. B. Dieselkraftstoff oder Heizöl, leicht	2.1	3	II	(D/E)	1H2/X/S 3H2/X/S 1A2/X/S 3A2/X/S 4A/X/S 4H2/X/S 4B/X/S	11A/Y/S 11HA1/Y/S	
	I bis III	Klebstoffabfälle, Farb- und Lackabfälle (außer, wenn UN 1263 und 3V 050 ADR) auch mit Nitrocellulose (Stick-stoffgehalt ≤ 12,6 % in Trockenmasse)	2.2[6]	3	I	(D/E)		11A/X/S	
	I bis III	Flüssige entzündbare, organische halogen-haltige oder organische sauerstoffhaltige, giftige Abfälle der UN 1992, UN 2603 und UN 3248, z. B. Altöle, auch solche mit geringen Chlorantei-len (z. B. CKW), Abfälle mit Methanol	3.1	3 + 6.1	I	(C/E)		11A/X/S	
	I und II	Flüssige Abfälle mit entzündbaren, giftigen Pflanzenschutz-/Schäd-lingsbekämpfungsmitteln mit Flammpunkt < 23 °C	3.4	3 + 6.1	I	(C/E)			
	I bis III	Flüssige entzündbare, ätzende Abfälle	4.1	3 + 8	I	(C/E)			
	I und II	Flüssige entzündbare, giftige und ätzende Abfälle mit Flammpunkt < 23 °C + Gegenstände mit diesen Flüssigkeiten	4.2	3+6.2+8	I	(C/E)			

---

[6]   Zu Härterpasten siehe Abfallgruppe 8.

Gefahr-gut-klasse	VG oder KC	Benennung	Abfall-gruppe/-unter-gruppe	Gefahr-zettel-muster Nr.	VG	TBC	Zulässige Verpackungen		
							allgemein	speziell	
(1)	(2)	(3)	(4)	(5)	(6)	(7)	(8)	(9)	(10)
4.1	II und III	Feste Abfälle, die nicht giftige und nicht ätzende entzündbare flüssige Stoffe mit Flammpunkt ≤ 60 °C enthalten können, z. B. Holzwolle, Sägespäne, Papier, Putztücher, gebrauchte Ölfilter, verunreinigte Ölbinder, getränkt/behaftet mit Ölen/Fetten	6.1[7]	4.1	II	(E)	⊙ 1H2/X/S ⊙ 3H2/X/S ⊙ 1A2/X/S ⊙ 3A2/X/S ⊙ 4A/X/S ⊙ 4H2/X/S ⊙ 4B/X/S	⊙ 4GW/X/S ⊙ 11A/Y/S ⊙ 11HA1/Y/S	
		Abfälle, die Metalle oder Metall-Legierungen, pulverförmig oder in anderer entzündbarer Form enthalten	6.2	4.1	II	(E)			
		Feste Abfälle, die entzündbare, giftige Stoffe enthalten	6.3	4.1 + 6.1	II	(E)			
		Feste Abfälle, die entzündbare, ätzende Stoffe enthalten	6.4	4.1 + 8	II	(E)			

---

[7] Phosphorsulfide mit weißem oder gelbem Phosphor sind zur Beförderung nicht zugelassen.

Gefahr-gut-klasse	VG oder KC	Benennung	Abfall-gruppe/ -unter-gruppe	Gefahr-zettel-muster Nr.	VG	TBC	Zulässige Verpackungen		
							allgemein	speziell	
(1)	(2)	(3)	(4)	(5)	(6)	(7)	(8)	(9)	(10)
4.2	II und III	Gebrauchte Putztücher, Putzwolle und ähnliche Abfälle, nicht giftig, nicht ätzend, mit selbstent-zündlichen Stoffen verunreinigt, z. B. bestimmte Öle/Fette	6.5	4.2	II	(D/E)	1H2/X/S 3H2/X/S 1A2/X/S 3A2/X/S 4A/X/S 4H2/X/S 4B/X/S		
		Selbsterhitzungsfähige organische feste Stoffe, nicht giftig, nicht ätzend, z. B. körnige oder poröse brennbare Stoffe, die mit selbstoxidierbaren Bestandteilen getränkt/ verunreinigt sind, z. B. mit Leinöl, Leinölfirnisse, Firnisse ähnlichen Ölen, Petroleumrückstände							
		Abfälle, die Metalle oder Metall-Legierungen, pulverförmig oder in anderer selbstentzünd-licher Form enthalten	6.6	4.2	II	(D/E)			
		Feste Abfälle, die selbsterhitzungsfähige, giftige Stoffe enthalten	6.7	4.2 + 6.1	II	(D/E)			
		Feste Abfälle, die selbsterhitzungsfähige, ätzende Stoffe enthalten	6.8	4.2 + 6.8	II	(D/E)			
		Sulfide, Hydrogensulfide und Dithionite, wie Natriumdithionit, z. B. Textilentfärber und feste, anorganische selbsterhit-zungsfähige, nicht giftige, nicht ätzende Stoffe	6.9	4.2	II	(D/E)			
4.3	II und III	Abfälle, die Metalle oder Metall-Legierungen, pulverförmig oder in anderer Form enthalten und die mit Wasser entzündbare Gase entwickeln	6.10	4.3	II	(D/E)			
	I und II	Metallcarbide, wie Calcium-, Aluminium-carbid und Metallnitride	7.1	4.3	I	(B/E)			
	I	Metallphosphide, giftig, wie Calcium-, Aluminium-phosphid	7.2	4.3 + 6.1	I	(B/E)			

Gefahr-gut-klasse	VG oder KC	Benennung	Abfall-gruppe/ -unter-gruppe Nr.	Gefahr-zettel-muster Nr.	VG	TBC	Zulässige Verpackungen		
							allgemein	speziell	
(1)	(2)	(3)	(4)	(5)	(6)	(7)	(8)	(9)	(10)
5.1	II und III	Abfälle, die entzündend (oxidierend) wirkende Chlorite oder Hypochlorite enthalten, wie feste Schwimmbadchlorierungsmittel mit Natrium-, Kaliumchlorit, Calciumhypochlorit oder Chlorit-Mischungen	8.1[8, 9]	5.1	II	(E)	1H2/X/S 3H2/X/S 1A2/X/S 3A2/X/S 4A/X/S 4H2/X/S 4B/X/S	4GW/X/S 11A/Y/S 11HA1/Y/S	
		Feste Abfälle, die entzündend (oxidierend) wirkende, giftige Stoffe enthalten	8.2	5.1 + 6.1	II	(E)			
		Feste Abfälle, die entzündend (oxidierend) wirkende, ätzende Stoffe enthalten	8.3	5.1 + 8	II	(E)			
		Flüssige Abfälle, die entzündend (oxidierend) wirkende Stoffe enthalten	14.2	5.1	II	(E)		11A/Y/S 11HA1/Y/S	Mit Lüftungs-einrich-tung
		Abfälle mit Wasserstoff-peroxid-Lösungen, z. B. bestimmte Reinigungs-, Haarfärbemittel	14.3	5.1 + 8	II	(E)			
		Flüssige Abfälle, die entzündend (oxidierend) wirkende, giftige Stoffe enthalten	14.4	5.1 + 6.1	II	(E)			
5.2	–	Pastenförmige Abfälle mit Dibenzoylperoxid, Dicumylperoxid der UN-Nummern 3104, 3106, 3108, 3110[11] in Dosen und Tuben, z. B. Härter für Polyesterharze	8.4	5.2	II[10]	(D)		4GW/X/S 11A/Y/S 11HA1/Y/S	

---

[8]   Lösungen von Schwimmbadchlorierungsmitteln siehe Abfallgruppe 14.
[9]   Chlorit- und Hypochloritmischungen mit einem Ammoniumsalz sind zur Beförderung nicht zugelassen.
[10]   Hinweis: Nach ADR gibt es bei der Klasse 5.2 keine Verpackungsgruppe.
[11]   Hinweis: UN 3104 = ORGANISCHES PEROXID TYP C, FEST
UN 3106 = ORGANISCHES PEROXID TYP D, FEST
UN 3108 = ORGANISCHES PEROXID TYP E, FEST
UN 3110 = ORGANISCHES PEROXID TYP F, FEST

Gefahr-gut-klasse	VG oder KC	Benennung	Abfall-gruppe/-unter-gruppe	Gefahr-zettel-muster Nr.	VG	TBC	Zulässige Verpackungen allgemein	speziell	
(1)	(2)	(3)	(4)	(5)	(6)	(7)	(8)	(9)	(10)
6.1	I bis III	Abfälle mit halogen-haltigen Kohlenwasser-stoffen (außer UN 2285[12]), z. B. Trichlorethan, Trichlorethylen (Tri), Per-chlorethylen (Per), Methy-lenchlorid, Tetrachlor-kohlenstoff, Chloroform, Filterpatronen aus chemischen Reinigungs-betrieben, Antiklopfmittel	3.2	6.1 + 3	I	(C/D)	1H2/X/S 3H2/X/S 1A2/X/S 3A2/X/S 4A/X/S 4H2/X/S 4B/X/S	11A/X/S	
		Flüssige Abfälle mit giftigen, entzündbaren Pflanzenschutz-/Schäd-lingsbekämpfungsmitteln	3.5	6.1 + 3	I	(C/E)			
	I	Feste phosphidhaltige Pflanzenschutz-/Schäd-lingsbekämpfungsmittel	7.3	6.1	I	(C/E)		4GW/X/S 11A/Y/S 11HA1/Y/S	
	I bis III	Feste/flüssige Abfälle mit Quecksilberverbin-dungen	9.1	6.1	I	(C/E)		4GW/X/S 11A/X/S	
		Abfälle mit Cyaniden, z. B. Gold- und Silberputzmittel	9.3	6.1	I	(C/E)			
		Feste/flüssige Abfälle mit giftigen, nicht ätzenden und nicht entzündbaren Stoffen	9.4[13]	6.1	I	(C/E)			
		Feste/flüssige Abfälle mit giftigen, ätzenden Stoffen	9.5	6.1 + 8	I	(C/E)			
		Feste/flüssige Abfälle mit organischen giftigen, entzündbaren Stoffen	9.6	6.1 + 3	I	(C/D)			
		Feste/flüssige Pflanzen-schutz-/Schädlings-bekämpfungsmittel (außer solche der Abfallgruppe 7)	9.7	6.1	I	(C/E)			

---

[12] Hinweis: UN 2285 = ISOCYANATOBENZOTRIFLUORIDE, 6.1 (3), II
[13] Abfälle mit PCB, PCT bzw. polyhalogenierten Biphenylen/Terphenylen, die polychlorierte Dibenzodioxine oder -furane (PCDF) der Klasse 6.1 enthalten, siehe Ausnahme 19 GGAV.

Gefahr- gut- klasse	VG oder KC	Benennung	Abfall- gruppe/ -unter- gruppe	Gefahr- zettel- muster Nr.	VG	TBC	Zulässige Verpackungen		
							allgemein	speziell	
(1)	(2)	(3)	(4)	(5)	(6)	(7)	(8)	(9)	(10)
8	III	Abfälle, die metallisches Quecksilber enthalten	9.2[14]	8	III	(E)	1H2/X/S 3H2/X/S		
	II	Abfälle mit Salpetersäure (UN 2031)[15]	10.1	8	I	(E)	1A2/X/S 3A2/X/S 4A/X/S 4H2/X/S 4B/X/S	11A/X/S	
	I und II	Abfälle mit Nitriersäuremi- schungen (UN 1796 und UN 1826)[16]							
	II	Abfälle mit Perchlorsäure (UN 1802), z. B. bestimm- te Reinigungsmittel[17]							
		Abfälle mit Schwefel- säure, z. B. bestimmte Reinigungsmittel, Bier- steinentfernerpasten, Bleisulfat[18]	11.1	8	II	(E)		11A/X/S	
		Abfälle mit Flusssäure- lösungen, z. B. bestimmte Reinigungsmittel	11.2	8 + 6.1	II	(E)			
	I bis III	Flüssige Abfälle mit ätzenden, giftigen Stoffen	11.3	8 + 6.1	I	(C/D)			
		Wässrige Lösungen von Halogenwasserstoffen (außer Fluorwasserstoff), saure fluorhaltige Stoffe, flüssige Halogenide und andere flüssige haloge- nierte Stoffe (ausgenom- men der Fluorverbindun- gen, die in Berührung mit feuchter Luft oder Wasser saure Dämpfe entwickeln), flüssige Carbonsäuren/ Halogencarbonsäuren und ihre Anhydride, Alkyl- Arylsulfonsäuren, Alkyl- schwefelsäuren und organische Säurehalogen- ide, z. B. Salz-, Phosphor-, Essig-, Chlorsulfon-, Ameisen-, Chloressig-, Propionsäure, Toluolsul- fonsäuren, Thionylchlorid	11.4	8	I	(E)			

[14] Dieser Gruppe dürfen auch Gegenstände mit Quecksilber beigegeben werden.
[15] Mischungen aus Salpetersäure und Salzsäure als UN 1798 sind zur Beförderung nicht zugelassen.
[16] Chemisch instabile Nitriersäuremischungen, nicht denitriert, sind zur Beförderung nicht zugelassen.
[17] Perchlorsäure, wässrige Lösungen mit mehr als 72 % reiner Säure, sind zur Beförderung nicht zugelassen.
[18] Chemisch instabile Mischungen von Abfallschwefelsäure sind zur Beförderung nicht zugelassen.

Gefahr-gut-klasse	VG oder KC	Benennung	Abfall-gruppe/-unter-gruppe	Gefahr-zettel-muster Nr.	VG	TBC	Zulässige Verpackungen		
							allgemein	speziell	
(1)	(2)	(3)	(4)	(5)	(6)	(7)	(8)	(9)	(10)
8	I bis III	Feste Halogenide und andere feste halogenierte Stoffe (außer Fluorverbin-dungen, die in Berührung mit feuchter Luft oder Wasser saure Dämpfe entwickeln) und feste Hydrogensulfate, z. B. wasserfreies Eisentri-, Zink-, Aluminiumchlorid, Phosphorpentachlorid	12.1	8	I	(E)	1H2/X/S 3H2/X/S 1A2/X/S 3A2/X/S 4A/X/S 4H2/X/S 4B/X/S	4GW/X/S 11A/X/S	
		Abfälle mit wässerigen Ammoniaklösungen (≤ 35 % Ammoniak)	12-2	8 + 6.1	I	(E)			
	III	Abfälle mit wässerigen Ammoniaklösungen (≤ 35 % Ammoniak)	13.1	8	III	(E)		4GW/X/S 11A/Y/S 11HA1/Y/S	
	I bis III	Andere feste/flüssige basische Abfälle (außer UN 2029[19]), z. B. be-stimmte Reinigungsmittel mit Natrium- und/oder Kaliumhydroxid; Natron-kalk; Brünierungsmittel mit Natrium- und/oder Kaliumsulfid (Geschirr-spülmittel; Entkalker mit Natriummetasilikat; Kalkmilch mit Calcium-hydroxid)	13.2	8	I	(E)			
	III	Abfälle von Formal-dehydlösungen, z. B. bestimmte Reinigungs-, Desinfektionsmittel	13.3	8	III	(E)			
	II und III	Abfälle mit Chlorit- und Hypochloritlösungen, z. B. bestimmte Chlor-bleichlaugen, Lösungen von Schwimmbadchlorie-rungsmitteln der Abfall-gruppe 8	14.1	8	II	(E)		11A/Y/S 11HA1/Y/S	Mit Lüftungs-einrich-tung

[19] Hinweis: UN 2029 = HYDRAZIN, WASSERFREI, 8 (3, 6.1), I

Gefahr-gut-klasse	VG oder KC	Benennung	Abfall-gruppe/-unter-gruppe	Gefahr-zettel-muster Nr.	VG	TBC	Zulässige Verpackungen		
							allgemein	speziell	
(1)	(2)	(3)	(4)	(5)	(6)	(7)	(8)	(9)	(10)
9	II	Polychlorierte Biphenyle (PCB) (UN 2315[20] und UN 3432[21]), polyhaloge-nierte Biphenyle und Terphenyle (UN 3151[22] und UN 3152[23]), auch in verpackten Kleingeräten, wie Kleinkondensatoren	3.3[24, 25]	9	II	(D/E)	1H2/X/S 3H2/X/S 1A2/X/S 3A2/X/S 4A/X/S 4H2/X/S 4B/X/S	11A/X/S	
	III	Umweltgefährdender Stoff fest oder flüssig	5.1	9+ Umwelt	III	(E)		11A/Y/S 11HA1/Y/S	
– (?)	–	Nicht identifizierbare gefährliche Abfälle	15.1[26]	(2 x) + Beschrif-tung: „Gefahr-gut, nicht identifi-ziert" (2 x)	—	(B/E)		4C1/Y/S 4C2/Y/S 4D/Y/S 4F/Y/S 4H2/Y/S 5H4/Y/S 1H2/Y/S Diese in 4A 4B 4H2 1A2 1H2 11A/X/S	

---

[20] Hinweis: UN 2315 = POLYCHLORIERTE BIPHENYLE, FLÜSSIG, 9, II
[21] Hinweis: UN 3432 = POLYCHLORIERTE BIPHENYLE, FEST, 9, II
[22] Hinweis: UN 3151 = POLYHALOGENIERTE BIPHENYLE, FLÜSSIG, 9, II oder
        HALOGENIERTE MONOMETHYLDIPHENYLMETHANE, FLÜSSIG, 9, II oder
        POLYHALOGENIERTE TERPHENYLE, FLÜSSIG, 9, II
[23] Hinweis: UN 3152 = POLYHALOGENIERTE BIPHENYLE, FEST, 9, II oder
        HALOGENIERTE MONOMETHYLDIPHENYLMETHANE, FEST, 9, II oder
        POLYHALOGENIERTE TERPHENYLE, FEST, 9, II
[24] Wegen PCB, PCT und polyhalogenierten Biphenylen und Terphenylen in unverpackten Geräten siehe Klasse 9, UN 2315, UN 3432, UN 3151 und UN 3152.
[25] Geräte mit PCB, PCT bzw. polyhalogenierten Biphenylen/Terphenylen, die polychlorierte Dibenzodioxine oder -furane (PCDF) der Klasse 6.1 enthalten, siehe Ausnahme 19 GGAV.
[26] Für diese Abfälle gelten besondere Vorschriften, siehe Nummern 2.6, 2.8 und 4.3 dieser Ausnahme.

5.3.4   Gefährliche Haushaltsabfälle und ihre Zuordnung zu Abfall(unter)gruppen

Abfall	Typische gefährliche Inhaltsstoffe	Abfallgruppe/-untergruppe nach Ausnahme 20 GGAV
Reinigungsmittel		
Backofenreiniger (flüssig)	Natronlauge	13.2
Backofenreiniger (Spray)	Natronlauge	nicht zulässig → UN 1950
Bohnerwachse	Wachse, Testbenzin	6.1
Desinfektionsmittel	Phenolderivate	3.5
Edelstahl-Beizpasten	Flusssäure	11.2
Entkalker (fest)	Amidosulfonsäure	12.1
Entkalker (flüssig)	Ameisensäure, Essigsäure	11.4
Geschirrreiniger für Spulmaschinen	Natriummetasilikat, Natriumhydroxid	13.2
Kalk- und Rostentferner	Phosphorsäure	11.4
Klarspüler für Spülmaschinen	Amidosulfonsäurelösung	11.4
Rohrreiniger (fest)	Natriumhydroxid, Natriumnitrat, Aluminiumgranulat	13.2
Rohrreiniger (flüssig)	Natronlauge	13.2
Rostumwandler	Phosphorsäure	11.4
Sanitärreiniger, Hygienereiniger	Hypochloritlösung	14.1
Sanitärreiniger, Hygienereiniger	Wasserstoffperoxidlösung	14.3
Silberreinigungsbad	Salzsäure, Thioharnstoff	11.3
Toilettenreiniger	Natriumhydrogensulfat	12.1
Textilpflegemittel		
Bleichmittel	Natriumperborat	8.1
Bleichmittel	Wasserstoffperoxid	14.3
Entfärber	Natriumdithionit	6.9
Fleckenwasser	Schwerbenzin, Testbenzin	2.1
Fleckenwasser	Tetrachlorethen	3.2
Lederfett	Fette	6.1
Schuhcreme (Dosen)	Wachse und Fettfarben in Mineralöl/Testbenzin	6.1
Schuhpflegemittel (flüssig)	Farbstoffe, Paraffine, Terpentinöl	2.1

Abfall	Typische gefährliche Inhaltsstoffe	Abfallgruppe/-untergruppe nach Ausnahme 20 GGAV
Körperpflegemittel		
Deodorant (Pumpzerstäuber)	Propan-2-ol, Ethanol	2.1
Deodorant (Spraydose)	Butan	nicht zulässig → UN 1950
Haarbleich- und Blondiermittel	Wasserstoffperoxid	14.3
Haarspray, Haarfestiger (Pumpzerstäuber)	Propan-2-ol, Ethanol	2.1
Haarspray, Haarfestiger (Spraydose)	Butan	nicht zulässig → UN 1950
Parfums, Eau de Toilette	Ethanol	2.1
Rasierwässer	Propan-2-ol, Ethanol	2.1
Wundbenzin	Benzin	2.1
Gartenpflegemittel		
Begasungsmittel, „Wühlmaustod"	Calciumphosphid	7.2
Düngemittel, Nitratdünger	Nitrate	8.1
Giftweizen	Zinkphosphid	7.2
Holzschutzlasuren	Lösemittel, Insektizide, Fungizide	3.1
Insektenspray (Spraydose)	Insektizide	nicht zulässig → UN 1950
Rattengift	Cumarinderivate	9.7
Schwimmbadchlorierungsmittel, „Chlortabletten"	Trichlorisocyanursäure	8.1
Unkrautvernichtung, „Unkraut-Ex"	Natriumchlorat	8.1
Kfz-Bedarf und -Pflegemittel		
Altöl	Kohlenwasserstoffe	2.1
Bremsflüssigkeit	Polyglykolether	kein Gefahrgut
Frostschutzmittel für Scheibenwasch-anlage	Propan-2-ol	2.1
Härter für Epoxidharze	Polyamine	13.2
Härter für Polyurethane	Diisocyanate	3.1
Kühlerfrostschutzmittel	Ethylenglykol	kein Gefahrgut
Ölfilter	Altöl	6.1
Spachtelmassen (Härter)	Dibenzoylperoxidpaste	8.4
Spachtelmassen (Harz)	Epoxidharze	6.1
Heimwerkerbedarf		
Abbeizer, alkalisch	Natronlauge	13.2
Abbeizer, lösemittelhaltig	Dichlormethan	3.2
Farben, Lacke	Lösemittel	nicht zulässig → UN 1263
Putztücher, Putzlappen, lösemittelhaltig		6.1
Terpentin		2.1
Verdünner	Kohlenwasserstoffe, Ester	2.1

Abfall	Typische gefährliche Inhaltsstoffe	Abfallgruppe/-untergruppe nach Ausnahme 20 GGAV
Einzelstoffe		
Acetaldehyd		nicht zulässig → UN 1089
Aceton		2.1
Anilin		9.4
Butylacetat		2.1
Dichloressigsäure		11.4
Diethylether		nicht zulässig → UN 1155
Dioxan		2.1
Essigsäureethylester (Ethylacetat)		2.1
Ethylendiamin		13.2
Hexamethylentetramin		6.1
Hydrazinhydrat		13.2
Kalium		nicht zulässig → UN 2257
Kaliumpermanganat		8.1
Kohlenstoffdisulfid		nicht zulässig → UN 1131
Lithiumaluminiumhydrid		nicht zulässig → UN 1410
Natrium		nicht zulässig → UN 1428
Natriumcyanid		9.3
Natriumnitrat		8.1
Natriumperoxid		nicht zulässig → UN 1504
Natriumsulfid (< 30 % Kristallwasser)		6.9
Natriumsulfid (> 30 % Kristallwasser)		13.2
Paraformaldehyd		6.1
Phenol		9.4
Phenylhydrazin		9.4
Phosphorpentoxid		12.1
Pikrinsäure (> 30 % Wasser)		nicht zulässig → UN 1344
Pyridin		2.1
Terpentin		2.1
Toluen		2.1

5.3.5 Sortierung nach Ausnahme 20 GGAV

Beispiel einer Sortierung von Abfällen nach Abfallgruppen und -untergruppen

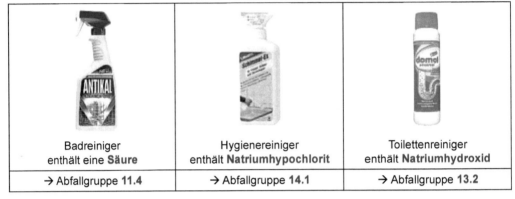

Badreiniger enthält eine **Säure**	Hygienereiniger enthält **Natriumhypochlorit**	Toilettenreiniger enthält **Natriumhydroxid**
→ Abfallgruppe **11.4**	→ Abfallgruppe **14.1**	→ Abfallgruppe **13.2**

Ergebnis:

- Drei unterschiedliche Abfallgruppen 11, 14, 13
- Ein Zusammenpacken ist hier nach Nr. 2.2, Satz 2 der Ausnahme 20 GGAV **nicht zulässig**!

5.3.6 Anforderungen an das Verpacken nach Ausnahme 20 GGAV

- Es werden immer **zusammengesetzte Verpackungen** verwendet!
  - Abfälle, die nur in Einzelverpackungen (Fässer, Kanister, Säcke) verpackt sind, dürfen nicht nach Ausnahme 20 GGAV befördert werden
- **Bauartzulassung** und Verpackungsqualität
  - wie „für Stoffe der Verpackungsgruppe I" für alle Versandstücke
  - also zwingend „**X-codierte**" Verpackungen
- **IBC** sind nur für bestimmte Abfallgruppen zulässig
  - bei den Abfallgruppen 1, 2.1, 6, 7, 8, 13, 14:
    - Zulassung für feste Stoffe der VG II = „X"- oder „Y"-codiert
  - bei den Abfallgruppen 9, 10, 11, 15:
    - Metall-IBC mit Zulassung für Stoffe der VG I = „X"-codiert
- **Zerbrechliche**, **beschädigte**, **nicht** ordnungsgemäß **verschlossene** Anlieferungsgefäße
  - Verwendung von inerten Saugstoffen
  - Vollständiges Auffüllen der Freiräume zwischen den Innenverpackungen
- **Lüftungseinrichtung** für Verpackungen
  - bei den Abfallgruppen 1, 14
- **Besondere Sicherheitsvorkehrungen**
  - für unbekannte Abfälle der Abfallgruppe 15

5.3.7   Kennzeichnung der Versandstücke nach Ausnahme 20 GGAV

– Versandstücke werden

- mit den **Gefahrzetteln** entsprechend aller darin enthaltenen Untergruppen bezettelt
- **nicht** mit „UN" + **UN-Nummer(n)** gekennzeichnet
- wo zutreffend (Abfallgruppe 5.1) mit dem **Kennzeichen für umweltgefährdende Stoffe** nach 5.2.1.8.3 ADR versehen
- wo zutreffend (Abfallgruppe 15) mit **Ausrichtungspfeilen** nach 5.2.1.10.1 ADR auf 2 gegenüberliegenden Seiten

– Beispiel: Abfallgruppe 9 (überwiegend giftige Stoffe)

Untergruppe	Benennung	Zugeordnete Gefahrzettel
9.1	Quecksilberverbindungen, fest, flüssig	
9.2	Metallisches Quecksilber (auch Gegenstände mit Quecksilber)	
9.3	Cyanide (z. B. Gold-/Silberputzmittel)	
9.4	Giftige Stoffe, fest, flüssig, nicht ätzend, nicht entzündbar	
9.5	Giftige Stoffe, fest, flüssig, ätzend	
9.6	Giftige Stoffe, organisch, fest, flüssig, entzündbar	
9.7	Pflanzenschutzmittel/Schädlingsbekämpfungsmittel	

5.3.8 Nicht identifizierbare Abfälle nach Ausnahme 20 GGAV

Wenn ein Abfall nicht identifiziert werden kann ...

– Klassifizierung
  ◦ Zuordnung zu **Abfallgruppe 15.1** (nicht identifizierbare gefährliche Abfälle)
– Verpacken („**Dreifachverpackung**")
  ◦ Anlieferungsgefäß mit unbekanntem Abfall +
    inerte Saug-/Füllstoffe einsetzen in
    ▪ bauartgeprüfte **Zwischenverpackungen**

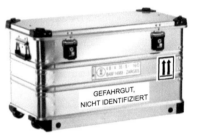

GEFAHRGUT, NICHT IDENTIFIZIERT

      • Kisten
        Ⓤ 4C1, Ⓤ 4C2, Ⓤ 4D, Ⓤ 4F, Ⓤ 4G, Ⓤ 4H2
      • Säcke
        Ⓤ 5H4
      • Fässer
        Ⓤ 1H2
    ▪ „X"- oder „Y"-codiert
  ◦ diese Zwischenverpackungen einzeln oder mehrfach einsetzen in
    ▪ bauartgeprüfte **(Außen-)Verpackungen**
      • Kisten
        Ⓤ 4A, Ⓤ 4B, Ⓤ 4H2
      • Fässer
        Ⓤ 1A2, Ⓤ 1H2
    ▪ „X"-, „Y"- oder „Z"-codiert
  ◦ Alternative
    ▪ Einsetzen der Anlieferungsgefäße in **Metall-IBC**, z. B. Ⓤ 11A/X
    ▪ dann aber zwingend „**X"-codiert**
– Kennzeichnung
  ◦ Aufschrift „*GEFAHRGUT, NICHT IDENTIFIZIERT*"
  ◦ Ausrichtungspfeile nach 5.2.1.10.1 ADR
  ◦ jeweils auf zwei gegenüber liegenden Seiten

– Verladung
  ◦ abseits stauen und sichern =
    nicht über, nicht unter und nicht unmittelbar neben die übrigen Versandstücke

5.3.9   Dokumentation bei der Anwendung der Ausnahme 20 GGAV

- Das Gefahrgut-**Beförderungspapier** nach Nr. 5 der Ausnahme 20 GGAV
  - ∘ ersetzt das Beförderungspapier nach 5.4.1 ADR
  - ∘ enthält teilweise **weniger Angaben**, z. B.
    - ▪ keine „UN" + UN-Nummer
    - ▪ keine offizielle Benennung, keine Gefahrenauslöser
    - ▪ keine Angabe „ABFALL"
  - ∘ enthält **andere Angaben**, z. B. die Abfall(unter)gruppe
  - ∘ enthält **zusätzliche Angaben**, z. B. „AUSNAHME 20"
  - ∘ enthält je nach Abfallgruppe ggf. strengere Angaben[1], z. B.
    - ▪ Verpackungsgruppe „I" statt „II" oder „III"
    - ▪ Verpackungsgruppe „II" statt „III"
    - ▪ Tunnelbeschränkungscode „(C/E)" statt „(D/E)"[2]
- Beispiel:
  - ∘ Flüssiger entzündbarer und giftiger Abfall mit Isopropanol und Phenol, Flammpunkt < 23 °C
    - ▪ = UN 1992, 3 (6 1), II
    - ▪ = Abfalluntergruppe 3.1
- Gefahrgutangaben
  - ∘ regulär nach GGVSEB/ADR
  - ∘ nach Ausnahme 20 GGAV

Bei Anwendung der GGVSEB/des ADR:	Bei Anwendung der Ausnahme Nr. 20 GGAV:
Absender (Name und Anschrift)	Absender (Name und Anschrift)
Empfänger (Name und Anschrift)	Empfänger (Name und Anschrift)
UN 1992 ABFALL ENTZÜNDBARER FLÜSSIGER STOFF, GIFTIG, N.A.G. (ISOPROPANOL, PHENOL), 3 (6.1), II, (D/E)	ABFALLGRUPPE 3.1 3 (6.1), I, (C/E)
5 FÄSSER, 120 L	5 FÄSSER, 120 L
	AUSNAHME 20
Transportmenge (120 L) **unterhalb** der Grenzmenge der **Bestellpflicht für Gb** (333 L)	Transportmenge (120 L) **oberhalb** der Grenzmenge der **Bestellpflicht für Gb** (20 L)

---

[1]   Dies kann Auswirkungen auf andere Rechtsfolgen haben, z. B. die Bestellung von Gefahrgutbeauftragten (Gb): Mengengrenze (in kg bzw. L) nach § 2 (1) Nr. 5 GbV und 1.1.3.6 ADR i. d. R. bei VG I = 20, bei VG II = 333, bei VG III = 1000.

[2]   Das hat aber keine Auswirkungen auf die Tunnelbeschränkung selbst, da bei der Ausnahme 20 GGAV nur die versandstückbezogene Beschränkung „E" in Frage kommen kann.

5.4   Beispiele aufgetretener Unfälle

Vorgang:	**Unfall mit dem Alkalimetall Kalium**
	Am 31.03.2006 kam es an einer Schule im Kanton St. Gallen zu einem Unfall beim Umgang mit Kalium. Dabei wurde eine Person schwer verletzt.
	Festes Kalium wird unter Schutzflüssigkeit (Petroleum oder Paraffinöl) aufbewahrt um Luft und Feuchtigkeit fernzuhalten.
	Ein Chemielehrer wollte ein Stück Kalium aus der Schutzflüssigkeit entnehmen und spießte dazu das Stück mit einem Messer auf. Da das Metall zunächst vom Messer abfiel, stach er erneut in das weiche Metall. In diesem Moment erfolgte eine Explosion, und die dann brennende Flüssigkeit spritzte auf den Lehrer.
Ursache:	Metallisches Kalium neigt auch unter der Schutzflüssigkeit zu einer allmählichen Oxidation. Dadurch entstehen sehr reaktive Oxidationsmittel (Peroxid, Hydroperoxid, Trioxid). Stark verkrustetes Kalium, das so bei längerer Lagerung entsteht, kann bereits durch einen Schnitt mit einem Messer explodieren. Die Reaktion wird durch den Druck des Messers oder der Zange initiiert. Auch leichte mechanische Einflüsse sind immer wieder Ursache von Unfällen beim Umgang mit Kalium. Kalium mit Oxidkruste
Hintergrund:	Kalium ist ein sehr starkes Reduktionsmittel, die Kaliumoxide sind starke Oxidationsmittel. Mechanische Einwirkung kann also zur Explosion führen.

Vorgang:	**Wasserstoffperoxid getankt: Wohnviertel evakuiert** Weil Explosionsgefahr bestand, mussten mehrere Häuser evakuiert werden. Wegen eines aus Versehen mit Wasserstoffperoxid betankten Autos sind am 22.08.2017 mehrere Wohnhäuser evakuiert worden. Der Fahrer hatte beim Tanken einen Benzinkanister mit einem Kanister mit Wasserstoffperoxid verwechselt, wie die Polizei mitteilte. Die Feuerwehr rückte am frühen Dienstagabend zu einer Autowerkstatt bei Wiesbaden aus, in die das falsch betankte Auto geschleppt wurde. Da die Einsatzkräfte Explosionsgefahr durch eine chemische Reaktion nicht ausschließen konnten, wurden angrenzende Wohnhäuser evakuiert und die Hauptdurchfahrtsstraße für mehrere Stunden gesperrt. Hinzugerufene Fachkräfte der Werksfeuerwehr eines Chemiekonzerns konnten das Stoffgemisch dann aber gefahrlos abtransportieren. Das Auto gehöre zu einem Jägerverbund, erklärte ein Polizeisprecher. 
Ursache:	Zu der Verwechslung kam es, weil in einer Jagdhütte sowohl Kanister mit Benzin als auch mit Wasserstoffperoxid standen.
Hintergrund:	Jäger nutzen Wasserstoffperoxid zum Bleichen von Jagdtrophäen. Konzentriertes Wasserstoffperoxid kann bei Kontakt mit Reduktionsmitteln oder mit brennbaren, entzündbaren oder organischen Stoffen (hier: Ottokraftstoff) explosionsartig reagieren.

Vorgang:	**Zugabe von Wasserstoffperoxid in ein Sammelgefäß für die Lösungsmittelentsorgung in einer Universität** In einem Forschungslabor wurden im Jahr 2001 verschiedene Lösungsmittel wie Acetonitril, Methanol, Ethanol, Aceton in einem 60 L-Fass gesammelt. Durch eine Unachtsamkeit wurde auch Wasserstoffperoxid in den Sammelbehälter gefüllt. Folgen: ∘ Verweigerung der Annahme durch Entsorger nach Feststellung der gesammelten Stoffe ∘ Einsatz des Kampfmittelbeseitigungsdienstes und der Bundespolizei ∘ Polizei-/Feuerwehreinsatz: Räumung, großflächige Absperrung des Gebäudes und der Umgebung ∘ Überführung des Sammelfasses mit fernhantiertem, fahrbaren Roboter aus dem Kellerraum des Gebäudes ins Freie ∘ Der Fassinhalt konnte durch den fernhantierten Roboter in ein mobiles und mit Wasser gefülltes Bassin überführt werden. Durch die Verdünnung mit Wasser wurde die Explosionsgefahr gebannt. ∘ Keine Verletzten, kein Sachschaden aber hoher finanzieller Aufwand
Ursache:	Zu der fehlerhaften Befüllung kam es u. a., weil weder durch Betriebsanweisungen noch durch Unterweisungen das Personal ausreichend über die Abfallsammlung, über gefährliche Reaktionen und über Sammelbeschränkungen informiert war.
Hintergrund:	Konzentriertes Wasserstoffperoxid kann bei Kontakt mit Reduktionsmitteln oder mit brennbaren, entzündbaren oder organischen Stoffen (hier: organische Lösungsmittel) explosionsartig reagieren.

Vorgang:	**Freisetzung von Chlorgas durch falsche Befüllung eines Salzsäuretanks mit Bleichlauge** Bei einem Chemieunfall am 10.12.2003 in Bremen sind mehr als 50 Personen verletzt worden. Versehentlich waren 500 Liter Bleichlauge in einen Tankwagen mit 2000 Liter Salzsäure gefüllt worden. Die Personen mussten nach dem Austritt einer Chlorgaswolke mit Atemwegsbeschwerden und Reizungen der Atemwege ärztlich versorgt werden, 15 von ihnen im Krankenhaus. Wegen des schwachen Windes verteilte sich die Gaswolke nur langsam. Die Bremer Feuerwehr hatte deshalb vorsorglich Umweltalarm ausgelöst. Anwohner wurden aufgefordert, Fenster und Türen geschlossen zu halten. Mitarbeiter des Betriebs konnten aber den falsch befüllten Tank noch vor dem Eintreffen der Rettungskräfte verschließen. Messungen ergaben im Betriebsgebäude erhöhte Chlorgas-Konzentrationen. Es wurden fünf Notärzte und rund 100 Sanitäter und Feuerwehrleute eingesetzt.
Ursache:	Unachtsamkeit, mangelnde Sorgfalt
Hintergrund:	Bleichlauge (Chlorbleichlauge) besteht überwiegend aus Natriumhypochlorit (NaClO). Natriumhypochlorit reagiert mit Säuren (z. B. Salzsäure) und mit Oxidationsmitteln (z. B. Wasserstoffperoxid) zum Teil sehr heftig unter Hitzeentwicklung und Freisetzung von giftigem und ätzendem Chlorgas sowie verschiedenen, teilweise sehr reaktiven Chlorverbindungen.

LERNZIELKONTROLLE ZU III.5

Lernzielkontrolle – Aufgabe III.5-1

Welche Abfälle dürfen normalerweise nicht an einer Sammelstelle nach TRGS 520 angenommen und nicht nach der Ausnahme 20 GGAV befördert werden? Bitte ankreuzen.

☐ Altes Pflanzenschutzmittel E605 (Parathion), das giftige Thiophosphorsäureester enthält
☐ Feuerwerkskörper
☐ Ionisationsrauchmelder
☐ Königswasser
☐ Lithiumbatterien
☐ Phosphidhaltige Begasungstabletten mit veralteter Kennzeichnung
☐ Infektiöse Tierkadaver
☐ Unkraut-Ex mit Natriumperchlorat in beschädigten Metalldosen

Lernzielkontrolle – Aufgabe III.5-2

100 Liter eines flüssigen gefährlichen Abfalls mit Methanol und Benzin befinden sich in einem IBC. Darf der IBC nach der Ausnahme 20 GGAV zu einer Entsorgungsanlage befördert werden?

Lernzielkontrolle – Lösung Aufgabe III.5-1

Welche Abfälle dürfen normalerweise nicht an einer Sammelstelle nach TRGS 520 angenommen und nicht nach der Ausnahme 20 GGAV befördert werden? Bitte ankreuzen.

☐ Altes Pflanzenschutzmittel E605 (Parathion), das giftige Thiophosphorsäureester enthält
☒ Feuerwerkskörper
☒ Ionisationsrauchmelder
☒ Königswasser
☐ Lithiumbatterien
☐ Phosphidhaltige Begasungstabletten mit veralteter Kennzeichnung
☒ Infektiöse Tierkadaver
☐ Unkraut-Ex mit Natriumperchlorat in beschädigten Metalldosen

Lernzielkontrolle – Lösung Aufgabe III.5-2

Nein. Die Ausnahme 20 GGAV darf nur für gefährliche Abfälle in zusammengesetzten Verpackungen angewendet werden.

ANHANG

Muster für Lehrgangsprogramme
(Lehrinhalte mit Zeitansätzen)

Nr.	Thema	AbfAEV-Lehrgang[1]		Efb-Lehrgang[2]	Abf-Beauftr-Lehrgang[3]	TRGS 520-Lehrgang (gefährliche Abfälle)[4]
		nicht gefähr-liche Abfälle	gefähr-liche Abfälle			
Fortbildung alle ...		nicht geregelt	2 Jahre	2 Jahre	3 Jahre	1 Jahr
(1)	(2)	(3)	(4)	(5)	(6)	(7)
ABFALLRECHT UND -TECHNIK						
1	**KrWG**	1	4	4	4	2
1.1	Anwendungsbereich	X	X	X	X	X
1.2	Wichtigste Begriffsbestimmungen	X	X	X	X	X
1.3	Abfallhierarchie	X	X	X	X	X
1.4	Grundpflichten	X	X	X	X	X
1.5	Getrennthaltungspflichten und Vermischungs-verbote	X	X	X	X	X
1.6	Überlassungspflichten	X	X	X	X	X
1.7	Anzeigeverfahren für gemeinnützige und gewerbliche Sammlungen	X	X	X	X	X
1.8	Rechte und Pflichten der örE	–	–	X	X	X
1.9	Beauftragung Dritter	X	X	X	X	X
1.10	Produktverantwortung	–	–	X	X	X
1.11	Bedeutung von Abfallwirtschaftsplänen und -vermeidungsprogrammen	–	–	X	X	X
1.12	Abfallrechtliche Überwachung	–	–	X	X	X
1.13	Register- und Nachweispflichten	X	X	X	X	X
1.14	Anzeige- und Erlaubnisverfahren für Sammler, Beförderer, Händler und Makler	X	X	X	X	X
1.15	Kennzeichnung von Fahrzeugen	X	X	X	X	X
1.16	Zertifizierung von Efb	–	–	X	X	X
1.17	Bußgeldvorschriften	X	X	X	X	X
2	**Auf Grund des KrWG ergangene Rechtsverordnungen**	4	16	16	16	3
2.1	AVV	X	X	X	X	X
2.2	NachwV	–	X	X	X	X

Nr.	Thema	AbfAEV-Lehrgang[1]		Efb-Lehrgang[2]	Abf-Beauftr-Lehrgang[3]	TRGS 520-Lehrgang (gefährliche Abfälle)[4]
		nicht gefährliche Abfälle	gefährliche Abfälle			
	Fortbildung alle ...	nicht geregelt	2 Jahre	2 Jahre	3 Jahre	1 Jahr
(1)	(2)	(3)	(4)	(5)	(6)	(7)
2.3	AbfAEV	X	X	X	X	–
2.4	EfbV	X	X	X	X	X
2.5	Weitere (AltholzV, AltölV, PCBAbfV, BioAbfV, AbfKlärV, DepV)	–	–	X	X	–
3	**Weitere abfallrechtliche Gesetze**	–	1	1	1	–
3.1	ElektroG	–	X	X	X	–
3.2	BattG	–	X	X	X	–
3.3	VerpackG	–	X	X	X	–
4	**Recht der Abfallverbringung (AbfVerbrG, AbfVerbrV)**	1	3	1	1	–
5	**Für die Abfallwirtschaft einschlägige EU-rechtliche Grundlagen**	–	–	2	2	–
6	**Für die Abfallwirtschaft einschlägige inter- und supranationale Übereinkommen**	–	–			–
7	**Für die Abfallwirtschaft einschlägige landesrechtliche Grundlagen**	–	–			
8	**Für die Abfallwirtschaft einschlägiges kommunales Satzungsrecht**	–	–			–
9	**Für die Abfallwirtschaft einschlägige Verwaltungsvorschriften, Vollzugshilfen (insbes. LAGA), technische Anleitungen, Merkblätter und Regeln (insbes. zum Stand der Technik und BVT)**	–	–			–
10	**Weitere Rechtsvorschriften**	–	1	2	2	1
10.1	Baurecht (LBauOen, LöRüRL)	–	–	X	X	–
10.2	Immissionsschutzrecht (BImSchG, BImSchVen, z.B. 4., 12.)	–	X	X	X	X
10.3	Chemikalienrecht (ChemG, GefStoffV, TRGS)	–	X	X	X	–
10.4	Wasserrecht (WHG, VAwS/AwSV)	–	–	X	X	–
10.5	Bodenschutzrecht (BBodSchG, BBodSchV)	–	–	X	X	–
10.6	Seuchen- und Hygienerecht (TierGesG, TierNebG, TierNebV)	–	–	X	X	–
11	**Vorschriften der betrieblichen Haftung**	1	1	1	1	1

Nr.	Thema	AbfAEV-Lehrgang[1]		Efb-Lehrgang[2]	Abf-Beauftr-Lehrgang[3]	TRGS 520-Lehrgang (gefährliche Abfälle)[4]
		nicht gefährliche Abfälle	gefährliche Abfälle			
	Fortbildung alle ...	nicht geregelt	2 Jahre	2 Jahre	3 Jahre	1 Jahr
(1)	(2)	(3)	(4)	(5)	(6)	(7)
12	Vorschriften des Arbeitsschutzes (ArbSchG; GefStoffV, TRGS; berufsgenossenschaftliche Vorschriften)	–	–	2	2	1
13	Betriebliche Risiken und die einschlägigen Versicherungen	–	–	1	1	–
14	Bezüge zum Güterkraftverkehrs- und Gefahrgutrecht:	2	2	3	3	1
14.1	Güterkraftverkehrsrecht (GuKG)	X	X	X	X	–
14.2	Gefahrgutrecht (GGVSEB, ADR, GGAV)	X	X	X	X	X
15	Art und Beschaffenheit von gefährlichen Abfällen	1	1	1	1	3
16	Schädliche Umwelteinwirkungen, sonstige Gefahren, erhebliche Nachteile, erhebliche Belästigungen, die von Abfällen ausgehen können, und Maßnahmen zu ihrer Verhinderung oder Beseitigung	–	1	1	1	–
17	Anlagen-, verfahrenstechnische und sonstige Maßnahmen zur Vermeidung, der ordnungsgemäßen und schadlosen Verwertung und Beseitigung von Abfällen unter Berücksichtigung des Standes der Technik	–		–	1	
PFLICHTEN UND RECHTE DES ABFBEAUFTR		–	–	1		–
1	Pflichten des AbfBeauftr	–	–	X	3	–
1.1	Kontrolle der Einhaltung abfallrechtlicher Vorschriften	–	–	X	X	–
1.2	Information der Betriebsangehörigen über Belange der Vermeidung und Bewirtschaftung von Abfällen	–	–	X	X	–
1.3	Abgabe von Stellungnahmen zu Investitionsentscheidungen und Vorschläge zur Einführung umweltfreundlicher und abfallarmer Verfahren sowie zur Herstellung umweltfreundlicher und abfallarmer Erzeugnisse	–	–	X	X	–
1.4	Erstellung eines jährlichen, schriftlichen Berichts an den zur Bestellung Verpflichteten über die nach § 60 (1) Satz 2 Nr. 1–5 KrWG getroffenen und beabsichtigten Maßnahmen	–	–	X	X	–

Nr.	Thema	AbfAEV-Lehrgang[1]		Efb-Lehrgang[2]	Abf-Beauftr-Lehrgang[3]	TRGS 520-Lehrgang (gefährliche Abfälle)[4]
		nicht gefährliche Abfälle	gefährliche Abfälle			
	Fortbildung alle ...	nicht geregelt	2 Jahre	2 Jahre	3 Jahre	1 Jahr
(1)	(2)	(3)	(4)	(5)	(6)	(7)
1.5	Optimierungspotenziale bei Abfällen: Reduzierung von Entsorgungskosten durch Methoden zur kostenoptimalen Abfallwirtschaft	–	–	X	X	–
2	**Rechte des AbfBeauftr**	–	–	X	1	–
2.1	Vortragsrecht	–	–	X	X	–
2.2	Benachteiligungsverbot und Kündigungsschutz	–	–	X	X	–
3	**Verfahren zur Bestellung des AbfBeauftr**	–	–	X	1	–
TRGS 520		–	–	–	–	–
1	**Sammelverfahren für gefährliche Abfälle in Kleinmengen**	–	–	–	–	6
2	**Arbeitsplatzüberwachung, Gasprüfmethoden**	–	–	–	–	
2.1	Auswahl geeigneter Geräte und Verfahren (Prüfröhrchen, Explosimeter)	–	–	–	–	1
2.2	Handhabung	–	–	–	–	1
2.3	Fehlerquellen	–	–	–	–	1
3	**Persönliche Schutzausrüstung**	–	–	–	–	1
4	**Sofortmaßnahmen bei Unfällen mit gefährlichen und nicht identifizierten Abfällen**	–	–	–	–	1
5	**Darstellung und Erörterung der Sammelpraxis sowie aufgetretener Unfälle**	–	–	–	–	1
Σ		10	30	36	40	25

1) Gemäß AbfAEV, Anlage 1, und LAGA (Hrsg.): Vollzugshilfe „Anerkennung von Fachkundelehrgängen", Abschnitt II.;
2) Gemäß EfbV, Anlage 1, und LAGA (Hrsg.): Vollzugshilfe „Anerkennung von Fachkundelehrgängen", Abschnitt II.;
3) Gemäß AbfBeauftrV, Anlage 1;
4) Gemäß TRGS 520, Anlage 3.

Ziffern in den Zellen = Anzahl der Unterrichtseinheiten; 1 Unterrichtseinheit (UE) = 45 Minuten.
Für Fortbildungslehrgänge ist die Zahl der UE zu halbieren.

Abfallverzeichnis – Erlaubnis und Anzeige – wann?

AS	Abfallbezeichnung	gefähr-lich?	Beförderer Efb?		Bemerkung
			Nein	Ja	
01 01 01	Abfälle aus dem Abbau von metallhaltigen Bodenschätzen	Nein	A	A	
01 01 02	Abfälle aus dem Abbau von nichtmetallhaltigen Boden-schätzen	Nein	A	A	
01 03 04*	Säure bildende Aufbereitungsrückstände aus der Verarbeitung von sulfidischem Erz	Ja	E	A	
01 03 05*	Andere Aufbereitungsrückstände, die gefährliche Stoffe enthalten	Ja	E	A	
01 03 06	Aufbereitungsrückstände mit Ausnahme derjenigen, die unter 01 03 04 und 01 03 05 fallen	Nein	A	A	
01 03 07*	Andere, gefährliche Stoffe enthaltende Abfälle aus der physikalischen und chemischen Verarbeitung von metallhaltigen Bodenschätzen	Ja	E	A	
01 03 08	Staubende und pulvrige Abfälle mit Ausnahme derjenigen, die unter 01 03 07 fallen	Nein	A	A	
01 03 09	Rotschlamm aus der Aluminiumoxidherstellung mit Ausnahme von Abfällen, die unter 01 03 10 fallen	Nein	A	A	
01 03 10	Rotschlamm aus der Aluminiumoxidherstellung, der gefährliche Stoffe enthält, mit Ausnahme der unter 01 03 07 genannten Abfälle	Ja	E	A	
01 03 99	Abfälle a.n.g.	Nein	A	A	
01 04 07*	Gefährliche Stoffe enthaltende Abfälle aus der physikali-schen und chemischen Weiterverarbeitung von nichtmetall-haltigen Bodenschätzen	Ja	E	A	
01 04 08	Abfälle von Kies- und Gesteinsbruch mit Ausnahme derjenigen, die unter 01 04 07 fallen	Nein	A	A	
01 04 09	Abfälle von Sand und Ton	Nein	A	A	
01 04 10	Staubende und pulvrige Abfälle mit Ausnahme derjenigen, die unter 01 04 07 fallen	Nein	A	A	
01 04 11	Abfälle aus der Verarbeitung von Kali- und Steinsalz mit Ausnahme derjenigen, die unter 01 04 07 fallen	Nein	A	A	
01 04 12	Aufbereitungsrückstände und andere Abfälle aus der Wäsche und Reinigung von Bodenschätzen mit Ausnahme derjenigen, die unter 01 04 07 und 01 04 11 fallen	Nein	A	A	
01 04 13	Abfälle aus Steinmetz- und -sägearbeiten mit Ausnahme derjenigen, die unter 01 04 07 fallen	Nein	A	A	
01 04 99	Abfälle a.n.g.	Nein	A	A	
01 05 04	Schlämme und Abfälle aus Süßwasserbohrungen	Nein	A	A	
01 05 05*	Ölhaltige Bohrschlämme und -abfälle	Ja	E	A	
01 05 06*	Bohrschlämme und andere Bohrabfälle, die gefährliche Stoffe enthalten	Ja	E	A	

AS	Abfallbezeichnung	gefähr-lich?	Beförderer Efb?		Bemerkung
			Nein	Ja	
01 05 07	Barythaltige Bohrschlämme und -abfälle mit Ausnahme derjenigen, die unter 01 05 05 und 01 05 06 fallen	Nein	A	A	
01 05 08	Chloridhaltige Bohrschlämme und -abfälle mit Ausnahme derjenigen, die unter 01 05 05 und 01 05 06 fallen	Nein	A	A	
01 05 99	Abfälle a.n.g.	Nein	A	A	
02 01 01	Schlämme von Wasch- und Reinigungsvorgängen	Nein	A	A	
02 01 02	Abfälle aus tierischem Gewebe	Nein	A	A	
02 01 03	Abfälle aus pflanzlichem Gewebe	Nein	A	A	
02 01 04	Kunststoffabfälle (ohne Verpackungen)	Nein	A	A	
02 01 06	Tierische Ausscheidungen, Gülle/Jauche und Stallmist (einschließlich verdorbenes Stroh), Abwässer, getrennt gesammelt und extern behandelt	Nein	A	A	
02 01 07	Abfälle aus der Forstwirtschaft	Nein	A	A	
02 01 08*	Abfälle von Chemikalien für die Landwirtschaft, die gefährliche Stoffe enthalten	Ja	E	A	
02 01 09	Abfälle von Chemikalien für die Landwirtschaft mit Ausnahme derjenigen, die unter 02 01 08 fallen	Nein	A	A	
02 01 10	Metallabfälle	Nein	A	A	
02 01 99	Abfälle a.n.g.	Nein	A	A	
02 02 01	Schlämme von Wasch- und Reinigungsvorgängen	Nein	A	A	
02 02 02	Abfälle aus tierischem Gewebe	Nein	A	A	
02 02 03	Für Verzehr oder Verarbeitung ungeeignete Stoffe	Nein	A	A	
02 02 04	Schlämme aus der betriebseigenen Abwasserbehandlung	Nein	A	A	
02 02 99	Abfälle a.n.g.	Nein	A	A	
02 03 01	Schlämme aus Wasch-, Reinigungs-, Schäl-, Zentrifugier- und Abtrennprozessen	Nein	A	A	
02 03 02	Abfälle von Konservierungsstoffen	Nein	A	A	
02 03 03	Abfälle aus der Extraktion mit Lösemitteln	Nein	A	A	
02 03 04	Für Verzehr oder Verarbeitung ungeeignete Stoffe	Nein	A	A	
02 03 05	Schlämme aus der betriebseigenen Abwasserbehandlung	Nein	A	A	
02 03 99	Abfälle a.n.g.	Nein	A	A	
02 04 01	Rübenerde	Nein	A	A	
02 04 02	Nicht spezifikationsgerechter Calciumcarbonatschlamm	Nein	A	A	
02 04 03	Schlämme aus der betriebseigenen Abwasserbehandlung	Nein	A	A	
02 04 99	Abfälle a.n.g.	Nein	A	A	
02 05 01	Für Verzehr oder Verarbeitung ungeeignete Stoffe	Nein	A	A	
02 05 02	Schlämme aus der betriebseigenen Abwasserbehandlung	Nein	A	A	
02 05 99	Abfälle a.n.g.	Nein	A	A	
02 06 01	Für Verzehr oder Verarbeitung ungeeignete Stoffe	Nein	A	A	
02 06 02	Abfälle von Konservierungsstoffen	Nein	A	A	
02 06 03	Schlämme aus der betriebseigenen Abwasserbehandlung	Nein	A	A	

AS	Abfallbezeichnung	gefähr-lich?	Beförderer Efb?		Bemerkung
			Nein	Ja	
02 06 99	Abfälle a.n.g.	Nein	A	A	
02 07 01	Abfälle aus der Wäsche, Reinigung und mechanischen Zerkleinerung des Rohmaterials	Nein	A	A	
02 07 02	Abfälle aus der Alkoholdestillation	Nein	A	A	
02 07 03	Abfälle aus der chemischen Behandlung	Nein	A	A	
02 07 04	Für Verzehr oder Verarbeitung ungeeignete Stoffe	Nein	A	A	
02 07 05	Schlämme aus der betriebseigenen Abwasserbehandlung	Nein	A	A	
02 07 99	Abfälle a.n.g.	Nein	A	A	
03 01 01	Rinden und Korkabfälle	Nein	A	A	
03 01 04*	Sägemehl, Späne, Abschnitte, Holz, Spanplatten und Furniere, die gefährliche Stoffe enthalten	Ja	E	A	
03 01 05	Sägemehl, Späne, Abschnitte, Holz, Spanplatten und Furniere mit Ausnahme derjenigen, die unter 03 01 04 fallen	Nein	A	A	
03 01 99	Abfälle a.n.g.	Nein	A	A	
03 02 01*	Halogenfreie organische Holzschutzmittel	Ja	E	A	
03 02 02*	Chlororganische Holzschutzmittel	Ja	E	A	
03 02 03*	Metallorganische Holzschutzmittel	Ja	E	A	
03 02 04*	Anorganische Holzschutzmittel	Ja	E	A	
03 02 05*	Andere Holzschutzmittel, die gefährliche Stoffe enthalten	Ja	E	A	
03 02 99	Holzschutzmittel a.n.g.	Nein	A	A	
03 03 01	Rinden- und Holzabfälle	Nein	A	A	
03 03 02	Sulfitschlämme (aus der Rückgewinnung von Kochlaugen)	Nein	A	A	
03 03 05	De-inking-Schlämme aus dem Papierrecycling	Nein	A	A	
03 03 07	Mechanisch abgetrennte Abfälle aus der Auflösung von Papier- und Pappabfällen	Nein	A	A	
03 03 08	Abfälle aus dem Sortieren von Papier und Pappe für das Recycling	Nein	A	A	
03 03 09	Kalkschlammabfälle	Nein	A	A	
03 03 10	Faserabfälle, Faser-, Füller- und Überzugsschlämme aus der mechanischen Abtrennung	Nein	A	A	
03 03 11	Schlämme aus der betriebseigenen Abwasserbehandlung mit Ausnahme derjenigen, die unter 03 03 10 fallen	Nein	A	A	
03 03 99	Abfälle a.n.g.	Nein	A	A	
04 01 01	Fleischabschabungen und Häuteabfälle	Nein	A	A	
04 01 02	Geäschertes Leimleder	Nein	A	A	
04 01 03*	Entfettungsabfälle, lösemittelhaltig, ohne flüssige Phase	Ja	E	A	
04 01 04	Chromhaltige Gerbereibrühe	Nein	A	A	
04 01 05	Chromfreie Gerbereibrühe	Nein	A	A	
04 01 06	Chromhaltige Schlämme, insbesondere aus der betriebs-eigenen Abwasserbehandlung	Nein	A	A	

AS	Abfallbezeichnung	gefähr-lich?	Beförderer Efb?		Bemerkung
			Nein	Ja	
04 01 07	Chromfreie Schlämme, insbesondere aus der betriebseigenen Abwasserbehandlung	Nein	A	A	
04 01 08	Chromhaltige Abfälle aus gegerbtem Leder (Abschnitte, Schleifstaub, Falzspäne)	Nein	A	A	
04 01 09	Abfälle aus der Zurichtung und dem Finish	Nein	A	A	
04 01 99	Abfälle a.n.g.	Nein	A	A	
04 02 09	Abfälle aus Verbundmaterialien (imprägnierte Textilien, Elastomer, Plastomer)	Nein	A	A	
04 02 10	Organische Stoffe aus Naturstoffen (z. B. Fette, Wachse)	Nein	A	A	
04 02 14*	Abfälle aus dem Finish, die organische Lösungsmittel enthalten	Ja	E	A	
04 02 15	Abfälle aus dem Finish mit Ausnahme derjenigen, die unter 04 02 14 fallen	Nein	A	A	
04 02 16*	Farbstoffe und Pigmente, die gefährliche Stoffe enthalten	Ja	E	A	
04 02 17	Farbstoffe und Pigmente mit Ausnahme derjenigen, die unter 04 02 16 fallen	Nein	A	A	
04 02 19*	Schlämme aus der betriebseigenen Abwasserbehandlung, die gefährliche Stoffe enthalten	Ja	E	A	
04 02 20	Schlämme aus der betriebseigenen Abwasserbehandlung mit Ausnahme derjenigen, die unter 04 02 19 fallen	Nein	A	A	
04 02 21	Abfälle aus unbehandelten Textilfasern	Nein	A	A	
04 02 22	Abfälle aus verarbeiteten Textilfasern	Nein	A	A	
04 02 99	Abfälle a.n.g.	Nein	A	A	
05 01 02*	Entsalzungsschlämme	Ja	E	A	
05 01 03*	Bodenschlämme aus Tanks	Ja	E	A	
05 01 04*	Saure Alkylschlämme	Ja	E	A	
05 01 05*	Verschüttetes Öl	Ja	E	A	
05 01 06*	Ölhaltige Schlämme aus Betriebsvorgängen und Instandhaltung	Ja	E	A	
05 01 07*	Säureteere	Ja	E	A	
05 01 08*	Andere Teere	Ja	E	A	
05 01 09*	Schlämme aus der betriebseigenen Abwasserbehandlung, die gefährliche Stoffe enthalten	Ja	E	A	
05 01 10	Schlämme aus der betriebseigenen Abwasserbehandlung mit Ausnahme derjenigen, die unter 05 01 09 fallen	Nein	A	A	
05 01 11*	Abfälle aus der Brennstoffreinigung mit Basen	Ja	E	A	
05 01 12*	Säurehaltige Öle	Ja	E	A	
05 01 13	Schlämme aus der Kesselspeisewasseraufbereitung	Nein	A	A	
05 01 14	Abfälle aus Kühlkolonnen	Nein	A	A	
05 01 15*	Gebrauchte Filtertone	Ja	E	A	
05 01 16	Schwefelhaltige Abfälle aus der Ölentschwefelung	Nein	A	A	

AS	Abfallbezeichnung	gefähr- lich?	Beförderer Efb?		Bemerkung
			Nein	Ja	
05 01 17	Bitumen	Nein	A	A	
05 01 99	Abfälle a.n.g.	Nein	A	A	
05 06 01*	Säureteere	Ja	E	A	
05 06 03*	Andere Teere	Ja	E	A	
05 06 04	Abfälle aus Kühlkolonnen	Nein	A	A	
05 06 99	Abfälle a.n.g.	Nein	A	A	
05 07 01*	Quecksilberhaltige Abfälle	Ja	E	A	
05 07 02	Schwefelhaltige Abfälle	Nein	A	A	
05 07 99	Abfälle a.n.g.	Nein	A	A	
06 01 01*	Schwefelsäure und schweflige Säure	Ja	E	A	
06 01 02*	Salzsäure	Ja	E	A	
06 01 03*	Flusssäure	Ja	E	A	
06 01 04*	Phosphorsäure und phosphorige Säure	Ja	E	A	
06 01 05*	Salpetersäure und salpetrige Säure	Ja	E	A	
06 01 06*	Andere Säuren	Ja	E	A	
06 01 99	Abfälle a.n.g.	Nein	A	A	
06 02 01*	Calciumhydroxid	Ja	E	A	
06 02 03*	Ammoniumhydroxid	Ja	E	A	
06 02 04*	Natrium- und Kaliumhydroxid	Ja	E	A	
06 02 05*	Andere Basen	Ja	E	A	
06 02 99	Abfälle a.n.g.	Nein	A	A	
06 03 11*	Feste Salze und Lösungen, die Cyanid enthalten	Ja	E	A	
06 03 13*	Feste Salze und Lösungen, die Schwermetalle enthalten	Ja	E	A	
06 03 14	Feste Salze und Lösungen mit Ausnahme derjenigen, die unter 06 03 11 und 06 03 13 fallen	Nein	A	A	
06 03 15*	Metalloxide, die Schwermetalle enthalten	Ja	E	A	
06 03 16	Metalloxide mit Ausnahme derjenigen, die unter 06 03 15 fallen	Nein	A	A	
06 03 99	Abfälle a.n.g.	Nein	A	A	
06 04 03*	Arsenhaltige Abfälle	Ja	E	A	
06 04 04*	Quecksilberhaltige Abfälle	Ja	E	A	
06 04 05*	Abfälle, die andere Schwermetalle enthalten	Ja	E	A	
06 04 99	Abfälle a.n.g.	Nein	A	A	
06 05 02*	Schlämme aus der betriebseigenen Abwasserbehandlung, die gefährliche Stoffe enthalten	Ja	E	A	
06 05 03	Schlämme aus der betriebseigenen Abwasserbehandlung mit Ausnahme derjenigen, die unter 06 05 02 fallen	Nein	A	A	
06 06 02*	Abfälle, die gefährliche Sulfide enthalten	Ja	E	A	
06 06 03	Sulfidhaltige Abfälle mit Ausnahme derjenigen, die unter 06 06 02 fallen	Nein	A	A	

AS	Abfallbezeichnung	gefähr-lich?	Beförderer Efb?		Bemerkung
			Nein	Ja	
06 06 99	Abfälle a.n.g.	Nein	A	A	
06 07 01*	Asbesthaltige Abfälle aus der Elektrolyse	Ja	E	A	
06 07 02*	Aktivkohle aus der Chlorherstellung	Ja	E	A	
06 07 03*	Quecksilberhaltige Bariumsulfatschlämme	Ja	E	A	
06 07 04*	Lösungen und Säuren, z. B. Kontaktsäure	Ja	E	A	
06 07 99	Abfälle a.n.g.	Nein	A	A	
06 08 02*	Abfälle, die gefährliche Chlorsilane enthalten	Ja	E	A	
06 08 99	Abfälle a.n.g.	Nein	A	A	
06 09 02	Phosphorhaltige Schlacke	Nein	A	A	
06 09 03*	Reaktionsabfälle auf Kalziumbasis, die gefährliche Stoffe enthalten oder durch gefährliche Stoffe verunreinigt sind	Ja	E	A	
06 09 04	Reaktionsabfälle auf Kalziumbasis mit Ausnahme derjenigen, die unter 06 09 03 fallen	Nein	A	A	
06 09 99	Abfälle a.n.g.	Nein	A	A	
06 10 02*	Abfälle, die gefährliche Stoffe enthalten	Ja	E	A	
06 10 99	Abfälle a.n.g.	Nein	A	A	
06 11 01	Reaktionsabfälle auf Kalziumbasis aus der Titandioxidher-stellung	Nein	A	A	
06 11 99	Abfälle a.n.g.	Nein	A	A	
06 13 01*	Anorganische Pflanzenschutzmittel, Holzschutzmittel und andere Biozide	Ja	E	A	
06 13 02*	Gebrauchte Aktivkohle (außer 06 07 02)	Ja	E	A	
06 13 03	Industrieruß	Nein	A	A	
06 13 04*	Abfälle aus der Asbestverarbeitung	Ja	E	A	
06 13 05*	Ofen- und Kaminruß	Ja	E	A	
06 13 99	Abfälle a.n.g.	Nein	A	A	
07 01 01*	Wässrige Waschflüssigkeiten und Mutterlaugen	Ja	E	A	
07 01 03*	Halogenorganische Lösemittel, Waschflüssigkeiten und Mutterlaugen	Ja	E	A	
07 01 04*	Andere organische Lösemittel, Waschflüssigkeiten und Mutterlaugen	Ja	E	A	
07 01 07*	Halogenierte Reaktions- und Destillationsrückstände	Ja	E	A	
07 01 08*	Andere Reaktions- und Destillationsrückstände	Ja	E	A	
07 01 09*	Halogenierte Filterkuchen, gebrauchte Aufsaugmaterialien	Ja	E	A	
07 01 10*	Andere Filterkuchen, gebrauchte Aufsaugmaterialien	Ja	E	A	
07 01 11*	Schlämme aus der betriebseigenen Abwasserbehandlung, die gefährliche Stoffe enthalten	Ja	E	A	
07 01 12	Schlämme aus der betriebseigenen Abwasserbehandlung mit Ausnahme derjenigen, die unter 07 01 11 fallen	Nein	A	A	
07 01 99	Abfälle a.n.g.	Nein	A	A	
07 02 01*	Wässrige Waschflüssigkeiten und Mutterlaugen	Ja	E	A	

AS	Abfallbezeichnung	gefähr-lich?	Beförderer Efb?		Bemerkung
			Nein	Ja	
07 02 03*	Halogenorganische Lösemittel, Waschflüssigkeiten und Mutterlaugen	Ja	E	A	
07 02 04*	Andere organische Lösemittel, Waschflüssigkeiten und Mutterlaugen	Ja	E	A	
07 02 07*	Halogenierte Reaktions- und Destillationsrückstände	Ja	E	A	
07 02 08*	Andere Reaktions- und Destillationsrückstände	Ja	E	A	
07 02 09*	Halogenierte Filterkuchen, gebrauchte Aufsaugmaterialien	Ja	E	A	
07 02 10*	Andere Filterkuchen, gebrauchte Aufsaugmaterialien	Ja	E	A	
07 02 11*	Schlämme aus der betriebseigenen Abwasserbehandlung, die gefährliche Stoffe enthalten	Ja	E	A	
07 02 12	Schlämme aus der betriebseigenen Abwasserbehandlung mit Ausnahme derjenigen, die unter 07 02 11 fallen	Nein	A	A	
07 02 13	Kunststoffabfälle	Nein	A	A	
07 02 14*	Abfälle von Zusatzstoffen, die gefährliche Stoffe enthalten	Ja	E	A	
07 02 15	Abfälle von Zusatzstoffen mit Ausnahme derjenigen, die unter 07 02 14 fallen	Nein	A	A	
07 02 16*	Abfälle, die gefährliche Silikone enthalten	Ja	E	A	
07 02 17	Siliconhaltige Abfälle,andere als die in 07 02 16 genannten	Nein	A	A	
07 02 99	Abfälle a.n.g.	Nein	A	A	
07 03 01*	Wässrige Waschflüssigkeiten und Mutterlaugen	Ja	E	A	
07 03 03*	Halogenorganische Lösemittel, Waschflüssigkeiten und Mutterlaugen	Ja	E	A	
07 03 04*	Andere organische Lösemittel, Waschflüssigkeiten und Mutterlaugen	Ja	E	A	
07 03 07*	Halogenierte Reaktions- und Destillationsrückstände	Ja	E	A	
07 03 08*	Andere Reaktions- und Destillationsrückstände	Ja	E	A	
07 03 09*	Halogenierte Filterkuchen, gebrauchte Aufsaugmaterialien	Ja	E	A	
07 03 10*	Andere Filterkuchen, gebrauchte Aufsaugmaterialien	Ja	E	A	
07 03 11*	Schlämme aus der betriebseigenen Abwasserbehandlung, die gefährliche Stoffe enthalten	Ja	E	A	
07 03 12	Schlämme aus der betriebseigenen Abwasserbehandlung mit Ausnahme derjenigen, die unter 07 03 11 fallen	Nein	A	A	
07 03 99	Abfälle a.n.g.	Nein	A	A	
07 04 01*	Wässrige Waschflüssigkeiten und Mutterlaugen	Ja	E	A	
07 04 03*	Halogenorganische Lösemittel, Waschflüssigkeiten und Mutterlaugen	Ja	E	A	
07 04 04*	Andere organische Lösemittel, Waschflüssigkeiten und Mutterlaugen	Ja	E	A	
07 04 07*	Halogenierte Reaktions- und Destillationsrückstände	Ja	E	A	
07 04 08*	Andere Reaktions- und Destillationsrückstände	Ja	E	A	
07 04 09*	Halogenierte Filterkuchen, gebrauchte Aufsaugmaterialien	Ja	E	A	
07 04 10*	Andere Filterkuchen, gebrauchte Aufsaugmaterialien	Ja	E	A	

AS	Abfallbezeichnung	gefähr-lich?	Beförderer Efb?		Bemerkung
			Nein	Ja	
07 04 11*	Schlämme aus der betriebseigenen Abwasserbehandlung, die gefährliche Stoffe enthalten	Ja	E	A	
07 04 12	Schlämme aus der betriebseigenen Abwasserbehandlung mit Ausnahme derjenigen, die unter 07 04 11 fallen	Nein	A	A	
07 04 13*	Feste Abfälle, die gefährliche Stoffe enthalten	Ja	E	A	
07 04 99	Abfälle a.n.g.	Nein	A	A	
07 05 01*	Wässrige Waschflüssigkeiten und Mutterlaugen	Ja	E	A	
07 05 03*	Halogenorganische Lösemittel, Waschflüssigkeiten und Mutterlaugen	Ja	E	A	
07 05 04*	Andere organische Lösemittel, Waschflüssigkeiten und Mutterlaugen	Ja	E	A	
07 05 07*	Halogenierte Reaktions- und Destillationsrückstände	Ja	E	A	
07 05 08*	Andere Reaktions- und Destillationsrückstände	Ja	E	A	
07 05 09*	Halogenierte Filterkuchen, gebrauchte Aufsaugmaterialien	Ja	E	A	
07 05 10*	Andere Filterkuchen, gebrauchte Aufsaugmaterialien	Ja	E	A	
07 05 11*	Schlämme aus der betriebseigenen Abwasserbehandlung, die gefährliche Stoffe enthalten	Ja	E	A	
07 05 12	Schlämme aus der betriebseigenen Abwasserbehandlung mit Ausnahme derjenigen, die unter 07 05 11 fallen	Nein	A	A	
07 05 13*	Feste Abfälle, die gefährliche Stoffe enthalten	Ja	E	A	
07 05 14	Feste Abfälle mit Ausnahme derjenigen, die unter 07 05 13 fallen	Nein	A	A	
07 05 99	Abfälle a.n.g.	Nein	A	A	
07 06 01*	Wässrige Waschflüssigkeiten und Mutterlaugen	Ja	E	A	
07 06 03*	Halogenorganische Lösemittel, Waschflüssigkeiten und Mutterlaugen	Ja	E	A	
07 06 04*	Andere organische Lösemittel, Waschflüssigkeiten und Mutterlaugen	Ja	E	A	
07 06 07*	Halogenierte Reaktions- und Destillationsrückstände	Ja	E	A	
07 06 08*	Andere Reaktions- und Destillationsrückstände	Ja	E	A	
07 06 09*	Halogenierte Filterkuchen, gebrauchte Aufsaugmaterialien*	Ja	E	A	
07 06 10*	Andere Filterkuchen, gebrauchte Aufsaugmaterialien	Ja	E	A	
07 06 11*	Schlämme aus der betriebseigenen Abwasserbehandlung, die gefährliche Stoffe enthalten	Ja	E	A	
07 06 12	Schlämme aus der betriebseigenen Abwasserbehandlung mit Ausnahme derjenigen, die unter 07 06 11 fallen	Nein	A	A	
07 06 99	Abfälle a.n.g.	Nein	A	A	
07 07 01*	Wässrige Waschflüssigkeiten und Mutterlaugen	Ja	E	A	
07 07 03*	Halogenorganische Lösemittel, Waschflüssigkeiten und Mutterlaugen	Ja	E	A	
07 07 04*	Andere organische Lösemittel, Waschflüssigkeiten und Mutterlaugen	Ja	E	A	
07 07 07*	Halogenierte Reaktions- und Destillationsrückstände	Ja	E	A	

AS	Abfallbezeichnung	gefähr-lich?	Beförderer Efb?		Bemerkung
			Nein	Ja	
07 07 08*	Andere Reaktions- und Destillationsrückstände	Ja	E	A	
07 07 09*	Halogenierte Filterkuchen, gebrauchte Aufsaugmaterialien	Ja	E	A	
07 07 10*	Andere Filterkuchen, gebrauchte Aufsaugmaterialien	Ja	E	A	
07 07 11*	Schlämme aus der betriebseigenen Abwasserbehandlung, die gefährliche Stoffe enthalten	Ja	E	A	
07 07 12	Schlämme aus der betriebseigenen Abwasserbehandlung mit Ausnahme derjenigen, die unter 07 07 11 fallen	Nein	A	A	
07 07 99	Abfälle a.n.g.	Nein	A	A	
08 01 11*	Farb- und Lackabfälle, die organische Lösemittel oder andere gefährliche Stoffe enthalten	Ja	E	A	
08 01 12	Farb- und Lackabfälle mit Ausnahme derjenigen, die unter 08 01 11 fallen	Nein	A	A	
08 01 13*	Farb- und Lackschlämme, die organische Lösemittel oder andere gefährliche Stoffe enthalten	Ja	E	A	
00 01 14	Farb- und Lackschlämme mit Ausnahme derjenigen, die unter 08 01 13 fallen	Nein	A	A	
08 01 15*	Wässrige Schlämme, die Farben oder Lacke mit organischen Lösemitteln oder anderen gefährlichen Stoffen enthalten	Ja	E	A	
08 01 16	Wässrige Schlämme, die Farben oder Lacke enthalten, mit Ausnahme derjenigen, die unter 08 01 15 fallen	Nein	A	A	
08 01 17*	Abfälle aus der Farb- oder Lackentfernung, die organische Lösemittel oder andere gefährliche Stoffe enthalten	Ja	E	A	
08 01 18	Abfälle aus der Farb- oder Lackentfernung mit Ausnahme derjenigen, die unter 08 01 17 fallen	Nein	A	A	
08 01 19*	Wässrige Suspensionen, die Farben oder Lacke mit organischen Lösemitteln oder anderen gefährlichen Stoffen enthalten	Ja	E	A	
08 01 20	Wässrige Suspensionen, die Farben oder Lacke enthalten, mit Ausnahme derjenigen, die unter 08 01 19 fallen	Nein	A	A	
08 01 21*	Farb- oder Lackentfernerabfälle	Ja	E	A	
08 01 99	Abfälle a.n.g.	Nein	A	A	
08 02 01	Abfälle von Beschichtungspulver	Nein	A	A	
08 02 02	Wässrige Schlämme, die keramische Werkstoffe enthalten	Nein	A	A	
08 02 03	Wässrige Suspensionen, die keramische Werkstoffe enthalten	Nein	A	A	
08 02 99	Abfälle a.n.g.	Nein	A	A	
08 03 07	Wässrige Schlämme, die Druckfarben enthalten	Nein	A	A	
08 03 08	Wässrige flüssige Abfälle, die Druckfarben enthalten	Nein	A	A	
08 03 12*	Druckfarbenabfälle, die gefährliche Stoffe enthalten	Ja	E	Ja	
08 03 13	Druckfarbenabfälle mit Ausnahme derjenigen, die unter 08 03 12 fallen	Nein	A	A	
08 03 14*	Druckfarbenschlämme, die gefährliche Stoffe enthalten	Ja	E	A	

AS	Abfallbezeichnung	gefähr-lich?	Beförderer Efb?		Bemerkung
			Nein	Ja	
08 03 15	Druckfarbenschlämme mit Ausnahme derjenigen, die unter 08 03 14 fallen	Nein	A	A	
08 03 16*	Abfälle von Ätzlösungen	Ja	E	A	
08 03 17*	Tonerabfälle, die gefährliche Stoffe enthalten	Ja	E	A	
08 03 18	Tonerabfälle mit Ausnahme derjenigen, die unter 08 03 17 fallen	Nein	A	A	
08 03 19*	Dispersionsöl	Ja	E	A	
08 03 99	Abfälle a.n.g.	Nein	A	A	
08 04 09*	Klebstoff- und Dichtmassenabfälle, die organische Lösemittel oder andere gefährliche Stoffe enthalten	Ja	E	A	
08 04 10	Klebstoff- und Dichtmassenabfälle mit Ausnahme derjenigen, die unter 08 04 09 fallen	Nein	A	A	
08 04 11*	Klebstoff- und dichtmassenhaltige Schlämme, die organische Lösemittel oder andere gefährliche Stoffe enthalten	Ja	E	A	
08 04 12	Klebstoff- und dichtmassenhaltige Schlämme mit Ausnahme derjenigen, die unter 08 04 11 fallen	Nein	A	A	
08 04 13*	Wässrige Schlämme, die Klebstoffe oder Dichtmassen mit organischen Lösemitteln oder anderen gefährlichen Stoffen enthalten	Ja	E	A	
08 04 14	Wässrige Schlämme, die Klebstoffe oder Dichtmassen enthalten, mit Ausnahme derjenigen, die unter 08 04 13 fallen	Nein	A	A	
08 04 15*	Wässrige flüssige Abfälle, die Klebstoffe oder Dichtmassen mit organischen Lösemitteln oder anderen gefährlichen Stoffen enthalten	Ja	E	A	
08 04 16	Wässrige flüssige Abfälle, die Klebstoffe oder Dichtmassen enthalten, mit Ausnahme derjenigen, die unter 08 04 15 fallen	Nein	A	A	
08 04 17*	Harzöle	Ja	E	A	
08 04 99	Abfälle a.n.g.	Nein	A	A	
08 05 01*	Isocyanatabfälle	Ja	E	A	
09 01 01*	Entwickler und Aktivatorenlösungen auf Wasserbasis	Ja	E	A	
09 01 02*	Offsetdruckplatten-Entwicklerlösungen auf Wasserbasis	Ja	E	A	
09 01 03*	Entwicklerlösungen auf Lösemittelbasis	Ja	E	A	
09 01 04*	Fixierbäder	Ja	E	A	
09 01 05*	Bleichlösungen und Bleich-Fixier-Bäder	Ja	E	A	
09 01 06*	Silberhaltige Abfälle aus der betriebseigenen Behandlung fotografischer Abfälle	Ja	E	A	
09 01 07	Filme und fotografische Papiere, die Silber oder Silberver-bindungen enthalten	Nein	A	A	
09 01 08	Filme und fotografische Papiere, die kein Silber und keine Silberverbindungen enthalten	Nein	A	A	
09 01 10	Einwegkameras ohne Batterien	Nein	A	A	

AS	Abfallbezeichnung	gefähr-lich?	Beförderer Efb?		Bemerkung
			Nein	Ja	
09 01 11*	Einwegkameras mit Batterien, die unter 16 06 01, 16 06 02 oder 16 06 03 fallen	Ja	E	A	
09 01 12	Einwegkameras mit Batterien mit Ausnahme derjenigen, die unter 09 01 11 fallen	Nein	A	A	
09 01 13*	Wässrige flüssige Abfälle aus der betriebseigenen Silberrückgewinnung mit Ausnahme derjenigen, die unter 09 01 06 fallen	Ja	E	A	
09 01 99	Abfälle a.n.g.	Nein	A	A	
10 01 01	Rost und Kesselasche, Schlacken und Kesselstaub mit Ausnahme von Kesselstaub, der unter 10 01 04 fällt	Nein	A	A	
10 01 02	Filterstäube aus Kohlefeuerung	Nein	A	A	
10 01 03	Filterstäube aus Torffeuerung und Feuerung mit (unbehandeltem) Holz	Nein	A	A	
10 01 04*	Filterstäube und Kesselstaub aus Ölfeuerung	Ja	E	A	
10 01 05	Reaktionsabfälle auf Kalziumbasis aus der Rauchgasentschwefelung in fester Form	Nein	A	A	
10 01 07	Reaktionsabfälle auf Kalziumbasis aus der Rauchgasentschwefelung in Form von Schlämmen	Nein	A	A	
10 01 09*	Schwefelsäure	Ja	E	A	
10 01 13*	Filterstäube aus emulgierten, als Brennstoffe verwendeten Kohlenwasserstoffen	Ja	E	A	
10 01 14*	Rost und Kesselasche, Schlacken und Kesselstaub aus der Abfallmitverbrennung, die gefährliche Stoffe enthalten	Ja	E	A	
10 01 15	Rost und Kesselasche, Schlacken und Kesselstaub aus der Abfallmitverbrennung mit Ausnahme derjenigen, die unter 10 01 04 fallen	Nein	A	A	
10 01 16*	Filterstäube aus der Abfallmitverbrennung, die gefährliche Stoffe enthalten	Ja	E	A	
10 01 17	Filterstäube aus der Abfallmitverbrennung mit Ausnahme derjenigen, die unter 10 01 16 fallen	Nein	A	A	
10 01 18*	Abfälle aus der Abgasbehandlung, die gefährliche Stoffe enthalten	Ja	E	A	
10 01 19	Abfälle aus der Abgasbehandlung mit Ausnahme derjenigen, die unter 10 01 05, 10 01 07 und 10 01 18 fallen	Nein	A	A	
10 01 20*	Schlämme aus der betriebseigenen Abwasserbehandlung, die gefährliche Stoffe enthalten	Ja	E	A	
10 01 21	Schlämme aus der betriebseigenen Abwasserbehandlung mit Ausnahme derjenigen, die unter 10 01 20 fallen	Nein	A	A	
10 01 22*	Wässrige Schlämme aus der Kesselreinigung, die gefährliche Stoffe enthalten	Ja	E	A	
10 01 23	Wässrige Schlämme aus der Kesselreinigung mit Ausnahme derjenigen, die unter 10 01 22 fallen	Nein	A	A	
10 01 24	Sande aus der Wirbelschichtfeuerung	Nein	A	A	
10 01 25	Abfälle aus der Lagerung und Vorbereitung von Brennstoffen für Kohlekraftwerke	Nein	A	A	

AS	Abfallbezeichnung	gefähr-lich?	Beförderer Efb?		Bemerkung
			Nein	Ja	
10 01 26	Abfälle aus der Kühlwasserbehandlung	Nein	A	A	
10 01 99	Abfälle a.n.g.	Nein	A	A	
10 02 01	Abfälle aus der Verarbeitung von Schlacke	Nein	A	A	
10 02 02	Unbearbeitete Schlacke	Nein	A	A	
10 02 07*	Feste Abfälle aus der Abgasbehandlung, die gefährliche Stoffe enthalten	Ja	E	A	
10 02 08	Feste Abfälle aus der Abgasbehandlung mit Ausnahme derjenigen, die unter 10 02 07 fallen	Nein	A	A	
10 02 10	Walzzunder	Nein	A	A	
10 02 11*	Ölhaltige Abfälle aus der Kühlwasserbehandlung	Ja	E	A	
10 02 12	Abfälle aus der Kühlwasserbehandlung mit Ausnahme derjenigen, die unter 10 02 11 fallen	Nein	A	A	
10 02 13*	Schlämme und Filterkuchen aus der Abgasbehandlung, die gefährliche Stoffe enthalten	Ja	E	A	
10 02 14	Schlämme und Filterkuchen aus der Abgasbehandlung mit Ausnahme derjenigen, die unter 10 02 13 fallen	Nein	A	A	
10 02 15	Andere Schlämme und Filterkuchen	Nein	A	A	
10 02 99	Abfälle a.n.g.	Nein	A	A	
10 03 02	Anodenschrott	Nein	A	A	
10 03 04*	Schlacken aus der Erstschmelze	Ja	E	A	
10 03 05	Aluminiumoxidabfälle	Nein	A	A	
10 03 08*	Salzschlacken aus der Zweitschmelze	Ja	E	A	
10 03 09*	Schwarze Krätzen aus der Zweitschmelze	Ja	E	A	
10 03 15*	Abschaum, der entzündlich ist oder in Kontakt mit Wasser entzündliche Gase in gefährlicher Menge abgibt	Ja	E	A	
10 03 16	Abschaum mit Ausnahme desjenigen, der unter 10 03 15 fällt	Nein	A	A	
10 03 17*	Teerhaltige Abfälle aus der Anodenherstellung	Ja	E	A	
10 03 18	Abfälle aus der Anodenherstellung, die Kohlenstoff enthalten, mit Ausnahme derjenigen, die unter 10 03 17 fallen	Nein	A	A	
10 03 19*	Filterstaub, der gefährliche Stoffe enthält	Ja	E	A	
10 03 20	Filterstaub mit Ausnahme von Filterstaub, der unter 10 03 19 fällt	Nein	A	A	
10 03 21*	Andere Teilchen und Staub (einschließlich Kugelmühlen-staub), die gefährliche Stoffe enthalten	Ja	E	A	
10 03 22	Andere Teilchen und Staub (einschließlich Kugelmühlen-staub) mit Ausnahme derjenigen, die unter 10 03 21 fallen	Nein	A	A	
10 03 23*	Feste Abfälle aus der Abgasbehandlung, die gefährliche Stoffe enthalten	Ja	E	A	
10 03 24	Feste Abfälle aus der Abgasbehandlung mit Ausnahme derjenigen, die unter 10 03 23 fallen	Nein	A	A	

AS	Abfallbezeichnung	gefähr-lich?	Beförderer Efb?		Bemerkung
			Nein	Ja	
10 03 25*	Schlämme und Filterkuchen aus der Abgasbehandlung, die gefährliche Stoffe enthalten	Ja	E	A	
10 03 26	Schlämme und Filterkuchen aus der Abgasbehandlung mit Ausnahme derjenigen, die unter 10 03 25 fallen	Nein	A	A	
10 03 27*	Ölhaltige Abfälle aus der Kühlwasserbehandlung	Ja	E	A	
10 03 28	Abfälle aus der Kühlwasserbehandlung mit Ausnahme derjenigen, die unter 10 03 27 fallen	Nein	A	A	
10 03 29*	Gefährliche Stoffe enthaltende Abfälle aus der Behandlung von Salzschlacken und schwarzen Krätzen	Ja	E	A	
10 03 30	Abfälle aus der Behandlung von Salzschlacken und schwarzen Krätzen mit Ausnahme derjenigen, die unter 10 03 29 fallen	Nein	A	A	
10 03 99	Abfälle a.n.g.	Nein	A	A	
10 04 01*	Schlacken (Erst- und Zweitschmelze)	Ja	E	A	
10 04 02*	Krätzen und Abschaum (Erst- und Zweitschmelze)	Ja	E	A	
10 04 03*	Calciumarsenat	Ja	E	A	
10 04 04*	Filterstaub	Ja	E	A	
10 04 05*	Andere Teilchen und Staub	Ja	E	A	
10 04 06*	Feste Abfälle aus der Abgasbehandlung	Ja	E	A	
10 04 07*	Schlämme und Filterkuchen aus der Abgasbehandlung	Ja	E	A	
10 04 09*	Ölhaltige Abfälle aus der Kühlwasserbehandlung	Ja	E	A	
10 04 10	Abfälle aus der Kühlwasserbehandlung mit Ausnahme derjenigen, die unter 10 04 09 fallen	Nein	A	A	
10 04 99	Abfälle a.n.g.	Nein	A	A	
10 05 01	Schlacken (Erst- und Zweitschmelze)	Nein	A	A	
10 05 03*	Filterstaub	Ja	E	A	
10 05 04	Andere Teilchen und Staub	Nein	A	A	
10 05 05*	Feste Abfälle aus der Abgasbehandlung	Ja	E	A	
10 05 06*	Schlämme und Filterkuchen aus der Abgasbehandlung	Ja	E	A	
10 05 08*	Ölhaltige Abfälle aus der Kühlwasserbehandlung	Ja	E	A	
10 05 09	Abfälle aus der Kühlwasserbehandlung mit Ausnahme derjenigen, die unter 10 05 08 fallen	Nein	A	A	
10 05 10*	Krätzen und Abschaum, die entzündlich sind oder in Kontakt mit Wasser entzündliche Gase in gefährlicher Menge abgeben	Ja	E	A	
10 05 11	Krätzen und Abschaum mit Ausnahme derjenigen, die unter 10 05 10 fallen	Nein	A	A	
10 05 99	Abfälle a.n.g.	Nein	A	A	
10 06 01	Schlacken (Erst- und Zweitschmelze)	Nein	A	A	
10 06 02	Krätzen und Abschaum (Erst- und Zweitschmelze)	Nein	A	A	
10 06 03*	Filterstaub	Ja	E	A	
10 06 04	Andere Teilchen und Staub	Nein	A	A	

AS	Abfallbezeichnung	gefähr-lich?	Beförderer Efb?		Bemerkung
			Nein	Ja	
10 06 06*	Feste Abfälle aus der Abgasbehandlung	Ja	E	A	
10 06 07*	Schlämme und Filterkuchen aus der Abgasbehandlung	Ja	E	A	
10 06 09*	Ölhaltige Abfälle aus der Kühlwasserbehandlung	Ja	E	A	
10 06 10	Abfälle aus der Kühlwasserbehandlung mit Ausnahme derjenigen, die unter 10 06 09 fallen	Nein	A	A	
10 06 99	Abfälle a.n.g.	Nein	A	A	
10 07 01	Schlacken (Erst- und Zweitschmelze)	Nein	A	A	
10 07 02	Krätzen und Abschaum (Erst- und Zweitschmelze)	Nein	A	A	
10 07 03	Feste Abfälle aus der Abgasbehandlung	Nein	A	A	
10 07 04	Andere Teilchen und Staub	Nein	A	A	
10 07 05	Schlämme und Filterkuchen aus der Abgasbehandlung	Nein	A	A	
10 07 07*	Ölhaltige Abfälle aus der Kühlwasserbehandlung	Ja	E	A	
10 07 08	Abfälle aus der Kühlwasserbehandlung mit Ausnahme derjenigen, die unter 10 07 07 fallen	Nein	A	A	
10 07 99	Abfälle a.n.g.	Nein	A	A	
10 08 04	Teilchen und Staub	Nein	A	A	
10 08 08*	Salzschlacken (Erst- und Zweitschmelze)	Ja	E	A	
10 08 09	Andere Schlacken	Nein	A	A	
10 08 10*	Krätzen und Abschaum, die entzündlich sind oder in Kontakt mit Wasser entzündliche Gase in gefährlicher Menge abgeben	Ja	E	A	
10 08 11	Krätzen und Abschaum mit Ausnahme derjenigen, die unter 10 08 10 fallen	Nein	A	A	
10 08 12*	Teer, der Abfälle aus der Anodenherstellung enthält	Ja	E	A	
10 08 13	Abfälle aus der Anodenherstellung, die Kohlenstoff enthalten, mit Ausnahme derjenigen, die unter 10 08 12 fallen	Nein	A	A	
10 08 14	Anodenschrott	Nein	A	A	
10 08 15*	Filterstaub, der gefährliche Stoffe enthält	Ja	E	A	
10 08 16	Filterstaub mit Ausnahme desjenigen, der unter 10 08 15 fällt	Nein	A	A	
10 08 17*	Schlämme und Filterkuchen aus der Abgasbehandlung, die gefährliche Stoffe enthalten	Ja	E	A	
10 08 18	Schlämme und Filterkuchen aus der Abgasbehandlung mit Ausnahme derjenigen, die unter 10 08 17 fallen	Nein	A	A	
10 08 19*	Ölhaltige Abfälle aus der Kühlwasserbehandlung	Ja	E	A	
10 08 20	Abfälle aus der Kühlwasserbehandlung mit Ausnahme derjenigen, die unter 10 08 19 fallen	Nein	A	A	
10 08 99	Abfälle a.n.g.	Nein	A	A	
10 09 03	Ofenschlacke	Nein	A	A	
10 09 05*	Gefährliche Stoffe enthaltende Gießformen und -sande vor dem Gießen	Ja	E	A	

AS	Abfallbezeichnung	gefähr-lich?	Beförderer Efb?		Bemerkung
			Nein	Ja	
10 09 06	Gießformen und -sande vor dem Gießen mit Ausnahme derjenigen, die unter 10 09 05 fallen	Nein	A	A	
10 09 07*	Gefährliche Stoffe enthaltende Gießformen und -sande nach dem Gießen	Ja	E	A	
10 09 08	Gießformen und sande nach dem Gießen mit Ausnahme derjenigen, die unter 10 09 07 fallen	Nein	A	A	
10 09 09*	Filterstaub, der gefährliche Stoffe enthält	Ja	E	A	
10 09 10	Filterstaub mit Ausnahme desjenigen, der unter 10 09 09 fällt	Nein	A	A	
10 09 11*	Andere Teilchen, die gefährliche Stoffe enthalten	Ja	E	A	
10 09 12	Andere Teilchen mit Ausnahme derjenigen, die unter 10 09 11 fallen	Nein	A	A	
10 09 13*	Abfälle von Bindemitteln, die gefährliche Stoffe enthalten	Ja	E	A	
10 09 14	Abfälle von Bindemitteln mit Ausnahme derjenigen, die unter 10 09 13 fallen	Nein	A	A	
10 09 15*	Abfälle aus rissanzeigenden Substanzen, die gefährliche Stoffe enthalten	Ja	E	A	
10 09 16	Abfälle aus rissanzeigenden Substanzen mit Ausnahme derjenigen, die unter 10 09 15 fallen	Nein	A	A	
10 09 99	Abfälle a.n.g.	Nein	A	A	
10 10 03	Ofenschlacke	Nein	A	A	
10 10 05*	Gefährliche Stoffe enthaltende Gießformen und -sande vor dem Gießen	Ja	E	A	
10 10 06	Gießformen und -sande vor dem Gießen mit Ausnahme derjenigen, die unter 10 10 05 fallen	Nein	A	A	
10 10 07*	Gefährliche Stoffe enthaltende Gießformen und -sande nach dem Gießen	Ja	E	A	
10 10 08	Gießformen und sande nach dem Gießen mit Ausnahme derjenigen, die unter 10 10 07 fallen	Nein	A	A	
10 10 09*	Filterstaub, der gefährliche Stoffe enthält	Ja	E	A	
10 10 10	Filterstaub mit Ausnahme desjenigen, der unter 10 10 09 fällt	Nein	A	A	
10 10 11*	Andere Teilchen, die gefährliche Stoffe enthalten	Ja	E	A	
10 10 12	Andere Teilchen mit Ausnahme derjenigen, die unter 10 10 11 fallen	Nein	A	A	
10 10 13*	Abfälle von Bindemitteln, die gefährliche Stoffe enthalten	Ja	E	A	
10 10 14	Abfälle von Bindemitteln mit Ausnahme derjenigen, die unter 10 10 13 fallen	Nein	A	A	
10 10 15*	Abfälle aus rissanzeigenden Substanzen, die gefährliche Stoffe enthalten	Ja	E	A	
10 10 16	Abfälle aus rissanzeigenden Substanzen mit Ausnahme derjenigen, die unter 10 10 15 fallen	Nein	A	A	
10 10 99	Abfälle a.n.g.	Nein	A	A	

AS	Abfallbezeichnung	gefähr-lich?	Beförderer Efb?		Bemerkung
			Nein	Ja	
10 11 03	Glasfaserabfall	Nein	A	A	
10 11 05	Teilchen und Staub	Nein	A	A	
10 11 09*	Gemengeabfall mit gefährlichen Stoffen vor dem Schmelzen	Ja	E	A	
10 11 10	Gemengeabfall vor dem Schmelzen mit Ausnahme desjenigen, der unter 10 11 09 fällt	Nein	A	A	
10 11 11*	Glasabfall in kleinen Teilchen und Glasstaub, die Schwer-metalle enthalten (z. B. aus Kathodenstrahlröhren)	Ja	E	A	
10 11 12	Glasabfall mit Ausnahme desjenigen, das unter 10 11 11 fällt	Nein	A	A	
10 11 13*	Glaspolier- und Glasschleifschlämme, die gefährliche Stoffe enthalten	Ja	E	A	
10 11 14	Glaspolier- und Glasschleifschlämme mit Ausnahme derjenigen, die unter 10 11 13 fallen	Nein	A	A	
10 11 15*	Feste Abfälle aus der Abgasbehandlung, die gefährliche Stoffe enthalten	Ja	E	A	
10 11 16	Feste Abfälle aus der Abgasbehandlung mit Ausnahme derjenigen, die unter 10 11 15 fallen	Nein	A	A	
10 11 17*	Schlämme und Filterkuchen aus der Abgasbehandlung, die gefährliche Stoffe enthalten	Ja	E	A	
10 11 18	Schlämme und Filterkuchen aus der Abgasbehandlung mit Ausnahme derjenigen, die unter 10 11 17 fallen	Nein	A	A	
10 11 19*	Feste Abfälle aus der betriebseigenen Abwasserbehand-lung, die gefährliche Stoffe enthalten	Ja	E	A	
10 11 20	Feste Abfälle aus der betriebseigenen Abwasserbehandlung mit Ausnahme derjenigen, die unter 10 11 19 fallen	Nein	A	A	
10 11 99	Abfälle a.n.g.	Nein	A	A	
10 12 01	Rohmischungen vor dem Brennen	Nein	A	A	
10 12 03	Teilchen und Staub	Nein	A	A	
10 12 05	Schlämme und Filterkuchen aus der Abgasbehandlung	Nein	A	A	
10 12 06	Verworfene Formen	Nein	A	A	
10 12 08	Abfälle aus Keramikerzeugnissen, Ziegeln, Fliesen und Steinzeug (nach dem Brennen)	Nein	A	A	
10 12 09*	Feste Abfälle aus der Abgasbehandlung, die gefährliche Stoffe enthalten	Ja	E	A	
10 12 10	Feste Abfälle aus der Abgasbehandlung mit Ausnahme derjenigen, die unter 10 12 09 fallen	Nein	A	A	
10 12 11*	Glasurabfälle, die Schwermetalle enthalten	Ja	E	A	
10 12 12	Glasurabfälle mit Ausnahme derjenigen, die unter 10 12 11 fallen	Nein	A	A	
10 12 13	Schlämme aus der betriebseigenen Abwasserbehandlung	Nein	A	A	
10 12 99	Abfälle a.n.g.	Nein	A	A	
10 13 01	Abfälle von Rohgemenge vor dem Brennen	Nein	A	A	

AS	Abfallbezeichnung	gefähr-lich?	Beförderer Efb?		Bemerkung
			Nein	Ja	
10 13 04	Abfälle aus der Kalzinierung und Hydratisierung von Branntkalk	Nein	A	A	
10 13 06	Teilchen und Staub (außer 10 13 12 und 10 13 13)	Nein	A	A	
10 13 07	Schlämme und Filterkuchen aus der Abgasbehandlung	Nein	A	A	
10 13 09*	Asbesthaltige Abfälle aus der Herstellung von Asbestzement	Ja	E	A	
10 13 10	Abfälle aus der Herstellung von Asbestzement mit Ausnahme derjenigen, die unter 10 13 09 fallen	Nein	A	A	
10 13 11	Abfälle aus der Herstellung anderer Verbundstoffe auf Zementbasis mit Ausnahme derjenigen, die unter 10 13 09 und 10 13 10 fallen	Nein	A	A	
10 13 12*	Feste Abfälle aus der Abgasbehandlung, die gefährliche Stoffe enthalten	Ja	E	A	
10 13 13	Feste Abfälle aus der Abgasbehandlung mit Ausnahme derjenigen, die unter 10 13 12 fallen	Nein	A	A	
10 13 14	Betonabfälle und Betonschlämme	Nein	A	A	
10 13 99	Abfälle a.n.g.	Nein	A	A	
10 14 01*	Quecksilberhaltige Abfälle aus der Gasreinigung	Ja	E	A	
11 01 05*	Saure Beizlösungen	Ja	E	A	
11 01 06*	Säuren a.n.g.	Ja	E	A	
11 01 07*	Alkalische Beizlösungen	Ja	E	A	
11 01 08*	Phosphatierschlämme	Ja	E	A	
11 01 09*	Schlämme und Filterkuchen, die gefährliche Stoffe enthalten	Ja	E	A	
11 01 10	Schlämme und Filterkuchen mit Ausnahme derjenigen, die unter 11 01 09 fallen	Nein	A	A	
11 01 11*	Wässrige Spülflüssigkeiten, die gefährliche Stoffe enthalten	Ja	E	A	
11 01 12	Wässrige Spülflüssigkeiten mit Ausnahme derjenigen, die unter 11 01 11 fallen	Nein	A	A	
11 01 13*	Abfälle aus der Entfettung, die gefährliche Stoffe enthalten	Ja	E	A	
11 01 14	Abfälle aus der Entfettung mit Ausnahme derjenigen, die unter 11 01 13 fallen	Nein	A	A	
11 01 15*	Eluate und Schlämme aus Membransystemen oder Ionenaustauschsystemen, die gefährliche Stoffe enthalten	Ja	E	A	
11 01 16*	Gesättigte oder verbrauchte Ionenaustauscherharze	Ja	E	A	
11 01 98*	Andere Abfälle, die gefährliche Stoffe enthalten	Ja	E	A	
11 01 99	Abfälle a.n.g.	Nein	A	A	
11 02 02*	Schlämme aus der Zink-Hydrometallurgie (einschließlich Jarosit, Goethit)	Ja	E	A	
11 02 03	Abfälle aus der Herstellung von Anoden für wässrige elektrolytische Prozesse	Nein	A	A	

AS	Abfallbezeichnung	gefähr-lich?	Beförderer Efb?		Bemerkung
			Nein	Ja	
11 02 05*	Abfälle aus Prozessen der Kupfer-Hydrometallurgie, die gefährliche Stoffe enthalten	Ja	E	A	
11 02 06	Abfälle aus Prozessen der Kupfer-Hydrometallurgie mit Ausnahme derjenigen, die unter 11 02 05 fallen	Nein	A	A	
11 02 07*	Andere Abfälle, die gefährliche Stoffe enthalten	Ja	E	A	
11 02 99	Abfälle a.n.g.	Nein	A	A	
11 03 01*	Cyanidhaltige Abfälle	Ja	E	A	
11 03 02*	Andere Abfälle	Ja	E	A	
11 05 01	Hartzink	Nein	A	A	
11 05 02	Zinkasche	Nein	A	A	
11 05 03*	Feste Abfälle aus der Abgasbehandlung	Ja	E	A	
11 05 04*	Gebrauchte Flussmittel	Ja	E	A	
11 05 99	Abfälle a.n.g.	Nein	A	A	
12 01 01	Eisenfeil- und -drehspäne	Nein	A	A	
12 01 02	Eisenstaub und -teilchen	Nein	A	A	
12 01 03	NE-Metallfeil- und -drehspäne	Nein	A	A	
12 01 04	NE-Metallstaub und -teilchen	Nein	A	A	
12 01 05	Kunststoffspäne und -drehspäne	Nein	A	A	
12 01 06*	Halogenhaltige Bearbeitungsöle auf Mineralölbasis (außer Emulsionen und Lösungen)	Ja	A	A	§ 12 (1) Nr. 2 AbfAEV
12 01 07*	Halogenfreie Bearbeitungsöle auf Mineralölbasis (außer Emulsionen und Lösungen)	Ja	A	A	§ 12 (1) Nr. 2 AbfAEV
12 01 08*	Halogenhaltige Bearbeitungsemulsionen und -lösungen	Ja	E	A	
12 01 09*	Halogenfreie Bearbeitungsemulsionen und -lösungen	Ja	E	A	
12 01 10*	Synthetische Bearbeitungsöle	Ja	A	A	§ 12 (1) Nr. 2 AbfAEV
12 01 12*	Gebrauchte Wachse und Fette	Ja	E	A	
12 01 13	Schweißabfälle	Nein	A	A	
12 01 14*	Bearbeitungsschlämme, die gefährliche Stoffe enthalten	Ja	E	A	
12 01 15	Bearbeitungsschlämme mit Ausnahme derjenigen, die unter 12 01 14 fallen	Nein	A	A	
12 01 16*	Strahlmittelabfälle, die gefährliche Stoffe enthalten	Ja	E	A	
12 01 17	Strahlmittelabfälle mit Ausnahme derjenigen, die unter 12 01 16 fallen	Nein	A	A	
12 01 18*	Ölhaltige Metallschlämme (Schleif-, Hon- und Läppschlämme)	Ja	E	A	
12 01 19*	Biologisch leicht abbaubare Bearbeitungsöle	Ja	A	A	§ 12 (1) Nr. 2 AbfAEV
12 01 20*	Gebrauchte Hon- und Schleifmittel, die gefährliche Stoffe enthalten	Ja	E	A	
12 01 21	Gebrauchte Hon- und Schleifmittel mit Ausnahme derjenigen, die unter 12 01 20 fallen	Nein	A	A	
12 01 99	Abfälle a.n.g.	Nein	A	A	

AS	Abfallbezeichnung	gefähr-lich?	Beförderer Efb?		Bemerkung
			Nein	Ja	
12 03 01*	Wässrige Waschflüssigkeiten	Ja	E	A	
12 03 02*	Abfälle aus der Dampfentfettung	Ja	E	A	
13 01 01*	Hydrauliköle, die PCB enthalten	Ja	A	A	§ 12 (1) Nr. 2 AbfAEV
13 01 04*	Chlorierte Emulsionen	Ja	E	A	
13 01 05*	Nichtchlorierte Emulsionen	Ja	E	A	
13 01 09*	Chlorierte Hydrauliköle auf Mineralölbasis	Ja	A	A	§ 12 (1) Nr. 2 AbfAEV
13 01 10*	Nichtchlorierte Hydrauliköle auf Mineralölbasis	Ja	A	A	§ 12 (1) Nr. 2 AbfAEV
13 01 11*	Synthetische Hydrauliköle	Ja	A	A	§ 12 (1) Nr. 2 AbfAEV
13 01 12*	Biologisch leicht abbaubare Hydrauliköle	Ja	A	A	§ 12 (1) Nr. 2 AbfAEV
13 01 13*	Andere Hydrauliköle	Ja	A	A	§ 12 (1) Nr. 2 AbfAEV
13 02 04*	Chlorierte Maschinen-, Getriebe- und Schmieröle auf Mineralölbasis	Ja	A	A	§ 12 (1) Nr. 2 AbfAEV
13 02 05*	Nichtchlorierte Maschinen-, Getriebe- und Schmieröle auf Mineralölbasis	Ja	A	A	§ 12 (1) Nr. 2 AbfAEV
13 02 06*	Synthetische Maschinen-, Getriebe- und Schmieröle	Ja	A	A	§ 12 (1) Nr. 2 AbfAEV
13 02 07*	Biologisch leicht abbaubare Maschinen-, Getriebe- und Schmieröle	Ja	A	A	§ 12 (1) Nr. 2 AbfAEV
13 02 08*	Andere Maschinen-, Getriebe- und Schmieröle	Ja	A	A	§ 12 (1) Nr. 2 AbfAEV
13 03 01*	Isolier- und Wärmeübertragungsöle, die PCB enthalten	Ja	A	A	§ 12 (1) Nr. 2 AbfAEV
13 03 06*	Chlorierte Isolier- und Wärmeübertragungsöle auf Mineralölbasis mit Ausnahme derjenigen, die unter 13 03 01 fallen	Ja	A	A	§ 12 (1) Nr. 2 AbfAEV
13 03 07*	Nichtchlorierte Isolier- und Wärmeübertragungsöle auf Mineralölbasis	Ja	A	A	§ 12 (1) Nr. 2 AbfAEV
13 03 08*	Synthetische Isolier- und Wärmeübertragungsöle	Ja	A	A	§ 12 (1) Nr. 2 AbfAEV
13 03 09*	Biologisch leicht abbaubare Isolier- und Wärmeüber-tragungsöle	Ja	A	A	§ 12 (1) Nr. 2 AbfAEV
13 03 10*	Andere Isolier- und Wärmeübertragungsöle	Ja	A	A	§ 12 (1) Nr. 2 AbfAEV
13 04 01*	Bilgenöle aus der Binnenschifffahrt	Ja	E	A	
13 04 02*	Bilgenöle aus Molenablaufkanälen	Ja	E	A	
13 04 03*	Bilgenöle aus der übrigen Schifffahrt	Ja	E	A	
13 05 01*	Feste Abfälle aus Sandfanganlagen und Öl-/Wasserabscheidern	Ja	E	A	
13 05 02*	Schlämme aus Öl-/Wasserabscheidern	Ja	E	A	
13 05 03*	Schlämme aus Einlaufschächten	Ja	E	A	
13 05 06*	Öle aus Öl-/Wasserabscheidern	Ja	A	A	§ 12 (1) Nr. 2 AbfAEV
13 05 07*	Öliges Wasser aus Öl-/Wasserabscheidern	Ja	E	A	
13 05 08*	Abfallgemische aus Sandfanganlagen und Öl-/Wasserabscheidern	Ja	E	A	
13 07 01*	Heizöl und Diesel	Ja	A	A	§ 12 (1) Nr. 2 AbfAEV
13 07 02*	Benzin	Ja	E	A	

AS	Abfallbezeichnung	gefähr-lich?	Beförderer Efb?		Bemerkung
			Nein	Ja	
13 07 03*	Andere Brennstoffe (einschließlich Gemische)	Ja	E	A	
13 08 01*	Schlämme oder Emulsionen aus Entsalzern	Ja	E	A	
13 08 02*	Andere Emulsionen	Ja	E	A	
13 08 99*	Abfälle a.n.g.	Ja	E	A	
14 06 01*	Fluorchlorkohlenwasserstoffe, HFCKW, HFKW	Ja	A	A	§ 12 (1) Nr. 2 AbfAEV
14 06 02*	Andere halogenierte Lösemittel und Lösemittelgemische	Ja	A	A	§ 12 (1) Nr. 2 AbfAEV
14 06 03*	Andere Lösemittel und Lösemittelgemische	Ja	E	A	
14 06 04*	Schlämme oder feste Abfälle, die halogenierte Lösemittel enthalten	Ja	E	A	
14 06 05*	Schlämme oder feste Abfälle, die andere Lösemittel enthalten	Ja	E	A	
15 01 01	Verpackungen aus Papier und Pappe	Nein	A	A	
15 01 02	Verpackungen aus Kunststoff	Nein	A	A	
15 01 03	Verpackungen aus Holz	Nein	A	A	
15 01 04	Verpackungen aus Metall	Nein	A	A	
15 01 05	Verbundverpackungen	Nein	A	A	
15 01 06	Gemischte Verpackungen	Nein	A	A	
15 01 07	Verpackungen aus Glas	Nein	A	A	
15 01 09	Verpackungen aus Textilien	Nein	A	A	
15 01 10*	Verpackungen, die Rückstände gefährlicher Stoffe enthalten oder durch gefährliche Stoffe verunreinigt sind	Ja	A	A	§ 12 (1) Nr. 2 AbfAEV
15 01 11*	Verpackungen aus Metall, die eine gefährliche feste poröse Matrix (z. B. Asbest) enthalten, einschließlich geleerter Druckbehältnisse	Ja	A	A	§ 12 (1) Nr. 2 AbfAEV
15 02 02*	Aufsaug- und Filtermaterialien (einschließlich Ölfilter a.n.g.), Wischtücher und Schutzkleidung, die durch gefährliche Stoffe verunreinigt sind	Ja	E	A	
15 02 03	Aufsaug- und Filtermaterialien, Wischtücher und Schutz-kleidung mit Ausnahme derjenigen, die unter 15 02 02 fallen	Nein	A	A	
16 01 03	Altreifen	Nein	A	A	
16 01 04*	Altfahrzeuge	Ja	A	A	§ 12 (1) Nr. 3 AbfAEV
16 01 06	Altfahrzeuge, die weder Flüssigkeiten noch andere gefährliche Bestandteile enthalten	Nein	A	A	
16 01 07*	Ölfilter	Ja	E	A	
16 01 08*	Quecksilberhaltige Bauteile	Ja	E	A	
16 01 09*	Bauteile, die PCB enthalten	Ja	E	A	
16 01 10*	Explosive Bauteile (z. B. aus Airbags)	Ja	E	A	
16 01 11*	Asbesthaltige Bremsbeläge	Ja	E	A	
16 01 12	Bremsbeläge mit Ausnahme derjenigen, die unter 16 01 11 fallen	Nein	A	A	

AS	Abfallbezeichnung	gefähr-lich?	Beförderer Efb?		Bemerkung
			Nein	Ja	
16 01 13*	Bremsflüssigkeiten	Ja	E	A	
16 01 14*	Frostschutzmittel, die gefährliche Stoffe enthalten	Ja	E	A	
16 01 15	Frostschutzmittel mit Ausnahme derjenigen, die unter 16 01 14 fallen	Nein	A	A	
16 01 16	Flüssiggasbehälter	Nein	A	A	
16 01 17	Eisenmetalle	Nein	A	A	
16 01 18	Nichteisenmetalle	Nein	A	A	
16 01 19	Kunststoffe	Nein	A	A	
16 01 20	Glas	Nein	A	A	
16 01 21*	Gefährliche Bauteile mit Ausnahme derjenigen, die unter 16 01 07 bis 16 01 11, 16 01 13 und	Ja	E	A	
16 01 22	Bauteile a.n.g.	Nein	A	A	
16 01 99	Abfälle a.n.g.	Nein	A	A	
10 02 00*	Transformatoren und Kondensatoren, die PCB enthalten	Ja	E	A	
16 02 10*	Gebrauchte Geräte, die PCB enthalten oder damit verunreinigt sind, mit Ausnahme derjenigen, die unter 16 02 09 fallen	Ja	A	A	§ 2 (3) Satz 1 ElektroG
16 02 11*	Gebrauchte Geräte, die Fluorchlorkohlen-wasserstoffe, HFCKW oder HFKW enthalten	Ja	A	A	§ 2 (3) Satz 1 ElektroG
16 02 12*	Gebrauchte Geräte, die freies Asbest enthalten	Ja	A	A	§ 2 (3) Satz 1 ElektroG
16 02 13*	Gefährliche Bauteile enthaltende gebrauchte Geräte mit Ausnahme derjenigen, die unter 16 02 09 bis 16 02 12 fallen	Ja	A	A	§ 2 (3) Satz 1 ElektroG
16 02 14	Gebrauchte Geräte mit Ausnahme derjenigen, die unter 16 02 09 bis 16 02 13 fallen	Nein	A	A	
16 02 15*	Aus gebrauchten Geräten entfernte gefährliche Bauteile	Ja	E	A	
16 02 16	Aus gebrauchten Geräten entfernte Bauteile mit Ausnahme derjenigen, die unter 16 02 15 fallen	Nein	A	A	
16 03 03*	Anorganische Abfälle, die gefährliche Stoffe enthalten	Ja	E	A	
16 03 04	Anorganische Abfälle mit Ausnahme derjenigen, die unter 16 03 03 fallen	Nein	A	A	
16 03 05*	Organische Abfälle, die gefährliche Stoffe enthalten	Ja	E	A	
16 03 06	Organische Abfälle mit Ausnahme derjenigen, die unter 16 03 05 fallen	Nein	A	A	
16 03 07*	Metallisches Quecksilber	Ja	E	A	
16 04 01*	Munitionsabfälle	Ja	E	A	
16 04 02*	Feuerwerkskörperabfälle	Ja	E	A	
16 04 03*	Andere Explosivabfälle	Ja	E	A	
16 05 04*	Gefährliche Stoffe enthaltende Gase in Druckbehältern (einschließlich Halonen)	Ja	A	A	§ 12 (1) Nr. 2 AbfAEV
16 05 05	Gase in Druckbehältern mit Ausnahme derjenigen, die unter 16 05 04 fallen	Nein	A	A	

AS	Abfallbezeichnung	gefähr-lich?	Beförderer Efb?		Bemerkung
			Nein	Ja	
16 05 06*	Laborchemikalien, die aus gefährlichen Stoffen bestehen oder solche enthalten, einschließlich Gemische von Laborchemikalien	Ja	E	A	
16 05 07*	Gebrauchte anorganische Chemikalien, die aus gefährlichen Stoffen bestehen oder solche enthalten	Ja	E	A	
16 05 08*	Gebrauchte organische Chemikalien, die aus gefährlichen Stoffen bestehen oder solche enthalten	Ja	E	A	
16 05 09	Gebrauchte Chemikalien mit Ausnahme derjenigen, die unter 16 05 06, 16 05 07 oder 16 05 08 fallen	Nein	A	A	
16 06 01*	Bleibatterien	Ja	A	A	§ 1 (3) Satz 1 BattG
16 06 02*	Ni-Cd-Batterien	Ja	A	A	§ 1 (3) Satz 1 BattG
16 06 03*	Quecksilber enthaltende Batterien	Ja	A	A	§ 1 (3) Satz 1 BattG
16 06 04	Alkalibatterien (außer 16 06 03)	Nein	A	A	
16 06 05	Andere Batterien und Akkumulatoren	Nein	A	A	
16 06 06*	Getrennt gesammelte Elektrolyte aus Batterien und Akkumulatoren	Ja	E	A	
16 07 08*	Ölhaltige Abfälle	Ja	E	A	
16 07 09*	Abfälle, die sonstige gefährliche Stoffe enthalten	Ja	E	A	
16 07 99	Abfälle a.n.g.	Nein	A	A	
16 08 01	Gebrauchte Katalysatoren, die Gold, Silber, Rhenium, Rhodium, Palladium, Iridium oder Platin enthalten (außer 16 08 07)	Nein	A	A	
16 08 02*	Gebrauchte Katalysatoren, die gefährliche Übergangs-metalle oder deren Verbindungen enthalten	Ja	E	A	
16 08 03	Gebrauchte Katalysatoren, die Übergangsmetalle oder deren Verbindungen enthalten, a.n.g.	Nein	A	A	
16 08 04	Gebrauchte Katalysatoren von Crackprozessen (außer 16 08 07)	Nein	A	A	
16 08 05*	Gebrauchte Katalysatoren, die Phosphorsäure enthalten	Ja	E	A	
16 08 06*	Gebrauchte Flüssigkeiten, die als Katalysatoren verwendet wurden	Ja	E	A	
16 08 07*	Gebrauchte Katalysatoren, die durch gefährliche Stoffe verunreinigt sind	Ja	E	A	
16 09 01*	Permanganate, z. B. Kaliumpermanganat	Ja	E	A	
16 09 02*	Chromate, z. B. Kaliumchromat, Kalium- oder Natrium-dichromat	Ja	E	A	
16 09 03*	Peroxide, z. B. Wasserstoffperoxid	Ja	E	A	
16 09 04*	Oxidierende Stoffe a.n.g.	Ja	E	A	
16 10 01*	Wässrige flüssige Abfälle, die gefährliche Stoffe enthalten	Ja	E	A	
16 10 02	Wässrige flüssige Abfälle mit Ausnahme derjenigen, die unter 16 10 01 fallen	Nein	A	A	
16 10 03*	Wässrige Konzentrate, die gefährliche Stoffe enthalten	Ja	E	A	

AS	Abfallbezeichnung	gefähr-lich?	Beförderer Efb?		Bemerkung
			Nein	Ja	
16 10 04	Wässrige Konzentrate mit Ausnahme derjenigen, die unter 16 10 03 fallen	Nein	A	A	
16 11 01*	Auskleidungen und feuerfeste Materialien auf Kohlenstoff-basis aus metallurgischen Prozessen, die gefährliche Stoffe enthalten	Ja	E	A	
16 11 02	Auskleidungen und feuerfeste Materialien auf Kohlenstoff-basis aus metallurgischen Prozessen mit Ausnahme derjenigen, die unter 16 11 01 fallen	Nein	A	A	
16 11 03*	Andere Auskleidungen und feuerfeste Materialien aus metallurgischen Prozessen, die gefährliche Stoffe enthalten	Ja	E	A	
16 11 04	Andere Auskleidungen und feuerfeste Materialien aus metallurgischen Prozessen mit Ausnahme derjenigen, die unter 16 11 03 fallen	Nein	A	A	
16 11 05*	Auskleidungen und feuerfeste Materialien aus nichtmetallur-gischen Prozessen, die gefährliche Stoffe enthalten	Ja	E	A	
16 11 06	Auskleidungen und feuerfeste Materialien aus nichtmetallur-gischen Prozessen mit Ausnahme derjenigen, die unter 16 11 05 fallen	Nein	A	A	
17 01 01	Beton	Nein	A	A	
17 01 02	Ziegel	Nein	A	A	
17 01 03	Fliesen und Keramik	Nein	A	A	
17 01 06*	Gemische aus oder getrennte Fraktionen von Beton, Ziegeln, Fliesen und Keramik, die gefährliche Stoffe enthalten	Ja	E	A	
17 01 07	Gemische aus Beton, Ziegeln, Fliesen und Keramik mit Ausnahme derjenigen, die unter 17 01 06 fallen	Nein	A	A	
17 02 01	Holz	Nein	A	A	
17 02 02	Glas	Nein	A	A	
17 02 03	Kunststoff	Nein	A	A	
17 02 04*	Glas, Kunststoff und Holz, die gefährliche Stoffe enthalten oder durch gefährliche Stoffe verunreinigt sind	Ja	E	A	
17 03 01*	Kohlenteerhaltige Bitumengemische	Ja	E	A	
17 03 02	Bitumengemische mit Ausnahme derjenigen, die unter 17 03 01 fallen	Nein	A	A	
17 03 03*	Kohlenteer und teerhaltige Produkte	Ja	E	A	
17 04 01	Kupfer, Bronze, Messing	Nein	A	A	
17 04 02	Aluminium	Nein	A	A	
17 04 03	Blei	Nein	A	A	
17 04 04	Zink	Nein	A	A	
17 04 05	Eisen und Stahl	Nein	A	A	
17 04 06	Zinn	Nein	A	A	
17 04 07	Gemischte Metalle	Nein	A	A	

AS	Abfallbezeichnung	gefähr-lich?	Beförderer Efb?		Bemerkung
			Nein	Ja	
17 04 09*	Metallabfälle, die durch gefährliche Stoffe verunreinigt sind	Ja	E	A	
17 04 10*	Kabel, die Öl, Kohlenteer oder andere gefährliche Stoffe enthalten	Ja	E	A	
17 04 11	Kabel mit Ausnahme derjenigen, die unter 17 04 10 fallen	Nein	A	A	
17 05 03*	Boden und Steine, die gefährliche Stoffe enthalten	Ja	E	A	
17 05 04	Boden und Steine mit Ausnahme derjenigen, die unter 17 05 03 fallen	Nein	A	A	
17 05 05*	Baggergut, das gefährliche Stoffe enthält	Ja	E	A	
17 05 06	Baggergut mit Ausnahme desjenigen, das unter 17 05 05 fällt	Nein	A	A	
17 05 07*	Gleisschotter, der gefährliche Stoffe enthält	Ja	E	A	
17 05 08	Gleisschotter mit Ausnahme desjenigen, der unter 17 05 07 fällt	Nein	A	A	
17 06 01*	Dämmmaterial, das Asbest enthält	Ja	E	A	
17 06 03*	Anderes Dämmmaterial, das aus gefährlichen Stoffen besteht oder solche Stoffe enthält	Ja	E	A	
17 06 04	Dämmmaterial mit Ausnahme desjenigen, das unter 17 06 01 und 17 06 03 fällt	Nein	A	A	
17 06 05*	Asbesthaltige Baustoffe	Ja	E	A	
17 08 01*	Baustoffe auf Gipsbasis, die durch gefährliche Stoffe verunreinigt sind	Ja	E	A	
17 08 02	Baustoffe auf Gipsbasis mit Ausnahme derjenigen, die unter 17 08 01 fallen	Nein	A	A	
17 09 01*	Bau- und Abbruchabfälle, die Quecksilber enthalten	Ja	E	A	
17 09 02*	Bau- und Abbruchabfälle, die PCB enthalten (z. B. PCB-haltige Dichtungsmassen, PCB-haltige Bodenbeläge auf Harzbasis, PCB-haltige Isolier-verglasungen, PCB-haltige Kondensatoren)	Ja	E	A	
17 09 03*	Sonstige Bau- und Abbruchabfälle (einschließlich gemischte Abfälle), die gefährliche Stoffe enthalten	Ja	E	A	
17 09 04	Gemischte Bau- und Abbruchabfälle mit Ausnahme derjenigen, die unter 17 09 01, 17 09 02 und 17 09 03 fallen	Nein	A	A	
18 01 01	Spitze oder scharfe Gegenstände (außer 18 01 03)	Nein	A	A	
18 01 02	Körperteile und Organe, einschließlich Blutbeutel und Blutkonserven (außer 18 01 03)	Nein	A	A	
18 01 03*	Abfälle, an deren Sammlung und Entsorgung aus infektionspräventiver Sicht besondere Anforderungen gestellt werden	Ja	E	A	
18 01 04	Abfälle, an deren Sammlung und Entsorgung aus infektionspräventiver Sicht keine besonderen Anforderungen gestellt werden (z. B. Wund- und Gipsverbände, Wäsche, Einwegkleidung, Windeln)	Nein	A	A	

AS	Abfallbezeichnung	gefähr-lich?	Beförderer Efb?		Bemerkung
			Nein	Ja	
18 01 06*	Chemikalien, die aus gefährlichen Stoffen bestehen oder solche enthalten	Ja	E	A	
18 01 07	Chemikalien mit Ausnahme derjenigen, die unter 18 01 06 fallen	Nein	A	A	
18 01 08*	Zytotoxische und zytostatische Arzneimittel	Ja	E	A	
18 01 09	Arzneimittel mit Ausnahme derjenigen, die unter 18 01 08 fallen	Nein	A	A	
18 01 10*	Amalgamabfälle aus der Zahnmedizin	Ja	E	A	
18 02 01	Spitze oder scharfe Gegenstände mit Ausnahme derjenigen, die unter 18 02 02 fallen	Nein	A	A	
18 02 02*	Abfälle, an deren Sammlung und Entsorgung aus infektionspräventiver Sicht besondere Anforderungen gestellt werden	Ja	E	A	
18 02 03	Abfälle, an deren Sammlung und Entsorgung aus infektionspräventiver Sicht keine besonderen Anforderungen werden	Nein	A	A	
18 02 05*	Chemikalien, die aus gefährlichen Stoffen bestehen oder solche enthalten	Ja	E	A	
18 02 06	Chemikalien mit Ausnahme derjenigen, die unter 18 02 05 fallen	Nein	A	A	
18 02 07*	Zytotoxische und zytostatische Arzneimittel	Ja	E	A	
18 02 08	Arzneimittel mit Ausnahme derjenigen, die unter 18 02 07 fallen	Nein	A	A	
19 01 02	Eisenteile, aus der Rost- und Kesselasche entfernt	Nein	A	A	
19 01 05*	Filterkuchen aus der Abgasbehandlung	Ja	E	A	
19 01 06*	Wässrige flüssige Abfälle aus der Abgasbehandlung und andere wässrige flüssige Abfälle	Ja	E	A	
19 01 07*	Feste Abfälle aus der Abgasbehandlung	Ja	E	A	
19 01 10*	Gebrauchte Aktivkohle aus der Abgasbehandlung	Ja	E	A	
19 01 11*	Rost- und Kesselaschen sowie Schlacken, die gefährliche Stoffe enthalten	Ja	E	A	
19 01 12	Rost- und Kesselaschen sowie Schlacken mit Ausnahme derjenigen, die unter 19 01 11 fallen	Nein	A	A	
19 01 13*	Filterstaub, der gefährliche Stoffe enthält	Ja	E	A	
19 01 14	Filterstaub mit Ausnahme desjenigen, die unter 19 01 13 fällt	Nein	A	A	
19 01 15*	Kesselstaub, der gefährliche Stoffe enthält	Ja	E	A	
19 01 16	Kesselstaub mit Ausnahme desjenigen, der unter 19 01 15 fällt	Nein	A	A	
19 01 17*	Pyrolyseabfälle, die gefährliche Stoffe enthalten	Ja	E	A	
19 01 18	Pyrolyseabfälle mit Ausnahme derjenigen, die unter 19 01 17 fallen	Nein	A	A	
19 01 19	Sande aus der Wirbelschichtfeuerung	Nein	A	A	

AS	Abfallbezeichnung	gefähr-lich?	Beförderer Efb?		Bemerkung
			Nein	Ja	
19 01 99	Abfälle a.n.g.	Nein	A	A	
19 02 03	Vorgemischte Abfälle, die ausschließlich aus nichtgefähr-lichen Abfällen bestehen	Nein	A	A	
19 02 04*	Vorgemischte Abfälle, die wenigstens einen gefährlichen Abfall enthalten	Ja	E	A	
19 02 05*	Schlämme aus der physikalisch-chemischen Behandlung, die gefährliche Stoffe enthalten	Ja	E	A	
19 02 06	Schlämme aus der physikalisch-chemischen Behandlung mit Ausnahme derjenigen, die unter 19 02 05 fallen	Nein	A	A	
19 02 07*	Öl und Konzentrate aus Abtrennprozessen	Ja	E	A	
19 02 08*	Flüssige brennbare Abfälle, die gefährliche Stoffe enthalten	Ja	E	A	
19 02 09*	Feste brennbare Abfälle, die gefährliche Stoffe enthalten	Ja	E	A	
19 02 10	Brennbare Abfälle mit Ausnahme derjenigen, die unter 19 02 08 und 19 02 09 fallen	Nein	A	A	
19 02 11*	Sonstige Abfälle, die gefährliche Stoffe enthalten	Ja	E	A	
19 02 99	Abfälle a.n.g.	Nein	A	A	
19 03 04*	Als gefährlich eingestufte teilweise stabilisierte Abfälle, mit Ausnahme derjenigen, die unter 19 03 08 fallen	Ja	E	A	
19 03 05	Stabilisierte Abfälle mit Ausnahme derjenigen, die unter 19 03 04 fallen	Nein	A	A	
19 03 06*	Als gefährlich eingestufte verfestigte Abfälle	Ja	E	A	
19 03 07	Stabilisierte Abfälle mit Ausnahme derjenigen, die unter 19 03 06 fallen	Nein	A	A	
19 03 08*	Teilweise stabilisiertes Quecksilber	Ja	E	A	
19 04 01	Verglaste Abfälle	Nein	A	A	
19 04 02*	Filterstaub und andere Abfälle aus der Abgasbehandlung	Ja	E	A	
19 04 03*	Nicht verglaste Festphase	Ja	E	A	
19 04 04	Wässrige flüssige Abfälle aus dem Tempern	Nein	A	A	
19 05 01	Nicht kompostierte Fraktion von Siedlungs- und ähnlichen Abfällen	Nein	A	A	
19 05 02	Nicht kompostierte Fraktion von tierischen und pflanzlichen Abfällen	Nein	A	A	
19 05 03	Nicht spezifikationsgerechter Kompost	Nein	A	A	
19 05 99	Abfälle a.n.g.	Nein	A	A	
19 06 03	Flüssigkeiten aus der anaeroben Behandlung von Siedlungsabfällen	Nein	A	A	
19 06 04	Gärrückstand/-schlamm aus der anaeroben Behandlung von Siedlungsabfällen	Nein	A	A	
19 06 05	Flüssigkeiten aus der anaeroben Behandlung von tierischen und pflanzlichen Abfällen	Nein	A	A	
19 06 06	Gärrückstand/-schlamm aus der anaeroben Behandlung von tierischen und pflanzlichen Abfällen	Nein	A	A	

AS	Abfallbezeichnung	gefähr-lich?	Beförderer Efb?		Bemerkung
			Nein	Ja	
19 06 99	Abfälle a.n.g.	Nein	A	A	
19 07 02*	Deponiesickerwasser, das gefährliche Stoffe enthält	Ja	E	A	
19 07 03	Deponiesickerwasser mit Ausnahme desjenigen, das unter 19 07 02 fällt	Nein	A	A	
19 08 01	Sieb- und Rechenrückstände	Nein	A	A	
19 08 02	Sandfangrückstände	Nein	A	A	
19 08 05	Schlämme aus der Behandlung von kommunalem Abwasser	Nein	A	A	
19 08 06*	Gesättigte oder verbrauchte Ionenaustauscherharze	Ja	E	A	
19 08 07*	Lösungen und Schlämme aus der Regeneration von Ionenaustauschern	Ja	E	A	
19 08 08*	Schwermetallhaltige Abfälle aus Membransystemen	Ja	E	A	
19 08 09	Fett- und Ölmischungen aus Ölabscheidern, die Speiseöle und -fette enthalten	Nein	A	A	
19 08 10*	Fett- und Ölmischungen aus Ölabscheidern mit Ausnahme derjenigen, die unter 19 08 09 fallen	Ja	E	A	
19 08 11*	Schlämme aus der biologischen Behandlung von industriellem Abwasser, die gefährliche Stoffe enthalten	Ja	E	A	
19 08 12	Schlämme aus der biologischen Behandlung von industriellem Abwasser mit Ausnahme derjenigen, die unter 19 08 11 fallen	Nein	A	A	
19 08 13*	Schlämme aus einer anderen Behandlung von industriellem Abwasser enthalten, die gefährliche Stoffe enthalten	Ja	E	A	
19 08 14	Schlämme aus einer anderen Behandlung von industriellem Abwasser mit Ausnahme derjenigen, die unter 19 08 13 fallen	Nein	A	A	
19 08 99	Abfälle a.n.g.	Nein	A	A	
19 09 01	Feste Abfälle aus der Erstfiltration und Siebrückstände	Nein	A	A	
19 09 02	Schlämme aus der Wasserklärung	Nein	A	A	
19 09 03	Schlämme aus der Dekarbonatisierung	Nein	A	A	
19 09 04	Gebrauchte Aktivkohle	Nein	A	A	
19 09 05	Gesättigte oder gebrauchte Ionenaustauscherharze	Nein	A	A	
19 09 06	Lösungen und Schlämme aus der Regeneration von Ionenaustauschern	Nein	A	A	
19 09 99	Abfälle a.n.g.	Nein	A	A	
10 10 01	Eisen und Stahlabfälle	Nein	A	A	
19 10 02	NE-Metall-Abfälle	Nein	A	A	
19 10 03*	Schredderleichtfraktionen und Staub, die gefährliche Stoffe enthalten	Ja	E	A	
19 10 04	Schredderleichtfraktionen und Staub mit Ausnahme derjenigen, die unter 19 10 03 fallen	Nein	A	A	
19 10 05*	Andere Fraktionen, die gefährliche Stoffe enthalten	Ja	E	A	

AS	Abfallbezeichnung	gefähr- lich?	Beförderer Efb?		Bemerkung
			Nein	Ja	
19 10 06	Andere Fraktionen mit Ausnahme derjenigen, die unter 19 10 05 fallen	Nein	A	A	
19 11 01*	Gebrauchte Filtertone	Ja	E	A	
19 11 02*	Säureteere	Ja	E	A	
19 11 03*	Wässrige flüssige Abfälle	Ja	E	A	
19 11 04*	Abfälle aus der Brennstoffreinigung mit Basen	Ja	E	A	
19 11 05*	Schlämme aus der betriebseigenen Abwasserbehandlung, die gefährliche Stoffe enthalten	Ja	E	A	
19 11 06	Schlämme aus der betriebseigenen Abwasserbehandlung mit Ausnahme derjenigen, die unter 19 11 05 fallen	Nein	A	A	
19 11 07*	Abfälle aus der Abgasreinigung	Ja	E	A	
19 11 99	Abfälle a.n.g.	Nein	A	A	
19 12 01	Papier und Pappe	Nein	A	A	
19 12 02	Eisenmetalle	Nein	A	A	
19 12 03	Nichteisenmetalle	Nein	A	A	
19 12 04	Kunststoff und Gummi	Nein	A	A	
19 12 05	Glas	Nein	A	A	
19 12 06*	Holz, das gefährliche Stoffe enthält	Ja	E	A	
19 12 07	Holz mit Ausnahme desjenigen, das unter 19 12 06 fällt	Nein	A	A	
19 12 08	Textilien	Nein	A	A	
19 12 09	Mineralien (z. B. Sand, Steine)	Nein	A	A	
19 12 10	Brennbare Abfälle (Brennstoffe aus Abfällen)	Nein	A	A	
19 12 11*	Sonstige Abfälle (einschließlich Materialmischungen) aus der mechanischen Behandlung von Abfällen, die gefährliche Stoffe enthalten	Ja	E	A	
19 12 12	Sonstige Abfälle (einschließlich Materialmischungen) aus der mechanischen Behandlung von Abfällen mit Ausnahme derjenigen, die unter 19 12 11 fallen	Nein	A	A	
19 13 01*	Feste Abfälle aus der Sanierung von Böden, die gefährliche Stoffe enthalten	Ja	E	A	
19 13 02	Feste Abfälle aus der Sanierung von Böden mit Ausnahme derjenigen, die unter 19 13 01 fallen	Nein	A	A	
19 13 03*	Schlämme aus der Sanierung von Böden, die gefährliche Stoffe enthalten	Ja	E	A	
19 13 04	Schlämme aus der Sanierung von Böden mit Ausnahme derjenigen, die unter 19 13 03 fallen	Nein	A	A	
19 13 05*	Schlämme aus der Sanierung von Grundwasser, die gefährliche Stoffe enthalten	Ja	E	A	
19 13 06	Schlämme aus der Sanierung von Grundwasser mit Ausnahme derjenigen, die unter 19 13 05 fallen	Nein	A	A	
19 13 07*	Wässrige flüssige Abfälle und wässrige Konzentrate aus der Sanierung von Grundwasser, die gefährliche Stoffe enthalten	Ja	E	A	

AS	Abfallbezeichnung	gefähr-lich?	Beförderer Efb?		Bemerkung
			Nein	Ja	
19 13 08	Wässrige flüssige Abfälle und wässrige Konzentrate aus der Sanierung von Grundwasser mit Ausnahme derjenigen, die unter 19 13 07 fallen	Nein	A	A	
20 01 01	Papier und Pappe/Karton	Nein	A	A	
20 01 02	Glas	Nein	A	A	
20 01 08	Biologisch abbaubare Küchen- und Kantinenabfälle	Nein	A	A	
20 01 10	Bekleidung	Nein	A	A	
20 01 11	Textilien	Nein	A	A	
20 01 13*	Lösemittel	Ja	E	A	
20 01 14*	Säuren	Ja	E	A	
20 01 15*	Laugen	Ja	E	A	
20 01 17*	Fotochemikalien	Ja	E	A	
20 01 19*	Pestizide	Ja	E	A	
20 01 21*	Leuchtstoffröhren und andere quecksilberhaltige Abfälle	Ja	A	A	§ 2 (3) Satz 1 ElektroG
20 01 23*	Gebrauchte Geräte, die Fluorchlorkohlenwasserstoffe enthalten	Ja	A	A	§ 2 (3) Satz 1 ElektroG
20 01 25	Speiseöle und -fette	Nein	A	A	
20 01 26*	Öle und Fette mit Ausnahme derjenigen, die unter 20 01 25 fallen	Ja	E	A	
20 01 27*	Farben, Druckfarben, Klebstoffe und Kunstharze, die gefährliche Stoffe enthalten	Ja	E	A	
20 01 28	Farben, Druckfarben, Klebstoffe und Kunstharze mit Ausnahme derjenigen, die unter 20 01 27 fallen	Nein	A	A	
20 01 29*	Reinigungsmittel, die gefährliche Stoffe enthalten	Ja	E	A	
20 01 30	Reinigungsmittel mit Ausnahme derjenigen, die unter 20 01 29 fallen	Nein	A	A	
20 01 31*	Zytotoxische und zytostatische Arzneimittel	Ja	E	A	
20 01 32	Arzneimittel mit Ausnahme derjenigen, die unter 20 01 31 fallen	Nein	A	A	
20 01 33*	Batterien und Akkumulatoren, die unter 16 06 01, 16 06 02 oder 16 06 03 fallen, sowie gemischte Batterien und Akkumulatoren, die solche Batterien enthalten	Ja	A	A	§ 1 (3) Satz 1 BattG
20 01 34	Batterien und Akkumulatoren mit Ausnahme derjenigen, die unter 20 01 33 fallen	Nein	A	A	
20 01 35*	Gebrauchte elektrische und elektronische Geräte, die gefährliche Bauteile enthalten, mit Ausnahme derjenigen, die unter 20 01 21 und 20 01 23 fallen	Ja	A	A	§ 2 (3) Satz 1 ElektroG
20 01 36	Gebrauchte elektrische und elektronische Geräte mit Ausnahme derjenigen, die unter 20 01 21, 20 01 23 und 20 01 35 fallen	Nein	A	A	
20 01 37*	Holz, das gefährliche Stoffe enthält	Ja	E	A	
20 01 38	Holz mit Ausnahme desjenigen, das unter 20 01 37 fällt	Nein	A	A	
20 01 39	Kunststoffe	Nein	A	A	

AS	Abfallbezeichnung	gefähr-lich?	Beförderer Efb?		Bemerkung
			Nein	Ja	
20 01 40	Metalle	Nein	A	A	
20 01 41	Abfälle aus der Reinigung von Schornsteinen	Nein	A	A	
20 01 99	Sonstige Fraktionen a.n.g.	Nein	A	A	
20 02 01	Kompostierbare Abfälle	Nein	A	A	
20 02 02	Boden und Steine	Nein	A	A	
20 02 03	Andere nicht biologisch abbaubare Abfälle	Nein	A	A	
20 03 01	Gemischte Siedlungsabfälle	Nein	A	A	
20 03 02	Marktabfälle	Nein	A	A	
20 03 03	Straßenkehricht	Nein	A	A	
20 03 04	Fäkalschlamm	Nein	A	A	
20 03 06	Abfälle aus der Kanalreinigung	Nein	A	A	
20 03 07	Sperrmüll	Nein	A	A	
20 03 99	Siedlungsabfälle a.n.g.	Nein	A	A	

E = Erlaubnis.
- Falls Abfall vom Hersteller oder Vertreiber freiwillig zurückgenommen wird: A (§ 12 (1) Nr. 2 AbfAEV).
- Falls Sammler/Beförderer/Händler/Makler Betreiber eines EMAS-Standortes mit EMAS-registrierten Tätigkeits-bereichen Klassen 38.12 (= Sammlung gefährlicher Abfälle), 38.22 (= Behandlung und Beseitigung gefährlicher Abfälle) oder 46.77 (= Großhandel mit Altmaterialien und Reststoffen): A (§ 12 (1) Nr. 4 AbfAEV).
- Falls Sammler/Beförderer Seeschiffsreederei: A (§ 12 (1) Nr. 5 AbfAEV).
- Falls Sammler/Beförderer Kurier-/Express-/Paketdienstleister: A (§ 12 (1) Nr. 6 AbfAEV).

A = Anzeige

Efb = Entsorgungsfachbetrieb, der für die Tätigkeiten „Sammeln/Befördern" zertifiziert ist (§ 54 (3) Nr. 2 KrWG).

Abkürzungsverzeichnis

Die im Text verwendeten Abkürzungen haben folgende Bedeutung.

ABC	Brände der Brandklassen A (feste Brennstoffe), B (flüssige Brennstoffe) und C (gasförmige Brennstoffe)
AbfAEV	Anzeige- und Erlaubnisverordnung
	(Verordnung über das Anzeige- und Erlaubnisverfahren für Sammler, Beförderer, Händler und Makler von Abfällen)
AbfKlärV	Klärschlammverordnung
AbfNachwV	(ehemalige) Abfallnachweisverordnung
AbfRRL	(europäische) Abfall-Rahmenrichtlinie
AbfVerbrG	Abfallverbringungsgesetz
	(Gesetz zur Ausführung der VO (EG) Nr. 1013/2006 über die Verbringung von Abfällen und des Basler Übereinkommens über die Kontrolle der grenzüberschreitenden Verbringung gefährlicher Abfälle und ihrer Entsorgung)
ABl.	Amtsblatt
AbwV	Abwasserverordnung
	(Verordnung über Anforderungen an das Einleiten von Abwasser in Gewässer)
ADR	Accord européen relatif au transport international des marchandises Dangereuses par Route
	(= Europäisches Übereinkommen über die internationale Beförderung gefährlicher Güter auf der Straße)
AE	Annahmeerklärung
AEL	Associated Emission Levels
	(= assoziierte Emissionswerte im Zusammenhang mit BVT-Schlussfolgerungen)
AFB	Allgemeine Bedingungen für die Feuerversicherung
AltfahrzeugV	Altfahrzeug-Verordnung
	(Verordnung über die Überlassung, Rücknahme und umweltverträgliche Entsorgung von Altfahrzeugen)
AltholzV	Altholzverordnung
	(Verordnung über Anforderungen an die Verwertung und Beseitigung von Altholz)
AltölV	Altölverordnung
a.n.g.	anderweitig nicht genannt (Angabe für eine anderweitig nicht näher bestimmte Abfallbezeichnung in der Abfallverzeichnis-Verordnung)

AO	Abgabenordnung
AOX	Adsorbierbare organisch gebundene Halogene (X steht als Abkürzung für ein Halogen, wie Fluor, Chlor, Brom, Jod)
ArbSchG	Arbeitsschutzgesetz (Gesetz über die Durchführung von Maßnahmen des Arbeitsschutzes zur Verbesserung der Sicherheit und des Gesundheitsschutzes der Beschäftigten bei der Arbeit)
Art.	Artikel
ASF	Abfall-Sonderbehälter Flüssig
ASI	Abbruch, Sanierung, Instandhaltung (beschrieben als „ASI-Arbeiten" nach Nr. 1 (1) der TRGS 519 für Tätigkeiten mit Asbest)
AS	Abfallschlüssel
ASP	Abfall-Sonderbehälter Pastös
ASYS	Abfallüberwachungssystem, Gemeinsames Abfall-DV-System der Bundesländer
AT	Ländercode (nach ISO 3166-1) für Österreich
AtG	Atomgesetz
AVV	Abfallverzeichnis-Verordnung (Verordnung über das Europäische Abfallverzeichnis)
AwSV	(künftige und bundesweit gültige) Anlagenverordnung wassergefährdende Stoffe (Verordnung über Anlagen zum Umgang mit wassergefährdenden Stoffen)
Az.	Aktenzeichen
b2b	„business to business" (= Verkauf an gewerbliche Kunden)
b2c	„business to consumer" (= Verkauf an private Kunden)
BA	Ländercode (nach ISO 3166-1) für Bosnien-Herzegowina
BAG	Bundesamt für den Güterverkehr, Köln
BAM	Bundesanstalt für Materialforschung und -prüfung, Berlin
BAnz.	Bundesanzeiger
BAT	Best Available Techniques (= Beste verfügbare Techniken)
BattG	Batteriegesetz (Gesetz über das Inverkehrbringen, die Rücknahme und die umweltverträgliche Entsorgung von Batterien und Akkumulatoren)

BattGDV	Batteriegesetz-Durchführungsverordnung (Verordnung zur Durchführung des Batteriegesetzes)
BayAbfG	Bayerisches Abfallwirtschaftsgesetz (Gesetz zur Vermeidung, Verwertung und sonstigen Bewirtschaftung von Abfällen in Bayern)
BB	Behördenbestätigung
BB	Bundeslandcode (nach ISO 3166-2:DE) für Brandenburg, hier: Berlin/Brandenburg
BBergG	Bundesberggesetz
BBodSchG	Bundes-Bodenschutzgesetz (Gesetz zum Schutz vor schädlichen Bodenveränderungen und zur Sanierung von Altlasten)
BBodSchV	Bundes-Bodenschutz- und Altlastenverordnung
BE	Ländercode (nach ISO 3166-1) für Belgien
BefErlV	(ehemalige) Beförderungserlaubnisverordnung (Verordnung zur Beförderungserlaubnis)
BG	Ländercode (nach ISO 3166-1) für Bulgarien
BGB	Bürgerliches Gesetzbuch
BGI	Berufsgenossenschaftliche Informationen
BGR	Berufsgenossenschaftliche Regel
BGV	Berufsgenossenschaftliche Vorschrift
BImSchG	Bundes-Immissionsschutzgesetz (Gesetz zum Schutz vor schädlichen Umwelteinwirkungen durch Luftverunreinigungen, Geräusche, Erschütterungen und ähnliche Vorgänge)
BImSchV	Bundes-Immissionsschutzverordnung (Verordnung zum Bundes-Immissionsschutzgesetz)
BioAbfV	Bioabfallverordnung (Verordnung über die Verwertung von Bioabfällen auf landwirtschaftlich, forstwirtschaftlich und gärtnerisch genutzten Böden)
BK1	Codierung für einen bedeckten Schüttgutcontainer mit Gefahrgutzulassung, z. B. nach Kapitel 6.11 ADR (BK = Code für „Bulk")
BK2	Codierung für einen geschlossenen Schüttgutcontainer mit Gefahrgutzulassung, z. B. nach Kapitel 6.11 ADR (BK = Code für „Bulk")
BMUB	Bundesministerium für Umwelt, Naturschutz, Bau und Reaktorsicherheit
BREF	BVT-Referenzdokumente

BVerwG	Bundesverwaltungsgericht, Leipzig
BVT	Beste verfügbare Techniken
BW	Bundeslandcode (nach ISO 3166-2:DE) für Baden-Württemberg
BY	Bundeslandcode (nach ISO 3166-2:DE) für Bayern
Cat.	Kategorie (Einstufungskategorie für CMR-Stoffe)
CFK	Chlorfluorkohlenstoffe
CH	Ländercode (nach ISO 3166-1) für die Schweiz
ChemKlimaschutzV	Chemikalien-Klimaschutzverordnung (Verordnung zum Schutz des Klimas vor Veränderungen durch den Eintrag bestimmter fluorierter Treibhausgase)
ChemOzonSchichtV	Chemikalien-Ozonschichtverordnung (Verordnung über Stoffe, die die Ozonschicht schädigen)
ChemVerbotsV	Chemikalien-Verbotsverordnung (Verordnung über Verbote und Beschränkungen des Inverkehrbringens gefährlicher Stoffe, Zubereitungen und Erzeugnisse nach dem Chemikaliengesetz)
CLP-VO	Regulation on Classification, Labelling and Packaging of Substances and Mixtures (= VO (EG) Nr. 1272/2008 über die Einstufung, Kennzeichnung und Verpackung von Stoffen und Gemischen, EU-GHS-Verordnung)
CMR	Krebserzeugend (cancerogen, carcinogen = C), erbgutverändernd (mutagen = M), fortpflanzungsgefährdend (reproduktionstoxisch = R)
CP	Chemisch-physikalisch (z. B. CP-Anlagen oder CP-Behandlung)
CZ	Ländercode (nach ISO 3166-1) für Tschechien (Tschechische Republik)
D	Deutschland
DA	Deklarationsanalyse
DE	Ländercode (nach ISO 3166-1) für Deutschland
DecaBDE	Decabromierte Diphenylether
DEN	Deckblatt Entsorgungsnachweise
DepV	Deponieverordnung (Verordnung über Deponien und Langzeitlager)
DIN	Deutsches Institut für Normung e.V., Berlin
DK	Deponieklasse (nach DepV)

DK	Ländercode (nach ISO 3166-1) für Dänemark
DüngG	Düngegesetz

EAG	Elektrische und elektronische Altgeräte
EAK	Europäischer Abfallkatalog
EAKV	(ehemalige) EAK-Verordnung (Verordnung zur Einführung des Europäischen Abfallkatalogs)
eANV	Elektronisches Abfallnachweisverfahren
EAR	Elektro-Altgeräte-Register
eBS	Elektronischer Begleitschein
EDTA	Ethylendiamintetraessigsäure bzw. Ethylendiamintetraacetat
EDV	Elektronische Datenverarbeitung
EE	Ländercode (nach ISO 3166-1) für Estland
Efb	Entsorgungsfachbetrieb
EfbV	Entsorgungsfachbetriebeverordnung (Verordnung über Entsorgungsfachbetriebe)
EG	(ehemalige) Europäische Gemeinschaft (Auflösung am 01.12.2009 und Umbenennung in EU)
Eg	Entsorgergemeinschaft
ElektroG	Elektro- und Elektronikgerätegesetz (Gesetz über das Inverkehrbringen, die Rücknahme und die umweltverträgliche Entsorgung von Elektro- und Elektronikgeräten)
ElektroStoffV	Elektro- und Elektronikgeräte-Stoff-Verordnung (Verordnung zur Beschränkung der Verwendung gefährlicher Stoffe in Elektro- und Elektronikgeräten)
EMAS	Eco Management and Audit Scheme (= Gemeinschaftssystem für das Umweltmanagement und die Umweltbetriebsprüfung)
EN	Entsorgungsnachweis
ES	Ländercode (nach ISO 3166-1) für Spanien
EU	Europäische Union (europäischer Staatenverbund mit derzeit 28 Mitgliedstaaten, früher EWG und EG bezeichnet)
EuGH	Europäischer Gerichtshof (Gerichtshof der Europäischen Union, Luxemburg)

EWC	European Waste Catalogue (= Europäischer Abfallkatalog)
EWG	(ehemalige) Europäische Wirtschaftsgemeinschaft (1993 Umbenennung in EG)
FBKW	Fluorbromkohlenwasserstoffe (Fluorierte und bromierte Kohlenwasserstoffe)
FCKW	Fluorchlorkohlenwasserstoffe (Fluorierte und chlorierte Kohlenwasserstoffe)
FCKWHalonVerbV	FCKW-Halon-Verbots-Verordnung (Verordnung zum Verbot von bestimmten die Ozonschicht abbauenden Halogenkohlenwasserstoffen)
FI	Ländercode (nach ISO 3166-1) für Finnland
FIBC	Flexible Intermediate Bulk Container (= flexibles mittelgroßes Behältnis für Massengüter, flexibler Schüttgutbehälter, Bigbag)
FKW	Fluorkohlenwasserstoff (perfluorierte Kohlenwasserstoffe)
FR	Ländercode (nach ISO 3166-1) für Frankreich
FZV	Fahrzeug-Zulassungsverordnung (Verordnung über die Zulassung von Fahrzeugen zum Straßenverkehr)
GADSYS	Gemeinsame Abfall-DV-Systeme der Bundesländer
GB	Ländercode (nach ISO 3166-1) für Großbritannien (= England, Schottland, Wales, Nordirland)
GbV	Gefahrgutbeauftragtenverordnung (Verordnung über die Bestellung von Gefahrgutbeauftragten in Unternehmen)
GBZugV	Berufszugangsverordnung für den Güterkraftverkehr
GefStoffV	Gefahrstoffverordnung (Verordnung zum Schutz vor Gefahrstoffen)
GESA	Gemeinsame Stelle Altfahrzeuge
GewAbfV	Gewerbeabfallverordnung (Verordnung über die Entsorgung von gewerblichen Siedlungsabfällen und von bestimmten Bau- und Abbruchabfällen)
GewinnungsAbfV	Gewinnungsabfallverordnung (Verordnung zur Umsetzung der Richtlinie 2006/21/EG über die Bewirtschaftung von Abfällen aus der mineralgewinnenden Industrie ...)

GGAV	Gefahrgut-Ausnahmeverordnung (Verordnung über Ausnahmen von den Vorschriften über die Beförderung gefährlicher Güter)
GGBefG	Gefahrgutbeförderungsgesetz (Gesetz über die Beförderung gefährlicher Güter)
GGVSEB	Gefahrgutverordnung Straße, Eisenbahn und Binnenschifffahrt (Verordnung über die innerstaatliche und grenzüberschreitende Beförderung gefährlicher Güter auf der Straße, mit Eisenbahnen und auf Binnengewässern)
GHS	Globally Harmonized System of Classification, Labelling and Packaging of Chemicals (= Global harmonisiertes System zur Einstufung und Kennzeichnung von Chemikalien)
GOES	GOES Gesellschaft für die Organisation der Entsorgung von Sonderabfällen mbH, Schleswig-Holstein, Neumünster
GR	Ländercode (nach ISO 3166-1) für Griechenland
GRS	Stiftung Gemeinsames Rücknahmesystem Batterien, Hamburg
GSB	Sonderabfall-Entsorgung Bayern GmbH, Baar-Ebenhausen
GüKG	Güterkraftverkehrsgesetz
HAKrWG	Hessisches Ausführungsgesetz zum Kreislaufwirtschaftsgesetz
HambAndV	Hamburgische Andienungsverordnung (Verordnung zur Andienung von gefährlichen Abfällen zur Beseitigung in Hamburg)
HBCDD	Hexabromcyclododecan
HCN	Cyanwasserstoff (Blausäure)
HessVGH	Hessischer Verwaltungsgerichtshof, Kassel (= Oberverwaltungsgericht in Hessen)
HFKW	Teilfluorierte Kohlenwasserstoffe
HGB	Handelsgesetzbuch
HH	Bundeslandcode (nach ISO 3166-2:DE) für Hamburg
HIM	(ehemals) Hessische Industrie-Müll GmbH, heute HIM GmbH, Biebesheim, ehemaliger zentraler Träger der hessischen Sonderabfallbeseitigung
HKW	Halogenkohlenwasserstoffe
HKWAbfV	Halogenierte Lösemittelabfall-Verordnung (Verordnung über die Entsorgung gebrauchter halogenierter Lösemittel)
HR	Ländercode (nach ISO 3166-1) für Kroatien

HU	Ländercode (nach ISO 3166-1) für Ungarn
HZVA	Herstellung, Zubereitung, Vertrieb, Anwendung
IBC	Großpackmittel (Intermediate Bulk Container)
IE	Ländercode (nach ISO 3166-1) für Irland
IED	Industrial Emissions Directive (= Industrieemissions-Richtlinie, Richtlinie 2010/75/EU über Industrieemissionen)
IKA	InformationsKoordinierende Stelle Abfall DV-Systeme der Bundesländer
IPPC	Integrated pollution prevention and control (= Integrierte Vermeidung und Verminderung der Umweltverschmutzung)
ISO	International Organization for Standardization (= Internationale Organisation für Normung)
IT	Ländercode (nach ISO 3166-1) für Italien
IVU	Integrierte Vermeidung und Verminderung der Umweltverschmutzung
KAS	Kommission für Anlagensicherheit beim BMUB (nach § 51a BImSchG)
KEP	Kurier-, Express-, Paketdienst
Kfz	Kraftfahrzeug
KI	Kanzerogenitätsindex
KMF	Künstliche Mineralfasern
KOM	Europäische Kommission (Kommission der Europäischen Union, Brüssel)
KrW-/AbfG	(ehemaliges) Kreislaufwirtschafts- und Abfallgesetz (Gesetz zur Förderung der Kreislaufwirtschaft und Sicherung der umweltverträglichen Beseitigung von Abfällen)
KrWG	Kreislaufwirtschaftsgesetz (Gesetz zur Förderung der Kreislaufwirtschaft und Sicherung der umweltverträglichen Bewirtschaftung von Abfällen)
LAGA	Bund/Länder-Arbeitsgemeinschaft Abfall
LANUV	Landesamt für Natur, Umwelt und Verbraucherschutz Nordrhein-Westfalen
LBodSchG	Landesbodenschutzgesetz, z.B. Landesbodenschutzgesetz für das Land Nordrhein-Westfalen
LD50	Median lethal dose (= letale Dosis, 50%)

LFGB	Lebensmittel- und Futtermittelgesetzbuch
	(Lebensmittel-, Bedarfsgegenstände- und Futtermittelgesetzbuch)
Lkw	Lastkraftwagen
LT	Ländercode (nach ISO 3166-1) für Litauen
LU	Ländercode (nach ISO 3166-1) für Luxemburg
LV	Ländercode (nach ISO 3166-1) für Lettland
LWG	Landeswassergesetz, z.B. Wassergesetz für Baden-Württemberg
MAL	Magyar Aluminium AG
MGB	Müllgroßbehälter
MHD	(ehemalige) Metallhütte Duisburg, Duisburg-Wanheim
MilchMargG	Milch- und Margarinegesetz
	(Gesetz über Milch, Milcherzeugnisse, Margarineerzeugnisse und ähnliche Erzeugnisse)
Mio.	Million(en)
MVG	(ehemalige) Mineralfaser-Verwertungs-Gesellschaft mbH, Hockenheim
MW	Megawatt
NachwV	Nachweisverordnung
	(Verordnung über die Nachweisführung bei der Entsorgung von Abfällen)
NAndienV	Niedersächsische Verordnung über die Andienung von Sonderabfällen
NGS	Niedersächsische Gesellschaft zur Endablagerung von Sonderabfall mbH, Hannover
NI	Bundeslandcode (nach ISO 3166-2:DE) für Niedersachsen
NL	Ländercode (nach ISO 3166-1) für Niederlande
NO	Ländercode (nach ISO 3166-1) für Norwegen
NRW	Bundeslandcode (nach ISO 3166-2:DE) für Nordrhein-Westfalen
NTA	Nitrilotriessigsäure bzw. Nitrilotriacetat
OctaBDE	Octabromierte Diphenylether
OECD	Organisation for Economic Co-operation and Development (= Organisation für wirtschaftliches Zusammenarbeit und Entwicklung)
OG	Belegart eines Führungszeugnisses, das zur Vorlage bei einer Behörde für eine in § 149 (2) Nr. 1 der Gewerbeordnung bezeichnete Entscheidung bestimmt ist

örE	Öffentlich-rechtlicher Entsorgungsträger
ÖVB	Ölverunreinigte Betriebsmittel
OWiG	Gesetz über Ordnungswidrigkeiten
PBDE	Polybromierte Diphenylether
PCB	Polychlorierte Biphenyle
PCBAbfallV	PCB/PCT-Abfallverordnung (Verordnung über die Entsorgung polychlorierter Biphenyle, polychlorierter Terphenyle und halogenierter Monomethyldiphenylmethane)
PCDD	Polychlorierte Dibenzodioxine
PCDF	Polychlorierte Dibenzofurane
PCT	Polychlorierte Terphenyle
PE	Polyethylen
PentaBDE	Pentabromierte Diphenylether
PflSchG	Pflanzenschutzgesetz (Gesetz zum Schutz der Kulturpflanze)
pH	potentia (oder pondus) Hydrogenii (= „Kraft des Wasserstoffs"), negativer dekadischer Logarithmus der Wasserstoffionen (= Protonen)-Konzentration, als pH-Wert ein dimensionsloses Maß für den sauren oder basischen Charakter einer wässrigen Lösung
PL	Ländercode (nach ISO 3166-1) für Polen
POP	Persistent organic pollutants (= Persistente organische Schadstoffe)
PP	Polypropylen
ppm	parts per million (= Teile von einer Million), dimensionslose Zahl für den millionsten Teil (10^{-6} oder 1 E-6 oder 0,000001)
PT	Ländercode (nach ISO 3166-1) für Portugal
RAL-GZ	Gütezeichen des RAL Deutsches Institut für Gütesicherung und Kennzeichnung (ehemals „Reichsausschuss für Lieferbedingungen")
REA	Rauchgasentschwefelungsanlage
REACH	Registration, Evaluation, Authorisation and Restriction of Chemicals (= Registrierung, Bewertung, Zulassung und Beschränkung chemischer Stoffe)
RL	Richtlinie
RO	Ländercode (nach ISO 3166-1) für Rumänien

RoHS	Restriction of the use of certain hazardous substances in electrical and electronic equipment (= Beschränkung der Verwendung bestimmter gefährlicher Stoffe in Elektro- und Elektronikgeräten)
RP	Bundeslandcode (nach ISO 3166-2:DE) für Rheinland-Pfalz
RSEB	Durchführungsrichtlinien Gefahrgut
	(Richtlinien zur Durchführung der Gefahrgutverordnung Straße, Eisenbahn und Binnenschifffahrt und weiterer gefahrgutrechtlicher Verordnungen)
RU	Ländercode (nach ISO 3166-1) für die Russische Föderation
SAA	Sonderabfallagentur Baden-Württemberg, Stuttgart-Fellbach
SAbfVO	Baden-Württembergische Sonderabfallverordnung
SAD	Sonderabfalldeponie
SAM	Sonderabfall-Management-Gesellschaft Rheinland-Pfalz, Mainz
SAV	Sonderabfallverbrennungsanlage
SAVA	Sonderabfallverbrennungsanlage GmbH, Brunsbüttel
SBB	Sonderabfallgesellschaft Brandenburg/Berlin mbH, Potsdam
SE	Ländercode (nach ISO 3166-1) für Schweden
SH	Bundeslandcode (nach ISO 3166-2:DE) für Schleswig-Holstein
SI	Ländercode (nach ISO 3166-1) für Slowenien
SK	Ländercode (nach ISO 3166-1) für Slowakei (Slowakische Republik)
SN	Sammelentsorgungsnachweis
StGB	Strafgesetzbuch
StrVG	Strahlenschutzvorsorgegesetz (Gesetz zum vorsorgenden Schutz der Bevölkerung gegen Strahlenbelastung)
StVG	Straßenverkehrsgesetz
StVO	Straßenverkehrs-Ordnung
t	Tonnen
TA Luft	Technische Anleitung Luft
TAC	Technischer Ausschuss zur Anpassung des EU-Abfallrechts
TBBPA	Tetrabrombisphenol A
TCDD	Tetrachlordibenzodioxine
TCDF	Tetrachlordibenzofurane

TierGesG	Tiergesundheitsgesetz (Gesetz zur Vorbeugung vor und Bekämpfung von Tierseuchen)
TierNebG	Tierische Nebenprodukte-Beseitigungsgesetz
TierNebV	Tierische Nebenprodukte-Beseitigungsverordnung
	(Verordnung zur Durchführung des Tierische Nebenprodukte-Beseitigungsgesetzes)
TR	Ländercode (nach ISO 3166-1) für Türkei
TRBA	Technische Regel für Biologische Arbeitsstoffe
TRGS	Technische Regel für Gefahrstoffe
TRwS	Technische Regel wassergefährdende Stoffe
TS	Trockensubstanz
TÜO	Technische Überwachungsorganisation
TWG	Technical Working Group (= Technische Arbeitsgruppe)
UA	Ländercode (nach ISO 3166-1) für Ukraine
UAG	Umweltauditgesetz (Gesetz zur Ausführung der VO (EG) Nr. 1221/2009 über die freiwillige Teilnahme von Organisationen an einem Gemeinschaftssystem für Umweltmanagement und Umweltbetriebsprüfung ...)
UBA	Umweltbundesamt, Berlin
UE	Unterrichtseinheit
UK	United Kingdom (Großbritannien)
UN	United Nations (Vereinte Nationen, New York)
ÜS	Übernahmeschein
UTD	Untertagedeponie
UVPG	Gesetz über die Umweltverträglichkeitsprüfung
VAwS	Verordnung(en) über Anlagen zum Umgang mit wassergefährdenden Stoffen und über Fachbetriebe der Bundesländer
VDI	Verein Deutscher Ingenieure e.V., Düsseldorf
VE	Verantwortliche Erklärung
VerpackG	Verpackungsgesetz
VerpackV	Verpackungsverordnung (Verordnung über die Vermeidung und Verwertung von Verpackungsabfällen)

VersatzV	Versatzverordnung (Verordnung über den Versatz von Abfällen unter Tage)
VerwVerfG	Verwaltungsverfahrensgesetz
VG	Verwaltungsgericht (= erste Instanz der Verwaltungsgerichtsbarkeit), es gibt in Deutschland 51 VG
VGH	Verwaltungsgerichtshof (= Bezeichnung der Oberverwaltungsgerichte in Baden-Württemberg, Bayern und Hessen)
VO	Verordnung
VVG	Versicherungsvertragsgesetz (Gesetz über den Versicherungsvertrag)
VwV	Verwaltungsvorschrift
VwVfG	Verwaltungsverfahrensgesetz
WAZ	Westdeutsche Allgemeine Zeitung, Essen
WBO	Wirtschaftsbetriebe Oberhausen GmbH
WEEE	Waste Electrical and Electronic Equipment (= Elektro- und Elektronikgeräte-Abfall)
WHG	Gesetz zur Ordnung des Wasserhaushalts
WHO	Worlds Health Organization (= Weltgesundheitsorganisation)
XML	Extended Markup Language („erweiterbare Auszeichnungssprache" zur Darstellung hierarchisch strukturierter Datensätze), wird als Protokoll für die eANV-Datensätze verwendet
XS	Ländercode (nach ISO 3166-1) für Serbien (auch RS)
zGM	Zulässige Gesamtmasse (eines Kraftfahrzeuges)
ZKS	Zentrale Koordinierungsstelle Abfall der Bundesländer